한국주택 유전자 2

한국주택 유전자 2

아파트는 어떻게 절대 우세종이 되었을까?   박철수 지음

마티

일러두기

- 일제강점기와 해방 전후 생산된 문건이나 공식 기록의 명칭은 당시 표기 내용을 그대로 따라야 할 경우에는 병기했으며, 그렇지 않을 경우에는 모두 한글로 표기했다.

- 단행본과 논문집, 신문, 잡지 등은 『 』로, 법률, 단행본 안에 별도로 들어간 논문, 단편소설, 신문 내 기사 제목 등은 「 」로 표기했다.

- 직접 인용한 문장은 " "에, 원문을 정리해 재구성하거나 강조한 용어나 문장은 ' '로 묶었다.

- 오래전에 발행된 신문이나 잡지 기사 가운데 일부는 독자의 편의를 위해 글의 내용을 훼손하지 않는 범위에서 최근의 표기법과 띄어쓰기 규정 등에 따라 고쳐 썼다.

- 지명 및 거리, 인명, 회사, 건축물, 주택, 아파트, 주택지 등의 일제강점기 명칭은 다음과 같이 정리했다.

1) 지명, 거리

- 일본의 지명은 외국어 표기법에 따랐다.
  예 동경(東京) → 도쿄

- 국내 지명은 당시 사용하던 한자를 음독하고 한자 표기와 현재 지명을 병기했다.
  예 내자정(內資町, 현 내자동)

- 일제강점기의 행정구역과 현재 행정구역이 정확히 일치하지 않는 경우에는 가장 대표적인 현재 지명을 중심으로 적었다.
  예 본정(本町, 현 충무로 일대), 죽첨정(竹添町, 현 충정로 일대)

2) 인명

- 일본 사람의 이름은 외국어 표기법을 따랐다. 단 읽는 방식이 복수이고 정확히 확인하지 못한 경우는 가장 흔히 통용되는 표기법으로 적었다.
  예 土井誠一 → 도이 세이이치

3) 건축물 및 아파트, 주택 명칭

- 일본에 있는 건축물 및 아파트는 외국어 표기법을 따랐다.
  예 동윤회아파트(同潤会) → 도준카이아파트

- 한국에 있는 건축물 및 주택 명칭 가운데 일본 이름이나 일본의 지명, 일본의 고전이나 하이쿠 등에서 가져온 이름은 외국어 표기법을 따랐으나, 한국어 표기로 통용되고 있는 것은 그대로 음독해 표기했다.
  예 채운장(彩雲莊)아파트 → 채운장아파트

- 한국의 지명을 붙인 경우, 한국 지명 표기와 마찬가지로 음독했다.
  예 동(東)아파트

4) 주택지 명칭

- 개발자가 일본 사람인지 한국 사람인지, 일본에서 가져온 이름인지 여부와 상관없이 한자를 그대로 읽었다.
  예 소화원(昭和園)주택지

차례

1권 차례

펴내며

생물학자 에드워드 윌슨은 생물의 쓰임새란 유전자의 번식과 임시 보관에 있다고 했다. 그런 이유로 자신 역시 유전자의 임시 보관소로 쓰이는 수많은 생물 부류 중 하나에 불과하다고 밝힌 바 있다. 시간 의 흐름을 따라 이 땅에 명멸했던 수많은 주택 유형을 이렇게 볼 수 있을까?

주택은 생물도 아니고, 비슷한 방식으로 분류할 수도 없 다. 뿐만 아니라 땅에 뿌리를 박은 채 세월의 더께를 뒤집어쓰고 있 다가 어느 순간 철저하게 부서지고 파헤쳐지며 흔적조차 남기지 않 고 사라지기 일쑤다. 하지만 자기동일성의 연장인 '기억과 삶'을 통해 여전히 유전자를 번식시키는 대상이라는 점에서 생물과 그리 다르 지 않다. 출현과 변이, 갈등과 소멸을 반복한 다양한 주택 유형 역시 유전자를 보관하다가 형질을 변형시키고 후대로 이어간다. 사람들 의 지루하고 반복적인 일상을 통해 그 유전자가 기거 방식과 습속으 로 만들어져 대를 이어가며 전승되는 것이다.

이 책은 100년 남짓한 시간을 횡단하며 한국주택의 유전 적 형질과 그 변화 과정을 살핀 것이다. 여러 나라들이 근대에 접어 들며 겪었던 식민 경험이나 독립 쟁취의 과정은 세계사의 보편에 가 깝다. 하지만 한국의 경우는 그 시기가 늦었고 서구 제국이 아닌 아 시아 국가인 일본의 식민 지배를 받았다는 특수성이 있다. 때문에 한국의 근·현대 주택을 설명하려는 시도는 일본에 의해 수입, 번역 된 서구 근대주택의 특이한 양상에서 시작할 수밖에 없다. 이 점에

10

서 한국주택은 보편성과 특수성이라는 유전적 형질을 내포하고 있다. 우리의 식민 경험이 다른 국가와는 사뭇 다른 것만큼, 어쩌면 그 이상으로 주택에 담긴 유전적 형질의 속성 역시 다를 수 있다. 그러나 그 영향 관계는 일방적이거나 절대적이지 않다. 일본주택 양식이며 형식과 상당히 다르기도 하기에 오늘날 한국의 주택을 정의하거나 설명하는 일은 그리 간단치 않다. 때론 유일성이라고도 할 수 있는 유전적 형질이 돌연변이처럼 착상해 시간을 이어왔을 수도 있기 때문이다.

　　　　패전으로 인한 일본의 한반도 식민 지배체제 종식과 동시에 미국으로 대변되는 서구 문화에 대한 추종이라는 급격한 상황 변화 역시 주택의 유전자에 큰 영향을 미쳤다. 비교적 긴 시간 동안 서구 열강의 지배를 받다가 독립한 다른 국가들과 달리 서구 문화에 대한 객관적인 시선이나 태도를 가질 만한 거리나 시간을 확보하지 못했던 것이다. 때로 비판과 질타의 대상이 되기는 했지만, 서구식 주택은 문화적 열세를 극복하기 위한 조급함이 낳은 선망과 동경의 대상으로 자리 잡았다. 무작정 따라 하거나, 그렇지 않으면 할 수 없이 따라야 하는 규범이 된 것이다. 한국전쟁 이후 상당 기간 작동한, 그리고 아직도 여전하다고 할 수 있는 서구 주거이론의 무비판적 수용이 그것이다. 물론 오늘날의 주택을 부정하거나 경원시하려는 것은 아니다. 객관적이고 주체적인 시선으로 지금 여기의 삶과 그 양태를 살펴보자는 것이 의도다. 긍정하거나 부정하기 전에 이미 오늘 한국인의 삶을 결정하고 있는 주택을 추적하기 위해 붙인 제목이 『한국주택 유전자』다.

책의 구성은 편년(編年) 방식을 따라 연대기적으로 꾸렸다. 1920년대의 관사(官舍)와 사택(社宅)으로부터 1980년대 중반 이후 1990년에 이르며 오늘날 제법 다수의 주택 유형으로 등장한 다세대주택과 다가구주택에 이르기까지 수많은 주택 유형 가운데 여전한 것들을 선택해 독립적으로 다루거나 둘이나 셋을 하나로 묶어 살폈다. 일일이 다 언급하기 힘들 정도로 다양한 주택 유형의 서로 다른 형질들이 우열을 다투며 변형 과정을 거쳤고, 여기서 살아남은 인자들이 결합해 오늘까지 전승된다고 보았다. 거울 앞에 섰을 때 불현듯 거울 속 내 모습에서 어머니나 아버지의 모습을 볼 때 새삼 가계도(家系圖)를 떠올리게 되는 것과 다르지 않다. 그러므로 이 책은 주택 보학(譜學)이라 해도 좋겠다. 비록 같은 성씨를 가졌지만 제각기 다른 생김새와 유전적 형질을 가진 고유한 개체로서의 유형들을 탐색했기 때문이다.

그런 막막함에 미련함과 노파심이 더해져 책의 분량이 늘었다. 기계적으로 전체를 등분해 두 권으로 꾸리고자 마음 먹었고, 마침 해방 이후 선도적인 아파트로 꼽히곤 하는 종암아파트와 개명아파트부터 2권으로 나누자 분량도 한쪽으로 치우치지 않았다. 1권이 근대주택의 출현에서 이승만 정권의 상가주택까지라면 종암아파트와 개명아파트로부터 다세대·다가구주택에 이르는 오늘의 주택을 살핀 것이 2권의 내용이다.

'관사와 사택—1920'처럼 각 장에서 다루는 주택 유형에 연대를 붙인 것은 그즈음에 해당 주택 유형이 처음 논의되거나 등장했거나, 아니면 인구에 회자됐음을 뜻하는 것이다. 특정 시기만을 한정해 다룬다는 의미는 아니다. 예를 들어, '부영주택(府營住宅)—1921'의 1921년은 당시 서울(경성)의 네 곳, 즉 한강통과 삼판통, 봉래정과 훈련원 터에 처음 조성된 '경성부 부영주택'의 등장 시기를 특정한 것이다. 반면 '문화주택(文化住宅)—1930'은 모던걸과 모던보이가 욕망한 문화주택의 폭발적 유행기인 1930년대를 뭉뚱그려 살핀다는 뜻이다.

지난 100년 동안 세상에 모습을 드러내 이름을 얻은 주택 유형은 거의 100여 가지에 달한다. '소개주택'(疏開住宅)처럼 머릿속 구상에 그쳤을 뿐 한 번도 지어진 적이 없는 경우가 있는가 하면, 정확히 무엇인지 분명하지 않지만 지금까지 모두의 욕망으로 자리를 굳건하게 지킨 '맨션아파트'도 있다. '적산가옥'(敵産家屋)은 문화주택이나 관사, 사택, 심지어 도시한옥까지 포함하기도 한다. 또 '국민주택'처럼 시간에 따라 아주 다른 내용으로 변화한 것도 더러 있다. 그러니 어떤 것은 오래 묵은 족보에 이름 석 자만 남은 조상처럼 그 모습을 찾아볼 수 없고, 어떤 것은 지금 이곳에서 일상공간으로 여전히 작동하기도 한다. 오래전 세상을 떠난 선대의 어떤 분을 지목하며 새로 태어난 아기가 그분과 닮았다는 인상 비평을 하곤 하는 어르신의 말씀처럼 때론 막막한 과거를 탐색해야 했다.

　　　　'모든 근대 문화는 식민지 문화'라 했던 자크 데리다의 말처럼 근대는 이질적인 것의 혼종 속에서 성립한다. "한국 근·현대의 지식과 문화, 제도는 솜씨 좋은 외과의사가 좋은 세포만을 남겨두고 암 덩어리를 도려내듯, '일본적인 것' 혹은 '미국적인 것'을 발라내면 '민족적인 것'만 남길 수 있는 것이 아니다. 어쩌면 그러한 본질주의야말로 가장 위험한 사고"[1]라는 지적을 유념할 필요가 있다. 인식 성장 과정을 거치는 동안 형성된 모든 것은 타자를 깨닫고 수용한 우리 고유의 것이다. 오래전 우리의 서구 수용과 번역 과정은 직접적이라기보다 중국이나 일본을 매개로 중개되었다. 또 미국의 먼 우방국가에 적용되는 방식으로 받아들여지기도 했다. 새로운 지식과 문화적 양상은 단속적(斷續的)으로 수용되고 변용되었고, 그 결과는 혼종의 산물이다. 주택이라는 현미경을 들여다보며 횡단한 지난

100년의 여정을 통해 이를 새삼 확인할 수 있다.

작가 박완서가 1984년에 발표한 단편소설 「어느 이야기꾼의 수렁」
은 분단국가인 한국에서 활동하는 작가의 고민을 다룬다. 작가와
프로듀서가 어린이 프로그램을 제작하며 주인공으로 염두에 둔 '또
마'의 거처를 어떻게 만들어야 할 것인가를 언급한 부분이 흥미롭
다. '또마'를 다른 어린이들이 위화감을 갖지 않고 순순히 친구로 맞
아들이게 하려면 어떻게 해야 하나를 고민한 끝에 작가와 프로듀서
는 전형적인 보통사람의 삶을 의탁하는 '보통의 집'을 가정했다. '보
통으로 사는 집이라면 단독주택일 경우는 대지 50평 미만에 건평
이 25평 정도, 마당이 약간 있고 화분하고 강아지도 있었으면 좋고.
아파트라면 투기로 너무 이름난 동네 말고 보통 동네의 30평 남짓한
아파트'[2]로 설정한다. 고층 아파트의 시대가 본격적으로 열리면서
아파트가 단독주택과 경쟁하기 시작한 당대 상황을 설명하기에 부
족함이 없다.

　　　이 책에서는 바로 이런 '보통사람들의 집'에 주목했다. 일례
로 아파트의 변화는 상당히 인상적이다. 장래를 기약하면서 임시방
편적으로 집을 마련하여 숨을 돌리는 곳이었던 1960년대의 서민아
파트가 1970년대 후반 들어 보통사람들의 집으로 자리를 잡기 시작
하고, 이후 '맨션아파트'와 결합하며 구체적인 욕망의 대상으로 자리
한다. 이 책에서는 아파트의 탄생기인 일제강점기로부터 1978년에
만들어진 잠실주공아파트단지에 이르는 아파트의 변화 과정을 몇
단계로 나눠 살폈는데, 그 기준 역시 보통사람들의 삶에 근거하고자
했다. 이를 통해 일종의 '사회적 인프라'였던 오래전의 아파트가 오늘
에 이르러서는 '빗장 공동체'로 변모했음을 알아차릴 수 있도록 했
다.[3] 바로 이 유전적 형질의 변이를 추적하는 것을 일차적인 목표로

삼았고, 그 결과에 대한 판단은 대체로 독자의 몫으로 남기고자 했다. 이는 다른 주택 유형을 설명할 경우에도 다르지 않다.

이 책은 가능한 한 모든 주택 유형을 다루고자 했다. 직접 다룬 유형은 대략 40여 종이지만, 이들을 추적하면서 갈래를 나눠 살핀 것들까지 포함하면 훨씬 많은 주택 유형을 포괄한다. 100여 종에 달하는 '주택' 가운데 몇몇을 제외한 대부분을 살폈다고 자평한다. 하나의 대상을 두고 정책적 목표나 재원에 따라 달리 불렀고, '후생주택'처럼 여럿을 한데 묶어 부르기도 했고[4], '불란서주택'이나 '빌라'처럼 엄밀한 의미에서 주택 유형이라 부르기엔 곤란하지만 일정한 시기에 걸쳐 사람들의 호응을 얻으며 유전자를 남긴 사례도 포함했다. 이 역시 이 이름의 뿌리가 어디에서 연원하는지 밝히려고 노력했다.

건축의 역사를 다룬 책에서 쉽게 찾아볼 수 있는 양식사적 서술은 이런 목표에 적합지 않았다. 오히려 보통사람들의 일상공간으로서의 주택과 건축을 서술하는 방식을 택했다. 흔히 양식적 특징에 맞추어 조명되는 일제강점기를 전후해 등장한 양관(洋館)을 굳이 다루지 않은 이유다. 펜트하우스며 초대형 주상복합아파트 등을 언급하지 않은 이유도 마찬가지다. 특정 계층만을 위한 예외적인 유형이거나 누구나 쉽게 생각할 수 있는 파생 유형은 제외했다. 부분과 전체의 상관관계 속에서 사회와 역사를 해석하고 판단하는 도구로서 보통사람들의 일상이 가장 중요하다는 생각 때문이다. 물론 이미 여러 전문가들에 의해 세밀하게 언급된 경우라면 굳이 이 책에서 다시 다룰 필요는 없다고 여긴 경우도 적지 않다.

앙리 르페브르의 말처럼 일상이란 사소한 것들로 가득한 나날의 삶이지만 그렇게 하찮고 자잘한 일상은 여러 계기와 층위가 얽혀 있는 커다란 하나의 장을 이룬다. 서로 비슷해 보이지만 어느 누구도 완벽하게 동일한 유전자를 가진 사람이 존재하지 않는 것처럼 지난 100년의 시간 흐름 속에서 명멸했던 다양한 주택 유형들 역시 '주택이라는 하나의 건축 유형'으로 간주하기엔 부족함이 적지 않다. 특히, 국가와 자본이 지속적으로 개입해 조정하는 주택을 살피는 일은 서로 다른 보통사람들의 생활세계에 관심을 두는 일이다. 다채로운 보통의 주택들을 들여다보는 것은 곧 아래로부터의 역사 혹은 역사 행위자 내부의 관점에서 시간의 흐름을 다시 기록하는 것이라는 점에서 나름의 의미를 획득할 수 있다.

　　"일상은 사회를 알기 위한 하나의 실마리"[5]라는 주장에 기대느라 다양한 주택이 만들어지고 점유되는 과정에서 궁리한 생각과 그러한 궁리의 구체적 결과를 채집하는 데 많은 시간과 노력이 들었다. 그런 까닭에 하나의 주택 유형이 만들어지던 당시의 문건이나 도면 혹은 사진을 발굴해 세상에 드러내는 일에도 제법 치중했다. 오랜 시간이 든 까닭이고, 그런 미련함 때문에 처음으로 빛을 보게 된 적지 않은 도면이며 사진 자료를 이 책에 담았다. 대부분의 자료는 국가기록원과 서울역사박물관, 국사편찬위원회, 한국토지주택공사, 서울성장50년 영상자료 등을 활용했지만 그밖에도 미국국립문서기록관리청(NARA)과 유엔아카이브 등에서 최근 공개한 자료들도 선택적으로 추출, 활용했다. 물론 기관의 명칭을 다 언급할 수 없을 정도의 많은 공공기관과 개인들로부터 귀중한 자료들을 얻어 이 책에 실었다.

　　사회학자 백욱인은 1930년대 식민지 시대와 1960년대 산업화 시대의 연관성에 주목한 책 『번안 사회』를 통해 '한국의 근대는 일본과 일본을 경유한 서양, 그리고 미국이라는 몇 개의 겹을 통과하면서 진행되었다고 전제하면서 한국-일본-미국의 삼각점에서 벌어진 번안을 키워드로 삼아 한국문화'[6]에 접근한 바 있다. 물론 식민지 근대의 번안물이 1960년대 산업화 시대에 기이한 모습으로 되살아난 이유 역시 식민지 시대에 성공한 사람들이 산업화 근대 시기에 다시 각 분야에서 권력을 잡았기 때문이라는 지적을 놓치지 않았다. 『한국주택 유전자』를 통해 확인한 사실 역시 우리 고유의 원형에 해당하는 주택 유형이 언제곤 되살아나 이질적인 인자들과의 갈등 과정을 거쳐 수용, 재현됐다는 것이다. 이와 함께 당대의 모든 주택 유형들에는 문화적 양가성이 존재했으며, 결국 지난 100년의 시공간을 횡단한 결과 근·현대 한국주거사는 혼종의 역사라는 사실을 알아차릴 수 있었다. 제법 방대한 책을 꾸리는 과정에서 몇 개의 경우는 먼저 펴낸 책들에 담았던 글을 기초로 자료를 보태고 새로운 해석을 달아 다시 썼음을 밝혀둔다.

보태자면 이 책은 보다 폭넓은 재해석과 촘촘한 연구를 기대하기 위한 발판으로 서둘러 썼음을 고백하지 않을 수 없다. 후속 연구에 대한 소망을 담았기 때문이다. 그런 까닭에 무엇인가를 단정하는 일을 경계했고, 어딘가 정해진 목적지로 글을 이끄는 일에 대해 반복해 의심했다. 세대를 갈라 사회를 해석하고 나누는 방식에는 동의하지 않지만 한자병용세대의 끄트머리에 자리했던 연구자로서 창고 속에 먼지를 뒤집어쓴 채 방치된 문건들을 읽어야 한다는 의무감이 적지 않았다. 그것이야말로 지은이가 해야 할 일이라 여겼고, 이들 문건을 국가나 공공기관이 나서서 한글세대에게 제공할 시기가 아직은 아니라는 생각에서 제법 많은 문건들을 서둘러 읽어 이 책 속에 녹였다.

마지막으로 다양한 분야의 젊은 연구자들로부터 받은 자극이 책을 만드는 과정에 위로가 됐다. 하루가 멀다 하고 새로 나오는 관련 분야의 전문서적들로 인해 이 책에 담긴 거의 모든 꼭지를 새로 고쳐 써야 했지만 그럴수록 새로 나올 책들에 대한 기대가 커져 새 책을 받아보면 혹시라도 이 책에서 잘못 기술한 부분이 없지 않을까 노심초사하며 그들의 책 읽기에 몰두했다. 그러니 이 책 역시 후속세대 연구자들에게 위로와 호기심의 대상이 되길 소망한다. 물론 연구자들 이외에도 이루 헤아릴 수 없는 많은 분들의 도움을 받았다. 특히 시간과 노력을 들여 채집한 사진자료를 이 책에서 사용할 수 있도록 허락하신 분들의 노고는 사진 귀퉁이에 그들의 이름을 밝혀두는 것만으로는 결코 부족함을 채울 수 없다. 공부하면서 얻게 되는 앎이 있다면 기꺼이 나눌 것을 약속하는 것만이 그에 대한 나름의 보답이라 여긴다. 이런 점에서 역사를 매개하는 중심 요소인 '주택'이라는 사물을 다루고, 또 다른 연구를 위한 사료가 될 수도 있으리라는 기대를 품는다면 이 책을 일종의 공공역사라 부를 수도 있겠다.[7]

누군가에게 세계의 모두였거나 지금도 여전히 그런 곳일 수밖에 없는 보통의 집을 꽤 오랜 시간 동안 천천히 살필 수 있어서 행복했다. 그 지난한 과정에서 늘 엄습했던 우울을 이제는 떨쳐낼 수도 있을 것 같다.

2021년 늦은 봄
살구나무집에서
지은이 박철수

18

주

1   정종현, 『제국대학의 조센징』(휴머니스트, 2019), 296쪽.

2   박완서, 「어느 이야기꾼의 수렁」, 『그 가을의 사흘 동안』(나남출판, 1985), 63쪽.

3   '사회적 인프라'와 '사회적 자본'(social capital)에 관해서는 에릭 클라이넨버그, 『도시는 어떻게 삶을 바꾸는가』(웅진지식하우스, 2019), 11, 26~31쪽 등 참조.

4   '후생'이라는 용어가 해방 이후 다양한 의미망을 가지며 주택에 붙여진 배경은 1941년에 조선총독부 내에 신설된 후생국의 영향 때문이라고 하겠다. 일본은 1938년 1월에 공식적인 정부조직으로 후생성(厚生省)을 신설했는데, 이때 설립된 후생성의 각종 방침이 조선에서는 보건과 건강 및 여가선용 등 식민지 경영전략 담론으로 자리하고, 다양한 정책을 수립하는데 직접적 영향을 주었다. 이와 관련해서는 문경연, 『취미가 무엇입니까?』(돌베개, 2019), 261쪽.

5   앙리 르페브르, 『현대세계의 일상성』(기파랑, 2005), 85쪽.

6   백욱인, 『번안 사회』(휴머니스트, 2018), 10~11쪽 요약 재정리.

7   마르틴 뤼케·이름가르트 췬도르프, 『공공역사란 무엇인가』(푸른역사, 2020), 93쪽.

1 종암아파트·
개명아파트

1962년 11월 1일자 『경향신문』에는 「온돌과 아파트의 장단점」이란 제목의 기사가 실렸다. '서울 마포구 도화동 일대에 건설 중인 한국 최대의 규모와 시설을 갖춘 6층 규모의 '맘모스·아파트' 6동이 11월 말 완공을 목표로 지어지고 있다'면서 '현재 아파트 중에는 1958년에 세워진 종암, 1959년에 세워진 개명아파트가 그 시설이나 규모로 보아 큰 것이고, 중앙산업의 사택인 중앙아파트 등이 있다'고 언급했다.

1962년 12월 1일 Y자형 6개 동으로 1차 준공한 우리나라 최초의 단지식 아파트인 마포주공아파트가 출현하기 전까지, 아파트라는 형식의 주거용 건축물로 높은 지명도와 유명세를 얻은 곳은 종암아파트와 개명아파트였다. 이들 아파트의 건설 배경과 경위에 대해서는 개명아파트 준공 후 중앙산업주식회사가 조선주택영단에 이를 인계한 문건에 잘 드러난다.

　6·25 사변으로 인하여 수많은 주택이 파괴되고, 월남한 피난민과 매년 인구의 자연증가로 말미암아 원래 부족하였던 주택난은 점점 더 심해지므로 정부 당국에서는 주택 건설계획을 강행하여 원조자금과 정부자금 또는 민간자금에 의하여 많은 주택을 건설하였으나 그래도 절대 필요 호수에 비하면 매년 약 70만 호가 부족한 실정이고 더욱이 도시집중생활에서 오는 인구의 팽창은 자연적으로 고

↑↑ 마포주공아파트
1차 준공 후 항공사진(1963년)
출처: 국가기록원

↑ 1958년 1월 6일 이승만 대통령이
중앙산업 종암동 공장을 시찰하는 모습.
뒤에 보이는 것이 종암아파트
출처: 국가기록원

층건물로 필요로 하게 되는 것이 옵니다. 폐사 중앙산업은 이와 같은 점에 착안하여 선진국가의 본을 받아 도심지에 근대식 고층 아파-트 건설계획을 수립하여 제1차로 주교동에 1동, 제2차로 종암동에 3동 152세대에 달하는 5층 아파트를 건설하고 금번 제3차 계획으로서 도심지인 서대문구 충정로 2가에 75세대를 수용할 수 있는 근대식 고층아파-트 1동을 건설하게 된 것이 옵니다.[1]

이승만 대통령은 1958년 1월 6일 종암동 중앙산업 공장과 준공을 눈앞에 둔 종암아파트를 시찰했고, 다음 날인 1월 7일 개최된 국무회의 자리에서 '조성철은 사업 능력이 있는 사람이다. 그가 지은 아파-트는 잘된 것이라고 생각한다. 이러한 사업가가 많이 생기게 해야 할 것'[2]이라고 추켜세웠다. 우리나라에서 지주의 토지를 기반으로 하지 않는 사적 자본가의 출현에 계기가 된 데는 적산기업의 불하와 해외 원조자금의 배정, 그리고 은행 융자와 관련된 국가의 자본가 육성정책이 긴밀하게 연동되어 있었다.[3]

　　앞서 일부 내용을 인용한 「개명아파트 인계인수조서」는 개명아파트 건설비가 한국산업은행의 융자를 통해 충당되었음을 밝히고 있는데, 이 융자자금이 바로 '1959년도 귀속재산처리특별회계적립금 중 주택자금'이었다. 개명아파트보다 1년 앞서 준공한 종암아파트 역시 마찬가지였다. 심각한 주택난 문제를 책임져야 할 중앙부처인 보건사회부는 대한주택영단과 중앙산업이 연대 차주(借主)가 되는 방식으로 한국산업은행에 융자 지원을 추천했고, 그 절차에 따라 중앙산업이 시공, 대한주택영단이 감리를 맡아 아파트를 건설했다. 중앙산업은 건설비 일체를 또 하나의 차주인 대한주택영단으로부터 받고 아파트를 영단에 인계했으니, 중앙산업 입장에서

← 91년도(1958년)
정부계획에 의하여
충정로에 세워질
국민아파-트 모형
(1958.5.23.)
출처: 국가기록원

↓ 1960년 1월 16일 촬영한
원자력연구소
건설현장을 시찰하는
이승만 대통령(1960.1.16.)
출처: 국가기록원

↓↓ 1958년 4월 24일
서울 시내를 시찰 중인
이승만 대통령이
중앙산업 정해직 전무로부터
보고받는 모습
출처: 국가기록원

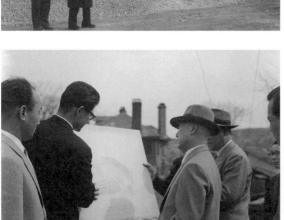

는 하등 어려울 것이 없는 사업이었다.

　　그러므로 "1957년 사원 주택용으로 처음 시공한 서울시 주교동 중앙아파트가 우리나라 아파트 역사의 효시였다면, 이듬해 인 1958년 서울시 종암동에 3개 동 152세대로 완공한 종암아파트는 일반인에게 분양된, 명실상부한 우리나라 최초의 아파트였다. 그 후 충정로에 6층짜리 아파트인 개명아파트를 시공, 분양하였다"[4]라는 중앙산업의 설명은 앞서 인용한 「인계인수조서」와는 다르게 모든 것을 자신의 힘으로 이룩했다는 점을 에둘러 강조하고 있다. 국가기 록원이 소장하고 있는 사진 「91년도 정부계획에 의하여 충정로에 세 워질 국민아파-트 모형」은 제목에서 암시되듯 정부 재정을 통해 민 간건설업체가 지을 아파트를 선보인 것이다. 사진 왼쪽 모형이 개명 아파트이고, 오른편이 우여곡절을 겪고 결국에 지어지지 못한 충정 아파트 모형이다.

　　이 무렵 중앙산업은 굵직한 정부사업을 잇달아 수주했다. 1957년 국내 최초로 건설된 원자력연구소의 원자로 콘크리트 공사 사업도 중앙산업의 몫이었다. 이어 1960년에는 부산종합어시장 공 사를 수주하기도 했다.[5] 현대건설이 건설업계의 맹주로 떠오르기 전, 권력과 긴밀한 관계 속에서 각종 건설사업을 도맡으며 승승장구 를 거듭해 1950년대 말에는 공사실적 1위 기업으로 부상했다.[6] 중 앙산업 제안으로 '정부계획에 의한 국민아파-트 모형'이 만들어진 1958년 말에는 480명의 종업원을 둔 굴지의 기업으로 성장해 있었 다. 제일은행(구 저축은행)으로부터 받은 융자금의 규모가 시멘트, 유리, 기와, 도자기 등을 제조하는 요업분야 업체 가운데 1위를 기록 하기도 했다.[7]

　　당시만 해도 아파트는 일제강점기에 지어진 것들이 대부 분이어서 전쟁 피해를 입은 후줄근한 상태로 임대주택으로 운영됐

↓ 1957년에 서울 중구 주교동 230번지에
중앙산업 사원주택으로 지어진 중앙아파트(2009)
ⓒ박철수

→ 을지로2가길을 두고 마주한
중앙아파트 두 동(1972.2.3.)
출처: 서울특별시 항공사진서비스

↓↓ 준공 당시에 비해 많은 변형이 가해진
2010년 당시의 중앙아파트 배치 평면도
ⓒ강병영

→ 중앙산업 종암동
공장 전경(1959.7.17)
출처: 국가기록원

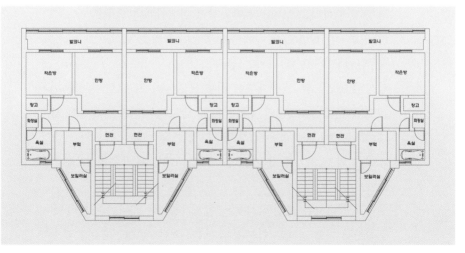

28

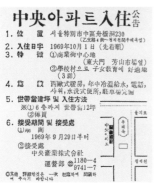

↑↑ 중앙산업이
전세주택으로 지은 6층 규모의
또 다른 중앙아파트(2009.1)
ⓒ박철수

↑ 중앙아파트 입주 공고
출처: 『동아일보』 1969.10.1.

↑ 대한주택영단 기관지 『주택』 창간호에 실린 중앙산업 광고
출처: 대한주택영단, 『주택』 창간호(1959)

고, 이따금 신문이나 잡지를 통해 아파트가 언급되기는 했으나 대부분의 사람들에게는 생소한 것이었다. 여전히 뜰이 없는 집이라거나 성냥갑을 포개놓은 것 같다는 부정적 인식이 강한 시절이었지만 사진으로만 보던 그 아파트가 서울 시내에 모습을 드러냈으니 당시 중앙산업이 지은 아파트에 대한 사회적 관심은 제법 컸다. 일례로 서독과의 기술 제휴를 통해 향상된 기술과 자재를 총동원한 중앙아파트 건설 과정을 지켜본 인근 주민들은 아파트가 준공되자 '몇백 년을 이 집에서 살려고 이렇게 짓느냐, 누가 살 건데 이렇게 짓느냐'고 말했다고 전해질 정도였다.[8]

　　　　1946년 창립 당시부터 건축자재를 생산해왔던 중앙산업은 1957년 즈음에는 사원 수가 250명에 달했는데 상당수가 재일동포였다. 회사 창립 초기엔 기술진이 부족해 일본에서 우수 학생들을 선발해 채용했기 때문인데, 창립 10년이 되었을 즈음엔 우수 사원들을 대상으로 장학제도와 사택제도를 만들 만큼 성장했고, 이때 지은 사택이 바로 중앙아파트였다. 서울시 중구 주교동 230번지에 위치한 중앙아파트는 1동짜리 3층 건물로 12세대가 살 수 있었다. 단위세대 면적은 20평으로 방 하나에 부엌, 화장실, 마루가 있었다. 당시 구경에 나선 이들은 방이 하나뿐이라는 것이 특이하다 했고, 말로만 듣던 수세식 화장실이나 입식 부엌에 관심을 보이기도 했다. 연료는 연탄을 사용했으며, 방을 마루보다 높게 하고 아궁이 안으로 연탄을 밀어 넣었다 빼냈다 할 수 있게끔 방바닥 아래에 레일을 설치했다.[9]

　　　　중앙산업은 을지로2가길을 두고 남측으로 마주하는 곳에 또 다른 중앙아파트를 지어 전세주택으로 임대했던 것으로 추정된다. 중앙산업주식회사 영업부가 1969년 10월 『동아일보』에 실은 「중앙아파트 입주 공고」에 따르면, 기존의 중앙아파트와 동일한 주

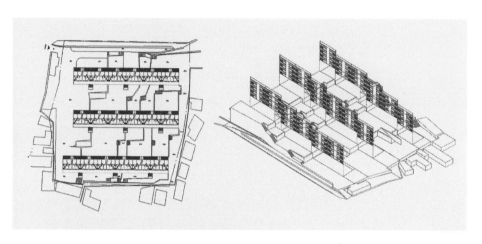

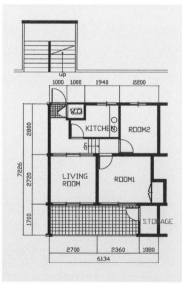

↑ 종암아파트 주거동 배치도와 입면 투시도
출처: 장림종·박진희, 『대한민국 아파트 발굴사』(2009)

← 종암아파트 단위세대 평면도
출처: 장림종·박진희, 『대한민국 아파트 발굴사』(2009)

교동 230번지에 세대당 12평의 전세주택이 6층의 아파트 형식으로 1969년 즈음에 지어졌음을 확인할 수 있다. 이 아파트 역시 1957년에 지어진 것과 마찬가지로 지금도 여전히 그 자리를 지키고 있다.

단지아파트의 맹아
종암아파트

1957년 9월 5일 보건사회부는 보원(保援) 제2429호에 의하여 「부흥주택 관리요령」을 발표했다. 이것은 "7회 산업부흥국채주택자금으로 중앙산업주식회사, 남북건설자재주식회사, 한국건재주식회사, 대한건설주식회사 등이 건설한 부흥주택의 관리요령을 결정한 것이다. 동 요령의 3항 '주택의 관리요령'을 보면, 준공된 주택은 가격 결정과 동시에 대한주택영단이 인수하여 입주 희망자에게 분양, 관리하게 되어 있다."[10] 이에 따라 1958년 7월 31일 대한주택영단은 시공회사인 중앙산업주식회사로부터 5층 아파트 3동, 17평형 152호를 인수해 일반에 불하했다. 이런 방식으로 대한주택영단이 인수한 주택을 '인수주택'이라 불렀고, 일반적으로는 성북구 종암동 고려대학교 옆에 위치해 있었기에 종암아파트라고 일컬었다.[11] 1958년 7월 18일 공고된 대한주택영단과 중앙산업주식회사 공동 명의의 아파트 분양 공고는 대한주택영단이 중앙산업으로부터 종암아파트 3동 전체 인수가 확정된 상황에서 나온 것이다. 이는 대한주택영단의 「1959년도 제18기 결산서」에 포함된 '중앙산업 시공 인수분'으로 표기된 자산 내역을 통해서도 재차 확인할 수 있다.

　　　종암아파트 분양 공고에는 많은 사실이 숨어 있다. 계단, 복도, 발코니를 포함해 호당 17평으로 구성된 152세대는 가, 나, 다 3동 각각에 50호, 52호, 50호가 있었다.[12] 1층 분양가가 가장 높았고

아파-트분양공고

一、所在地 서울特別市城北區鍾岩洞 (고려대학옆)
二、戶數 五層아파-트住宅三棟一五二世帶
戶當建坪 一七坪 (階段복도발코니包含)
三、選定方法
入住者選定은 原則的으로 抽籤하되 第一마감日까지申請者數가 分讓戶數에 未滿인時에는 先着順으로 入住者를 選定한다
四、住宅價格및前納金

層別	住宅價格	前納金	申込保證金	戶數
一層	[illegible]	[illegible]	100,000	[illegible]
二層	[illegible]	[illegible]	100,000	[illegible]
三層	[illegible]	[illegible]	100,000	[illegible]
四層	[illegible]	[illegible]	100,000	[illegible]
五層	[illegible]	[illegible]	100,000	[illegible]

但 前記住宅價格에는 分讓代金償還期間中의 銀行利子및 火災保險料 地代賃貸料와 管理事務費는包含되어있지않음
五、申請期間및申込書類
가、期間自 至단기四二九一년 七月二十四日 七月二十六日 (三日間)
나、申込書類
1、住宅分讓申請書 (營團所定樣式)
2、無住宅證明 (洞長發行)
다、申請場所 大韓住宅營團管理課
六、其他事項
1、入住決定者에對한 申込保證金은 前納金의一部로充當하고 落選者는 即時返還한다
2、其他詳細한것은 住宅營團管理課에問議하시압
단기四二九一年七月十八日
大韓住宅營團
中央産業株式會社

No2 鍾岩洞 아파-트 ([illegible])

地區別	棟別	戶數	[illegible]	[illegible]	[illegible]	計
鍾岩洞	가棟	50	87.830.100	10.840.953	15.344.925	115.015.978
〃	나〃	52	92.383.304	11.274.593	15.376.105	119.034.002
〃	다棟	50	87.830.105	10.840.950	15.344.928	115.015.978
計		152	270.043.510	32.956.496	46.065.958	349.065.958

~26~

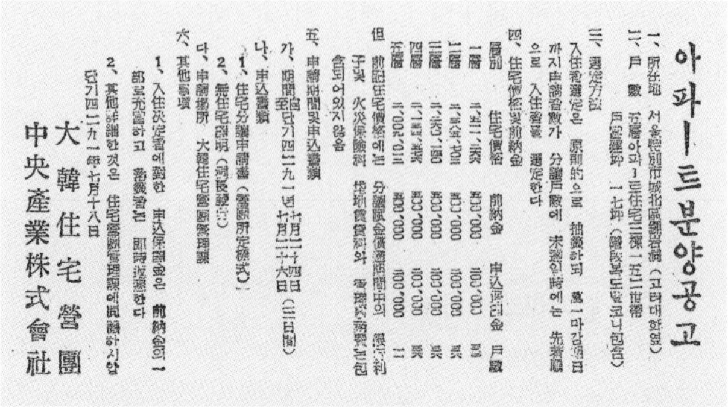

↑↑ [종암]아파-트 분양 공고(1958.7.18.)
출처: 중앙건설 사사편찬팀,
『중앙가족 60년사: 도전과 응전의 60년 1946~2006』(2006)

↑ 대한주택영단의 결산서에 포함된
종암동 아파-트 자산 내역
출처: 대한주택영단,
「1959년도 제18기 결산서」, 1959.12.

→ 종암아파트 전경(1958.12.7.)
출처: 서울성장50년 영상자료

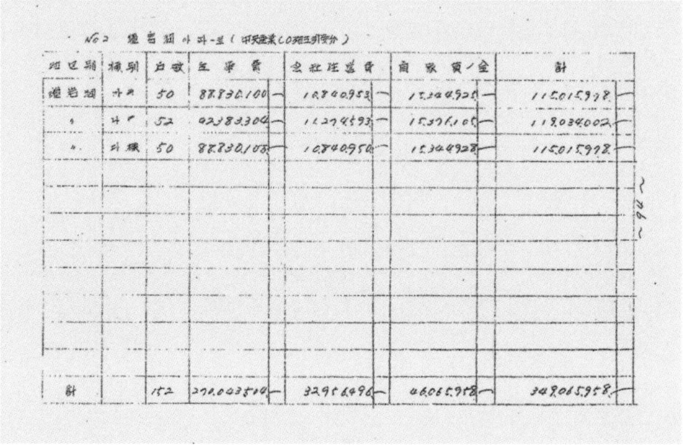

→ 종암아파트 가동 10호 및 11호는
외부에 차양을 설치하고
6평의 외부공간을 마당으로 전용
출처: 대한주택공사

→ 종암아파트 다동 1의 경우,
불법 증축으로 세탁소와 점포를 개설
출처: 대한주택공사

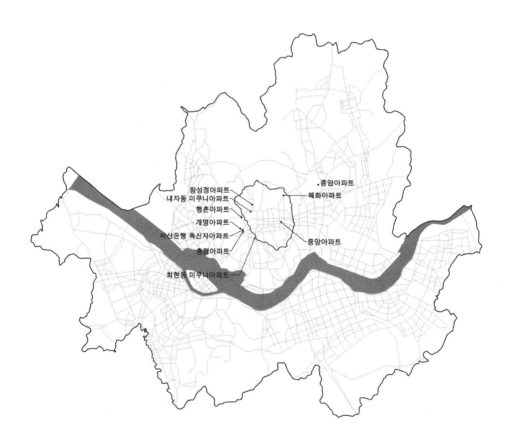

창성정아파트
내자동 미쿠니아파트
행촌아파트
개명아파트
식산은행 독신자아파트
충정아파트
회현동 미쿠니아파트

종암아파트
혜화아파트
중앙아파트

↑ 종암아파트가 지어질 당시 서울의 주요 아파트 위치도
©강병영

층이 높아질수록 낮았다.[13] 또한 구릉지를 따라 주거동이 계단식 모양을 취한 까닭에 층별 세대수가 달라 5층은 11세대에 불과했다. 입주 대상은 무주택자였으며, 일단 분양계약금으로 50만 원을 불입한 뒤 입주와 동시에 보증금 20만 원을 내고 나면 입주 후 10년 정도가 되는 1967년까지 할부 상환 방식으로 잔금을 지불하기로 했는데[14] 주택 가격이 너무 비싸다는 입주자들의 단체 행동으로 이는 다시 변경됐다.

뜰이 없다는 것에 불만이 많았던 시절이니 외부와 맞닿은 1층의 분양가가 높을 수밖에 없었다. 공유공간인 1층 외부공간을 1층 입주자들이 무단으로 점용할 가능성은 분양가에 포함되지 않았지만, 언제든 그럴 수 있었다. 1973년 대한주택공사가 분양 가격 상환을 마친 세대를 중심으로 분할 등기 준비 차원에서 실태조사를 나갔을 때 어처구니없는 일들을 목격하고야 말았다. 1층에 거주하는 많은 세대가 6평 정도 넓이의 전면 외부공간을 모두 자기 앞마당으로 바꿨는가 하면 계단식 옥상 가운데 세대가 없는 공간에 불법 증축을 하기도 했다. 아주 심한 경우는 1층 외부로 차양을 달고 증축한 뒤 점포를 열어 장사를 하기도 했으며, 관리실 일부에 칸을 막아 복덕방이 들어선 경우도 있었다. 아직 공동주택의 사용 규범에 익숙하지 못했던 시절의 얘기만으로 치부하기 힘들 정도로 공적 공간의 사적 점유가 만연했다.

종암아파트 건설 무렵 서울에는 아파트가 별로 많지 않았고, 그나마 대부분은 도심이나 도심 주변 지역에 위치하고 있었다. 특히, 일제강점기에 지어진 것들은 대부분 독신자용 임대주택으로 욕실이며 주방 등을 구비한 경우가 매우 적었다. 물론 한미재단 시범 아파트인 행촌아파트는 가족형 살림집으로서의 아파트 모습을 띠었지만 이는 예외에 가깝다.

↑↑ 개명아파트 준공석
출처: 중앙건설 사사편찬팀, 『중앙가족 60년사: 도전과 응전의 60년 1946~2006』(2006)

↑ 개명아파트 전경
출처: 중앙건설 사사편찬팀, 『중앙가족 60년사: 도전과 응전의 60년 1946~2006』(2006)

이런 맥락에서 종암아파트에 의미를 부여하자면, 단일동 도심 아파트가 담장을 두르고 일상생활을 지원하는 각종 시설들을 단지 안에 두는 단지형 아파트로 바뀌어가는 과정을 보여준다는 점이다. 더불어 단순 핵가족을 대상으로 삼는 가족형 아파트의 선구적 구실을 맡았다는 점도 주목할 만하다. 이런 특징은 종암아파트의 위치에 기인하는 면이 컸다. 지금으로선 상상하기 힘들지만 1950년대 말 종암아파트는 서울의 끝자락에 자리했기에 도심 임대용 주택과는 다른 공간 구성을 취할 수밖에 없었다. 종암아파트는 폭발적인 서울의 인구증가가 막 시작되던 때에 등장한 공동주택의 초기 사례였다. 마침 도심에는 서울 도시건축의 특별한 유형이라 부를 수 있는 '상가주택'이 막 등장했다.

단순 핵가족을 위한
개명아파트

서울 서대문구 충정로2가 185-1에 위치한 개명아파트는 1959년 8월 15일 준공했다.[15] 준공석에 음각된 내용처럼 '단기 4291년도 정부계획에 의한 산업은행 융자로 건설된 아파트'이다. 종암아파트와 마찬가지로 중앙산업이 시공을 맡았고, 대한주택공사가 '정부를 대신해 산업은행 융자금'을 받아 중앙산업으로부터 이를 인수했다. 준공석의 '정부계획에 의한'은 이런 뜻이다. 개명아파트는 문헌을 통해 종암아파트에 비해 상대적으로 많은 사실들을 구체적으로 확인할 수 있다.[16] 인계인수조서의 표지엔 '개명아파-트(국민아파-트)'라고 기록되어 있다. 국가기록원이 소장하고 있는 「91년도(1958년) 정부계획에 의하여 충정로에 세워질 국민아파-트 모형」 사진(24쪽) 왼쪽에서 볼 수 있는 바로 그 아파트다.

대지 소유자는 대한주택영단으로, 필지의 면적은 1,999.6평인데 개명아파트가 들어설 889.07평을 전체에서 따로 분할해 개명아파트 몫으로 산정했다.[17] 개명아파트는 철근콘크리트 블록조 토단즙(鈦丹茸)[18] 5층 1동으로 모두 75세대로 구성됐으며, 1~5층의 건축바닥면적은 각각 372.25평으로 동일해 전체 건축바닥면적은 1,861.25평에 이른다. 지붕구조는 목조 트러스를 벽체에 얹고 함석지붕으로 마감했다. 주택 건설자금의 재원은 1959년도 귀속재산처리특별회계적립금 중 주택자금이었고, 약 93.1퍼센트가 융자되어 총 건설비 가운데 중앙산업이 투입한 자본 비율은 9.5퍼센트에 불과했다. 그에 비해 중앙산업의 회사 이익금은 총공사비의 7.47퍼센트였다.[19]

H자가 누운 모양의 주거동은 각 층에 온돌방 2개와 널마루가 깔린 거간(居間), 별도 구획된 주방과 변기가 부착된 화장실 하나가 있는 24평형 15세대로 구성되었다. 각 세대엔 전면 전체에 걸쳐 발코니가 있었고, 발코니 한쪽에는 작은 창고가 부설됐다. 전체 75가구는 모두 가족형 아파트 형식으로 지어졌다.[20] 엘리베이터는 설치하지 않았으며, 주거동 내부에 계단실 이외에도 외기에 직면하는 별도의 계단이 설치되어 비상시 대피통로로 이용할 수 있었으며, 비상계단에 접한 넓은 공용공간에는 더스트 슈트가 구비됐다. 당시만 하더라도 고층 주택의 쓰레기 처리문제는 아주 중요한 것이었고, 그래서 더스트 슈트는 때로 아파트만이 가질 수 있는 매우 편리한 시설로 간주되기도 했다.[21] 이 아파트 설계에 참여했다고 밝힌 건축가 지순은 다음과 같이 회고한다.

마포아파트(1964년) 전에 서대문에 개명아파트라는 것도 하나 했었어요. 개명아파트 설계한 거는 얼마나 웃겼다고

요. 초기에 개명아파트를 설계를 했는데 우리가 아파트를 본 적도 없고 살아본 적도 없잖아요. 아파트라는 걸 모를 때니까 이 책, 저 책 자료를 보고요. 그때 종암아파트를 뛰어가서 보고 그러면서 설계했어요. 제일 문제가 된 게 더스트 슈트였어요. 더스트 슈트의 밑에 참바(chamber)도 미국 책에 나온 것을 기준으로 해서 만들었거든요. 그랬더니 이틀만 지나면 일층에서 문도 못 열 정도로 꽉 차는 거예요. 그때는 배추도 뿌리째 사다가 버리지, 연탄 버리지, 그러니까 참바가 꽉 차서 막 올라오는 거예요. 그래서 할 수 없이 주공에서 거기다 일꾼을 하나 두고 리어카로 매일 퍼내서 (웃음) 옆에 창고에다 갖다놓으면 트럭이 와서 쓰레기를 가져가는 그런 시대였어요. 지금은 다 없어졌지만요. 화장실은 파이프로 하니까 괜찮은데 참바는 우리가 써본 일도 없고 본 일도 없잖아요. (웃음)[22]

개명아파트에는 당대 지식인들이 많이 살았다고 전해진다. 1962년 11월 1일자 『경향신문』에 관련 기사가 실렸다. "현재의 아파트 중에는 1958년에 세워진 종암, 1959년에 세워진 개명아파트가 그 시설이나 규모로 보아 큰 것이고, 중앙산업의 사택인 중앙아파트 등이 있다. 지식인이 많이 산다고 하는 개명아파트의 경우, 5층 건물에 75가구가 살고 있다." 이것이 사실인지 추정해볼 수 있는 문헌이 하나 있다. 대한주택영단이 작성한 「개명아파트 입주자 실태조사 보고 및 권리매매행위 단속에 관한 건」이다. 개명아파트는 15년을 상환기간으로 하고 상환이 끝나면 등기권리를 이전하는 방식으로 분양되었는데[23] 최초 입주자가 세대 전체 또는 일부를 전세로 임대하는 등 불법이 극심했다. 이에 따라 중앙산업으로부터 개명아파트를 인수한

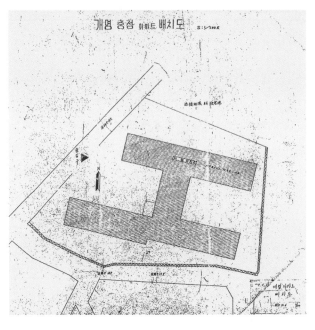

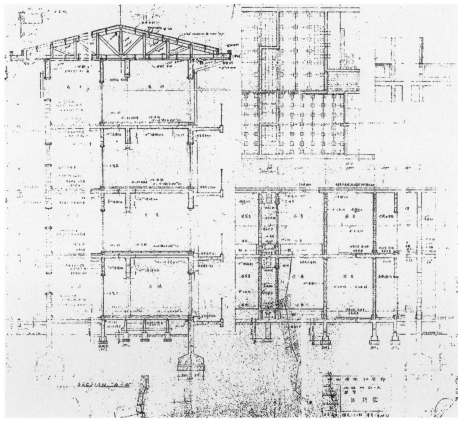

← 개명·충정아파트 배치도
출처: 대한주택영단·중앙산업주식회사,
「개명아파트 인계인수조서」(1959)

← 개명아파트 건축 상세도
출처: 대한주택영단·중앙산업주식회사,
「개명아파트 인계인수조서」(1959)

↓ 개명아파트 평면도
출처: 대한주택영단·중앙산업주식회사,
「개명아파트 인계인수조서」(1959)

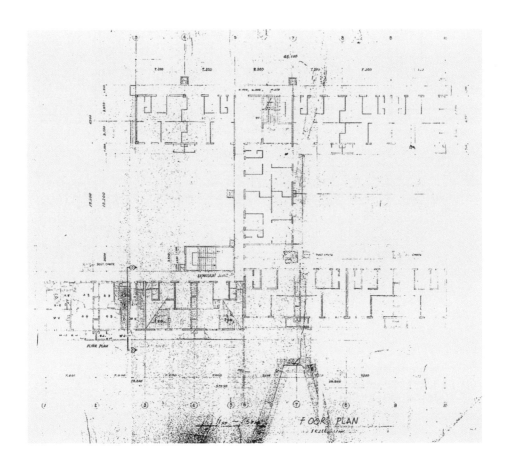

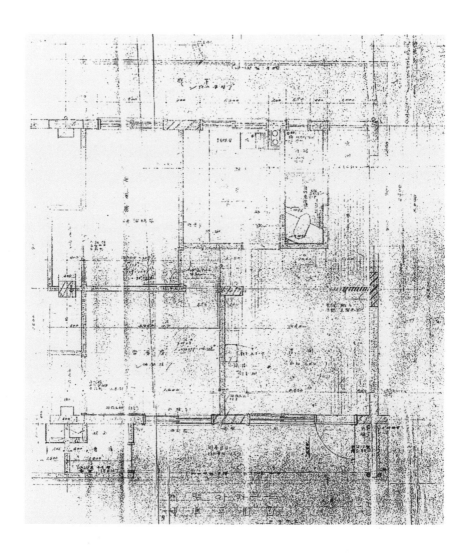

↑ 개명아파트 규준 평면도
출처: 대한주택영단·중앙산업주식회사,
「개명아파트 인계인수조서」(1959)

→ 개명아파트 입면도
출처: 대한주택영단·중앙산업주식회사,
「개명아파트 인계인수조서」(1959)

→ 개명아파트 평면도
출처:『현대여성생활백과 ⑪ 주택』(1964)

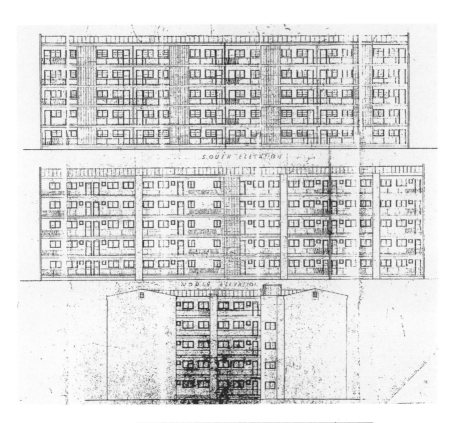

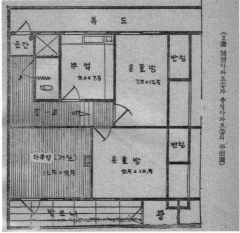

↑↑ 개명아파트를 시찰하는 이승만 대통령(1960.1.4.)   ↑ 개명아파트 항공사진(1972)
출처: 국가기록원   출처: 서울특별시 항공사진서비스

대한주택영단이 입주자 전체를 대상으로 계약자와 실제 거주자를
대조하는 작업을 진행했고, 이 문건은 조사 결과를 정리한 것이다.[24]
입주민들의 교육 수준을 정확히 가늠하기는 힘들지만, 세대별 실제
거주자의 명단과 직업이 명시되어 있어 나름의 유추는 가능하다.

　　조사 시점에 개명아파트에는 모두 402명이 살았는데 응
답하지 않은 세대 한 곳과 관리사무소로 사용하던 515호를 제외한
73세대를 기준으로 하면 세대당 5.5명이 거주했고, 가장 많은 식구
가 살던 경우는 11명이나 됐다. 아무튼 이들을 직업별로 보면, 회사
원이 22세대로 가장 많아 30퍼센트 정도를 차지했으며, 무직이 그
다음을 차지해 17세대에 달했다. 뒤이어 상업이 10세대, 교사 7세대,
교수와 공무원이 각각 4세대였다. 그리고 소수의 의사, 변호사, 기자,
군인, 아나운서 등이 거주하는 것으로 집계되었다. 거주자 절반 정
도가 고등교육을 받아야 택할 수 있는 직업군에 속한단 점에서 지식
인들이 많이 살았다는 세평은 크게 틀리지 않았던 것으로 보인다.

　　개명아파트는 도심에 자리하고 있었음에도 불구하고 종암
아파트와 마찬가지로 단위세대 형식이 그 이전의 도심형 독신자 아
파트와 달랐다. 동일한 단위세대를 반복적으로 사용했고 가족형 아
파트로 완전히 변모해 있었다. 다시 말해 1층을 달리 계획하던 방법
에서 벗어나 지층부터 최상층까지 전부를 결혼한 단순 핵가족을 대
상으로 하는 주택으로 채웠고, 단위세대 역시 규모와 공간 구성의
차이를 고려하지 않은 채 동일한 규모의 동일한 평면형을 반복적으
로 사용했다는 것이다. 또한 연탄에 의한 바닥난방 방식을 택해 후
일 난방 방식에 대한 논란을 일으키기도 했다.[25] 결국 1층부터 가족
형 단위세대를 채움으로써 길(가로)에 적극적으로 대응하는 태도는
사라졌고, 울타리나 옹벽으로 주변과 격리하는 방식이 채택되었다.

또 하나의
충정아파트

한동안 이 시기 아파트에 관해 풀리지 않는 두 가지 의문이 있었다. '91년도(1958년) 정부계획에 의하여 충정로에 세워질 국민아파-트 모형' 사진의 오른쪽 모형이 무엇인지를 특정할 수 없었다(24쪽). 또 1964년 3월 여원사에서 발간한 『현대여성생활백과 ⑪ 주택』에 담긴 '충정아파트 평면도'가 어디서 비롯됐는지도 짐작하기 어려웠다. 여원사에서 직접 그렸을 리는 만무하니까 말이다. 2018년 발굴한 한 기록물에서 두 의문을 해결할 실마리를 찾았다. 흔히 유럽아파트, 도요타(豊田)아파트, 풍전아파트, 충정로아파트 등으로 알려진 서울 서대문구 충정로3가 250-6의 '충정아파트'와는 다른 '충정아파트'가 개명아파트와 나란히 계획되었음을 확인하게 된 것이다.[26] 그러나 이 충정아파트 계획은 실현되지 못했다.

　　　이 충정아파트와 관련해, 1959년 7월 29일 중앙산업주식회사 대표이사 조성철 명의로 작성된 4쪽 분량의 문건이 1959년 7월 31일 대한주택공사에 접수되었다. 이 문서의 내용 대강을 정리하면 다음과 같다. 당초 단기 4291년(1958년) 2월 중앙산업은 개명, 충정, 종현(鐘峴), 구리개, 남대문 등 5동의 아파트 건립종합계획을 수립했다. 그러나 정부 당국의 사정으로 계획은 축소되었고, 1차로 충정로 2가 185번지 한국산업은행 소유지 위에 개명아파트와 충정아파트 2동만을 기공해 당국에 융자를 신청했다는 것이다. 그런데 자금 흐름상 개명아파트 1동만 먼저 건설하게 되었고, 이어 충정아파트를 건설하려고 1958년 11월에 주택영단에 서류를 제출해 공사비 심사를 받은 뒤 보건사회부에 건설 허가 신청을 했는데, 당국에서는 대지 면적에 비해 건평이 과대하다는 이유로 설계변경을 요청하며 서류를 각하했다. 이에 중앙산업은 설계를 변경해 건평을 줄이는 대신

5층을 8층으로 올려 재차 신청했다는 것이다.[27] 이 문건에서 언급한 충정아파트의 소재지는 개명아파트가 들어선 같은 지번의 동측이었다. 국가기록원이 소장하고 있는 국민아파트 모형 사진 속 5층 형태는 설계 변경 전의 것임을 알 수 있다.

조성철은 같은 문서에서 그간의 과정을 소상히 밝힌다. 대지는 원래 한국산업은행 소유로 중앙산업은 보건사회부의 알선하에 산업은행의 사전 양해를 얻어 해당 대지에 대한 정지(整地) 공사와 석축 공사를 완료했고 우선 개명아파트 건설에 착수했다. 그러면서 융자를 위해 개명아파트가 건설되는 곳만 먼저 토지 매매를 시도한다. 그러나 산업은행은 1필지의 땅을 분할 매각할 수는 없다고 해서, 다시 설계변경 등으로 공사가 지연된 충정아파트 건립지까지 한꺼번에 매입하게 되었다는 것이다. 회사 이익금의 항목까지 변경했다며, 새로 지을 충정아파트를 위한 융자를 속히 처리해달라고 장문을 통해 읍소한다.[28]

> 충정아파-트 건설은 당초부터 중앙산업에서 건설계획을 수립하였고, 정부 방침에 의한 보다 나은 건물을 건축하고자 장구한 시일과 막대한 경비를 소비하여 3차에 걸쳐 설계변경을 하였고 건설용지의 확보도 폐사가 산은과의 교섭으로서 이루어진 것이며 기존 건물의 철거에 막대한 경비와 지난한 노력을 기울여 현재의 입지 조건을 만들었으며 1,400여 만 환의 토목 공사비를 투입하여 대지조성과 석축공사를 완료하여 현재의 환경을 조성케 하였던 것이니 비단 주택영단 명의로 해당 대지를 매수하게 되었다 하더라도 그 지상에 국민아파-트를 건설함에는 폐사가 이를 시공함이 타당한 일로 사료되는바 이러한 실정과 경위를

48

↓ 공원지구 위치 변경 개괄도
출처: 대한주택영단,
「공원지구 위치 변경 신청에 관한 건」,
1960.2.24.

↓↓ 공원지구 변경을 전제한
충정아파트 배치도 및 공원용지
출처: 대한주택영단,
「충정아파트 건축허가에 대한 각서 제출에 관한 건」,
1960.4.8.

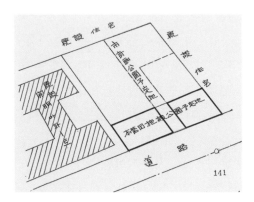

141

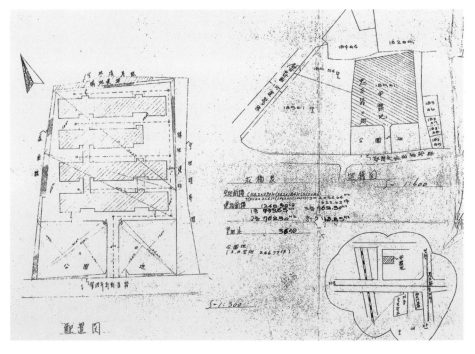

살펴 개명아파－트 건설과 동일한 방안을 채택하여 주택영
단과 공동차주로서 당국에 건설자금 융자를 선처해 주실
것을 이에 앙망한다.[29]

이에 대해 대한주택영단 이사장은 보건사회부에 의견을 물어 조치
할 것을 지시했고, 1960년 2월 15일 보건사회부 장관은 대한주택영
단 이사장의 요청 내용을 검토한 결과 사업계획이 타당하다는 판단
을 전제로「충정아파－트 건설에 관한 사업계획 승인 및 소요자금 추
천의 건」이라는 제목의 공문을 대한주택영단에 시달했다.[30] 이 조
치로 인해 중앙산업의 충정아파트 건설계획은 급물살을 탔고, 대한
주택영단은 적극적으로 충정아파트 건설을 위한 행동에 나섰다.

　　이 과정에서 8층으로 변경됐던 단일동 충정아파트가 3층
아파트 4개 동 45세대를 건설하는 것으로 다시 바뀌었다. 이와 함께
서울특별시 도시계획 결정으로 구획된 공원용지도 변경해줄 것을
서울시에 요청했다.[31] 해당 대지는 이미 옆에 개명아파트가 있고, 비
교적 도심에 속해 소주택 건설에는 적합하지 않으며, 3층짜리 아파
트 4동을 신축하면 45세대의 주택공급이 가능하고 공원의 위치를
변경하면 개명아파트 주민들도 이 공원을 이용할 수 있다는 의견이
었다. 위치가 변경된다면 미끄럼대와 그네, 의자를 설치하고 나무를
심어 공원으로서의 쓰임새를 높일 것이라고도 덧붙였다.

　　이 과정을 거쳐 1960년 6월 4일 서울특별시가 건축을 허
가했다. 허가 신청서에 첨부된 도면이 바로 충정아파트 최종 설계도
였고, 1964년 3월 발간한『현대여성생활백과 ⑪ 주택』에 실린 '충정
아파트 평면도'는 여기에 근거한 것이다. 흥미로운 사실은 1960년
2월과 4월에 각각 공원용지 변경 신청과 건축허가 신청이 이뤄졌는
데, 이 요청 승인과는 별개로 이미 1960년 1월에 공원용지 변경을 전

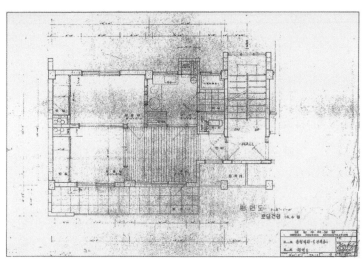

평 면 도
로딤건령 14.4평

대 한 주 택 영 단
KOREAN HOUSING ADMINISTRATION

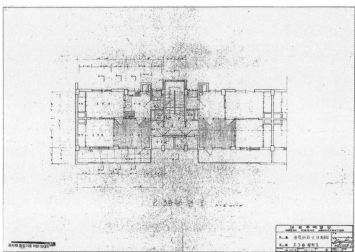

2·3층 평 면 도

대 한 주 택 영 단
KOREAN HOUSING ADMINISTRATION

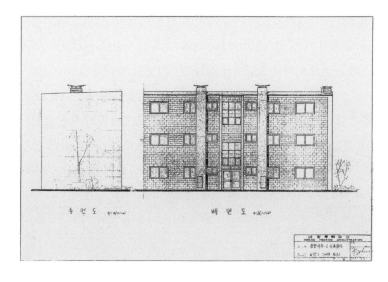

측 면 도   배 면 도

대 한 주 택 영 단
KOREAN HOUSING ADMINISTRATION

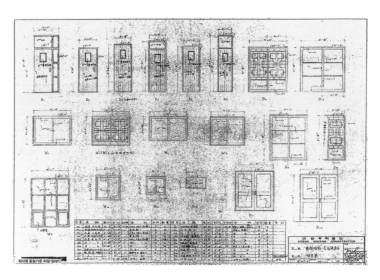

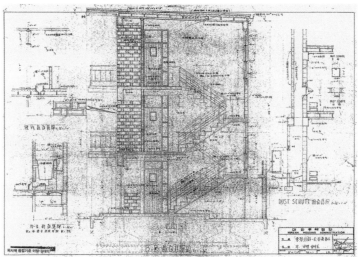

← 14.4평형의 충정아파트 단위세대 평면도
출처: 대한주택영단,
「충정아파트 신축공사」, 1960.1.

← 충정아파트 2, 3층 단위세대 평면도
출처: 대한주택영단,
「충정아파트 신축공사」, 1960.1.

← 충정아파트 측면도와 배면도
출처: 대한주택영단,
「충정아파트 신축공사」, 1960.1.

↑↑ 충정아파트 창호도
출처: 대한주택영단,
「충정아파트 신축공사」, 1960.1.

↑ 충정아파트 B-B 단면상세도
(더스트 슈트와 욕실 단면도 포함)
출처: 대한주택영단,
「충정아파트 신축공사」, 1960.1.

↓ 충정로 잔지위치도
출처: 대한주택공사,
「토지(충정로지구 불용잔지) 매각 입찰 공고」,
1962.10.13.

↓ 한국 최초의 재건축아파트가 된
서울 충정로의 개명아파트
출처:『매일경제』1991.12.19.

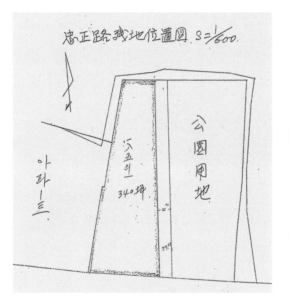

제한 배치도와 평면도, 입면도 등이 작성됐다는 점이다. 정치적 배경을 가진 업체가 행정 절차를 개의치 않는 모습이다.

충정아파트가 개명아파트와 다른 점은 계단실형 진입 방식이다. 이와 더불어 변기가 설치된 변소와 시멘트 욕조를 갖춘 욕실을 분리했으며, 부흥주택이나 재건주택에서처럼 현관 안쪽의 신발 벗는 곳에서 직접 들고 날 수 있는 장독대가 세대마다 따로 설치됐다. 또한 모든 세대의 부엌엔 싱크대가 설치되었고 한편에 독립적인 더스트 슈트가 마련되었다. 다른 구성은 개명아파트와 유사했다. 온돌방 2개와 마루널이 깔린 마루방이 있었고, 필요에 따라 창고로 전용하기 쉽도록 발코니 구석에는 ㄷ자형 벽체를 먼저 설치해 입주 후 바꿀 수 있도록 배려했다. 난방 방식은 여전히 바닥난방으로 아궁이를 설치해 주거동의 양 단부에 굴뚝을 두었다. 1, 2, 3층 모두 동일한 평면이 배열되는 방식을 취해 전면부의 공원과는 관계없이 살림집을 넣었으며, 개명아파트와 마찬가지로 길(가로)과는 공원으로 이격되는 배치를 택했다.

1961년 8월 17일에는 충정아파트 건설 예정 부지에 산재한 무허가 건축물 5동 10세대를 완전 철거했다. 그러나 충정아파트는 결국 지어지지 않았다. 무허가 건축물 철거 이후 1년 여가 지난 뒤인 1962년 10월 13일 「토지(충정로 불용잔지) 매각 입찰 공고」에 대한 대한주택공사의 내부 결재가 있었다. 첨부된 매각 대상 부지 도면에 따르면, 공원의 위치도 변경되지 않았으며, 변경 요청 이전의 상태에서 개명아파트 옆 340평을 매각한다는 것이었다. 충정아파트 건설계획이 무산된 배경에는 4·19 혁명과 5·16 군사정변으로 이어지는 정치적 불안정이 중앙산업에 불리하게 작용했던 것으로 보인다. 이승만 정권의 부정부패를 척결하는 것을 기치로 내건 쿠데타 세력이 이전 정권에서 계획된 사업을 순조롭게 진행하리라 기대하기

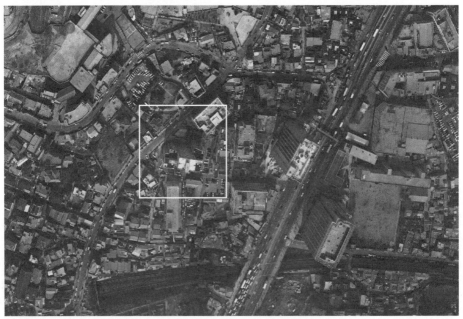

← 종암아파트 항공사진(1972)
출처: 서울특별시 항공사진서비스

← 개명아파트 재건축 완료 후 항공사진(1991)
출처: 서울특별시 항공사진서비스

↑ 종암선경아파트로 재건축된
종암아파트(2000)
출처: 서울특별시 항공사진서비스

는 힘들었다.[32] 이후 해당 부지는 민간인에게 낙찰됐고, 충정아파트
는 수많은 서류 뭉치만 남긴 채 실현되지 못했다.

중앙산업과
1950년대 후반의 아파트

중앙산업의 종암아파트와 개명아파트 그리고 실현되지 못한 충정아
파트는 한국주택사에서 여러 가지 의미를 갖는다. 이들이 이전 아파
트에서 오늘날의 아파트로 나아가는 전이 과정을 너무도 선명하게
드러내고 있다는 점을 우선 꼽을 수 있겠다. 해방 이전의 아파트와
마찬가지로 개명아파트와 충정아파트는 도심 인접지에 위치한다는
점에서 단일한 매스를 갖는 방식은 동일했지만, 내용적으로는 독신
자용 임대주택이 아니라 가족형 주택으로 전환되는 과도기적 공간
구성을 보여준다. 또한 단위세대마다 규모를 조금씩 달리했던 이전
과 달리 전 세대를 똑같은 유형으로 채워 넣은 점 역시 주목할 만하
다. 다양한 규모의 단위세대 구성이 규준 평면으로 불리곤 하던 단
일 유형으로 만들어져 반복적 구성을 통해 주거동을 만들었던 것이
다. 이러한 경향 속에서 길(가로)과 이격하는 방식을 택한 것은 단지
형 아파트로의 변모를 꾀한 시도로 볼 수 있다.

     특히, 충정아파트의 경우는, 비록 계획에 그치고 말았지만,
최초 구상한 5층 단일동이 8층 단일동으로, 최종적으로는 병렬 배
치 하는 3층 주거동 4동으로 바뀌면서 단순 평행배치 방식을 택했
다. 이와 함께 주거동 내 공용시설이 개별 전용공간 내부로 들어가
는 방식이 매우 뚜렷해졌는데, 이는 1960년대에 전개될 아파트 건축
을 예고하는 것이었다.

     따라서 이들 경향이 1960년대 아파트에 어떻게 투영되고,

적용되는가를 살피는 일이 중요한 과제로 남게 된다. 이들 아파트에서의 기거 방식 역시 중요한 논의 대상이다. 여전히 좌식이 대종을 이루고 있지만 정부와 건축계에서는 끊임없이 이를 질타하고, 서구식 기거의 장점을 이들 사례를 통해 강조했다는 점은 다가올 미래의 여러 가지를 가늠하게 한다. 분명한 것은 아직 아파트 건축에 대한 보편적 이해나 공간 구성의 습속이 공고하지 않았다는 점이다. 특히, 종암아파트 사례에서 봤던 공동생활공간 이용에 대한 미숙함 등은 당시의 아파트가 여전히 일상생활과 타협하지 못했음을 드러낸다.

주

1 　대한주택영단·중앙산업주식회사, 「개명아파트 인계인수조서」(1959).

2 　「신두영 비망록(1) 제1공화국 국무회의(1958.1.2.~1958.6.24.)」(이하 「신두영 비망록」),
국가기록원 소장, 1990.8.15. 기록 중 1958년 1월 7일자 제2회 국무회의 내용.

3 　"[1950년대] 건설업으로 대자본가로 성장한 사람들 중 23대 자본가에 속하게 된
경우가 3명이다. 이용범(대동공업), 조성철(중앙산업), 정주영(현대건설)이 바로
그들이다. 이들은 한국전쟁 이후 전재 복구의 건설경기를 타고 급성장하였다. 이들은
정부 발주의 주요 공사를 도맡아 함으로써 대자본가로 성장하였다. 정주영(현대건설)의
경우는 미8군의 공사를 거의 독점함으로써 성장하였고, 57년 한강인도교 복구공사를
수주, 시공한 것을 계기로 대자본가로 부상하였다. 또한 조성철(중앙산업)은 경무대
수리공사를 계기로 50년대의 공사 실적 1위로 부상하였다." 공제욱, 「1950년대
자본축적과 국가」, 『국사관논총』 제58집(1994), 209쪽.

4 　중앙건설 사사편찬팀, 『중앙가족 60년사: 도전과 응전의 60년 1946~2006』(중앙건설,
2006), 104쪽.

5 　같은 곳.

6 　재벌문제연구소, 『재벌 25시』 제3권(동광출판사, 1985), 260~261쪽. 공제욱,
「1950년대 자본축적과 국가」, 『국사관논총』 제58집(1994), 199, 209쪽.

7 　공제욱, 같은 글, 205쪽.

8 　중앙건설 사사편찬팀, 『중앙가족 60년사: 도전과 응전의 60년 1946~2006』, 120쪽.

9 　같은 책, 118~119쪽 요약.

10 　대한주택공사, 『대한주택공사 20년사』(1979), 218~219쪽.

11 　같은 책, 220쪽.

12 　대한주택영단, 「1959년도 제18기 결산서」(1959.12.31.).

13 　그러나 5년 정도 지난 1963년 6월, 행촌·종암·개명·마포 아파트 700세대 가운데
250세대를 대상으로 중앙대학교 가정학과 주택부에서 조사한 내용에 따르면, 설문
응답자의 상당수가 희망하는 층을 2층이라고 답했는데 그 이유는 1층이 소음과 오물
등에 따른 불편이 크다고 응답했다. 「공동생활에 불편은 없는가?」, 『조선일보』 1963년
11월 27일자 참조.

14 　그러나 1958년 7월부터 1962년 8월까지 할부금 징수는 24.8퍼센트에 그쳤다. 주택
가격이 고가라는 이유로 입주자들 이 대표자를 선출한 뒤 주택 가격 인하 문제를 여러
곳에 진정하는 사태가 벌어졌고, 5·16 군사정변 이후 과감한 시책으로 5년 할부제로

변경했음에도 불구하고 월 부담금이 과중하다는 이유로 징수가 부진했다. 이에 따라 1962년 제6차 이사회에서는 상환기간 만료가 되는 1967년 12월 이후 다시 10년을 더 연장하는 조치를 취해 입주자 부담 완화와 징수율 증가를 도모한 바 있다. 대한주택공사, 「제6차 이사회 회의록」(1962.9.21.). 사실 주민들의 진정 사태는 입주 후 바로 시작되어 이미 1959년 3월부터 '아파트 상조회'를 중심으로 국회와 보건사회부 등에 진정서를 보냈다. 입주 당시 250만 환이라던 아파트 가격이 실제로는 400만 환이고, 월부상환액이 3만 2,400환에 달할 뿐만 아니라 이승만 대통령이 방문한 가동 1, 2, 3호는 좋은 자재를 사용한 반면 그 밖의 세대는 구조가 엉망이고 연탄가스가 새는 등 살 수 없을 정도라면서, 수세식 변소도 물이 나오지 않아 변소 사용을 하지 못한다는 등의 내용이었다. 대한주택공사는 지금이라도 250만 환을 내면 분양이 되며, 상환액이 높아진 건 은행 이자와 보험료가 보태졌기 때문이라고 항변했지만 5·16 군사정변 직후라는 정치적 급변 상황을 고려해 서둘러 상환 조건이며 기간을 조정한 것으로 판단된다. 「서민복지는 어디로? 매호에 물경 400만 환」, 『경향신문』 1959년 3월 1일자 참조.

15 개명아파트의 공식 준공 일자는 1959년 8월 15일이지만 1959년 11월에도 일부 설계변경과 추가 공사가 진행되었다. 당시 주택공급 관련 주무 부처인 보건사회부는 대한주택영단 이사장 앞으로 공문을 보내 중앙산업과 대한주택영단의 임의 설계변경이 보건사회부의 승인을 얻지 않은 채 진행되고 있음에 대해 유감을 표하고, 향후에는 그런 일이 없도록 각별히 유념하라며 설계변경과 추가 공사를 승인했다. 설계변경에 의한 추가 공사는 곧 귀속재산처리특별회계적립금 중 주택자금의 추가 투입이 따르는 것으로서 공사비 증액을 위한 설계변경은 사전에 자금 관리 주체인 보건사회부의 승인을 받아야 했다. 보건사회부 발송 공문, 「개명아파트 설계변경 및 추가공사 승인신청에 관한 건」 보원(保援) 제4283호(1959.11.11.).

16 여러 가지 사실은 1959년에 만들어진 대한주택영단·중앙산업주식회사, 「개명아파트 인계인수조서」를 통해 확인할 수 있다. 37쪽으로 구성된 이 문건은 중앙산업주식회사(조성철 대표취체역)가 아파트를 인계하고 조선주택영단(이사장 김윤기)이 이를 인수하는 내용을 담고 있다. 개명아파트의 건설 경위와 인계 대상인 주택과 대지의 목록 등 모두 11가지 사항이 적혀 있다. 구체적인 인계인수 일자는 확인할 수 없지만 문건에 포함된 각종 첨부서류 가운데 1959년 11월 11일이라 표기된 수기 문건이 있다는 점에서 그 이후에 작성된 것으로 추정할 수 있다.

17 나머지 면적 1110.53평은 추후 설명할 충정아파트와 공원부지를 합한 것이다.

18 토단즙이란 포르투갈어로 아연을 뜻하는 tutanaga의 일본어 'トタン'('도탄'이라고 읽는다)에서 비롯된 것으로, 아연도금철판, 아연철판, 아연도철판 등의 의미로 사용했는데, 우리말로는 '함석'이다. 아연도금철판 가운데 특별히 파형(波形)의 골이 있는 함석판을 일본에서 '도단'이라 부르며 한자로 도단(鍍丹)이라 썼을 것으로 추정된다. 영어로는 corrugated galvanized iron이라 한다. 일본어 사전에는 トタン을 함석, トタン屋根은 함석지붕, トタンいた(トタン板)은 함석판이라고 풀이한다. トタンぶき(トタン葺(き) 역시 '함석지붕'으로 쓸 수 있다.

19	이는 후일 설계변경과 추가 공사로 인해 561만 7,550환이 증액됐다. 여기 언급한 내용은 최초 사업계획에 따른 것이다.
20	75세대 가운데 515호는 관리사무실로 사용해 실제 거주 가구 수는 74세대다.
21	당시 개명아파트는 매우 드문 고층 아파트여서 "하루에도 여러 번 올라다녀야 하므로 엘리베이터를 놓아주었으면 하는 것과 수도 사정이 좋지 않아 하루 2~3시간밖에 나오지 않으니 불편한 것이라고. 앞으로 김장철이 다가오지만 걱정은 독, 김치, 무 할 것 없이 위층으로 올려야 하니 큰일 났다"고도 주민들은 입을 모았다. 「온돌과 아파트의 장단점」, 『경향신문』 1962년 11월 1일자.
22	최원준·배형민 채록연구, 『원정수 지순 구술집』(도서출판 마티, 2015), 115쪽. 구술자 가운데 한 명인 건축가 지순은 1958년부터 1960년까지 대한주택공사 기사로 근무하였으며 한국의 여성건축사 1호로 대한주택공사의 1950년대 말~1960년대 초의 여러 사업에 간여하였다고 술회한 바 있다. 이 글에서 더스트 슈트는 쓰레기 투입 수직 통로, '참바'는 집결소를 말한다. 중앙산업 주택부가 설계한 것으로 알려진 개명아파트에 대해 대한주택영단이 설계했다고 지순은 구술한다. 그러나 그 구체적인 전말은 확인할 수 없다.
23	1층의 경우, 입주금은 18만 2,289원, 월세는 2,544원이었다. 「온돌과 아파트의 장단점」, 『경향신문』 1962년 11월 1일자.
24	조사 결과, 확인 불가능한 1세대를 제외하고 7세대가 계약자와 실제 거주자가 달랐다. 대한주택영단, 「개명아파트 입주자 실태조사 보고 및 권리매매행위 단속에 관한 건」(1961.8.22.).
25	『경향신문』 1963년 4월 18일자에는 「주택난 해결의 길」이라는 제목의 대담기사가 실렸는데, 건축가 김중업, 건축가이자 교수 박학재, 개명아파트 입주자 강창선 아나운서, 마포아파트 입주자 윤정인 주부, 장덕용 주택공사 이사, 홍사천 주택공사 이사, 황용연 건설부 주택과장 등이 김용호 경향신문 사회부 차장의 사회로 좌담한 내용이다. 이 좌담에서는 정부가 주택건설5개년계획을 세워 약 4만 호의 주택 건설을 목표하고 있는데 이렇게 짓는다 하더라도 1년에 80만 명씩 느는 인구와 각종 재해로 사라지는 주택을 감안하면 5년 뒤에는 오히려 120만 호의 주택이 부족할 것이라는 전망을 전제로 경인지방의 도시입체화, 좌식에서 입식주택으로의 전환, 고층 주택 중심으로의 단지계획 전환, 온돌방식 폐지 등이 적극적으로 개진됐다.
26	문건 제목은 「충정아파-트 건설에 관한 건」으로 1959년 8월 5일 대한주택영단 이사장의 결재를 얻어 다음 날인 1959년 8월 6일 보건사회부 장관 앞으로 이첩한 문건이다.
27	1959년 7월 29일 중앙산업주식회사 대표취체역 조성철 명의로 대한주택영단 이사장에게 보낸 문건 「충정아파-트 건설에 관한 건」 가운데 '건설계획의 경위' 참조.
28	같은 글.
29	같은 글.

30   「충정아파-트 건설에 관한 사업계획 승인 및 소요자금 추천 의뢰의 건」 보원 제656호(1960.2.15.)

31   대한주택영단은 「공원지구 위치변경 신청에 관한 건」에 대해 1960년 2월 24일 내부결재를 얻어 다음 날인 2월 25일 서울특별시로 발송했다.

32   『이코노미톡뉴스』 2011년 2월 11일자 '경제풍월'에서 배병휴는 「중앙산업 조성철 창업자, 어느 권력재벌의 몰락」을 통해 '중앙산업에 대한 자유당 정권의 부정축재 단죄와 5·16 이후 국가경제재건 참여를 전제로 한 과거 면책으로 재건의 기회를 맞아 전경련의 전신인 경제재건촉진회의 발기인이자 부회장으로 재기의 기회를 잡았지만 건설업체로부터 배척받은 이후 사세가 기울었고, 다시 1968년 이후 괌에서의 주택공사와 1970년의 팔라우 진출 등으로 다시 역전의 발판을 마련했다'고 전한다. 그러나 1973년 사우디 주택공사에 대한 입찰보증이 거절된 뒤 외환은행으로부터 단기금융이 부도 처리되면서 회사는 급격하게 기울었고, 해외로 떠난 조성철 회장은 1981년 12월 2일 외국에서 사망했다. 중앙산업은 이후 차남 조규영이 맡았다.

2 국민주택

보건사회부 장관이 1960년 11월과 1961년 1월에 각각 국무회의에 상정해줄 것을 국무원 사무처에 요청했던 「공영주택 건설 요강 제정의 건」에 첨부된 자료에는 1959년 말을 기준으로 그동안 대한민국 정부는 '귀속재산처리적립금에 의한 국민주택 8,640호'와 '부흥국채 자금에 의한 국민주택 1,525호'를 공급했다고 기록돼 있다.[1] 당시의 국민주택은, 주택도시기금에서 자금을 지원받아 건설되거나 개량되는 1세대당 85제곱미터 이하인 주택을 뜻하는 오늘날의 국민주택 정의[2]와는 사뭇 다르지만, 공적 자금을 투여한 주택인 것은 예나 지금이나 마찬가지다. 당시 공적자금의 출처는 귀재적립금이었다. 대한주택영단의 기록에 의하면 1959년 4월 1일 보건사회부 주관하에 불광동에 최초로 국민주택 건설 사업이 착수되었다.[3]

     1943년생인 소설가 황석영은 자신의 사춘기 시절부터 스물한 살 무렵까지의 방황을 엮은 장편소설 『개밥바라기별』에서 불광동 국민주택을 묘사한 바 있다. "그때는 아현고개 너머 신촌만 나가도 벌건 흙길에 솔밭뿐이었는데 불광동까지 가면 사방이 개구리 우는 논밭이었다. 그곳에 이른바 국민주택이라고 집장사 집들이 줄지어 생기기 시작했다."[4] 첩살림을 하던 아버지에게 생활비를 타러 가던 친구에 대한 기억을 더듬으며, 그가 살던 국민주택 밀집지역의 풍경을 묘사한 대목인데, 이제는 "오래된 동네의 낡은 골목길, 한옥이라 부르기에는 어색하고 양옥이라 부르기에는 남루한 집"[5]들이 있던 곳쯤으로 기억된다.

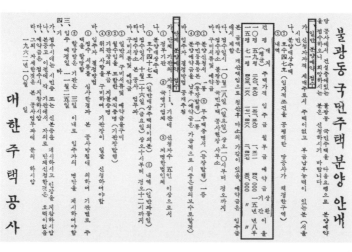

↑↑ 불광동 국민주택 시찰을 나온
이승만 대통령(1958.4.24.)
출처: 국가기록원

↑ 불광동 국민주택 분양 안내
출처: 『경향신문』 1962.10.24.

황석영의 소설에 등장하는 동네는 2002년 16대 대통령 선거에 출마했던 이회창 후보 내외가 신혼시절을 보낸 곳이기도 하다. 이회창 후보의 부인 한인옥은 2002년 11월 대통령 후보들의 부인을 취재한 『여성동아』 연속 인터뷰에서, 적은 판사 월급 때문에 신혼시절이 퍽 어려웠는데 다달이 돈을 쪼개 모아도 내 집 마련이 힘들었다면서 15년 동안 상환하는 융자를 받아 불광동 쪽에 국민주택을 샀다고 말했다.[6] 그런데 결국은 매달 갚아야 하는 불입금을 갚지 못해 집에 빨간딱지가 붙고, 어쩔 수 없이 그 집을 팔고 나올 수밖에 없었다고, 겨울이면 수도가 얼어 물이 나오지 않아 고생을 했다며 고단했던 시절을 회고한 바 있다.

대한주택공사는 1962년 10월 '불광동 국민주택' 10평과 15평 47세대에 대한 분양 공고를 냈다. 10평형 주택은 대지면적 59평(평균 면적)을 포함해 분양가는 29만 390원으로, 예약금과 입주금을 합한 19만 2,390원을 납부하고 잔액은 입주 후 연이율 8퍼센트로 월 1,511원씩 15년에 걸쳐 납부하도록 했다.[7] 15평형의 경우는 대지면적 71평에 분양가는 40만 3,168원, 월부금은 2,467원으로 조건은 10평형과 같았다. 분양을 신청할 수 있는 자격은 두 가지였다. 하나는 서울시에 거주하는 무주택 일반인으로 부금 납부 능력이 있는 경우, 다른 하나는 단체 분양이었다. '단체라 함은 정부기관, 국영기업체, 저명한 법인체에 근무하는 신청자가 5인 이상일 경우였으며, 기관장이 발행하는 재직증명서와 기관장의 부금 지불 증명을 더해 기관장이 일괄 신청하는 절차로 진행됐다. 앞서 언급한 이회창 부부의 경우 판사로 법원에서 일할 때였으므로 추정컨대 단체분양 대상자로 불광동 국민주택에 입주했던 것으로 보인다. 일반 분양에서는 공개추첨으로 입주자를 결정한 데 반해, 단체 분양은 대한주택공사가 서류 심사를 거쳐 기관별로 주택을 할당했다.

↓ 국민주택설계도안 현상모집 요강 공고
출처: 『동아일보』 1946.1.27.

↓↓ 1960년 국민주택의
목욕탕, 아궁이, 싱크, 블록 규격도 등 상세도
출처: 대한주택영단

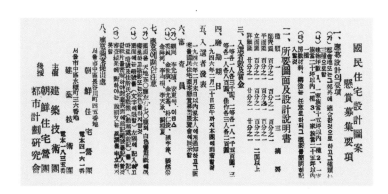

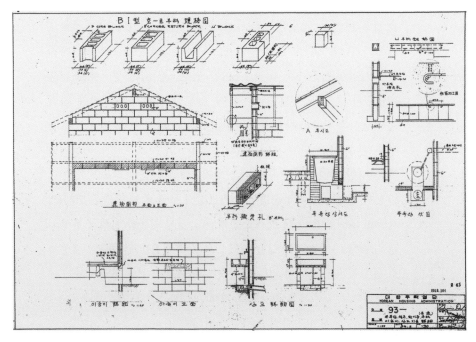

정리하자면, 당시 국민주택이란 귀속재산적립금이나 부흥
국채자금 일부를 활용해 이를 무주택 서민에게 장기 융자하는 방법
으로 건설해 분양한 주택을 일컫는다. 재원으로만 보자면 상가주택
이나 '인수주택'과 유사한 범주에 속하며, 또 정부나 해외원조기관의
지원을 융자금으로 변용해 제공하는 주택을 통틀어 칭하는 '원조주
택' 혹은 '후생주택'에도 해당한다고 하겠다.[8] 한편, 산업부흥국채 발
행기금 또는 귀속재산처리적립금 중 주택자금 융자에 의하여 건설
하여 분양 또는 임대하는 주택은 아파트, 상가주택 상관없이 부흥
주택으로 불렸으니[9] 국민주택은 때로 부흥주택이자 귀재주택에 속
하기도 했다.[10]

'국민주택'이란 용어는 해방 직후에도 존재했다. 최후까
지 좌파와 우파의 제휴를 모색하자는 국민대표대회주비(籌備)위원
회 안재홍 위원장의 호소와 기대가 신문 1면을 장식한 1946년 1월
27일, 건축기술단(建築技術團)이 주최하고 조선주택영단과 도시계
획연구회가 공동 후원하는 「국민주택 설계도안 현상모집 요강」이
발표됐다. 공모 내용은 다음과 같다. 도회지나 교외지역을 가리지
않고 건축면적 15평, 20평, 25평 이내의 주택설계안을 정해진 축척
에 따라 배치도와 평면도, 2면 이상의 입면도와 상세도 등을 가로
세로(흥미롭게도 '좌우×천지(天地)'로 표기) 각각 70, 50센티미터
규격으로 제출하라는 것이었다.[11] 이때 공모한 국민주택의 규모는
1960년대에 정부 차원에서 공급한 주택의 규모와 대부분 일치한다.
1970년대 초반까지 서울 도심과 김포, 삼송리, 벽제 등 외곽지역을
가리지 않고 대규모로 공급된 국민주택의 규모는 대개가 10~20평
내외였다.

남아 있는 도면 자료가 없어 정확한 내용을 파악하기는 힘
들지만, 신생 독립국을 향한 희망과 포부가 담긴 이 공모에 제출된

↑ 불광동 국민주택지 전경(1960)
출처: 국가기록원

도면들은 새로운 국민국가를 그리는 일종의 청사진이었을 것이다.[12]

평화촌이라 불린
불광동 국민주택지

1959년 6월 준공된 불광동 국민주택에 대해 대한주택영단 건축과 장은 "과거 수년간의 각종 재료와 각양각색의 주택 형태를 금번 새롭고 개량된 형태의 주택촌인 불광동지구에 건설"[13] 하게 됐다고 힘 주어 말한 바 있다. 무엇보다도 먼저 '문화주택 102호'와 '어린이놀이 터'의 제공이 눈에 띈다. 즉, 모든 집이 80여 평의 대지를 가지도록 했고, 275평의 어린이놀이터를 두어 안식처로 만들었다는 것이다. 주택지 안에 원형 분수대까지 설치하는 정성을 기울였다고 영단은 자평했다. 그래서인지 짓는 사람들이나 공사 현장을 지나다니는 사람들은 불광동 국민주택지는 환경이 온화하고 평화로운 분위기라며 입을 모았고, 급기야는 신선한 공기 덕에 도심지에서의 피로가 자연스레 풀릴 것이라 해서 '평화촌'이라는 별칭으로 불리기도 했다. 이를 계기로 당시 불광동 국민주택지로 들어가는 다리 이름을 평화교라 하기도 했다.[14]

기술적으로는 자연석을 이용하는 구들이 절대적으로 부족한 상황에서 재래의 온돌을 개량했고, 102채 가운데 6채에는 비록 수세식은 아니지만 혁신적인 기술을 통해 특허를 받은 '보건수세식 변소'를 설치해 악취를 줄이고 위생 조건의 개선과 편리를 높였다는 점이 강조되었다. 더불어 기와의 색채를 진한 회색과 빨간색으로 정해 전체 경관을 고려하였으며, 국내에서 처음 생산된 슬레이트를 이용하여 18평 주택의 지붕에 사용했을 뿐만 아니라 각 실의 창문을 천장 높이까지 끌어올려 실내 조도를 충분히 확보했다. 그러나

불광동지구 배치도

← 1959년 6월 30일 준공된
불광동 국민주택지구의 준공 당시 전경
출처: 대한주택영단, 『주택』창간호(1959)

↑ 불광동 국민주택지 항공사진(1972)
출처: 서울특별시 항공사진서비스

← 불광동지구 국민주택 배치도
출처: 대한주택영단, 『주택』창간호(1959)

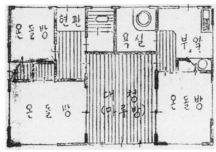

↑↑ 1차 준공 무렵 촬영한 불광동 국민주택 15A-1형 모습
출처: 대한주택영단, 『주택』 창간호(1959)

↑ 불광동 1차 국민주택 15A-1형 평면도
출처: 대한주택영단, 『주택』 창간호(1959)

이런 특징보다 더 놀라운 사실은 102채의 주택을 단 석 달 만에 준공했다는 점이다.

건축물의 주요 구조를 이루는 벽체는 중공블록(hollow block)과 시멘트벽돌을 이용했다. 시멘트벽돌은 주택영단이 직영으로 제작했고 현장에서 성능 확인을 거친 제품에 한정해 사용했다. 불광동이 당시 서울시의 상수도 보급지역이 아니었기 때문에 주택지구 안에 큰 우물을 설치하여 물을 받아 펌프로 높은 곳에 설치한 물탱크로 올린 뒤 이를 각 세대로 공급하는 설비를 갖춰 주택용수를 해결했지만 주민들의 성에 차지는 않았다. 그로부터 2년 뒤 우이동에 들어선 국민주택지가 문명의 줄기라고는 찾을 수 없었다는 회고나 마당 한구석을 삽과 곡괭이로 파서 펌프를 묻어 식수를 해결했다는 이야기[15]를 보면 정성을 기울였다는 영단의 자평은 무색해진다.

불광동 국민주택 가운데 가장 넓은 18평형에서는 잠자는 곳과 식사공간을 분리하는, 이른바 식침분리(食寢分離)[16]를 꾀했다. 불광동 국민주택의 1차 공사로 공급된 102세대는 규모별로 10평, 13평, 15평, 16평 그리고 18평의 기본 설계와 각 평형에 A, B 등을 붙여 변형한 8가지 종류의 주택형식을 적용했는데, 이 가운데 점포주택 2채가 16.1평의 규모로 지어지기도 했다. 불광동이 당시에는 상업시설이 전무한 서울의 외곽이었기에, 점포주택은 거주자들의 일상적 소비를 지원하기 위한 것이었다.

불광동 1차 국민주택은 무주택자를 위한 정책자금이 지원된 주택인 까닭에 개인일 경우 분양신청서와 함께 동장이 발행하는 무주택증명서를 준비해 분양을 신청해야 했다. 분양가는 물론 시세보다 저렴하게 책정하였다고는 하나 돈이 넉넉한 경우를 제외하고는 입주금(약 164만 환~305만 환)뿐만 아니라 잔액(원리금 상환

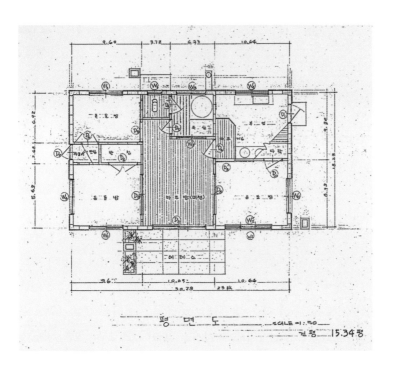

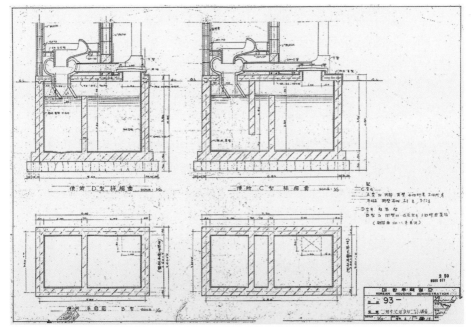

↑↑ 1960년 15-A형
국민주택 평면도(1960.3.)
출처: 대한주택영단

↑ 불광동 6가구에 처음 도입한
비수세식 악취저감 변기 C형과 D형 도면(1960.2.)
출처: 대한주택영단

기간은 10년, 연이율 8퍼센트)을 매달 할부금으로 갚아야 해 여간 부담이 큰 것이 아니었다(이 때문에 상환 기간이 추후 15년으로 늘었다). 평균적으로 보면 매달 납부해야 하는 할부금이 최저 1만 환(10평)에서 최고 1만 8천 환(18평) 정도였다. 입주자 대다수가 감당하기에는 매우 어려운 금액이어서 편법이 성행했고 뒷거래가 난무했다. 입주금을 내고 입주했다 하더라도 다달이 부어야 할 할부금을 제때 갚지 못하는 바람에 A에게 분양했는데 실제로는 B가 입주해 살고 있는 경우도 적지 않았다. 들어가 살 집이 절대적으로 부족한 시절 궁여지책으로 불법적인 전대(轉貸)가 벌어진 것이었다. 평화촌에서 벌어진 전쟁 같은 삶의 단편이었다.

　　　1959년 11월에 발간된 대한주택영단의 기관지『주택』제2호는 불광동 국민주택 입주자들과 대한주택영단 측 실무자들의 대담을 실었다.[17] 주택영단이 가졌던 불광동 국민주택지에 대한 자부심과 달리 입주자들은 교통문제와 용수문제를 해결해줄 것을 적극 요구했다. 즉, 국민주택지구의 구릉지 위에 물탱크를 두어 물을 저장한 뒤 하루에 3회씩 시간제 급수를 하는데 급수 시각을 30분이나 1시간 먼저 예고해달라는 것이 주민들의 요구 가운데 하나였고, 다른 하나는 불광동 국민주택지구까지 들어오는 버스를 배정하고 아침저녁으로 3~4회씩 배차해달라는 것이었다. 불광동 일대를 운행하는 경신여객 사장 모친이 불광동 국민주택에 살고 있어 주민들이 먼저 버스회사 측 생각을 들어보았는데, 버스가 다니기엔 땅이 너무 파여 먼저 도로 보수가 필요하다고 말했다며, 그러니 영단에서 도로 보수에 각별히 신경을 써달라는 주민들의 호소가 이어졌다. 아울러 아이들의 통학거리가 너무 머니 아예 학교를 불광동 지구에 하나 두자는 의견도 나왔는데, 대한주택영단은 뾰족한 해답을 내지 못하고 좋은 말씀을 잘 들었다는 말로 대담을 마무리했다. 이 기사는 사전에 조율된 것이니 문자 그대로 받아들일 필요는 없다. 그럼에도 불광동 국민주택을 둘러싼 여러 난맥을 짐작하기에는 충분하다. 입주자들의 의견을 종합해보면, 전반적으로 편리하지만 좁은 면적, 생활용수 이용과 가로등 부족, 간선도로의 보수 지체, 접근성 등에 불만이 컸던 것으로 보인다.[18] 대한주택영단이 각고의 노력을 기울였다고 상찬을 거듭한 주택지임에도 불구하고, 기반시설의 절대적 부족이라는 한계는 분명했다. 대단위 국민주택을 기반시설 없이 먼저 공급한 폐해는 주민들의 몫이 되었다.

속속 준공된
서울 외곽의 국민주택

불광동에 이어 1959년, 북가좌동과 상도동, 흑석동, 회기동, 홍제동 등과 김포 일대에 국민주택이 속속 지어졌다. 1959년 말 대한주택영단의 결산서에는 건축공사비, 전기공사비, 급수공사비 및 배수공사비와 대지비용뿐만 아니라 보험료와 융자부대 비용, 설계감리비, 부대공사 비용이 모두 포함된 국민주택(분양) 내역이 담겨 있는데, 김포를 포함한 서울 일대의 분양 국민주택 578세대에 해당하는 것이다. 전체 국민주택의 건축공사 비용이 정리된 것으로 보이는 이 자료에 근거해 적어도 578세대는 이미 준공했거나 부대 공사가 진행됐다고 판단할 수 있다.

이 내역서에 따르면, 1959년도에 준공했거나 계획 중인 국민주택의 규모는 불광동 국민주택의 8가지 유형(10-A형, 10-B형, 13-A형, 13-B형, 15-A형, 15-B형, 16-A형, 18-A형)과 유사한 규모의 국민주택이 곳곳에 지어졌음을 알 수 있다. 다만, 서울 시외지역인 김포에는 6.5평형과 8평형이 들어 있어 서울과 차이가 있다. 서울에서는 대저동의 15.2평형, 이태원의 19평형과 33평형, 이화동의 12.2평형과 14평형 등이 조금 다를 뿐이다. 신길동의 15-A-IN과 15-A-IS는 북측 진입 방식(N)과 남측 진입 방식(S)을 구분한 것이다.[19] 물론 표준형 설계를 이용하기는 했지만 경미한 차이의 평형과 유형을 기획해 공급했다는 사실은 당시 인구밀도가 낮은 서울 외곽 지역의 자연스러운 구릉지에 대해 특별한 토목공사를 시행하지 않았기 때문이다. 대지조성 원가를 낮추려는 태도가 엿보이는 지점이다. 1960년에는 서울 우이동과 벽제리, 부산 연지동 등에도 국민주택을 건설했는데 우이동과 연지동의 일부 국민주택에 대해서는 특이하게 '소형 국민주택'이라는 명칭을 부여하고 있다.[20] 그 이전의 국민주택에 비해 해당 지역에 규모를 줄인 7.5평의 국민주택이 들어섰기 때문이다. 1961년 입주한 우이동 국민주택지에서는 불광동지구와는 달리 곡괭이로 땅을 파 펌프를 묻어 식수를 해결했다. 그러나 "초라한 구멍가게에서 시든 야채를 구입하고 30분 간격의 시내버스"[21]로 나들이를 해야 하는 고달픈 일상은 크게 다르지 않았다. 기반시설은 여전히 열악했다.

당시만 하더라도 아파트는 인기가 전혀 없었다. 1970년이 되어도 우리나라 전체 주택에서 아파트가 차지하는 비율은 불과 0.77퍼센트인 3만 3,372호에 불과했다. 이와 달리 단독주택은 전체 주택의 95.3퍼센트를 차지했으니 국민주택이 공급되던 시기의 주택 선호에 대해서는 더 이야기할 필요가 없을 정도다. 아파트에 대해 드물게 들어본 적은 있어도 직접 보거나 들어가 본 사람은 소수였다. 게다가 내 소유의 땅과 마당이 없는 집에서 살 수 있다는 사실을 쉽게 받아들이는 이도 드물었다. 이런 이유로 대한주택공사는 1960년대 초에 수유동 국민주택 옆에 넓은 전면 공지를 확보한 연립주택을 공급하기도 한다.[22]

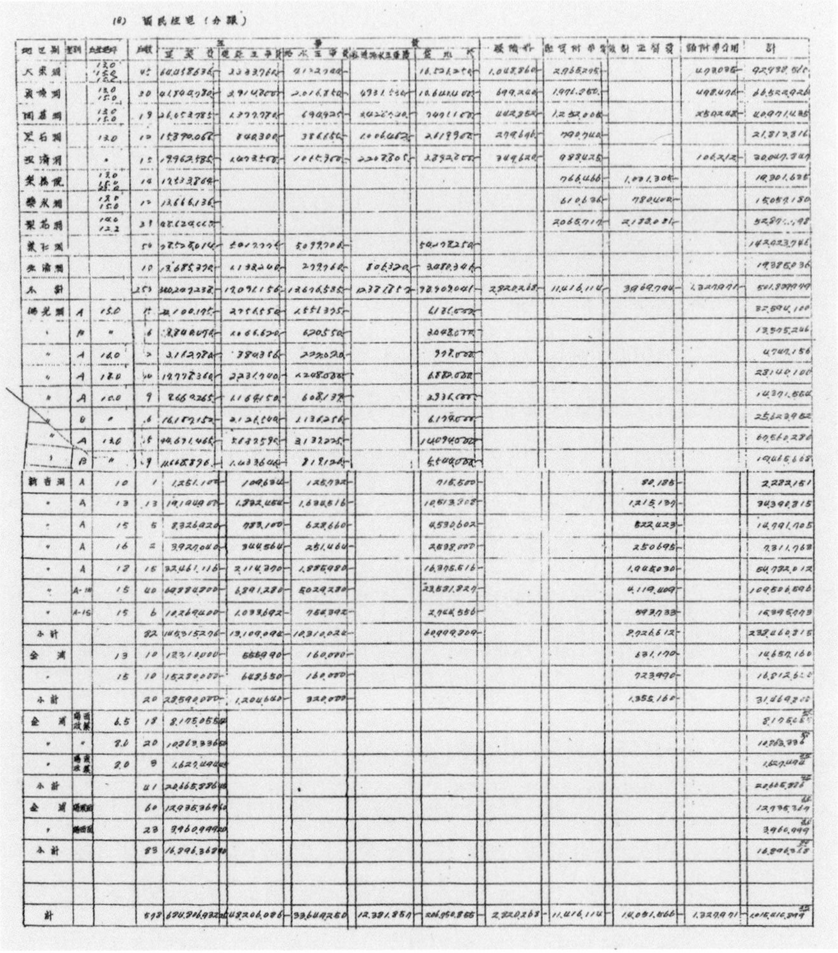

(8) 國民住宅 (分讓)

[illegible]	型別	[illegible]	戶數	[illegible]	[illegible]	[illegible]	[illegible]	[illegible]	[illegible]	[illegible]	[illegible]	[illegible]	計
[illegible]		13.0 15.0 15.2	45	60,058,636	2,333,760	4,122,700		16,521,250	1,048,860	2,765,275		473,035	92,738,516
[illegible]		13.0 15.0	20	41,580,780	2,914,800	2,016,850	4,931,550	10,644,400	699,240	1,971,250		498,476	66,522,926
[illegible]		13.0 15.0	19	26,052,785	1,372,770	690,925	3,425,520	7,471,160	442,350	1,257,006		250,242	40,971,485
[illegible]		13.0	10	15,390,066	840,300	386,650	1,006,452	2,119,962	279,646	790,740			21,813,316
[illegible]		〃	15	19,962,585	1,473,500	1,015,360	2,207,805	2,832,255	349,620	988,425		106,212	30,047,347
[illegible]		13.0 15.0	14	12,533,864						766,466	1,001,305		14,301,635
[illegible]		13.0 15.0	12	13,666,136						610,636	780,408		15,057,180
[illegible]		10.0 12.2	31	48,124,665						2,065,717	2,132,031		52,3[illegible]
[illegible]			50	78,578,014	5,012,776	5,099,706		50,478,250					142,023,746
[illegible]			10	13,685,370	1,132,240	272,760	806,320	3,080,346					19,385,036
小計			250	340,207,238	12,091,156	13,676,585	12,378,157	78,402,041	2,820,218	11,416,114	3,969,794	1,327,971	501,339,949
[illegible]	A	15.0	15	32,100,175	2,756,550	1,551,375		6,136,000					37,594,100
〃	B	〃	6	8,840,076	1,066,620	620,550		2,048,000					13,575,246
〃	A	16.0	2	3,112,780	380,356	227,020		997,000					4,717,156
〃	A	18.0	10	12,778,360	2,231,740	1,248,000		6,880,000					23,140,100
〃	A	10.0	9	8,669,265	1,164,150	608,139		2,336,000					14,371,554
〃	B	〃	6	16,157,152	2,121,540	1,136,256		6,174,000					25,623,962
〃	A	13.0	15	44,671,465	5,187,590	3,137,225		14,094,000					67,560,280
〃	B	〃	9	11,668,896	1,433,646	819,126		5,544,000					19,465,668
新吉洞	A	10	1	1,251,100	109,634	125,732		715,500			80,185		2,282,151
〃	A	13	13	19,149,607	1,832,454	1,680,516		10,513,308			1,215,137		34,391,315
〃	A	15	5	8,326,920	783,100	628,660		4,530,602			522,423		14,791,705
〃	A	16	2	3,927,040	344,564	251,464		2,538,000			250,695		7,311,763
〃	A	17	16	32,461,116	2,114,370	1,886,980		16,375,616			1,944,030		54,782,112
〃	A-16	15	40	69,884,800	6,891,280	5,029,280		23,581,827			4,119,409		109,506,596
〃	A-15	15	6	10,269,400	1,033,692	754,392		2,744,556			593,733		15,395,773
小計			82	145,315,276	13,109,094	10,310,024		60,999,209			8,726,612		238,460,315
[illegible]		13	10	12,310,000	555,990	160,000					631,170		14,657,160
〃		15	10	15,280,000	648,550	160,000					723,990		16,812,540
小計			20	28,590,000	1,204,540	320,000					1,355,160		31,469,700
[illegible]	[illegible]	6.5	18	8,175,055.50									8,175,055.50
〃	〃	8.0	20	10,263,336.50									10,263,336.50
〃	[illegible]	7.0	9	1,627,494.25									1,627,494.25
小計			41	20,065,886.25									20,065,886.25
[illegible]	[illegible]		60	12,935,369.60									12,935,369.60
〃	[illegible]		23	3,960,999.20									3,960,999.20
小計			83	16,896,368.80									16,896,368.80
計			548	694,906,932	48,206,086	33,649,250	12,381,857	206,960,866	2,820,268	11,416,114	14,051,566	1,327,971	1,016,416,399

↑ 1959년 12월 31일 기준
대한주택영단의 국민주택(분양) 내역
출처: 대한주택영단, 「1959년도 제18기 결산서」

→ 1959년 10월 30일 준공한
82세대의 서울 신길동 국민주택지
출처: 대한주택영단, 『주택』 제2호(1959)

→ 우이동 국민주택(1차) 배치도
출처: 대한주택영단,
「60년 조선주택영단 사무인계인수서철」(1960)

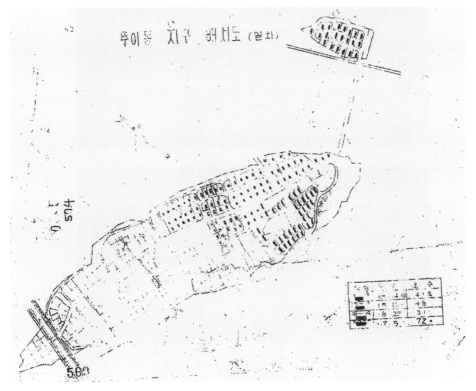

↓ 정희섭 보건사회부 장관의
후생주택(국민주택) 시찰 모습(1961.8.23.).
벽면에 우이동 국민주택지구 배치도가 걸려 있다
출처: 국가기록원

↓↓ 우이동 국민주택지 전경
출처: 대한주택공사,
『대한주택공사 주택단지총람 1954~1970』(1979)

즉, 아파트의 쾌적함은 인정하면서도 입주할 정도로 선호하지는 않는다는 점에 착안하여, 단독주택보다는 낮은 공사비로 아파트 생활과 유사한 쾌적감을 주는 동시에 정원을 두어 단독주택의 소유의식을 주는 것이 당시 국민주택 건설의 목표였다. 하지만 5·16 군사정변과 더불어 다양한 각도에서 아파트 건설의 시대가 시작됐다는 사실에 비춰보자면, 국민주택은 단독주택 시대의 끄트머리에 후줄근한 모습으로 도회지 외곽에 잔뜩 웅크리고 있었던 셈이다.

수유동의 연립주택은 1963년 12월에 준공되었는데 대한주택공사(대한주택영단은 「대한주택공사법」에 따라 1962년 7월 1일 이후 대한주택공사로 명칭을 바꾸었다) 측이 예상했던 것처럼 큰 어려움 없이 무난하게 분양을 마쳤다. 입주자들의 입을 통해 단독주택에 비해 생활이 편리하다는 소문이 돌았지만, 여전히 독립된 마당이 있는 단독주택이 사람들의 꿈이어서 당시 연립주택은 제법 규모가 있는 공장의 종업원 숙소 등으로 지어지는 경우를 제외하면 건설이 부진했다. 그러는 사이 아파트가 서서히 인기를 모으기 시작했는데, 당시의 아파트는 그저 제한적인 땅에 어떻게 하면 많은 집을 집어넣을 수 있을까 정도를 고민한 주택이었기에 지금과는 많이 다른 것이었다. 여하튼 단독주택인 국민주택과 공동주택인 연립주택이 잠깐이나마 경합을 벌였지만 아파트 중심으로 주택공급의 방향이 급격하게 전환되는 시대가 다가오고 있었다.

그럼에도 불구하고 국민주택의 기세는 쉽게 꺾이지 않았다. 국민주택의 전례 없는 대량공급 사례로는 1966년 5월에 착공하여 10월에 일부 완공한 화곡단지를 꼽을 수 있다. 이는 "근대적인 표준주택단지에 따르는 어린이놀이터, 공원 등 각종 복지후생시설과 학교, 소방서, 시장 등 일반 공공시설을 갖추어 근교 전원주택가로서 시범할 뿐만 아니라 같은 곳에 민간주택을 유치하기 위한 것"[23]으로

← 이화동 국민주택지구 배치도(1960)
출처: 대한주택공사,
『대한주택공사 주택단지총람 1954~1970』(1979)

↓ 이화동 국민주택지구가
분명한 모습으로 드러난 항공사진(1974)
출처: 서울특별시 항공사진서비스

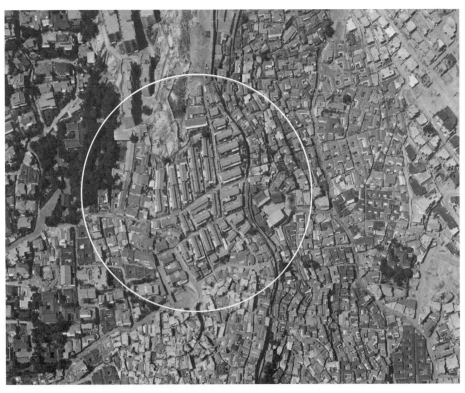

시범주택의 성격을 띠었고, 대한주택공사 최초로 수세식 위생설비를 설치한 사례이기도 했다.

1960년대 중반 이후의 국민주택지 조성은 급격한 서울의 행정구역 확장에 따라 미처 갖추지 못한 부족한 기반시설을 채우는 수단이 되기도 했다. 대도시 외곽에 대규모 국민주택지구가 만들어진 이유 중 하나였다. 초라한 구멍가게에서 시든 야채를 구입할 수밖에 없었다는 회상대로, 대부분 국민주택의 입지는 기존 도시의 상업공간과는 멀리 떨어진 곳이었다. 별다른 이동수단을 갖추지 못한 형편에서 주민들은 울며 겨자 먹기로 시든 푸성귀를 사 먹을 수밖에 없었을 것이다. 주택을 갖는 일은 그런 불편을 충분히 감수할 만한 가치가 있었다. 국민주택을 일컬어 "한옥이라 부르기에는 어색하고 양옥이라 부르기에는 남루한 집"이란 말도 사실은 세월의 더께가 얹힌 훗날의 감상이었으리라. 그것이 막 지어질 당시에는 분명 멋지고 세련된 집이었을 테니 말이다.

서울 이태원과 부산 연지동의 국민주택은 외인주택과 서로 마주하거나 길을 사이에 두고 있었다. 놀랄 만한 넓이의 마당이며 고급차들이 즐비했던 외인주택에 비해 국민주택이 비록 옹색하고 다닥다닥 붙어 있는 것이 사실이었지만 셋방살이의 설움을 일거에 날려버리는 내 집을 가졌다는 사실은 퍽 중요했다. 퍼걸러(pergola)가 설치된 마당, 싱크대가 달린 부엌, 욕조를 구비한 욕실과 대변기며 소변기를 갖춘 변소에 정화조가 묻힌 집에 실내외 공기 조절을 위한 레지스터(register)까지 설치된 집이었다.[24] 그런 집을 15년 장기 할부로 구입할 수 있었으니 비록 일부에 국한한 경우라 하더라도 당시로서는 최신식이었을 것이다.

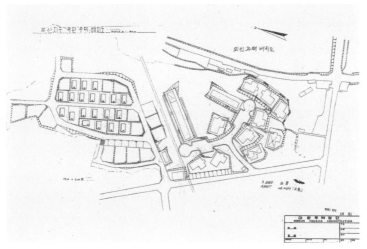

← 1966년에 준공한 화곡동 국민주택
출처: 대한주택공사, 『대한주택공사 30년사』(1992)

← 「신편 서울특별시 전도(1969)」에 표기된
화곡동 주택지구
출처: 서울역사박물관

↑↑ 대구 수성지구 국민주택 원경
출처: 대한주택공사, 『주택』 제24호(1969)

↑ 부산 연지동 국민주택 배치도(1960.4.)
출처: 대한주택영단

단독형
국민주택의 유형

소위 매머드 아파트로 일컬어지던 마포아파트는 Y자형 6동으로 1962년 12월 1일 1차 준공한 뒤 1964년 11월 20일 一자형 주거동 4동이 보태지면서 최종 준공에 이르렀다. 마포아파트는 당시 늘 서울 장안의 화제였고, 신문이며 잡지들은 마포아파트의 소식을 연일 실어 날랐다. 이런 까닭에 약간의 착시가 생겨 1960년대를 아파트의 시대라 언급하는 경우도 있지만 사실은 국민주택의 전성기라 해야 옳다. 마포아파트 1차 준공 후 한 달여가 지났지만 실제 입주자는 채 절반에도 미치지 못했다.[25] 급기야 당시 건설부 장관이었던 박춘식은 1963년에 지으려고 계획했던 마포아파트 추가분 2동의 건설비를 국민주택 건축공사비와 대지조성비로 돌릴 생각도 있다는 기자회견을 열기도 했다.[26]

　　1960년의 국민주택은 10평(실제로는 9.72평)부터 20평(실제로는 19.27평, 19.44평, 19.90평 등)에 이르는 규모 구간에 따라 매우 다양한 형식이 적용됐다. 실제로는 9.72평의 건축면적을 갖는 '93-10-A형'[27] 평면은 한국전쟁 이후 국민들에게 '9평의 꿈'으로 불리곤 했던 재건주택이나 희망주택과 유사한 전(田)자형 평면으로 부엌을 통해 출입하도록 했다. 아궁이식 난방 및 취사 방식을 택한 탓에 온돌방과 마루방의 바닥이 높았고, 상대적으로 바닥 높이가 낮은 부엌에서 바깥 출입을 하는 것이 덜 불편했기 때문이다. 부엌으로 진입한 뒤 빗변 방향으로 잘린 마루에 올라 여닫이문을 열고 마루방에 오를 수 있었으며, 마루방과 온돌방은 미서기문으로 구분되었다. 마루방 전체와 온돌방에 걸친 야외 테라스를 갖춘 것이 이채로운데, 마루와 테라스의 바닥 높이는 똑같지 않았다.

　　이에 반해 93-15-B형(실제 면적은 14.8평)은 대변기와 분리한 소변기를 욕조가 설치된 욕실 안에 설치하고, 변소, 욕실, 부엌 등 물을 이용하는 공간을 집약해 공간 구성의 짜임새를 높였다. 90-10-A형과 마찬가지로 2개의 온돌방을 가지면서도 5평의 여유가 있었던 까닭에 벽장이라 불렸던 수납공간이 충실해졌으며 부엌의 상부공간 전체를 다락으로 활용하도록 의도했다. 특히 욕조가 부엌의 아궁이와 맞닿도록 한 것은 부엌에 설치된 별도 아궁이를 이용해 쇠가마로 만들어진 욕조의 물을 쉽게 데워 사용할 수 있도록 한 것이다. 변소는 요즘의 수세식과 달리 정화조를 설치한 뒤 퍼내는 방식이어서 늘 외기에 면하도록 했다. 당시 국민주택의 마루방은 재래 주택의 대청과 같아서 바닥난방은 하지 않았지만 과거와는 달리 테라스와 면하는 부분에 유리분합문을 두어 동절기에도 일상공간으로 용이하게 활용할 수 있도록 했다. 전체적으로는 93-10-A형 평면에 비해 깊이는 다소 얕아지고 너비가 늘어난 형식이었다.

　　　국민주택 가운데 상대적으로 대형 평형에 속하는 93-18-A형(실제 면적은 18.23평)은 10평형과 15평형에 비해 온돌방이 2개 더 있고, 신발장과 넓은 싱크대 등을 갖췄다. 마루방 위에 위치한 온돌방은 가족구성원 가운데 성장한 자식 세대가 사용하거나 때에 따라서는 서재와 같은 별도의 용도로 쓰였을 것으로 판단된다. 부엌의 부뚜막과 붙어 있는 가장 넓은 온돌방으로 열리는 문을 두었다는 점에서 이 방이 안방이었을 가능성이 높다. 자는 곳과 밥을 먹는 곳이 아직 철저하게 분화하지 않았음을 고려한다면 가족들의 식사 역시 안방으로 보이는 온돌방에서 이뤄졌을 것으로 추정된다. 특히, 15평형에서 욕실에 함께 설치했던 소변기가 이번에는 대변기와 함께 구성돼 욕실과 분리됨으로써 보건이며 위생 측면을 한 번 더 고민한 흔적이 보인다. 상대적으로 욕실의 면적도 다소 넓어졌다. 또 한 가지 특별하게 보이는 것은 10평형이나 15평형과는 달리 현관이

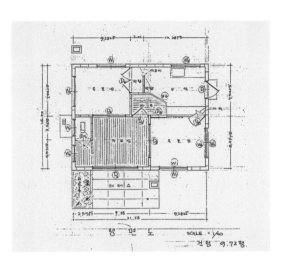

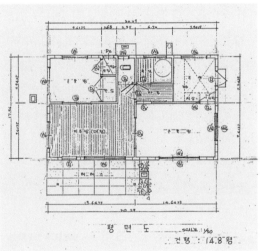

↑↑ 1960년 국민주택 건설에 적용한
10-A형 평면도(1960.3.)
출처: 대한주택영단

↑ 1960년 국민주택 건설에 적용한
15-B형 평면도(1960.3.)
출처: 대한주택영단

→ 1960년 국민주택 건설에 적용한
18-A형 평면도(1960.3.)
출처: 대한주택영단

→ 1960년 국민주택
20-A형 평면도(1960.7.)
출처: 대한주택영단

→ 1960년 국민주택
20-C형 평면도(1960.7.)
출처: 대한주택영단

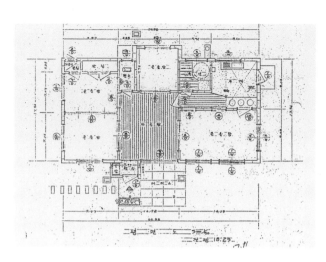

평면도 S=1/100 건평 18.23평

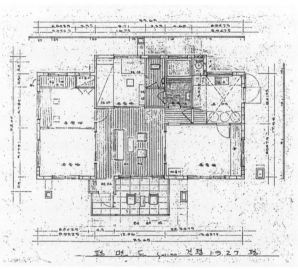

평면도 S=1/100 건평 19.27평

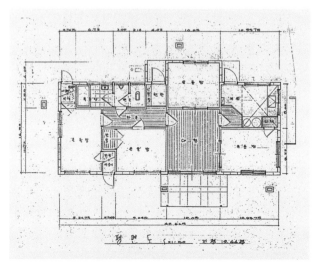

평면도 S=1/100 건평 19.44평

테라스에 붙어 있어 마당에서 편리하게 진입할 수 있었단 것이다. 또한 부엌의 아궁이만으론 온돌방 4곳의 바닥을 데우기에 곤란하므로 왼쪽 위 온돌방 귀퉁이에 따로 마련한 아궁이를 이용해 왼쪽 온돌방 2곳의 바닥을 데웠다. 테라스 상부에는 목재를 이용한 퍼걸러가 설치되는 경우가 일반적이었다.

1960년 7월에 작성된 20평형 국민주택은 매우 흥미로운 사례다. 93-20-A형(실제 면적 19.27평) 평면은 입식(立式) 기거 방식을 전제한 것으로 비슷한 규모인 93-20-C형(실제 면적은 19.44평)의 좌식(坐式) 지향형 평면 구성과 크게 다르다. 우선 당시 작성된 도면부터가 남달랐다. 4개의 온돌방 가운데 대청이라 이름 붙인 마루방과 같은 너비를 갖는 중앙의 온돌방에 침대와 의자를 갖춘 책상 그리고 책장을 그려 넣었으며, 대청과 테라스에는 소파와 선 베드처럼 보이기도 하는 의자를 두고 있다. 왼쪽 위 귀퉁이 온돌방 역시 반침 깊이만큼의 공간을 이용에 침대를 둘 것을 권고하고, 이를 분명히 표기했다. 그에 반해 나머지 온돌방 2곳은 전혀 다른 방식을 전제한 까닭에, 안방으로 보이는 오른쪽 아래 온돌방에는 장롱이며 재봉기를 두도록 지시하고 있다. 전통적인 안방임을 명시한 것이다. 난방은 아궁이와 보일러 겸용 방식을 채택했다. 온돌방은 아궁이로 난방을 했고, 보일러는 목욕물을 데우거나 부엌일에 용이하도록 설계되었다. 여기에 세면대와 욕조가 설치된 넓은 욕실을 두었고, 전실을 갖춘 변소에는 대변기와 소변기를 모두 설치했다.

반면에 C형은 A형과 동일하게 보일러와 아궁이를 함께 사용하는 방식을 제외하면 전혀 다른 평면이다. 대청이며 온돌방 등의 표시는 동일하지만 좌식생활을 지원하거나 지지하는 일체의 지시는 발견할 수 없다. 다만, 마루로 언급한 속복도가 등장하고, 속복도를 따라 북측으로 얕은 깊이를 가지는 공간을 구획해 이곳에 현

관이며 대변기, 소변기, 세면대와 욕조를 갖춘 목욕탕이 일렬로 늘
어서 있다. 모든 온돌방은 비교적 독립적으로 자리를 잡고 있으며 전
체적으로는 같은 크기의 A형에 비해 넓고 얕은 형상을 취했다.

　　　이런 여러 상황으로 미루어 국민주택 전성기가 시작된
1960년에는 현대 한국인의 기거 방식과 공간 형식에 대한 일정한 규
범이 정착하지 않았다고 할 수 있다. 한국의 전래주택인 전(田)자형
주택 형식을 취하는가 하면, 서구식 기거 방식을 추구하기도 했다.
또 동시에 여전히 일본의 관사나 사택에 근거를 두는 속복도 형식이
남아 있기도 했다. 욕조를 두고도 비슷한 일이 벌어졌다. 일본식의
커다란 쇠가마를 이용하기도 하고 사각형 시멘트 욕조를 두는 서구
식 형식을 따르기도 했다.

2층 연립형
국민주택의 특징

중앙건설주식회사가 시공해 1961년 1월 30일 대한주택영단이 인계
한 본동 국민주택은 부흥주택이다.[28] 서울 본동지구의 국민주택은
모두 2층 주택인데, 단독형 2층과 함께 2호 연립과 3호 연립 2층 주
택 40호, 79세대를 대한주택영단이 인수했다. 단위세대는 크게 차이
없이 17.5평형과 18평형이었고, 설계는 중앙건설주식회사가 맡았다.

　　　우선 A~A′형 2층 3호 연립 국민주택은 1층은 12평, 2층은
6평으로 구성된 주택이므로 1층의 폭 2분의 1 정도에만 2층이 올라
서는 방식으로 지어졌다. 도면에서 현관이 위에 있는 경우 실내로 들
어오면 2층으로 오르는 계단과 마주하게 되는데 계단 하부에 창고
와 변소를 두었다. 위에는 욕실과 부엌을 두고 아래에는 온돌방 2개
를 마련했다. 2층엔 가벼운 미서기문으로 구획되는 2개의 방이 있었

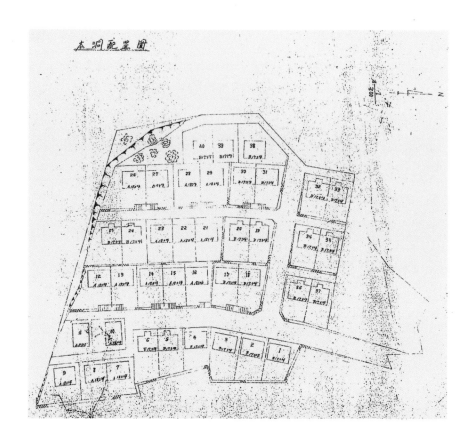

本洞配置圖

↑ 본동지구 국민주택 배치도
출처: 대한주택영단·중앙건설주식회사
「본동지구 국민주택 인계인수서」, 1961.1.30.

→ 본동지구 A~A'형 2층 3호 연립
국민주택 평면도 및 입면도
출처: 대한주택영단·중앙건설주식회사
「본동지구 국민주택 인계인수서」, 1961.1.30.

→ 본동지구 B형 2층 2호 연립
국민주택 평면도 및 입면도
출처: 대한주택영단·중앙건설주식회사
「본동지구 국민주택 인계인수서」, 1961.1.30.

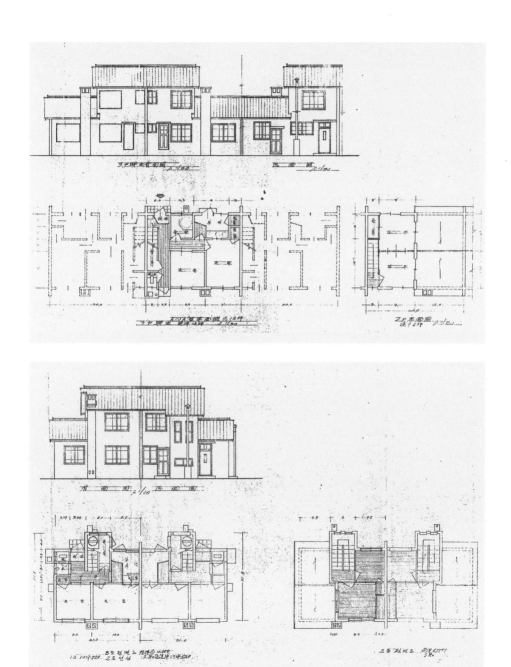

도 면 목 록

형별	매수	내역			비고
표지및판매가	3 매	1. 표　지	2. 도면목록	3. 끝며기호	
8 ST	7 매	1. 평　면　도 4. 천정빛지붕틀도 7. 상세도	2. 입　면　도 5. 부　럭　도	3. 기초빛바닥틀도 6. 부　럭　도	
8 ST-R	6 매	1. 평　면　도 4. 천정빛지붕틀도	2. 입　면　도 5. 부　럭　도	3. 기초빛바닥틀도 6. 상　세　도	
8 NT	7 매	1. 평　면　도 4. 천정빛지붕틀도 7. 상　세　도	2. 입　면　도 5. 부　럭　도	3. 기초빛바닥틀도 6. 부　럭　도	
8 NT-R	6 매	1. 평　면　도 4. 천정빛지붕틀도	2. 입　면　도 5. 부　럭　도	3. 기초빛바닥틀도 6. 상　세　도	
10 ST	6 매	1. 평　면　도 4. 천정빛지붕틀도	2. 입　면　도 5. 부　럭　도	3. 기초빛바닥틀도 6. 상　세　도	
10 WT	7 매	1. 평　면　도 4. 천정빛지붕틀도 7. 상　세　도	2. 입　면　도 5. 부　럭　도	3. 기초빛바닥틀도 6. 부　럭　도	
10 WT'	7 매	1. 평　면　도 4. 천정빛지붕틀도 7. 상　세　도	2. 입　면　도 5. 부　럭　도	3. 기초빛바닥틀도 6. 부　럭　도	
12 ES	7 매	1. 평　면　도 4. 지붕빛천정틀도 7. 상세도	2. 입　면　도 5. 부　럭　도	3. 기초빛바닥틀도 6. 부　럭　도	
15 SS	7 매	1. 평　면　도 4. 천정빛지붕틀도 7. 상　세　도	2. 입　면　도 5. 부　럭　도	3. 기초빛바닥틀도 6. 부　럭　도	
15 NS	7 매	1. 평　면　도 4. 천정빛지붕틀도 7. 상세도	2. 입　면　도 5. 부　럭　도	3. 기초빛바닥틀도 6. 부　럭　도	
15 NS'	7 매	1. 평　면　도 4. 천정빛지붕틀도 7. 상세도	2. 입　면　도 5. 부　럭　도	3. 기초빛바닥틀도 6. 부　럭　도	
15 NS"	6 매	1. 평　면　도 4. 천정빛지붕틀도	2. 입　면　도 5. 부　럭　도	3. 기초빛바닥틀도 6. 상　세　도	
18 SS	7 매	1. 평　면　도 4. 천정빛지붕틀도 7. 상　세　도	2. 입　면　도 5. 부　럭　도	3. 기초빛바닥틀도 6. 부　럭　도	
2-18 WS	6 매	1. 평　면　도 4. 천정빛지붕틀도	2. 입　면　도 5. 부　럭　도	3. 기초빛바닥틀도 6. 상　세　도	
20 SS	6 매	1. 평　면　도 4. 천정빛지붕틀도	2. 입　면　도 5. 부　럭　도	3. 기초빛바닥틀도 6. 상　세　도	
20 NS	6 매	1. 평　면　도 4. 천정빛지붕틀도	2. 입　면　도 5. 부　럭　도	3. 기초빛바닥틀도 6. 상　세　도	
창호도	6 매	1. 창효개소빛매수표 4. 창　호　도	2. 규　격　도 5. 창　호　도	3. 규　격　도 창　호　도	
공동상세도	13 매	1. 기초상세도 4. 창관상세도 7. 교꾸라상세도 10. 지붕틀상세도 11. 니방울틀상세도	2. 창호상세도 5. 부럭상세도 8. 변소상세도 12. 대청빛앞한관상세도	3. 창호상세도 6. 마루상세도 9. 기초빛상세도 12. 마루빛아궁이상세도	

STD 대한주택공사 / HOREAN HOUSING CORPORATION
건명: 62·국민주택 신축공사
도명: 도면목록

↑ 1962년 국민주택 유형 목록
출처: 대한주택영단, 「62 국민주택 신축공사」, 1962.3.

지만, 아궁이 난방 방식을 택한 탓에 2층은 바닥난방이 불가능해 그
저 마루방으로 불렀다. 18평이지만 당시의 가구원수를 고려하면 그
리 넓은 면적이 아님에도 불구하고 1층 내부에 2층으로 오르는 직
통계단을 두는 비효율적 공간 구성을 했다는 점에서는 적어도 토지
이용의 효율성을 우선했으리라 짐작한다.

    B형 2층 2호 연립 국민주택의 경우는 A형과 달리 꺾임계
단을 설치했다. A~A'형이 직통계단 하부에 창고와 변소를 둔 것처
럼, B형은 욕실을 두어 전면폭 모두를 2개의 온돌방이 접하도록 했
으며, A~A'형과 달리 2층 계단참을 이용해 2개의 마루방에 독립적
으로 들고 날 수 있도록 했다. A~A'형과 마찬가지로 2층은 바닥난
방이 이뤄지지 않았다. 1층 현관에 들어오면 우측으로 대변기와 소
변기를 따로 분리한 변소를 마련해 공간을 적극적으로 활용했다.

보통의 집,
국민주택

국민주택은 매년 초 대한주택영단이나 대한주택공사에 의해 표준
설계가 작성됐는데 1962년의 경우도 그 전과 크게 다르지 않아 8평
형부터 20평형까지 규모가 다양했다. 1963년에는 서울시 행정구역
확대에 따라 기존의 서울지역 이외에도 새로 편입된 지역을 대상으
로 국민주택지구가 산발적으로 조성됐다. 1962년 10월 30일에는 성
수동 국민주택 분양 공고가 있었는데, 10평과 15평 국민주택 48호
가 대상이었다. 10평 주택은 대지 면적이 50평, 15평은 67평의 대지
를 가지는 것이었다. 당연하게도 서울시민이고, 상환기간 15년 동안
부금을 납부할 능력이 있는 무주택자만 신청할 수 있었다. 단체분양
의 경우도 처음 불광동 국민주택의 경우와 다르지 않았지만 사회적

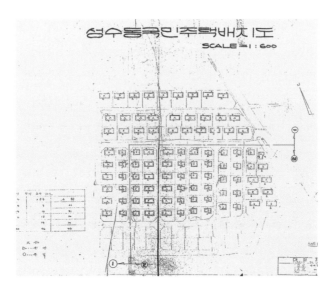

↑↑ 성수동 국민주택 배치도
출처: 대한주택공사,
「성수동 국민주택 인계인수서」, 1963.1.

↑ 1963년에 지어진
장위동 국민주택(2019)
ⓒ최호진

으로 주택 가격이 비싸다는 점을 반영한 탓에 상환기간은 15년이었다. 10평 국민주택의 가격은 대지를 포함해 28만 1,045원, 15평형은 40만 6,444원으로 책정했다.

1964년 10월 29일 국무총리 비서실에서는 국민주택에 대한 국민 여론을 취합해 대한주택공사 앞으로 공문을 보냈다.[29] 여기 그대로 옮긴다.

1. 당국의 주택행정 대행기관인 대한주택공사의 시민생활 실정을 도외시한 주택의 건설 분양계획 때문에 저소득 무주택 도민층은 하등 혜택을 받지 못하고 있어 당국의 주택정책을 비난하는 여론이 높아지고 있다 함.

2. 즉 국영기업체인 대한주택공사가 무주택 시민에게 분양하기 위해 서울 변두리(장위동, 남가좌동, 갈현동 등지)에 막대한 예산을 들여 신축한 국민주택은 그 가격이 40~70여만 원이고, 입주금만도 26~44만 원으로서 봉급자 등 저소득자층에게는 한낱 '그림의 떡'이어서 갈현동 주택과 마포아파트는 입주 희망자가 미달되는 실정이라 함.

3. 실상 셋집 생활을 하는 무주택 서민으로서는 일시에 30여만 원의 입주금을 내고 20여 년간이나 1천~2천 원의 월부상환금을 낼 만한 능력이 생기면 직장이 가까운 시내에서 협소한 집이라도 사려는 경향임.

4. 따라서 주택공사의 국민주택 분양계획은 무주택 서민을 위한 정책이라기보다는 환경이나 풍치가 좋은 곳을 취하는 부유층을 위한 정책이라는 비난이 높아지고 있으며, 당국이 진정 무주택 서민층의 주택난을 완화하려면 입주금이 30만 원이 넘는 고급주택보다는 10만 원 이내로 입주

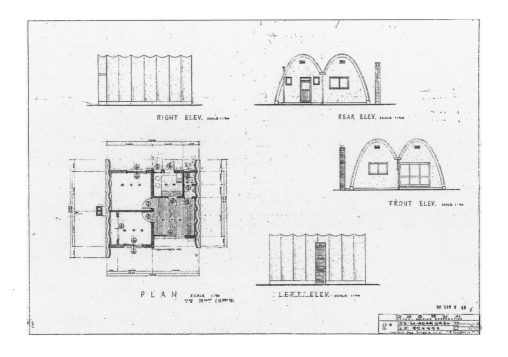

↑ 1964년도 12S형 국민주택 평면 및 입면도
출처: 대한주택공사,
「64년도 국민주택 신축공사」, 1964.3.

→ 양암동(망우동) 국민주택 배치도
출처: 대한주택공사,
「65년도 국민주택 신축공사」, 1965.2.

→ 양암동(망우동) B형 12평형(12ES형)
국민주택 평면도 및 입면도
출처: 대한주택공사,
「65년도 국민주택 신축공사」, 1965.2.

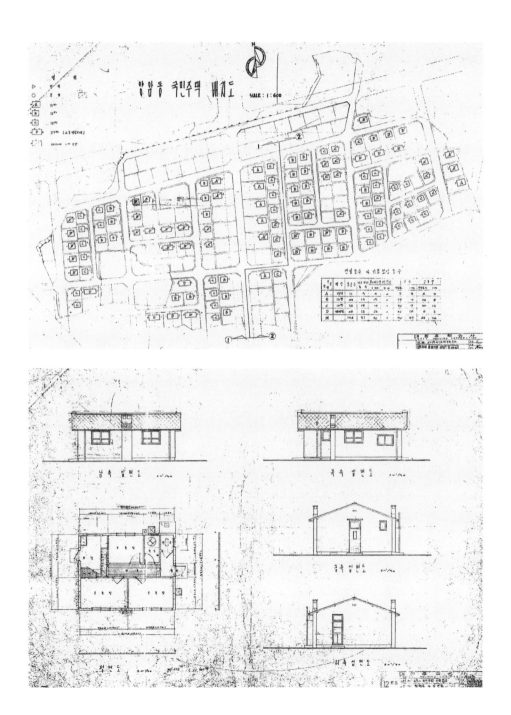

할 수 있는 서민적인 주택을 한 채라도 더 건축해야 한다
고 강조하는 여론임.

이런 분위기를 반영했기 때문인지 1965년 2월에 작성된 양암동(망
우동) 국민주택지는 18평형이나 20평형은 없이 7.5평, 10평, 12평,
15평으로 계획했다. 또한 조성 가격을 낮추려는 이유였는지는 확
실하지 않으나 이전과 달리 대단위 단지 형식을 취했다. 134세대
를 공급하기로 한 망우동지구는 주택의 규모에 따라 내림차순으로
A(15평, 11세대), B(12평, 43세대), C(10평, 54세대), D(7.5평 2호 연
립, 26세대)형으로 구분했고, 2개의 공구(工區)로 구분해 지어졌는
데 평면 구성이나 외관 등은 이전과 엇비슷했다. 1964년도 국민주택
표준설계 가운데 하나로 대한주택공사가 채택했던 12S형은 현장에
서 누구라도 쉽게 집을 지을 수 있게 고안된 것으로, 1963년에 이미
서울 수유리와 구로동에서 시험을 거쳤지만 그 명맥을 유지하지 못
했다.
　　박완서 작가가 1974년 8월 『신동아』를 통해 발표한 소설
「부끄러움을 가르칩니다」엔 이런 내용이 담겼다.

　　서울로 이사라고 온 후 갈현동에 임시로 거처를 정하고 집
　　을 사러 다니는 일이 이만저만 고된 일이 아니어서 나는
　　요새 거의 몸살이 날 지경이었다. 그도 그럴 것이 상계동
　　의 친정에서는 그 근처로 오라고 미리 몇 채 돈봐놓고 있다
　　니 인사성으로라도 그 근처에 가서 보러 다니는 척 안 할
　　수도 없었고, 수유동의 시집에선 또 이왕 서울로 왔으면
　　시집 근처에 사는 걸 마땅한 일로 아는 눈치기에 그 근처
　　도 가서 보는 척했다. 그러나 정작 남편의 꿍꿍이속은 또

달라서 주머니 사정에도 맞고 겉보기도 괜찮은 집을 구하
려면 화곡동쯤이 알맞은 걸로 귀띔을 하니 그쪽도 안 가
볼 수 없고, 그러자니 갈현동에서 상계동으로, 다시 수유
동으로, 수유동에서 화곡동으로, 서울 동쪽 변두리에서
서쪽 변두리로, 남쪽 변두리에서 북쪽 변두리로, 중심가
는 가로지르기만 하면서 싸다닌 셈이다.[30]

미뤄 짐작건대 국민주택지구를 돌아다니는 중인 것이다. 작가는 또
이런 말을 다른 소설에 담기도 했다. "보통으로 사는 집이 좋을 거예
요. 단독주택이라면 대지 50평 미만에 건평이 25평 정도, 마당이 약
간 있고 화분하고 강아지도 있었으면 좋겠죠."[31] 소설은 허구라지만
박완서 작가의 작품 거개가 기억과 경험을 바탕으로 한다는 주장
에 기대자면, 1960년대의 국민주택은 1970년대에는 보통 사람들의
집으로 기억됐을 것이다. 소설에 등장하는 갈현동을 비롯해 수유리
혹은 화곡동 모두가 정부가 주도한 국민주택이 대량 공급된 곳이었
기도 하다. 이처럼 1950년대 말에 등장해 1960년대에 전성기를 구가
한 국민주택은 서울, 부산 가릴 것 없이 전국적으로 지어졌다. 약간
의 변용이 가능한 표준설계를 통해 대단위 주거단지를 만드는 것을
목표했으니 많은 이들에게 국민주택은 내 집 마련의 거의 유일한 통
로였다.

　　　'국민주택'이 여러 주택들을 포괄하면서 뜻이 확대된 때는
1976년 말부터다. 제4차 경제개발5개년계획에 따라 대한주택공사
는 마치 군사작전을 방불할 정도의 구호인 '국민주택 1일 100호 건
설'을 사업 목표로 내걸고 국민 주거생활환경의 향상을 위해 매진하
며, "종전에 건설 재원에 따라 차관주택, 민영주택, 공영주택 등 여러
가지 명칭으로 불렸던 주택 명칭을 국민주택으로 통일했다."[32] 이후

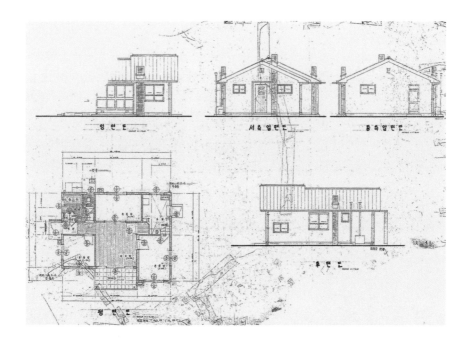

↑ 대구 수성동 15WS형 국민주택 설계도
출처: 대한주택공사

→ 삼송리 국민주택 배치도
출처: 대한주택공사,
「삼송리 국민주택 신축공사」, 1972.9.

→ 삼송리 국민주택 15평형 평면도 및 입면도
출처: 대한주택공사,
「삼송리 국민주택 신축공사」, 1972.9.

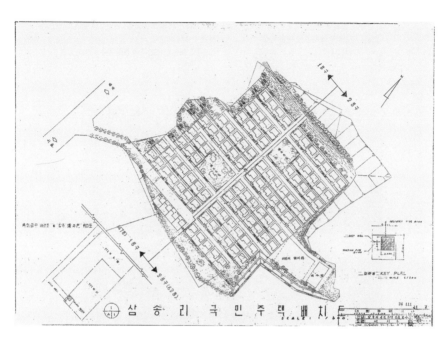

① 삼 송 리 국 민 주 택 배 치 도

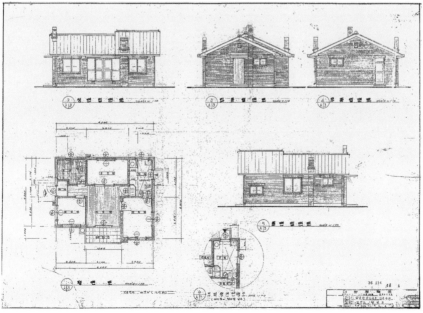

↓ 전예용 건설부 장관
갈현동 국민주택 공사현장 시찰(1965.7.9.)
출처: 국가기록원

↓↓ 개봉동 18평형(18ST형) 민영주택 평면 및 입면도
출처: 대한주택공사,
「69년도 개봉동 민영주택 건축공사」, 1969.2.

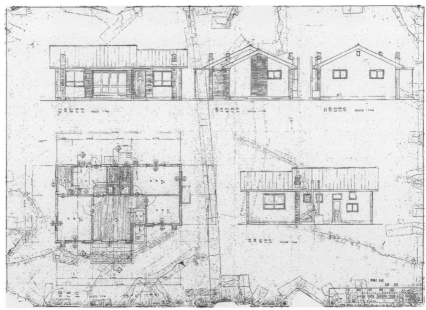

국민주택은 국민주택기금을 사용하면서 일정 수준 이하의 전용면
적을 가진 주택을 일컬었고, 전용면적 기준은 조금씩 변해왔다.

현재는 국민주택기금으로부터 자금을 지원받아 건설되거
나 개량되는 주택으로서 주거전용면적이 1호 또는 1세대당 85제곱
미터 이하인 주택을 말한다.[33] 그런데 '민간건설 중형국민주택'이란
것도 있다. 이는 민간에서 짓는 60제곱미터 초과 국민주택을 말한
다. '국민주택 등'이라는 표현도 있는데 이는 앞서 설명한 국민주택과
국가, 지자체, 한국토지주택공사, 지방공사가 건설하는 주택으로 임
대를 목적으로 하는 주거전용면적 85제곱미터 이하의 공공건설 임
대주택을 말한다. 그럼 '국민주택 등'에 속하지 않는 주택은 어떻게
불릴까. 야릇하게도 모두 민영주택으로 분류된다. 민영주택(民營住
宅)은 공영주택(公營住宅)[34]과 짝이 되어야 할 것 같지만, 우리들의
생각과는 달리 '민영주택'과 쌍을 이루는 상대어는 '국민주택 등'이
다. 흥미로운 대목이다.

주

1   보건사회부, 「공영주택 건설 요강 제정의 건」(1960.11.), 43~44쪽. 1960년 11월
    국무회의에 상정된 「공영주택 건설 요강 제정의 건」은 1961년 1월 다시 국무회의
    의안으로 상정됐는데, 그 내용은 후일 「대한주택공사법」(1962년 1월 20일 제정 및
    시행)과 「공영주택법」(1963년 11월 30일 제정, 1963년 12월 31일 시행)의 토대가 됐다.

2   오늘날 '국민주택'의 법령 정의는 「주택법」 관련 규정에 따라 '주택도시기금으로부터
    자금을 지원받아 건설되거나 개량되는 주택으로서 주거의 용도로만 쓰이는
    면적(전용면적)이 1호 또는 1세대당 85제곱미터 이하인 주택(수도권을 제외한
    도시지역이 아닌 읍 또는 면 지역은 1호 또는 1세대당 주거전용면적이 100제곱미터
    이하의 주택)'을 말하며, 국가·지방자치단체, 「한국토지주택공사법」에 따른
    한국토지주택공사 또는 「지방공기업법」에 따라 주택사업을 목적으로 설립된 지방공사가
    건설하는 주택을 의미한다. 또한 국가·지방자치단체의 재정 또는 「주택도시기금법」에
    따른 주택도시기금으로부터 자금을 지원받아 건설되거나 개량되는 주택을 뜻한다.

3   이건영, 「국민주택 건설에 대하여: 불광동지구 건설을 중심으로」, 『주택』 창간호(1959),
    47쪽.

4   황석영, 『개밥바라기별』(문학동네, 2008), 126~127쪽.

5   류동민, 『서울은 어떻게 작동하는가』(코난북스, 2014), 104쪽.

6   「기자가 직접 둘러보고 확인한 3인의 살림살이·영부인으로서의 자질」, 『여성동아』
    2002년 11월호(통권 제467호).

7   입주자의 상환액 부담 때문에 1차 주택공급 이후 입주금과 잔액의 할부 상환기간이
    10년에서 15년으로 연장된 것이다. 1962년의 불광동 국민주택 분양 안내를 통해 이를
    확인할 수 있다. 『경향신문』 1962년 10월 24일자.

8   1960년대 초반에 이르기까지 '민간단체나 개인이 대규모로 주택을 건설하여 분양
    또는 임대하는 경우는 거의 없었다'는 것이 당시의 기록이다. 이영빈, 「후생주택」,
    『현대여성생활전서 ⑪ 주택』(여원사출판부, 1964), 317쪽; 우리에게 제법 익숙한
    '후생주택'이란 일제강점기에 사용하던 용어가 해방 이후에도 특별한 비판 없이 사용된
    것으로 추정할 수 있다. 이와 관련해서는 문경연, 『취미가 무엇입니까?』(돌베개, 2019),
    261쪽, "'후생'이 국책과 결합하여 사회적 의미를 구축하기 시작한 것은 1938년 1월
    일본 후생성(厚生省)이 신설되면서부터였다. 후생은 한마디로 말해 '윤택 있는 생활의
    지도'라고 밝히고 있지만, 이때 삶의 안위와 만족은 개인이 어떻게 실감하느냐와 전혀
    상관없이 국가가 부여하는 것이었다. 일본에 신설된 후생성의 방침이 조선에서 보건과
    건강 및 여가선용 등에 대한 정책을 수립하는데 직접적 영향을 주었고, 1941년에는
    조선총독부 내에 후생국이 신설되었다."

9   대한주택공사, 『대한주택공사 20년사』(1979), 213쪽.

10 보건사회부, 「공영주택 건설 요강 제정의 건」, 43~44쪽에 따르면, 정부가 건설했다는 주택 총량은 1959년 12월 31일을 기준으로 24만 644호인데, ①귀속재산처리적립금에 의한 국민주택 8,640호, ②부흥국채자금에 의한 국민주택 1,525호, ③상가주택 612호, ④아파-트 주택 227호, ⑤ICA 원조자금에 의한 주택 5,126호, ⑥UNKRA 원조에 의한 주택 8,864호, ⑦난민정착주택 15만 7,310호, ⑧후생주택(CAC 원조) 3만 200호, ⑨간이주택(CAC 원조) 1만 4,700호, ⑩기타 각종 주택 1만 3,440호이다. 흔히 알려진 재건주택과 희망주택 그리고 부흥주택은 특정하지 않고 있다. CAC는 유엔한국민사지원단(United Nations Civil Assistance Corps Korea, UNCACK)의 약어다.

11 1946년 1월 27일자 『동아일보』에 게재된 설계도안 현상모집 요강 내용이 흥미롭다. 지금은 사용하지 않는 치수 표기 한자어인 糎(센티미터 리)를 사용했고(가령, '天地[천지] 50糎'=세로 50센티미터), 제출 도면에는 음영이나 채색이 허용되지 않았을 뿐만 아니라 도면 좌우에는 제출자를 알아볼 수 없도록 암호를 기입하되 암호와 제출자의 이름, 근무처 등을 적은 쪽지는 겉면에 암호명을 적은 별도의 봉투에 넣어 밀봉한 상태로 도면과 함께 제출토록 했다. 심사위원은 설계 요강 공고와 동시에 발표됐는데, 외국인인 이벤스가 이원식, 안동혁과 함께 심사원 고문으로 참가했고, 김세연, 김윤기, 박인준, 손형순, 장연채, 김순하, 이균상, 이천승, 유상하가 심사위원이었다. 외국인으로 심사원 고문으로 참여한 이벤스라는 인물은 앨머스 에반스(Almus P. Evans)로 추정된다. 그는 1945년 9월 29일 군정청의 일반명령 제7호로 단행된 인사명령을 통해 미군정청 회계과장을 맡은 바 있다.

12 물론 전쟁으로 인해 기존 재고주택의 상당량이 파괴됐고, 전후 복구와 부흥, 혹은 재건 사업이 위중한 일이었다 하더라도 1950년대 후반에 국가가 심혈을 기울인 주택공급 과정에서 책정한 주택의 규모는 대개가 9평 내외였다. 공모 대상이 15평 이상인 것 자체가 어떤 포부를 보여준다.

13 이건영, 「국민주택 건설에 대하여: 불광동지구 건설을 중심으로」, 47쪽.

14 같은 글, 47~50쪽.

15 이규희, 「우이동 골짜기」, 『서울을 품은 사람들 2』(문학의 집, 2006), 144쪽에는 다음과 같은 내용이 담겼다. "70년대 초반, 나는 시내에서 전세를 얻을 수 있을까 말까 한 돈을 들고 우이동 골짜기로 들어갔다. 대지 39평에 건평 14.5평(전용면적)짜리 국화빵집 십여 호가 옹기종기 혼기를 놓친 처녀들처럼 암담하니 엎드려 있었다. 그도 그럴 것이 도시의 상징인 문명의 줄기라고는 겨우 전기 하나가 연결되어 있을 뿐 주택의 기반시설이 아예 되어 있질 않았으니 입주가 더딜 수밖에 없었을 터. 마당 한구석을 삽과 곡괭이로 파서 펌프를 묻어 식수를 빠듯이 해결하고, 시들어가는 야채와 쭈글쭈글한 간고등어가 주종인 초라한 구멍가게에 의지해 살며, 30분 간격의 시내버스에 몸을 실어 1시간 반 정도 거리의 모교에 강의를 나가던 시절…. 계곡의 시린 물에 빨래를 해서 달구어진 너럭바위에 널어두고 건너편 그린파크 호텔의 화려한 정원에 잠시 한눈을 팔다 보면 거짓말처럼 어느새 바짝 말려내곤 하던 청청한 햇빛 … 진달래 개나리가 온 세상을 다 사버린 것 같은 봄이 오면 우이동 사람들은 시내 사람들 얼굴은 물론 손, 발에

이르기까지 모면할 길이 없이 타드는 데는 좋은 공기도 성가시다 싶을 때도 있었다."

16 '식침분리'란 식사실과 침실을 별도의 독립된 공간으로 철저하게 구분하는 것이다. 이는 일본 건축학계에서 주거공간 분화 과정을 정리하며, 처음에는 식침분리를 거치고, 그 후 거실과 침실이 각각 나누어지는 공사실분리(公私室分離)가 후속된다는 주장에서 비롯되었다. 이는 일본 교토대학 교수이자 좌파 건축가인 니시야마 우조가 1940년대 창안한 일종의 양식전환 이론의 주된 내용이기도 하다.

17 「주택좌담회 기록」, 『주택』 제2호(1959), 79~86쪽. 이 좌담회에 대한주택영단 측에서는 업무부장, 건설부장, 건축과장, 조사계장, 수도계장 등이 참석했고, 불광동 국민주택 입주자로는 의사, 언론인, 가정주부, 공무원, 은행원 등의 직업을 가진 이들이 참석했다.

18 대한주택영단의 기록에 따르면, '불광동 92년도(1959년도) 제1차 건설지는 남측을 향해 약간의 경사를 이루며 주위가 산으로 둘러싸인 대지였다. 이 대지의 일부가 밭이었던 까닭에 말뚝공사를 하여 전체 대지에 102호를 건설하였고, 대지 중심지에 어린이놀이터를 만들고 가로등 설치를 하였으며 10~18평까지 8종이 주택을 건설하는 전체계획으로서 주택지구를 완성시켰다. 특히 주택 중에 6호는 우리나라에서 연구하여 특허를 받은 보건수세식 변소를 시도'(『주택』 창간호, 화보 설명)했다고 설명했다.

19 1960년 국민주택의 경우, 10-A형의 실제 건축면적은 통상 9.72평이었고, 15-A는 15.12평, 15-B는 14.8평이었으며, 18-A형은 18.23평으로 18평이 넘었지만 18-B형은 17.4평으로 채 18평이 안 되었다. 대한주택영단, 「대한주택영단 국민주택 끝매기표·구조표·비품수량표」(1960.2.).

20 대한주택영단, 「60년 조선주택영단 사무인계인수서철」(1960).

21 이규희, 「우이동 골짜기」, 144쪽.

22 대한주택공사, 『대한주택공사 20년사』, 240~242쪽 참조. 대한주택공사는 1963년부터 난민용 주택이나 구호 차원의 주택공급에서 벗어나 일반주택수요자를 위한 적극적인 주택 건설로 방향을 선회했고, 서울의 장위동, 불광동, 수유동, 종암동, 홍은동, 정릉동 등에 국민주택을 적극 공급하는 동시에 수유동에는 연립주택과 더불어 저렴한 주택을 공급하기 위한 방안의 하나로 다양한 형태의 시험주택(A~F형, 연립주택)을 시도하였으며, 서울 도화동에 노무자주택으로도 부르는 도화아파트를 건설하였다.

23 같은 책, 248쪽.

24 대한주택영단, 「대한주택영단 국민주택 끝매기표·구조표·비품수량표」에 따르면, 10평형 국민주택엔 욕조가 설치되지 않았으며, 소변기도 없었다. 규모가 상대적으로 작아 그랬을 수도 있지만 같은 해에 만들어진 15-B형의 경우에도 13-A형이나 15-A1형 및 15-A2형, 18-A, B형 등에 모두 설치했던 소변기가 들어가지 않았다.

25 "[대한주택]공사는 [마포아파트 1차 준공 이후] 입주 작업을 개시했는데 의외로 입주자가 적어 대상 호수의 10분의 1에도 미달되었다. 그해 겨울 날씨가 유난히 추웠는데 이와 같이 아파트가 거의 대부분이 빈집이었기 때문에 그러한 빈집을 통과하는

파이프가 동파되기 시작했고, 마포아파트에서 처음으로 연탄가스 문제가 발생했다."
대한주택공사, 『대한주택공사 30년사』(1992), 101쪽.

26 　『동아일보』 1963년 1월 19일자.

27 　당시 도면은 ○○-□□-◇n으로 표기했는데, ○○은 단기년도 끝자리 둘의 숫자를
의미한다. 93이라면 단기 4293년을 뜻하므로 서기로는 1960년이다. □□는 국민주택의
규모를 호칭하는 것으로 10이라면 10평형으로 부르지만 그보다 다소 작거나 조금
넓을 수도 있어 알기 쉽도록 표기한 경우다. ◇는 A, B, C, D 등으로서 같은 호칭 평형
가운데 평면 구성이 경미하게 다르다는 의미며, 마지막 숫자를 나타내는 n은 A에서도
다른 변화가 있을 경우에 일련번호를 붙여 구분했다. 따라서 93-10-A형이란 1960년도
사업에 적용하게 될 호칭 10평형 국민주택 가운데 A형이라는 의미다. 이는 설계에 드는
여력을 줄이고 빨리 많이 지을 수 있도록 표준형 설계를 채택했기 때문에 쓰인 방식으로,
1980년대 이후에도 대량의 주택공급을 위해 대한주택공사 등이 표준설계를 채택하면서
사용한 바 있다.

28 　대한주택영단·중앙건설주식회사, 「본동지구 국민주택 인계인수서」(1961.1.30.). 당시
한국산업은행이 발행한 부흥국채 가운데 주택부문에 할당된 것을 발행 즉시 한국은행이
매입해 현금으로 전환한 뒤 정해진 절차에 따라 이를 대한주택영단에 융자하면 영단은
이를 활용해 민간이 조성한 주택을 매입한 뒤 이를 장기상환 방식으로 수요자에게
분양하거나 임대하는 경우를 말한다. 따라서 이 경우에는 민간건설회사인 중앙산업이
지은 집을 대한주택영단이 인수한 것이어서 인수주택이라 할 수도 있지만 부흥국채에
의한 자금을 활용했다는 차원에서는 부흥주택으로 부를 수 있다. 중앙건설주식회사는
중앙아파트, 종암아파트, 개명아파트 등을 맡았던 중앙산업의 후속 법인체 이름이다.

29 　국무총리 비서실, 「주택행정에 대한 여론」(1964.10.29.). 이 문건은 서울의 장위동,
남가좌동, 갈현동 국민주택지구에 대한 국민 여론을 반영해 국민주택 건설의 주체인
대한주택공사에 보낸 공문이다.

30 　박완서, 「부끄러움을 가르칩니다」, 『부끄러움을 가르칩니다』(문학동네, 2012),
299~300쪽.

31 　박완서, 「어느 이야기꾼의 수렁」, 『그 가을의 사흘 동안』(나남출판, 1975), 63쪽.

32 　대한주택공사, 『대한주택공사 20년사』, 333쪽.

33 　1972년에 제정된 「주택 건설촉진법」은 국민주택을 "한국주택은행과 지방자치단체가
조달하는 자금 등으로 건설하여 주택이 없는 국민에게 저렴한 가임 또는 가격으로 임대
또는 분양되는 주택"으로 정의하였다(제2조 제1호). 한편, 1993년 7차 경제사회발전
5개년계획(1992~1996)에서는 국민주택 규모를 60제곱미터로 하향 조정할 것을 밝힌
바 있으며, 이는 법 개정으로 이루어지지 않았지만 공공부문의 국민주택기금 지원
기준으로 준용됨에 따라(국가건축정책위원회, 「주택공급제도 선진화 방안 연구」[2011],
11쪽) 전용면적 60제곱미터가 또 하나의 중요한 주택 규모 구분 기준이 되었다. 이들
기준과 면적 산정 방식의 변화 등에 대해서는 박인석·박노학·천현숙, 「전용면적
산정 기준 변화와 발코니 용도 변환 허용이 아파트 단위주거 평면설계에 미친 영향」,

『한국주거학회 논문집』 제25권 제2호(2014), 27~36쪽 참조.

34 공영주택(公營住宅)은 1964년 5월 28일 제정, 시행된 대통령령 제1828호 「공영주택법
    시행령」 제2조 '공영주택의 구분'에 따라 제1종 공영주택과 제2종 공영주택으로
    나뉜다. 제1종 공영주택은 대한주택공사가 건설, 공급하는 주택이며, 제2종 공영주택은
    지방자치단체가 건설, 공급하는 주택을 말했는데 1972년 「주택 건설촉진법」이
    제정되면서 폐기된 뒤 그 후 '공영주택'이라는 용어는 거의 사용되지 않는다. 그 대신에
    공공주택공급기관이 공급하는 주택을 흔히 '공공주택'으로 구분해 사용한다.

3 마포아파트

오늘 이처럼 웅장하고 모든 최신 시설을 갖춘 마포아파트
의 준공식에 임하여 본인은 수도 서울의 발전과 이 나라
건축업계의 전도를 충심으로 경하하여 마지않습니다. 도
시(都是) 5·16혁명은 우리 한국 국민도 선진국의 국민처럼
잘살아보겠다는 데 그 궁극적인 목적이 있었던 것입니다.
그러므로 하루라도 속히 빈곤으로부터 벗어나서 잘 입고
잘 먹고 좋은 집에서 잘 살기 위해 경제개발5개년계획을
수립하였고 현재 성공리에 진행 중에 있는 것입니다.

　　　그러나 정부의 이러한 시책도 국민의 협조 없이
는 도저히 소기의 성과를 거둘 수 없는 것이며 이제까지
우리나라 의식주생활은 너무나도 비경제적이고 비합리적
인 면이 많았음은 세인이 주지하는 바입니다. 여기에 생활
혁명이 절실히 요청되는 소이(所以)가 있으며 현대적 시설
을 완전히 갖춘 마포아파트의 준공은 이러한 생활혁명을
가져오는 데 한 계기가 될 수 있다는 것이 커다란 의의라
고 생각되는 것입니다.

　　　즉 우리나라 구래(舊來)의 고식적이고 봉건적인
생활양식에서 탈피하여 현대적인 집단공동생활양식을 취
함으로써 경제적인 면으로나 시간적인 면으로 대단한 절
감을 가져와 국민생활과 문화의 향상을 이룩할 것을 믿어
의심치 않기 때문입니다. 더욱이 인구의 과도한 도시집중

↑↑ Y자형 6개 주거동 450세대로 1차 준공한
마포아파트의 항공사진(1963)
출처: 국가기록원

↑ 김현철 내각수반(국무총리격)의
마포아파트 1차 준공식 참석(1962.12.1.)
출처: 국가기록원

화는 주택난과 더불어 택지 가격의 앙등을 초래하는 것이 오늘의 필연적인 추세인 만큼 이의 해결을 위해선 앞으로 공간을 이용하는 이러한 고층 아파트 주택의 건립이 절대적으로 요청되는 바입니다.

이러한 시대적 요청에 각광을 받고 건립된 본 아파트가 장차 입주자들의 낙원을 이룸으로써 혁명한국의 한 상징이 되기를 빌어 마지않으며 끝으로 이 사업을 성공적으로 완수시킨 대한주택공사 총재 이하 전 임직원과 기술자 여러분의 노고를 높이 치하하는 동시 이 자리에 입주할 문화시민 여러분의 행복을 길이 빌어 마지않습니다. 감사합니다.[1]

1962년 12월 1일 서울 마포구 도화동 마포주공아파트 준공식에 국가재건최고회의 의장이자 대통령 권한대행이었던 박정희를 대신해 참석한 김현철 내각수반이 대독한 치사(致辭)다.

1차 준공한 마포아파트는 모두 임대아파트였다. 정확한 이유는 알려져 있지 않지만, 그 배경은 2가지 정도로 추측할 수 있다. 하나는, 마포아파트 건설을 주도한 장동운[2] 대한주택공사 초대 총재의 말대로 '아파트 생활의 훈련을 통해 문화적 생활을 학습할 필요가 있어서'[3]다. 다른 하나는 1963년 11월 30일 제정하고 12월 31일부터 시행된 「공영주택법」을 준비하는 과정에서 행정부 내에서 일정한 공감을 얻는 바 있는 '공영주택에 대한 정의'가 영향을 미쳤을 것으로 보인다. 즉, 5·16 군사정변이 발발하기 5개월 전인 1961년 1월 보건사회부 장관은 2차례에 걸쳐 「공영주택 건설 요강 제정의 건」을 국무회의 부의안건으로 상정한 바 있는데, 이 문건에서 '아파-트는 갑종(甲種) 공영주택으로 도시에 건설하는 임대주택인데, 3층 이상의 건물로서 전체를 세대별로 독립된 주거공간과 부대시설로 하는 주택'으로 명기했고, 세대당 건평은 9평(A형)과 7평(B형)으로 구분했다.[4]

5·16 군사정변 직후인, 1961년 5월 28일 대한주택영단의 나익진[5] 이사장이 퇴임하고 장동운 중령이 취임했다. 장동운은 군복을 입고 출근해 사무실에 직원을 모이게 한 뒤, 영단은 구폐를 탈피하고 웅대한 도약을 시도할 것이라는 앞으로의 포부를 피력했다. 그것은 바로 마포아파트의 건립으로 이어졌다.[6] 5·16 군사정변의 핵심 인물들로 구성된 국가재건최고회의는 대한주택영단(공사)을 통해 한국 최초의 단지형 아파트인 마포아파트 건설을 적극 추진했다. 한편 10월 2일 공포된 새 「정부조직법」에 따라 행정부 조직은 1원 12부 2처 4청으로 구성되었고, 국토건설청이 11월 13일자로 대한주택영단을 관할하게 되었다.[7]

마포아파트의 이데올로기

마포아파트의 건설은 장동운의 표현을 빌리면 "혁명 주체"가 주변의 반대를 무릅쓰고 추진한 결과였다.

> 내가 혁명 주체니까. 최고위 혁명 주체들도 내가 한다니까 다들 반대하면서도 그대로 묵인이 된 거고 그당시 내가 아파트를 지을 거라니까 가장 협조한 사람이 김종필 정보부장이야. JP한테 내가 가서 설명을 했거든. 대찬성이야. 당시 정보부장인 JP는 나이로는 동생이고, 친구고 그러니까. 가서, 야! 나 이거 짓는데 협조 좀 해다오. 그러면서 내가

사진 찍은 게 있다고. 거기 아파트 조감도 사진을 보여주니까 좋다 했고. 다른 최고위원들은 조금 반대를 했지만 내가 한다니까 다들 대놓고 반대는 못 했지.[8]

자칭 "혁명"의 가시적인 성과를 단기간에 내기 위해서는 군사작전에 방불하는 속도가 필요했다. 또 선전효과를 위해서 이 아파트는 외곽이 아니라 서울 한가운데에 들어서야 했다. 어디서 이 땅을 구했을까? 그리고 누구에게 이 일을 맡겼을까? 장동운의 말을 한 번 더 그대로 들어보자.

> 마포형무소 노역장이었던 채소밭을 수의계약을 통해 법무부로부터 매입하고 당시 건설이사였던 엄덕문(嚴德紋) 씨에게 설계를 부탁했어. 그 사람은 당시만 해도 서울의 건축설계 대가였어. 그래서 내가 불러서 여기에 아파트를 10층으로 지을 것이니까 설계를 해라 그랬더니 깜짝 놀라. 주택공사 기술로는 도저히 안 된다는 거야. 아니 국내 기술로는 안 된다는 거지. 그저 15평이나 16평짜리 국민주택 설계하던 사람들이 그걸 설계할 수 있겠어. 아무튼 여러 사람들을 만나서 얘기를 들어보고 해야지 무턱대고 못 한다고 하면 어떻게 할 것이냐고 다그쳤지. 당신이 설계를 못 하면 대한민국에서 누가 설계를 하느냐고 한 뒤 연구해보시라 했더니 며칠 뒤 나를 보러 왔어.[9]

자신의 보좌관이었던 공병단장 김희동 대령이 어느 날 찾아와, 5·16 직후 옮겨진 마포형무소의 노역장이었던 채소밭 2만여 평을 법무부가 매각할 예정이고, 서울시가 매입해 공원을 만든다는 얘기를 전해

↓ 마포아파트 임대 안내 광고
출처:『경향신문』 1962.11.13.

↓ 소공동 대한주택영단을 방문한
박정희 대통령과 그를 안내하는 장동운 이사장
ⓒ장동운

↓↓ 일제강점기에 형무소 벽돌공장 부지였다가
마포주공아파트가 들어선 곳「대경성부대관」 1936.8.
출처: 서울역사박물관

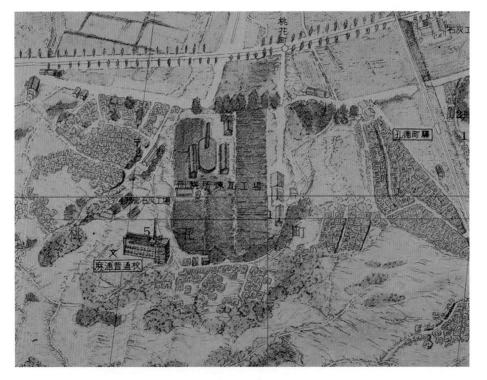

왔다는 것이다. 급히 고원중 법무부 장관과 윤태일 서울시장을 마포 현장에서 만나 본인이 시범아파트를 지을 테니까 양보하라 청했고, 윤 서울시장이 양보를 해 아파트 부지를 확보했다는 것이 장동운의 설명이다. 설계에 관해서 당시 건축부장으로서 설계부문 책임자였던 엄덕문[10]은 이렇게 술회했다. "저보다 나이로는 한참 아래인 장동운 씨가 주공 총재로 오자마자 아파트 단지를 설계하라고 지시했습니다. '한 번도 그런 걸 설계해본 적이 없다. 불가능하다'고 했더니 '어찌됐든 해내라'고 하더군요. 참 난감했어요. 장 총재가 구조조정을 위해 주공 직원들을 80퍼센트 가까이 퇴직시키는 걸 보고 대단히 무서운 분이라는 생각을 하고 있었어요. 그런 사람이 하라니 어쩔 수 없었지요. 서울공대 교수들을 주축으로 자문위원을 구성해 일을 해내는 수밖에요. 일을 하다 보니 자문위원들도 신이 났고 1961년 7월 자문위원회를 구성한 지 3개월 만에 설계를 마쳤습니다."[11] 군사정변을 통해 정권을 획득한 이들의 무소불위의 힘을 감지했음이 분명하다.

이런 맥락에서 마포아파트는 절대권력 집단의 이상을 실현하는 시험대였다. "우리의 살림터는 아담하고 살기 좋은 마포아파트로!"[12]라는 슬로건을 달고 전격전처럼 몰아붙여 준공한 마포아파트단지는 주거지를 고층화하려는 최초의 시도였다. 또한 제1차 경제개발5개년계획 주택사업의 일부로 추진한 중산층을 위한 주택공급 사업이었다.[13]

앞서 인용한 김현철 내각수반이 대신 읽은 국가재건최고회의 의장의 준공식 치사는 마포아파트단지가 이미 최초 구상 단계부터 '군사혁명을 생활혁명으로 전환'하기 위한 정치적 의도와 '토지의 효율적 이용과 집단생활방식'을 향한 사회적 고밀개발 요구를 결합하기 위한 것이었음을 명확하게 밝히고 있다. 다시 말해, 구습을

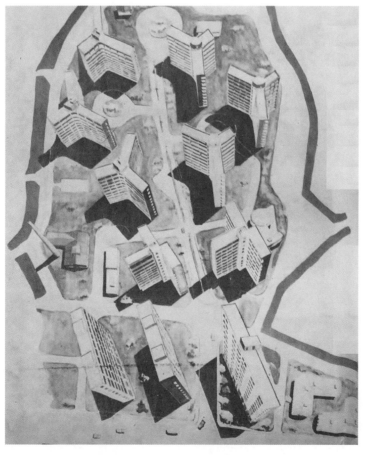

← 3가지 유형, 11개 주거동으로 구성된
마포아파트 초기 계획안 모형
출처: 대한주택영단, 『주택』 제7호(1961)

← 마포아파트 조감도   ↓ 판상형 10층 마포아파트 주거동 조감도
출처: 대한주택영단, 『주택』 제7호(1961)   출처: 대한주택영단, 『주택』 제7호(1961)

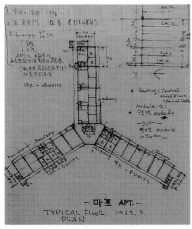

↑↑ 1962년 8월 촬영한
마포아파트 신축공사현장
출처: 국가기록원

↑ 1963년 3월 김희춘이 작성한
Y자형 마포아파트 평면 스케치,
「광복70주년 주택도시전시회」(2015)
ⓒ김희춘

타파하는 문화생활과 공동생활의 편의성에 더해 토지 절약의 측면
을 강조한 것이다. 이는 소위 '고층아파트단지의 탄생'과 그 맥락이
닿아 있을 뿐 아니라, 20세기 중반까지 서구를 위시한 세계 각지의
도시계획을 지배한 모더니즘 건축운동과도 밀접한 관계가 있다.

    마포아파트는 권력 집단의 강력한 정치적 요구와 이상을
실현할 기회를 포착하고자 하는 관료와 건축가들의 욕망이 적극 결
합하며 만들어졌다. 처음에는 못한다고 난색을 표한 건축가들도 이
내 '그동안 이런 고층아파트 설계를 못 해봤으니 모두들 신이 나서
밤을 새면서 설계 작업에 임했다'는 장동운의 회고는 이를 방증한
다. 이는 다른 이의 증언에서도 확인된다.[14] 당시 대한주택공사 기술
이사였던 홍사천은 1964년 대한건축학회지인 『건축』에 기고한 글
에서 '인구의 도시 집중으로 인한 교통난과 주택의 절대적 부족 현
상을 타파하기 위해서는 도시의 입체화(고층화)가 필요하다'는 주
장을 펼치며 르 코르뷔지에의 마르세유 유니테 다비타시옹[15]을 언
급한 바도 있다. 후일 홍익대학교로 자리를 옮긴 주택문제연구소 박
병주 단지연구실장과 함께 주택연구를 주도했던 주종원은 구체적
인 실증 데이터를 바탕으로 마포아파트의 존재 이유를 역설했다.
1966년의 일이다.

> 현재 도화동에 세워진 마포아파트는 건설계획 당시 여러
> 가지 반대 의견을 물리치고 과감한 시책에 의하여 건설
> 한 결과 오늘날 그 계획이 잘못이었다는 사람은 없을 것이
> 다. 그런데 그때 당시 단독주택을 그 대지에 지었더라면 호
> 당 대지를 60평씩 잡아서(도로 포함) 233호에, 호당 5인
> 으로 보아 1,165인을 수용할 수 있을 것인데, 현재 그 아파
> 트는 10동에 642세대이고 인구는 1세대당 4인으로 보아

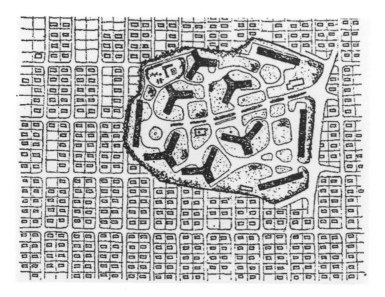

↑↑ 마포아파트 단지와 단독주택의 택지 소요량 비교도
출처: 대한주택공사, 『주택』 제16호(1966)

↑ 최종 준공한 마포아파트 항공사진(1965)
출처: 국가기록원

2,568인이 수용되고 있으며 넓은 공지와 놀이터 등 좋은 환경을 조성한 데 비해, 만일 단독주택 233호를 지었다면 다만 보행에 필요한 도로뿐이고 놀이터 시설이라든가 구매시설은 없을 것이며 숨 막히는 무미건조한 주택지를 이루었을 것이다. 또 만일 현재 마포아파트 대지 1만 4,008평에 현 수용 세대수를 단독주택으로 수용한다면 다만 도로만 있는 단지로 호당 60평으로 하여도 4만 8천 평이 필요하게 되니 마포아파트가 얼마나 효과적인 계획이었나를 알 수 있다.[16]

대지의 활용면에서나 수용 인구 면에서 마포아파트가 월등히 효율적인 계획이라는 결론이다. 특히, 넓은 공지와 어린이놀이터에 대한 강조는 흔히 '녹지 위 고층주택'(tower in the park)으로 불리는 근대건축 운동의 핵심을 구현했다는 말과 다르지 않다.

최초의 계획

낯선 유형의 아파트가 급작스레 완성되기는 했지만, 첫 계획에서 완공까지 모든 과정이 매끄럽게 진행된 것은 당연히 아니었다. 1961년 10월 16일 경제기획원은 대한주택영단으로 하여금 '5개년 건설계획 및 마포아파트 사업 개요'를 제출할 것을 요청했고, 대한주택영단은 이 요청에 따라 경제기획원으로 보낼 회신 공문을 작성, 1961년 11월 18일 이사장의 최종 결재를 받았다. 이 문건에는 정부의 '주택 제1차 5개년 건설계획'에 부응하기 위한 대한주택영단의 「5개년 건설계획」[17]과 함께 「마포아파트 사업계획」이 담겼는데, 정부의 제1차

↓ 마포아파트단지 설계자 및 시공자
노란색: 김희춘건축설계연구소+대한주택공사 설계, 신광건설 시공
빨간색: 대한주택공사 설계, 신양사+건설산업 시공
파란색: 김종식건축연구소 설계, 현대건설+남광토건 시공(추정)
출처: 대한주택공사, 『대한주택공사 주택단지총람 1954~1970』(1979)

경제개발5개년계획 1차 연도인 1962년에 단독주택 1,842호[18], 아파트 1,158호 등 3,000호를 공급한다는 계획을 밝혔으며 아파트는 9평형 498세대, 12평형 400세대, 15평형 260세대를 공급한다는 것이 골자였다.

1962년 아파트 건설사업은 전적으로 마포아파트 건설이 충당했다. 주택 5개년 건설계획의 1차 연도인 1962년에 아파트 건설을 위해 확보해야 할 대지는 1만 9,773평으로 추산되었는데, 마포아파트 건설부지가 1만 8,976평에 달했기 때문이다. 대지 확보 및 아파트 건설비용은 모두 융자금으로 충당하도록 계획을 세웠으며,[19] 해당 융자금의 상환은 연이율 6퍼센트로 10년간 상환하되 1년의 거치기간을 두고 나머지 9년간 연 2회씩 나눠 모두 18회에 상환을 완료한다는 것이었다. 상환을 위한 재원은 입주자가 내게 될 임대료였다. 마포아파트 1차 사업은 애당초 임대용으로 기획된 것이었다.[20]

당시 계획안은 '정부주택 건설의 일환으로 교통이 빈번한 도심지의 밀집된 주택가에 위치한 부지를 최대한 활용해 대량의 주택을 건설하되 문화시설을 유기적으로 함께 사용하고 위생적인 설비를 갖춰 생활개선을 도모하는 동시에 내화구조 건축물로 도시미관을 고양하는 11동의 아파트를 건설'하는 것이었다.[21] 건설 호수는 9평형 498호, 12평형 400호, 15평형 260호 등 모두 1,158세대로 1961년 10월 1일 착공해 15개월의 공사기간 후 준공하는 것이었다. 1961년 12월 발행된 대한주택영단의 기관지 『주택』 제7호에 실린 마포아파트 모형 사진에 10층짜리 주거동이 11개의 모습이 잘 담겨 있다. 마포아파트 초기 계획안이다.

마포아파트 최초 설계는 1961년 9월 우선 마무리됐다. 판상 一자형 10층 주동은 흔히 A형으로 불렸는데, A1 설계는 나상진건축설계사무소가 맡았으며, A2는 김종식건축연구소가 담당했다.

↑↑ 프루이트 아이고 공영아파트단지 일대의 항공사진
ⓒMichael R. Allen

↑ 10층의 마포아파트 건설이
좋은 본보기가 될 것이라는 송민구의 글
출처: 『조선일보』 1962.1.14.

← 변혁의 1961년 신문 삽화
출처: 『경향신문』 1961.12.19.

시행 과정에서 10층이 6층으로 낮아지면서 1963년 7월 대한주택공
사가 최초 설계자와의 협의를 거쳐 최종 준공 설계를 마무리했다.

　　　　대한주택공사의 실무진이 설계를 완성했지만 최종적으로
는 구현되지 못한 주동이 있는데 모형 사진의 중간 부분에 자리한 T
자 모양의 10층짜리 주동으로, 당시 B형이라 불렀다.[22] 마포아파트
를 상징하는 동시에 후일 공무원아파트 등에도 적용되는 Y자 모양
의 주거동이 C형인데,[23] 이 역시 최초 설계와 달리 6층으로 축소돼
마무리됐고, 김희춘건축설계연구소와 대한주택공사가 공동 설계한
것으로 추측된다. 결국 A형과 C형만으로 마포아파트단지는 최종
마무리된다.[24] 어려운 여건에서 만들어진 까닭에 무수한 전문분야
자문과 기술자가 동시에 동원되었기 때문에 많은 사람이 자신이 마
포아파트 설계자임을 자처하고 나서기도 했다. 이런 이유로 마포주
공아파트 설계자가 누구인지에 대한 의견이 분분했다.[25]

　　　　마포아파트 최종 준공 이후 촬영한 항공사진(128쪽) 오른
편의 Y자형 6층 주거동 3동은 C-1형으로 설계는 김희춘건축설계연
구소+대한주택공사가, 건축시공은 신광건설주식회사가 맡았다. 왼
편의 Y자형 3개 주거동 C-2형은 대한주택공사가 주로 설계를 맡았
고, 주식회사 신양사와 건설산업주식회사가 시공책임을 맡았다. 한
편, 一자형 주거동은 김종식건축연구소가 설계를 담당했고, 건축시
공은 문건에서 확인할 수는 없다. 하지만 현대건설과 남광토건주식
회사 등 일부 건설업체가 대지조성과 토목공사를 맡았던 것으로 보
건대 건축공사 역시 이들이 담당했을 것으로 추정된다. 최종 채택
된 Y자형 주거동의 공사는 1962년 8월 31일부터 1962년 11월 28일
까지 진행됐으며, 一자형 주거동은 1964년 11월 7일 착공해 1965년
5월 12일 준공했다.[26] 정리하자면, 1차로 Y자형 6개 동을 준공한 후
一자형 4동이 추가돼 최종 준공이 이루어졌다.

아파트 신화의
탄생

한국인의 아파트 선호 현상을 선구적으로 연구한 바 있는 발레리 줄레조는 대단지 아파트가 한국에서 현대성과 편리함의 상징으로 자리잡게 된 것에 주목했다. "대단지 아파트=도시문제 발생지역이라는 단순 도식은, 체계적으로 실증된 바는 없지만 서구 도시의 상징체계 안에서 당연하게 받아들여지고 있다. … [서울의] 아파트단지는 대다수 사람들에게 오히려 긍정적인 이미지로 받아들여졌고 … 아파트 건설이 불가피하다는 식이었다. … 이구동성으로 들려오는 첫 번째 근거는, 사람은 많고 공간은 부족하니 고층으로 올릴 수밖에 없다는 이해 방식이었다. 한옥은 고리타분하고 불편한 데 비해, 아파트는 현대성과 편리성이라는 미덕으로 미화되는 것이 그 두 번째 근거였다."[27] 그런데 사실 이는 장동운이 마포아파트를 밀어붙일 때 염두에 둔 것과 다르지 않았다. 마포아파트가 지금까지 이어지는 한국 아파트의 한 원점이 되는 이유이다. "1953년 휴전 당시에 미국의 공병학교 고등군사학교 교육을 받으러 갔다가 아파트 단지들이 나온 잡지들을 보고는 우리도 땅덩어리가 좁으니까 아파트로 올라가자 생각했고, 단지를 짓는다는 개념도 없던 시절이었지만 엘리베이터와 수세식 이런 걸 하고, 전기는 주지만 난방이 안 되는 까닭에 을지로에 가서 연탄 보일러를 알아봐 설치하면서 젊은 사람들이 아파트에 많이 살 것이라는 생각을 가졌다."[28]

    1962년 대한주택공사의 건설이사였던 건축가 홍사천도 고층화를 추진할 수밖에 없는 사정을 강조했다.

    [마포아파트에서 구현한] 도시의 입체화는 도심지는 초고층을, 그 주위는 6층 정도의 '아파트'를. 그리고 불광동, 수

유동 쯤의 교외는 3층 정도로 하며, 정부의 융자로는 단층
주택은 지양해야 할 것이다. 불란서는 1952년에 마르세유
에 르 코르뷔지에의 제안에 의한 총면적 15,000평, 337세
대가 입주할 수 있는 17층의 거대한 '아파트'를 건설했는데,
이것과 동일한 주택수를 단독주택으로 건설한다면 '아파
트'의 약 100배의 대지가 필요하다. 이 '아파트'의 대담성은
1,600인이라는 많은 인구를 한 집에 몰아넣었다는 것이
아니고, 이 건물 안에 시장에서부터 유치원에 이르기까지
일체의 '커뮤니티 센터'를 계획했다는 점이다. 이것은 마르
세유의 도심지가 아니라 교외에 건립되었다. … 교외에 '아
파트'를 건설함으로써 자기의 뜰은 가질 수 없으나, 좀 더
넓고 좋은 뜰을 공동으로 소유할 수 있을 것이다. 마포아
파트의 좋은 환경을 보면 수긍이 갈 것이다. 또한 온수, 난
방, 수세식 변소 등의 향상된 시설은 단독주택으로는 값
이 비싸므로 도저히 불가능한 일이다. … 교외에 '아파트'
로 고층화시킴으로써 대지를 절약하고, 좋은 환경에 향상
된 시설을 가진 생활을 이룩할 수 있을 것이다.[29]

장동운이 1953년 미군 워싱턴에서 고등군사교육을 받던 시절에 잡
지를 통해 봤다는 아파트가 혹시 일본계 미국인 건축가 미노루 야마
사키가 설계한 세인트루이스의 프루이트 아이고 공영주택[30]은 아니
었을까? 이를 단언할 수는 없어 단순한 인상비평에 그칠지 모르겠으
나, 서로 인접한 대지 2곳에는 각각 一자형과 Y자형 아파트가 주변
을 압도하는 모습으로 들어선 마포아파트와 프루이트 아이고는 같
은 이념 위에 서 있었다. 물론 건립 이후 두 아파트가 처한 운명은 완
전히 달랐지만 말이다.

10층에서 6층으로
최초 설계와 변경

군인 출신 테크노크라트 입안자와 모더니즘의 이상을 동경하던 설계자들의 야심찬 아이디어에 당대의 시민들은 얼마나 공감했을까? 1962년 7월 30일자 『동아일보』 기사를 살펴보자.

지금 마포구 도화동에 건설 중인 현대식 6층 고급 '아파트' 여섯 채는 400여 세대를 수용할 수 있는 우리나라 최대의 것으로 집 없는 '샐러리맨'들의 관심을 모으고 있다. 이미 총공사의 50퍼센트를 넘긴 이 Y형 '아파트'에는 한 세대에 9평, 12평, 15평 등 세 가지 형이 있다. … 12평 이상은 침실이 둘로 네댓 식구는 충분히 살 수 있다. 방안, 방밖을 모두 의자생활 체제로 꾸며 침실에는 침대가 있고, 난방은 연탄을 이용한 '히터' 장치가 되어 있어 아무리 추운 겨울이라도 20도 정도의 방안 온도를 유지시킬 수 있다고 한다. 거실 밖에는 넓은 '발코니'가 있고, 침실에는 반침을 해두었다. 목욕탕엔 '샤워' 시설을 하고 변소는 모두 수세식이다. 전체로 보아 그리 넓은 집은 못 된다 해도 쓸모 있게 꾸민 고급 '아파트'는 되겠다.

그 밖에 공동시설로는 '어린이놀이터', '유치원', '탁아소' 그리고 옥상에 '빨래줄'을 마련할 것이라고 하며, 건물 주변은 '공원'으로 꾸미고 '아파트'마다 '구매장'을 두어 시장에 나가는 시간 낭비를 막아줄 것이라고 한다. 집집마다 전화를 가설하고 '엘리베이터'를 놓을 예정이라고도 한다.

설계도에 의한 시설계획을 펴 놓고 보면 퍽 이상

적이고 혁신적인 구조 같다. 종래의 온돌에 의지하던 습관
을 없애고, 활동적인 의자생활을 장려하는 시설을 꾸민 동
시에 부식물의 개선까지 생각해서 아예 장독대를 없애버
렸다. 이 두 가지 점이 종래의 '아파트'와 다른 점이다. 난방
시설만 잘 되어 있다면 온돌이 아니라도 곧 습관화될 것
같고, 오히려 젊은이들은 의자생활에 매력을 느낄지도 모
를 일이다.

　　　그러나 장독대는 문제다. 개량 메주다 뭐다 해서
시간의 절약을 꾀해보려는 주부들의 움직임은 요즘 활발
해졌으나 된장, 고추장, 간장을 모두 시장에서 사다 먹기에
는 아직 꺼리고 있는 것 같다. … 더구나 한겨울 집집마다
특색 있게 담아서 땅속에 묻어둘 김치항아리를 어떻게 버
릴 수 있을까 더욱 의문이다. 이 점에 대하여 건설자 측에
서는 각종 '식품제조공장'을 '아파트' 주변에 지어서 '통조
림'을 중심으로 한 식생활의 개선을 도모하고 식품들을 구
매장에서 구입하는 그런 생활을 장려하겠다고 한다.

　　　'아파트'라야 우리나라에 몇 개 없다. 지금까지
예로는 공동생활의 훈련이 부족한 사람들이 섞여 있어 생
활하는 데 불쾌한 일이 적지 않다고 전한다. 생활개혁과
공동생활의 훈련을 도모하기 위해 시범으로 건설하는 이
'아파트'가 성공한다면 장차는 주택과 공동시설이 함께 마
을을 구성해줄 '아파트'가 잇따라 세워질 것이라 보는데,
이 성공 여부에 따라 대한주택공사에서는 장차 을지로에
11층 고급 '아파트'를 지을 계획을 세우고 있다.[31]

국가재건최고회의 시절 언론의 자유, 기자 개인의 선호와 입장 등을

어떻게 볼 것인지에 따라 앞의 인용문 행간을 달리 읽을 수 있을 것이다. 그러나 이런 점을 고려한다 하더라도, 마포아파트가 5·16 군사정변과 함께 시작된 생활혁명의 시금석으로 여겨졌다는 사실은 분명해 보인다. 군사정변과 아파트에 대한 찬성과 반대, 호불호를 넘어서서 말이다. '생활개혁'과 '공동생활의 훈련' 등은 박정희 의장의 준공식 치사에서 언급한 '생활혁명'과 '현대적인 집단공동 생활양식'과 맞닿아 있으며, '입식생활'과 '장독대의 철폐', '라디에이터 난방 방식' 등은 '고식적이고 봉건적인 생활양식에서 탈피'를 직설한다. '주택과 공동시설이 함께 마을을 구성하는 아파트'란 곧 '입주자들의 낙원'을 장담한 권력자들의 이상형이었던 셈이니 신문기사가 전한 내용은 절대 권력층이 상정한 이미지와 대체로 부합했다.

　　마포아파트 최초 설계는 1961년 9월 우선 마무리됐다.[32] 대한주택영단의 기관지 『주택』은 같은 해 12월 제7호를 발간했다. 군사정변의 여파 때문인지 넉 달 가량 늦어진 시점이었다. '발간이 늦어졌음을 우선 사과'한다는 내용이 담긴 「편집후기」에는 "혁명이 있은 지 반년이 겨우 지난 오늘 주택영단에서는 우이동에 211호, 답십리에 80호, 이태원에 61호의 국민주택이 완성되었고, 대규모인 10여 동의 10층 '아파트'가 마포지구에 세워질 수 있을 것이라는 걸 생각하니 '복지사회 건설의 참된 역군'이 되어진다는 의미에서 사뭇 흐뭇한 감이 이해를 보내는 선물이라고 해둘까 싶다"[33]라고 전했다.

　　보통 잡지 편집이 발행 한 달 전까지 이어진다는 사실을 감안하면, 적어도 1961년 11월까지는 10층 주거동 11개로 이뤄진 마포아파트 최초 설계 내용이 여전히 유효했던 듯싶지만, 대한주택영단 문서과의 도면을 확인한 결과 1961년 9월에 작성된 Y자형(C-1형) 주거동은 이미 6층으로 바뀐 것을 확인할 수 있었다.[34] 10층으로 설계된 평면도는 확인할 길이 없으며 김희춘건축설계연구소에서 작성한 단면도만 남아 있다. 무슨 연유에서인지 마포아파트 주동의 개수는 11개에서 10개로 줄었고, 층수는 10층에서 6층으로 낮아졌다.[35] 1962년 3월부터 5월 사이에 신축공사를 위해 여러 차례 작성된 「마포아파트 신축공사 설계도」에서도 같은 내용을 확인할 수 있다. 토지이용률을 높이기 위해 계획된 10층이 6층으로 변경된 이유에 대해 대한주택공사는 미국의 반대와 함께 당시의 전력 사정과 기름 부족, 열악한 상수도 등을 든다. 주한 미국경제협조처(USOM)는 난민구호주택을 많이 지을 것을 원했고, 언론에서도 전기와 유류 사정을 들어 중앙난방 등을 비판했다. 서울시도 마실 물이 귀한 판에 무슨 수세식 화장실이냐며 반대했다. 여기에 덧붙여 상습 침수지였던 부지의 지반이 견고하지 못해 육중한 건물이 들어서기 어렵다는 의견도 있어 결국 6층으로 설계가 변경되었고, 중앙난방도 개별 연탄보일러로 바뀌었다.

　　　그렇다면 USOM은 왜 마포아파트에 반대했을까? 대한주택영단의 마포아파트 최초 설계에 대해 USOM은 처음부터 끝까지 모든 항목에 대해 불만족하다는 의견을 냈다. 긴 내용이지만 전문을 번역해 옮긴다.[36] 대한주택영단의 구상안에 대한 미국이 왜 반대했는지 구체적으로 확인할 수 있기 때문이다.

미분류 문건
PSD_H(Public Service Department_Housing)
1961년 11월 22일
경유: UD
　　　조지 그래버, UD_C
　　　마포아파트먼트 제안, 마포, 서울, 대한민국
아파트 설계에 있어 경제성과 설계, 시공은 따로 논의되어

138

서는 안 될 세 가지 측면이다. 그러나 귀측의 마포아파트 사업은 주로 건축 설계에만 주목한 도면이어서 이에 부수되는 경제성과 시공성의 측면에서 급히 검토한 의견을 제시하고자 한다.

11월 15일 대한주택영단 대표자들과 가졌던 논의 과정에서 C-1 및 C-2 유형의 건축물 6동이 철근콘크리트 골조라는 점과 현재 시공사 선정 계약을 추진하고 있음에 대해서는 한 번도 언급한 적이 없었으며, 이들 6동의 건축물에 국한해 다음과 같은 의견을 개진한다.

A. 배치계획

1. 지형 조건에만 주목한 도면은 완성도가 너무 떨어진다. 이러한 정도의 정보만으로 시공이 진행된다면 시공 단가가 계속 상승할 것이 불가피할 것일 뿐만 아니라 그것이 어떻게 지어질 것이라는 사실을 담고 있지도 않다.

2. 배치도에는 오직 도로계획과 건축물 배치만 표시되어 있어 진출입 동선, 상하수도 계통, 전력망과 조명, 표면 배수 등등에 대한 해결책이 제시되어 있지 않다. 보일러실도 해당 지역의 통상적인 바람 방향과 관련해 위치가 정해져야 매연이 주동 방향으로 향하지 않을 것이므로 이에 대한 검토가 필요하다.

B. 건축설계

1. 오직 두 가지 유형으로 구성된 기본계획은 다양성이 극히 제한적이다. 유일한 차이점을 꼽으라면 단위주거(units)의 크기 차이와 C-2 유형의 한쪽 날개에 2침실형 단위주거

가 2세대 위치하는 것에 비해 C-1은 그저 1침실형 4개 단위주거가 들어선다는 것뿐이다. 따라서 유형이 두 가지라는 점은 통합성의 결여를 초래해 설계 노력과 더불어 시공 비용의 상승을 야기할 것이 우려된다. 따라서 거의 차이가 없다는 점에서 유형을 하나로 하는 것이 합리적이다.

2. 주거동의 전면 폭이 서로 다른 다섯 가지를 이곳에 적용해야 할 필요성에 대해 회의적이다. 하나의 표준 폭을 정하는 것이 평면을 단순하게 만들고 비용을 줄인다는 점에서 당연히 필요하다.

3. 시공의 단순함과 비용 절감을 위해서도 출입문과 창호뿐만 아니라 많은 다른 경우도 디테일이 같아야 한다. 현재의 내용은 이러한 점을 포함하지 않고 있다.

4. 방화계획 역시 불분명하다. 10층 건축물에 단 하나의 계단실로는 위험하다는 것이 분명하다는 점에서 계단실은 외기에 노출되어야 한다.

5. 주거동의 1층 출입구 부분은 공간 낭비가 심하다.

6. 발코니의 크기 역시 거주공간에 비해 과도하고, 배수 방식은 고려하지 않고 있다. 조망이나 환기를 위해서도 콘크리트 구조물보다는 개방형 난간을 두는 것이 바람직하다.

7. 단위주거 각 실의 마감에 대해 아무런 언급이 없다. 침실이며 거실의 바닥을 널마루로 한다고 표기되어 있는데, 모양이나 유지 혹은 안전과 비용의 측면에서 다른 바닥재 검토가 필요하다.

8. 점포 시설은 양곡이나 연료와 같은 필수적인 것을 우선해야 하고, 점포 병용주택이 검토되는 것이 바람직하다.

9. 적당한 크기의 거주공간이 설정되어야 하므로 2.3×2.6미

터의 침실은 좁다.

10. 10가구가 5개의 쓰레기 투입구(trash chutes)를 사용한다
    는 것은 결코 정당화할 수 없다.

11. 안타깝게도 도면은 일반적인 곳 이외에는 어느 것도 자세
    하게 표기하지 않고 있다.

C. 구조

1. 구조설계에 대한 검토가 전혀 없다.

2. 기초공사 작업에 앞서 확인해야 하는 하층토 조사에 관한
   사항이 없다. 이럴 경우 비용 증가가 엄청날 것이며, 좋은
   설계가 원천적으로 불가능하다.

3. 구조도면에 반드시 표기해야 할 건축, 전기, 기계 및 엘리
   베이터 운행과 관련한 디테일(예를 들면 바닥 개구부, 매
   설 파이프, 슬리브와 인서트 등)이 전혀 없다. 따라서 이들
   을 반영한다면 다시 추정 비용이 바뀔 것이다.

4. 2.6미터 층고를 산정했는데, 보의 깊이가 60센티미터라면
   순(純)높이는 2미터에 불과하므로 의문이다.

5. 도면들이 서로 일치하지 않고 있다는 사실을 언급하지 않
   을 수 없다. 건축도면에서 분명하게 표기한 난간이 구조
   상세에서는 단순히 강재로 표기되어 있는 경우가 대표적
   이다.

D. 기계

1. 취사연료로 연탄(coal briquetts)을 상정하고 있는데 이로
   인해 주방에 집중하게 될 연기에 대한 내용은 언급하지 않
   고 있다. 더구나 연탄을 쌓아 놓을 공간이 없다.

2. 변소는 공간 활용과 설비의 효율성 제고를 위해 반드시 재검토하여야 한다. 배설물 처리와 환기 등을 위한 파이프 설치에 대해 언급한 것이 없으며, 반드시 악취 방류를 위한 팬과 더불어 기계적 장치가 들어가야 한다. 서구형 수세식 화장실 설치에 대해 의문이다.

3. 난방 방식에 대한 언급이 전혀 없다. 스팀난방 혹은 온수난방이 사용될 것이라면 배관문제가 반드시 선결되어야 한다. 특히 이들 배관이 보 아래에서 교차할 경우 층고를 낮출 수 있다는 사실을 알아야 한다.

4. 폭우 대비책이 없다.

5. 식수공급을 위한 물탱크와 펌프 등등이 필요할 것인데 이를 전혀 확인할 수 없다.

E. 전기

1. 전력공급과 조명에 관한 정보를 전혀 확인할 수 없다. 이와 관련해 적지 않은 일들이 발생할 것이므로 협의하여 건축도면과 구조도면에 반드시 이를 반영해야 한다.

2. 주거동마다 한 대의 엘리베이터를 둔다는 것에 회의적이다. 승강기 대기시간이 불만족스러울 것이며 엘리베이터가 고장을 일으킬 경우에는 10층을 걸어 올라가야 하는 불편함이 초래될 것이다.

F. 결론

마포아파트 건설사업과 관련해 드러난 기술 정보는 조화롭지도 않으며 불완전하다. 특히 기본 설계(general design)는 회의적이다. 바닥면적의 20퍼센트 이상이 로비와

Housing

FSD-H   November 22, 1961

THROUGH: UD *Graf*

George Graeber, UD-C

Proposed Apartment Housing, Mokpo, Seoul, Korea

Economics, architectural design and construction are three features of apartment design that should not be separated. At your request, however, a cursory review of the drawings for the subject project has been made solely from the architectural viewpoint with incidental comments relating to economics and construction.

In the discussion, November 15, with the Korean housing representatives, it was noted that the reinforced concrete frames for six buildings, C-1 and C-2 types, are currently under contract for construction. The following comments relate to these buildings only.

A. Site Plan

1. The only topographical drawing is extremely incomplete. Proceeding with construction on the basis of such information means that higher costs are inevitable and it is impossible to make any constructive suggestions.

2. Only a block plan of the buildings and the road plan have been indicated on the Site Plan. The problems of access, water and sewage lines, power and lighting, surface drainage, etc., remain to be solved. It is hoped that the boiler house is located in relation to the prevailing breeze so that smoke will not be blown towards the buildings.

B. Architectural

1. There is little variation in the basic planning for the two types. The only major differences are in the size of the units and one wing of the C-2 type has four single bedroom units in lieu of the C-1 type that has two units, each containing two bed rooms. This lack of unity is questioned for the costs of design and construction are increased because of the two types. As there is so little difference, one type would have done the job.

2. The necessity of five different widths in the bays is questioned. Simplicity in plan and savings in costs would result from one standard width throughout.

3. Considerable saving and simplicity of construction would be realized if doors, windows and many other details were the same. There is no indication that this is so.

4. If any provisions for fire protection are planned, they are not obvious. The hazard of one stairway in a ten story building is obvious, and

↑ 마포아파트 10층 규모 C-1 C-2 6동 아파트 건설계획에 대한
USOM 의견서 일부(1961.11.22.)
출처: 미국국립문서기록관리청

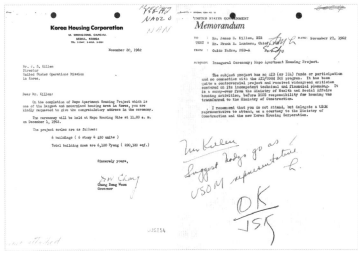

↑↑ USOM 수석 주택고문관 귀도 낫조를
건설부 주택자문위원회 위원으로 위촉한다는 내용의 위촉장(1962.9.25.)

↑ 장동운 대한주택공사 총재가 USOM 킬렌 단장에게 보낸
마포주공아파트 1차 준공식 참석 초대장(1962.11.20.)과
단장의 참석이 적절하지 않다는 귀도 낫조의 USOM 내부 검토서(1962.11.27.)
출처: 미국국립문서기록관리청

통로 등으로 쓰인다는 점에서 제안된 평면은 정당성을 갖기 어렵다. 따라서 제안한 6개 동에 앞서 토지 이용, 주거동의 향, 효율과 비용 등의 측면에서 통합적인 대안을 우선 마련해야 한다.

조지 C. 그래버(George C. Graeber)
1961년 11월 22일 발송(USOM KOREA)
GCGraeber:kjk:UD_C:11-22-61

USOM의 의견은 점잖은 형식을 취한 것이지만 내용은 전혀 그렇지 않다. 설계 자체가 모든 면에서 미흡하다고 평가하며 대놓고 반대한 것이기 때문이다. 미국의 이러한 반대가 이후에도 계속될 것을 염려한 때문인지 정부는 USOM의 의견을 수용해 10층이던 아파트 구상안을 6층으로 낮췄고, 1962년 9월 미국경제협조처의 수석 주택고문관인 귀도 낫조를 건설부 주택자문위원회 위원으로 위촉했다.

또 다른 사건도 있었다. 1962년 11월 20일 대한주택공사의 장동운 총재는 모두 450세대를 수용할 마포아파트 1차 준공을 앞두고 USOM 대표 킬렌에게 1962년 12월 1일 오전 11시 준공식 현장에 참석할 것을 요청했는데, 주택자문위원회 위원이자 수석 주택고문관인 귀도 낫조가 이를 반대했다. 마포아파트는 USOM의 주요 재정이라 할 수 있는 AID(또는 ICA) 자금과는 하등 관계없는 사업이라는 점과 더불어 재정과 기술적 측면에서 광범위하게 비판받는 마포아파트 준공식에 USOM 대표가 참가한다는 것은 여러 면에서 적절치 않다는 의견이었다. 이 사업은 한국 정부의 건설부와 보건사회부 사업이므로 다른 사람을 참석시키는 것이 좋겠다고 권고했고, 결국 귀도 낫조가 USOM을 대표해 참석하게 된다.

주거동 유형
一자형, T자형, Y자형

1961년 10월 무렵까지 유효했던, 10층을 상정해 작성된 마포아파트 설계안에서 주동은 총 3가지 유형, 즉 一자형(A형), T자형(B형), Y자형(C형)으로 계획되었다.

　　　A형이라 불린 一자형 주거동은 2가지 유형으로 만들어졌다. A-1은 나상진건축설계사무소가, A-2는 김종식건축연구소가 설계를 맡았다. A-1은 각 층에 10세대가 엘리베이터 홀을 겸한 코어를 중심으로 좌측엔 4세대, 우측에는 6세대가 비대칭적으로 늘어선 주거동으로 지하에 1개 층이 있었다. 단위주택 10세대는 침실 하나에, 거실, 부엌, 욕조와 좌식 변기를 구비한 목욕탕까지 모두 동일하게 구성되었으며, 규모 또한 9평형으로 같았다. 예외적으로 옥외 비상계단 반대편 끄트머리 세대의 침실이 약간 컸는데, 현관 앞까지만 복도가 있으면 된다는 이유로 현관 옆 침실을 복도까지 확장하는 형식이었기 때문이다.

　　　이에 비해 A-2는 각 층에 15평형과 12평형 8세대가 들어갔다. 중앙에 위치한 엘리베이터 홀을 중심으로 좌우에 두 평형이 짝을 이루어 15평형-12평형, 다시 12평형-15평형이 4세대씩 배치되었다. A-2의 단위주택에는 A-1과 달리 침실이 하나 더 있어 2침실형으로 설계됐다. 또 A-1 단위주택의 발코니가 전면 폭(frontage) 모두를 활용하는 방식이었다면 A-2의 경우는 거실 폭에 해당하는 길이로 발코니가 있었다. 상대적으로 넓은 규모였기 때문이리라 추측된다. 1층 출입구엔 경비실을 겸한 관리사무실이 들어갔고, 지하실에는 사무실과 창고, 가게, 전기실 등이 들어서도록 구획했다.

　　　비운의 T자형 아파트 주거동은 B형으로 불렸다. 설계는 대한주택공사 기술진이 맡았고, 2층 이상(일반층) 각 층엔 12세대

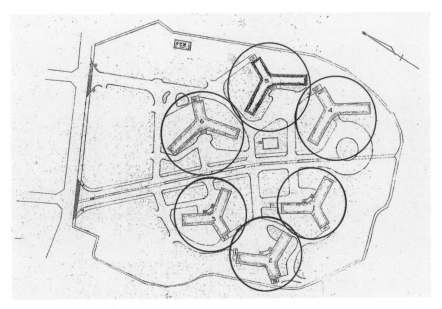

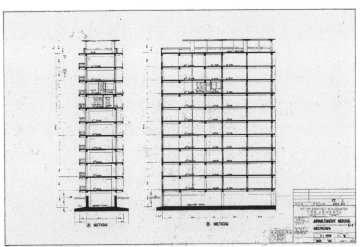

↑↑ 마포아파트 1차 사업 배치도
출처: 대한주택영단,
「공사 준공 조사보고서: 마포지구아파트
신축 제1·2차 공사」, 1962.11.

↑ 10층으로 계획됐던
마포아파트 Y자형(C-1형) 단면도.
최종적으론 6층으로 변경되었다
출처: 대한주택영단

가 들어갔다. 공중전화 부스와 엘리베이터가 설치된 코어 우측 가로 방향에 2침실형 4세대가, 나머지 날개에는 1침실형이 4세대씩 배치되었다. 다만, 세로 방향 주동 1층에는 경비실, 화장실, 창고를 위한 면적이 할애됐기 때문에 단위주택은 3세대만 들어갔다. 이에 따라 단위주택의 가로(폭)×세로(깊이)는 복도와 발코니를 제외하고 18.0×16.5피트, 19.0×19.5피트 2가지 모듈을 사용했다. 2침실형 단위주택의 끄트머리 세대 외부로는 비상계단 역할을 하는 옥외계단을 따로 두었다. 하지만 대한주택영단 이사회는 B형이 구조적으로 불안하고, 분양을 전제할 때 세대 규모가 크다는 이유(B형의 1침실형은 A-1보다 좁은 편인데도)로 계획을 무산시켰다. 그렇게 T자형 주거동은 도면으로만 남았다.

　　　　비운의 주거동인 이유는 또 있다. 바로 옥상정원이다. B형에는 A형이나 C형과 달리 옥상에 퍼걸러를 설치한 휴게공간과 더불어 6인치 중공블록을 이용한 직선과 곡선의 조형물을 세우고 곳곳에 벤치를 두어 주민들이 사용할 수 있도록 의도했지만 실현되지 못했다는 사실은 사뭇 안타깝다. 르 코르뷔지에의 설계로 우여곡절 끝에 1952년 마르세유에 준공한 유니테 다비타시옹[37]의 옥상정원만큼이나 세인에게 회자되는 사례가 됐을 수도 있었다.[38] 역사에 가정이란 무의미한 일이지만, 마포아파트 B형이 채택, 실현됐다면 그후 공동주택의 고층화 과정에서 옥상의 인공지반 활용에 대한 다양한 실험이나 논의가 풍성해지지 않았을까 하는 아쉬움은 남는다.

　　　　김희춘건축설계연구소와 대한주택공사가 공동으로 설계한 것으로 추정되는[39] Y자형 주거동은 C형이었다. Y자형은 때론 마포아파트를 상징하는 기호처럼 여겨지기도 하지만, 이후 동부이촌동을 기점으로 광주, 대전, 부산 등으로 이어진 공무원아파트, 서울 대신상가아파트로 대표되는 민간 상가아파트, 워커힐아파트 같

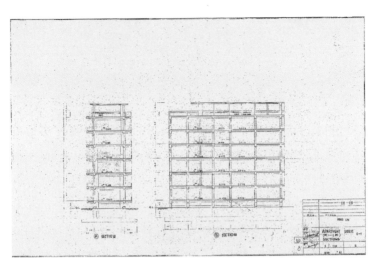

Ⓐ SECTION　　　　　　　　Ⓑ SECTION

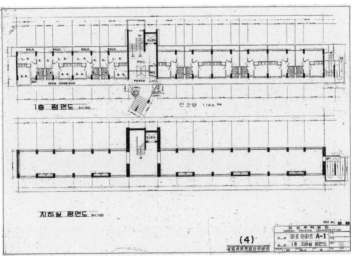

1층 평면도 S=1:100　　　　연건평 1.164.㎡

지하실 평면도 S=1:100

(4)

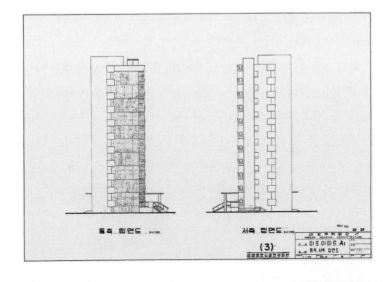

동측 입면도 S=1:100　　　서측 입면도 S=1:100

(3)

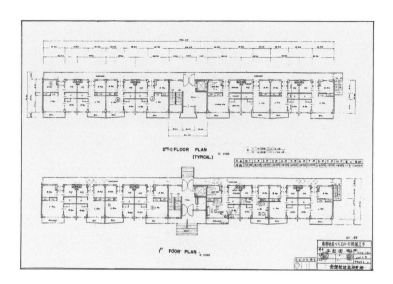

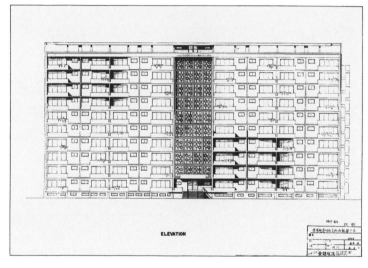

← Y자형 주거동(C-1) 단면도(1961.9.)
출처: 대한주택영단

↑↑ 김종식건축연구소에서 설계한
A-2 주거동 1, 2층 평면도(1961.9.)
출처: 대한주택영단, 「마포지구아파트(A-2) 신축공사」

← 나상진건축설계사무소에서 설계한
A-1 주거동 지하실 및 1층 평면도(1961.9.)
출처: 대한주택영단, 「마포아파트 A-1」

↑ A-2 입면도(1961.9.)
출처: 대한주택영단, 「마포지구아파트(A-2) 신축공사」

← A-1 동측 및 서측 입면도(1961.9.)
출처: 대한주택영단, 「마포아파트 A-1」

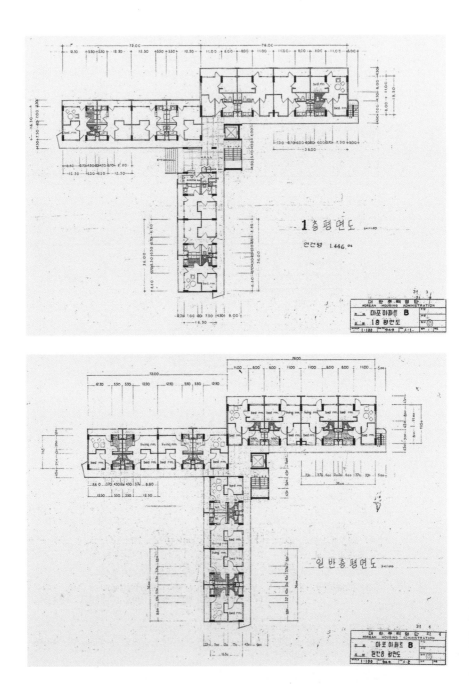

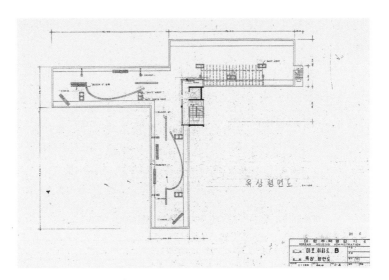

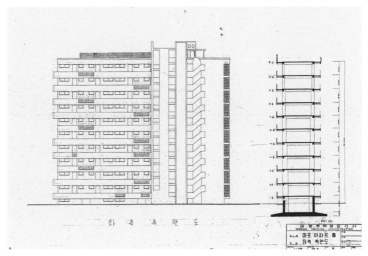

← 마포아파트 B형 주거동 1층 평면도(1961.9.)
출처: 대한주택영단, 「마포아파트 B」

← B형 일반층 평면도(1961.9.)
출처: 대한주택영단, 「마포아파트 B」

↑↑ B형 옥상 평면도(1961.9.)
출처: 대한주택영단, 「마포아파트 B」

↑ B형 좌측 측면도 및 단면도(1961.9.)
중공블록을 이용한 옥상층 조형물
출처: 대한주택영단, 「마포아파트 B」

은 다른 국책사업의 일환으로 지어진 아파트 등에 널리 활용된 유형
이다.

그저 Y자형으로 알려진 C형은 사실 2가지로 다시 구분된
다. 3개의 날개가 모두 편복도형인 C-1형과, 2세대가 공용복도를 사
이에 두고 마주하는 중복도 형식의 날개 하나를 포함하는 C-2형이
있다. 「마포지구아파트 신축 제1-2차 공사」 도면(146쪽)에서 윗부분
의 3개 주거동은 C-1형이고, 아랫부분의 3개는 C-2형이다.

마포아파트 C-2형 규모별·층별 임대료(보증금은 월 임대료 1년분)

규모 층별	건평별								
	8.71평	8.91평	8.98평	9.33평	9.73평	10평	11.56평	12.24평	15.36평
1	2,440	2,490	2,510	2,610	2,720	2,800	3,240	3,430	4,290
2	2,440	2,490	2,510	2,610	2,720	2,800	3,240	3,430	4,290
3	2,320	2,380	2,400	2,490	2,600	2,670	3,090	3,270	4,100
4	2,170	2,220	2,240	2,330	2,420	2,490	2,890	3,050	3,830
5	2,040	2,080	2,100	2,180	2,280	2,340	2,710	2,870	3,590
6	1,880	1,930	1,940	2,020	2,100	2,160	2,500	2,650	3,320

출처: 『동아일보』 1962.11.20.

1962년 11월 13일자 『경향신문』에 실린 '마포아파-트 임대 안내' 광
고는 C-1형과 C-2형 주거동 각각에 포함된 단위주택의 규모를 공
지하고 있다. 이에 따르면, C-1형은 2동, 3동, 5동으로 9평형(8.71평
18호, 8.98평 18호)은 36세대, 10평형(9.33평 18호, 9.73평 72호)
은 90호, 12평형(11.56평 36호, 12.24평 36호)은 72호가 배정돼 총
198호이며, C-2형은 6동과 7동으로 9평형(8.91평) 96호와 10평형
(10.00평) 48호, 15평형(15.36평) 24호로, C-1형과 C-2형을 모두
합해 366호가 임대 대상이었다.[40] 참고로 최종 임대 공고에 명시된

C-2형의 규모별/층별 임대료를 보면, 1, 2층은 가격이 같고 위층으로 갈수록 낮았다. 이는 C-1형도 마찬가지였다. 입주 예정일은 1, 2차 임대 아파트 모두 같은 해인 1962년 12월 5일이었다.

1962년
1차 준공

최종적으로 채택된 Y자형 주거동은 1962년 8월 31일부터 11월 28일까지 공사가 진행됐으며,[41] 一자형 주거동은 1964년 11월 7일 착공해 1965년 5월 12일 준공했다.[42] 이미 사라진 대상을 어떻게 복원할 것인가는 퍽이나 복잡하고 난해한 문제다. 마포아파트의 경우는 준공보고서에 별첨된 도면이 합리적 추론을 돕는다. 시공사가 어떻게 공사를 마무리했는지를 적은 준공보고서는 발주자인 대한주택영단의 구체적인 검증을 거쳤을 가능성이 높고, 게다가 이 보고서를 근거로 총공사비가 산출됐을 것이란 점에서 현재 살펴볼 수 있는 문서 중에서는 마포아파트에 대한 최종 상태를 알려주는 공신력 있는 문서라 할 수 있다.

　　　　신양사가 공사를 도급해 1962년 12월 18일 준공 처리한 제5공구 C-2는 Y자 날개 가운데 가장 짧은 부분엔 10평형 (10.00평, C형 평면) 4세대가 복도를 중심으로 2세대씩 마주하며, 나머지 날개에는 중앙에 가장 넓은 15평형(15.36평, A형) 단위세대를 두고 양쪽으로 9평형(8.91평, C′형) 단위세대가 둘씩 늘어섰다. 중복도형 날개 끄트머리에는 옥외 비상계단이 붙었고, 최초 설계에서 엘리베이터가 설치될 예정이었던 곳은 창고로 변경됐다. 서로 다른 평면 3개가 한 층에 들어서는 바람에 마포아파트의 자랑이었던 더스트 슈트[43] 역시 3가지로 궁리됐고, 1962년 11월에 그에 대한 자

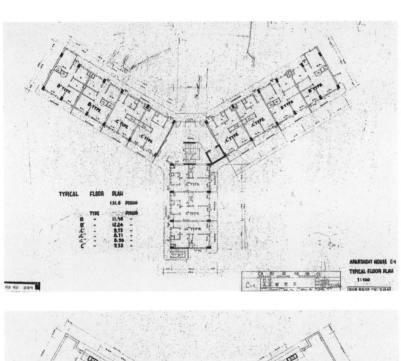

TYPICAL FLOOR PLAN

131.6 PYONG

TYPE		PYONG
B	=	11.56
B'	=	12.24
C	=	9.15
C'	=	8.71
C''	=	8.58
C'''	=	9.33

APARTMENT HOUSE C-1
TYPICAL FLOOR PLAN
1:100

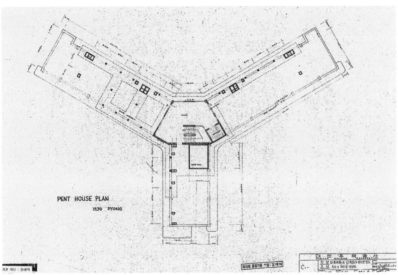

PENT HOUSE PLAN

13.30 PYONG

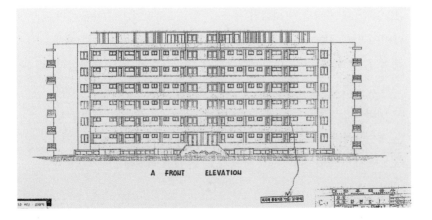

A FRONT ELEVATION

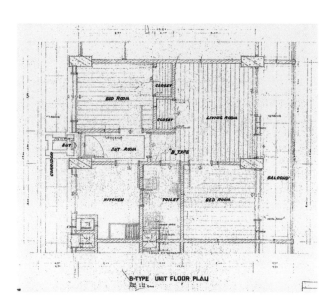

B-TYPE UNIT FLOOR PLAN

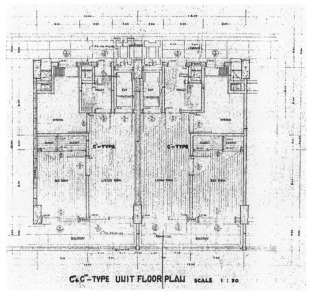

C'+C'-TYPE UNIT FLOOR PLAN SCALE 1:30

← C–1형 기준층 평면도 (1962.5.)
출처: 대한주택영단, 「공사 준공 조사보고서」, 1962.12.

← C–1형 주거동 펜트하우스 평면 (1962.5.)
출처: 대한주택영단, 「공사 준공 조사보고서」, 1962.12.

← C–1 정면도(1962.5.)
출처: 대한주택영단, 「공사 준공 조사보고서」, 1962.12.

↑↑ C–1형 주거동의 B형 단위주택 평면도(1962.5.)
출처: 대한주택영단, 「공사 준공 조사보고서」, 1962.12

↑ C"+C"'형 단위주택 평면도(1962.5.)
출처: 대한주택영단, 「공사 준공 조사보고서」, 1962.12

→ C-2형 주거동의 C형 단위주택(9평형) 평면도(1962.7.)
출처: 대한주택공사, 「마포지구아파트 신축공사 설계변경도」

↓ Y자형(C-2형) 2~6층 평면도(1962.5.)
출처: 대한주택공사, 「공사 준공보고서」, 1962.11.

→ C-2형 주거동의 C형 단위주택(15평형) 평면도(1962.7.)
출처: 대한주택공사, 「마포지구아파트 신축공사 설계변경도」

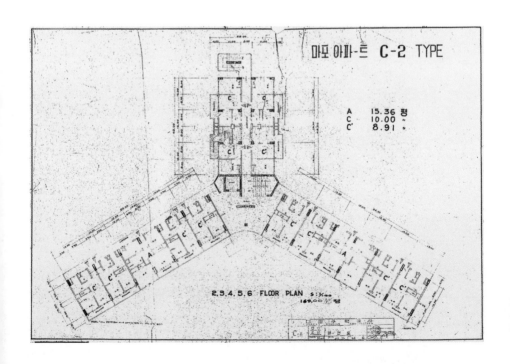

마포 아파-트 C-2 TYPE

A 15.36 평
C 10.00 "
C' 8.91 "

2.3.4.5.6 FLOOR PLAN s:½₀₀

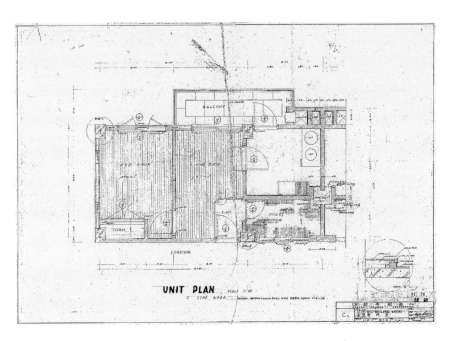

UNIT PLAN SCALE 1:20
C TYPE AREA

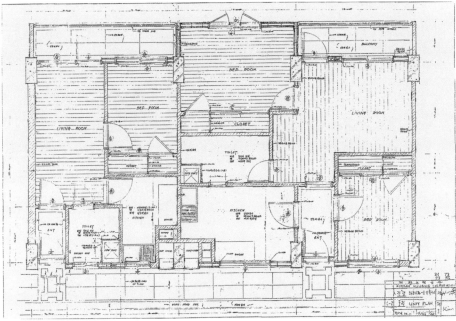

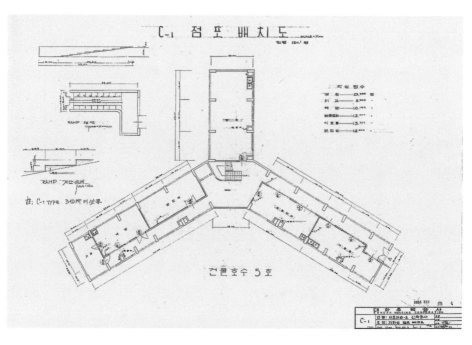

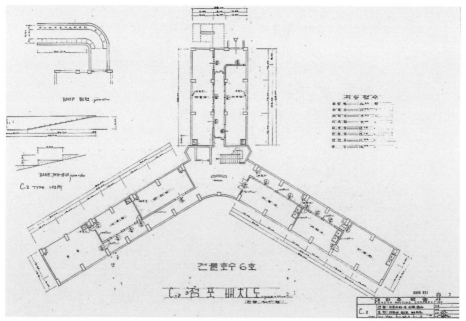

← C−1형 주거동 지하 점포 배치도(1962.11.)
출처: 대한주택영단,
「공사 준공 조사보고서」, 1962.12.

↓ 마포아파트 C형 주거동
지하 점포 입구
출처: 대한주택공사 홍보실

← C−2형 지하실 점포 배치도
출처: 대한주택공사,
「마포 아파−트 신축공사」, 1962.11.

↓↓ 마포아파트 지하공간 상점 현황(1965.11.)
출처: 마포아파트 관리사무소,
「마포아파트 관리소 인수인계 결과 보고」, 1965.11.

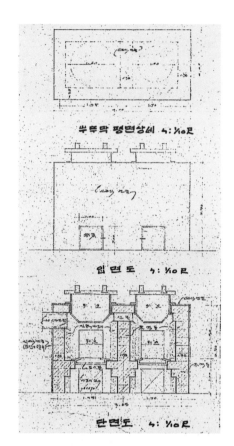

부뚜막 평면상세 ᄼ: ¹/₁₀ ᄅ

입면도 ᄼ: ¹/₁₀ ᄅ

단면도 ᄼ: ¹/₁₀ ᄅ

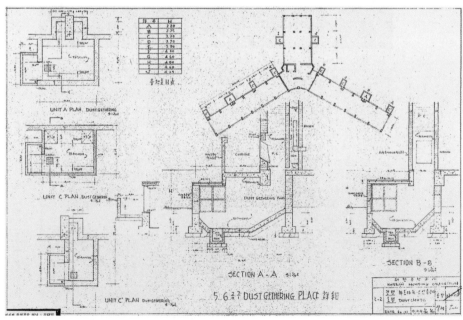

記號	H
A	2.20
B	2.75
C	3.20
D	3.70
E	4.30
G	4.60
H	4.90
I	5.40
J	4.25

高低表目表

UNIT A PLAN DUST GETHERING

UNIT C PLAN DUST GETHERING

UNIT C' PLAN DUST GETHERING

SECTION A-A s:¹/₄ᄅ

SECTION B-B s:¹/₄ᄅ

5. 6 몽구 DUST GETHERING PLACE 詳細

KOREAN HOUSING CONSTRUCTION

← C-1형 및 C-2형에 공통 적용한 부뚜막 상세도(1962.5.)
출처: 대한주택영단, 「공사 준공 조사보고서」, 1962.12

← 5~6공구 쓰레기 집하 장소 상세(1962.11.)
출처: 대한주택공사, 「공사 준공보고서」, 1962.11.

↓ 마포아파트 관리소 모습
(1979년 하반기 이후 촬영 추정)
출처: 대한주택공사 홍보실

↑ 계단실형 집입 방식으로 변경한
마포아파트 A형 주거동 전경
출처: 대한주택공사 홍보실

← 마포아파트 A형
주거동 입면 상세
출처: 대한주택공사 홍보실

세한 시공도면이 작성됐다. 지하실은 아직 칸막이는 설치하지 않은 상태에서 골조만 우선 마무리됐다.

10평형인 C형 평면은 C-2형 주거동에서 가장 작은 규모인데, 최초 평면에서는 거실과 침실의 바닥 재료가 아스팔트 타일이었으나 시공 직전인 1962년 7월 하순에 나무널로 변경됐다. 평면 구성은 중복도 형식이라는 점에서 거주성을 높이기 위해 침실-거실-주방이 나란히 들어서는 형식을 취했고, 발코니 전체 길이가 거실 전체와 주방의 절반에 걸쳐 있어 주방에서 직접 발코니로 나와 더스트 슈트를 이용해 쓰레기를 버릴 수 있도록 했다.

C-2형에서 A형 평면과 C′형 평면은 각각 15평형과 C′형이 결합하는 방식인데, A평형은 2침실형이지만 9평형은 C형 평면과 마찬가지로 1침실형이었다. 특이한 점은 일본주택공단의 '51C형' 평면과 달리 식침분리(食寢分離)를 꾀하지 않고 공사실분리(公私室分離)를 의도함으로써 일본의 주택과는 다른 궤적을 보이고 있다는 사실이다. 상대적으로 규모가 작은 C′형 평면에서는 거실과 침실 폭 전체에 걸쳐 발코니를 둔 반면에, 2침실형인 A형 평면에서는 거실 쪽에만 발코니를 두고 전면 폭 절반 정도에 해당하는 나머지는 침실에 할애하는 방법으로 공간을 활용했다. 더스트 슈트는 발코니를 이용하는 C형에서와는 달리 A형과 C′형에서는 현관문을 열고 나가 복도에 마련된 곳을 이용하도록 했다.

입주를 한 달 남짓 남겼던 1962년 11월 골조만 완성했던 C-2형의 지하층이 마무리되었다. 당시 설계된 C-2형 주거동 지하에는 미장원, 이발소, 세탁소, 식육점, 미곡상, 만물상 등의 점포와 기타 공실이 지상층 단위주택 구성 방식과 마찬가지로 짧은 날개 방향으로는 중복도 형식으로, 나머지 긴 날개쪽은 편복도 형식으로 구획됐다.

신광건설주식회사가 시공을 맡아 1962년 12월 28일 준공한 마포아파트 신축공사(1~2차) C-1형 주거동엔 한 층에 6가지의 서로 다른 단위주택, B형(11.56평), B′형(12.24평), $_1$C′형(9.73평), $_2$C‴형(8.71평), $_1$C″형(8.98평), C‴형(9.33평)이 조합, 배열되었다. 예를 들면, Y자형의 짧은 날개 부분에는 코어로부터 $_1$C‴-C″형-$_2$C‴형이 늘어선 반면에, 긴 날개 두 동에는 $_1$C′형-$_1$C′형-B형-B′형이 이어졌다. 따라서 매우 정교하고도 구성적인 공간 조합 방식이 동원됐고, 그만큼 평면의 다양성도 확보되었다.

B형 평면은 정방형에 가까웠고, 네 귀퉁이에 거실-침실-(변소)-주방-(현관)-침실이 있었다. 복도 반대편에 위치한 거실과 침실 폭 전체를 이용해 발코니를 만들었으며, 쓰레기 처리는 현관을 나가 복도에서 단위주택에 매설된 더스트 슈트를 이용했다. 11.56평에 불과하지만 침실을 3개 갖춘 매우 짜임새 좋은 평면이다. C″+C‴형 평면은 1침실형으로 공간의 구성 방식과 배치 형식은 같으나 거실과 변소의 폭이 하나는 상대적으로 좁고, 다른 하나는 넓은 미묘한 차이가 있었다. 전용면적 9.73평의 C′형 평면 역시 C자 돌림의 다른 형식과 유사하나 각 실의 면적은 미세하게 다르다. 옥상에는 계단실과 물탱크로 구성된 日자 모양의 구조물을 10시 방향 날개에 두었는데, 도면엔 'roof garden'이라 표기되어 있다. '옥상에 빨래를 말릴 수 있는 건조대'를 두었다는 기록으로 볼 때, 주민들의 휴식공간이자 빨래 건조공간으로 사용할 것을 지시한 것이 아닐까 생각된다. 이는 입면도를 통해서도 확인할 수 있다.

C-2형 주거동과 마찬가지로 C-1형 주거동 지하에도 병원, 치과, 약방, 일용잡화점과 식료품점 등 각종 시설이 들어설 수 있게 입주 한 달 전 설계를 완성했다. 아마도 점포 임대 입주자 선정이 종료된 뒤 각 시설의 요청에 따라 기둥 간격을 중심으로 소요 면적

을 배분한 것으로 보인다. 실제로 1965년 11월 8일을 기준으로 대한
주택공사가 작성한 「마포아파트 상점 현황」 자료에 따르면,[44] 1차 사
업 준공 직전 작성한 지하층 평면도의 내용과 유사한 점포와 사무
소가 Y자형 주거동 지하에 들어서 있었다. 차이점이라고 한다면 지
하공간 입주가 예상됐던 병원, 치과, 약국은 모두 관리사무소 2층에
들어섰단 것이다. 공중센터와 연탄보급소는 옥외에 설치되었다. 흥
미롭게도 무용연구소(육완순), 학술연구소(정덕규), 서민금융(임병
계), 건축연구소(최회권) 등 다양한 사무실도 입주해 있었다. 그밖
에 얼음 판매점과 식당 2곳이 영업을 했던 것으로 보고됐다.

　　1964년 11월 7일 착공해 1965년 5월 12일 모두 준공한 것
으로 확인한 一자형 주거동은 최초 설계 과정에서 채택한 편복도형
진입 방식과는 달리 계단실형으로 변경했다. 1차 준공한 Y자형 주
거동 6동을 둔 상태에서 주출입구 좌우에 1동씩을 배치하고 부출입
구 왼편에 1동, 그리고 Y자형 주거동 뒤쪽 여유공간을 이용해 다시
1동을 추가로 배치함으로써 10개 주거동으로 이루어진 마포아파트
의 전체 모습이 완성되었다.

　　처음부터 분양을 염두에 두었던 一자형 주거동은 1964년
3월 분양 공고를 시작으로 분양에 나섰으며, 처음부터 임대아파트
로 구상했던 Y자형 주거동은 1967년 11월부터 분양 절차에 돌입
했다.

단지 탄생과
서구식 생활방식

항공사진에서 볼 수 있듯 주변과 놀랄 만한 대조를 이루었지만, 준
공된 뒤에도 마포아파트를 '단지'(團地)라고 부르는 경우는 무척 드

물었다. 앞서 인용한 주종원의 글에서도 '[마포아파트가 들어간 대지에] 단독주택으로 수용한다면 다만 도로만 있는 단지'가 되었을 것이라고 했던 것과 대한주택공사 단지연구실장을 맡았던 박병주가 '우리나라 최초로 건설된 단독주택 위주로 된 주택단지로 수유리 단독주택을 꼽았던 사실'[45]에서 알 수 있듯, 1960년대 초기에는 적어도 안팎을 구별하는 장치이자 상징어로서 단지는 크게 회자되지 않았다.[46] 한편 장동운은 회고에서 한국 아파트단지의 시초가 마포아파트였고, 요즘(2005년) 단지화 구상에 아쉬운 마음이 든다고 말한 적이 있다. 당시의 단지는 최근의 빗장 공동체(gated community)보다 훨씬 더 큰 규모, 최소한의 주민생활시설 및 학교 등을 갖춘 대규모 주거지 개발지역을 일컬었다. 지역난방 방식을 택해 일괄적으로 전체를 관리하는 개념도 단지를 설명하는 중요한 요소였다.[47] 적어도 1천 세대는 되어야 단지가 될 수 있었다. 최초의 10층 구상도 이 규모와 관계가 있었다. 당시 가구당 가구원 수가 5명이니, 5천 명 정도가 거주하려면 10층은 되어야 가능했기 때문이라는 것이 장동운의 설명이다.

한편 장동운은 북한 평양의 아파트와 높이 경쟁을 추구했다는 일부의 견해에 대해서는 사실 무근이라고 말했다. 자신은 북한에 대해 아는 것이 거의 없었을 뿐만 아니라 평양의 경우라면 오히려 조립식아파트 기술이 뛰어난 소련의 영향을 받았을 것으로 추측한다고 말했다.[48]

마포아파트의 단위주택계획엔 좌식생활을 경시하고 서구적 생활을 동경하는 시대 흐름이 다분히 반영되었다. 일례로, 12평형은 침실과 거실이 완전 분리되어 거실이 강조되었다. 부엌과 욕실도 완벽히 실내로 들어왔다. 게다가 이 둘을 한군데로 모아 설비 효율을 높였고, 반침을 두어 수납공간을 확보하기도 했다. 그러나 발코니는 여전히 항아리가 점령한 장독대 역할에서 벗어나지 못했으니, 새로운 공간 구성과 실생활 사이엔 아직 건너지 못할 강이 흐르고 있었다.[49]

비슷한 맥락에서 15평 I형(일자형)도 특기할 만하다. 계단실을 이용한 세대 조합 방식은 프라이버시라는 현대적 가치를 반영한 결과였다. 물론 이로써 전용면적이 높아지는 부가적인 효과도 얻었다. 조금 작은 규모는 부엌 후면에 서비스용 발코니를 두어 해결했다. 거실을 따라 설치된 발코니는 일조, 채광, 통풍 조건을 개선하려는 목적이었다. 후일 15층짜리 잠실 5단지 고층 아파트가 들어서면서부터 발코니는 새로운 역할을 얻는데 '고층 주택에서의 불안감을 해소하기 위함'이 그것이다.[50] 1960년대의 '고층'에서는 아직 필요하지 않았던 역할이다.

동일 주거동
반복 배치의 시작점

동일 주거동을 반복 배치하는 방식은 최초의 단지형 아파트로 불리기도 하는 마포아파트에서 시작됐다. 이미 여러 차례 언급했듯 마포아파트단지는 두 유형의 Y자형 주거동을 각각 3동씩 1차(1962년)로 배치하였으며,[51] 2차(1964년)로 ─자형 주거동 4개를 추가 배치하였다.[52] 즉, 세 유형을 반복 적용해 주거동 10개를 건설한 것이다.

그 이유는 크게 2가지로 추론해 볼 수 있다. 첫째는 우리나라에서 처음으로 시도하는 대단위 아파트단지라는 점에서 그 전형(典型)을 드러내본다는 의미, 두 번째는 설계 노력의 경감이다. 이러한 두 가지 요인이 복합적으로 작용한 것이라 가정한다면, 마포아파트의 동일 주거동 반복 배치는 외부공간 구성을 고민한 결과라기

↑↑ 동부이촌동 공무원아파트(1966~1969)의 Y자형 주거동
출처: 대한주택공사 홍보실

↑ 잠실시영아파트 항공사진(1980)
출처: 서울특별시 항공사진서비스

보다는 현실적 제약 아래서 상징성과 경제성을 추구한 결과로 보는
것이 마땅하다.

　　동일한 주거동의 반복 배치 자체를 문제라 할 것은 없다.
특정한 목적을 상정한 단지의 외부공간 구성을 위해 필요한 것이라
면 그 가능성은 항상 열려 있기 때문이다. 그러나 마포아파트 이후,
특히 一자형 아파트(판상형 주거동)를 남형으로 반복 배치하는 현
상이 거의 모든 단지에서 관찰된다는 것은 아무래도 문제다. 물론
1970년대 초 잠실의 주공아파트단지처럼 동일한 형상의 주거동을
반복적으로 배치하더라도 ㅁ자형의 옥외공간을 얻기 위한 의도로
보이는 경우도 있지만, 대체로 남향으로만 세우는 방식이 일종의 규
범으로 정착했다는 점은 고민해볼 부분이다. 궁극적으로 경제성과
시장의 움직임에만 주목했다는 의심을 지울 수 없기 때문이다.

　　일례로 마포아파트에서 시작된 一자형 주거동의 반복 배
치가 본격적으로 구현된 사례는 대한주택공사가 주도한 동부이촌
동지구의 아파트단지다. 이 지구는 공무원아파트(1966~1969년), 한
강맨션아파트(1970년), 한강외인아파트(1970년), 한강민영아파트
(1971년)로 구성되어 있지만 각각의 단지는 몇 개의 주거동 유형을
반복하고 있다.[53] 공무원아파트단지에는 1966년 2개의 주거동 유형
으로 8개동(312세대), 1967년 1개의 주거동 유형으로 15개동(600세
대), 1968년 2개의 주거동 유형으로 6개동(160세대), 1969년 4개의
주거동 유형으로 6개동(240세대)이 건설됐다. 한강맨션아파트에
는 점포형 주거동 3개와 일반 주거동 5개 유형으로 구성된 23개 동
660세대가 공급되었다. 한강외인아파트의 경우 6개 유형으로 18개
동 500세대가 한강민영아파트는 4개 유형으로 22개동 748세대가
공급되었다.[54] 약 5년 동안 건설된 한강아파트지구는 서쪽지역에 있
는 Y자형과 직각 배치된 일부 주거동 등 소수의 예외 말고는 전체적

으로 형태가 유사한 一자형 주거동을 배치한 대표적 사례이다.

이러한 경향은 다시 반포주공아파트 1단지에서 더욱 강화된다. 반포1단지아파트에는 총 106개 주거동이 있는데, 이 중에서 32평형 30세대 규모의 26개 주거동이 똑같은 형식으로 겹겹이 배치되었다. 42형평 30세대 주거동은 16개가, 22평형의 경우 50세대짜리 13개 동, 40세대짜리 12개 동 각각의 그룹이 동일한 모양으로 같은 방향을 보고 늘어섰다.

군사정변 직후 대한주택공사 설립과 동시에 최대 역점사업으로 추진된, 마포아파트는 단독주택에서 아파트단지로의 이행기에 기폭제가 된 사례인 동시에 평면 구성이나 단지개발 방식, 더 나아가 주거동의 표준화 등에 있어 가장 강력한 선례로 작동했다. 특히, 우리나라 주거단지에서 같은 형식과 모양의 주거동을 반복적으로 배치하는 관행의 중요한 시작점이었다.

마포아파트의
수용과 확산

마포아파트의 최초 임대 공고 당시 입주 신청자는 공급 세대수의 10퍼센트 미만이었으며 연탄가스에 대한 우려 때문에 인기를 끌지 못했다. 그동안 익숙했던 기존의 주거 형식과는 다른 고층 주택이 쉽게 받아들여졌을 리 없다.[55] 날씨는 추워지고 아직 입주하지 않은 빈집의 보일러가 멈춘 상태여서 수도관 동파문제가 발생했으며, 연탄가스 사고문제까지 거론됐다. 주민들은 연탄가스가 배기관을 통해 6층으로 올라가 공기 중으로 빠져 나간다는 사실을 전혀 믿지 않았고, 또 실제로 연탄가스 냄새가 심하게 났다고도 했다. 대한주택공사에서는 주민들의 염려를 무마하고자 실험용 쥐 6마리를 구해 방에 넣고 하룻밤이 지난 뒤 아무 이상이 없다는 것을 보여줌으로써 입주자들의 불안을 해소하려고 했다. 그러나 입주자들은 사람과 쥐가 어찌 같을 수 있겠느냐고 불만을 터뜨렸고, 하는 수 없이 주택공사 건축부장이 주민들의 민원에 시달리다 못해 술을 마시고 가스가 가장 많이 샌다고 알려진 방에 들어가 하루를 지내는 일도 있었다. 이 일이 있고난 뒤 3달 만에 마포아파트 1차 가구 450세대가 입주를 완료했다.[56]

　　1962년부터 시작된 대한주택공사의 마포아파트단지 건설로 본격화된 우리나라의 단지식 공동주택개발은 증가하는 도시근로가구의 주택 부족문제 해결과 도시개발을 위한 유력한 방안으로서 제시된 것이었다.[57] 따라서 공동주택 관련 계획은 표준적인 도시근로가구인 핵가족의 거주를 겨냥한 주택형 개발에 치중해왔고, 정책적 합의를 이룬 것은 아니지만 주택정책의 골자를 암암리에 강화했다. 공동주택개발의 이러한 특성은 도시인구 증가에 따른 꾸준한 시장수요와 거듭된 부동산 붐을 기반으로 현재까지도 유효하다.

　　우리나라 공동주택은 '가구원수 3~5인 핵가족의 표준적 생활양식 수용'과 '주택 규모의 차이(거주가구의 경제력 차이)에 의한 전용공간의 내부 구성과 마감재 등 질적인 차별화'를 주된 계획문제로 삼아왔다. 아파트로 대표되는 공동주택의 단위주택 계획에서 3침실형(3LDK)과 4침실형(4LDK)이 궁극의 지향으로 굳어진 것 역시 소위 '4인 가족의 생활'을 위해서는 부부침실과 자녀방 2개가 필요하다는 것, 그리고 보다 여유 있는 생활을 위해서는 서재, 놀이방, 수납공간 용도로 또 하나의 방이 있는 것이 바람직하다는 생각에서 였다. 게다가 소규모 평형에서도 가급적 3개의 침실을 계획하는 경향, 주택 규모가 커지더라도 3~4개 침실만 유지한 채 단위실을 크게 하거나 치레에 치중하는 트렌드, 2침실형 주택은 3침실형 주택

↑ 일본주택공단이 건설해
1962년부터 입주한
쓰루세(鶴瀬) 2단지 전경
출처: Codan Walker, 「団地写真集」

← 마포아파트 Y자형 준공 무렵 촬영한
마포아파트 화장실 내부(1962.11.)
출처: 국가기록원

으로 도약하기 위한 과도기적 공간으로 여기는 인식 등 아파트 단위 주택과 관련한 현상의 대부분은 '표준적인 핵가족의 보편적 생활양식 수용'이 아파트 설계 및 계획의 목표로 상정되었기 때문이다. 이 과정에서 매우 중요한 역할을 수행한 마포아파트단지는 한국 주거문화사나 주거사회사에서 주의 깊게 살펴야 할 대상이다.

　　마포아파트로부터 실질적으로 비롯되었다고 할 수 있는 우리나라의 '아파트단지'는 여러 면에서 과거의 주택과는 달랐다. 일본의 경우, 기존의 도시와는 상당히 멀리 떨어진 교외의 일본주택공단 '아파트단지'가 1960년대의 대표적인 풍경이 되면서 그곳에 사는 사람들에게 '단지족'(團地族)이니 '단지처'(團地妻)니 하는 별칭을 붙였던 것처럼, 마포아파트단지에 처음 입주한 사람들 역시 보통의 사람들과는 다른 부류에 속했다. 상류층이나 사회지도층 혹은 아파트 생활을 이미 경험했던 사람들로 구성된 마포아파트 입주자들은 자의든 타의든 간에 각종 대중매체를 통하여 아파트 생활의 편리성과 간소함 그리고 시간적, 정신적 여유를 강조하는 잡문들을 발표하면서 대중을 계몽했다.

　　"1년 내내 더운 샤워로 피곤을 풀며 먼지에 싸인 몸을 녹이면서 아파트에 사는 즐거움을 흥얼거릴 때가 한두 번이 아니며, … 여러 번 방을 옮겨볼 생각을 했지만 이곳에서만 볼 수 있는 그 대자연의 혜택(한눈에 내려다보이는 한강과 황혼)을 용감히 버리지 못하는 미련이 있다"[58] 거나 "아파트 자체에 설비되어 있는 목욕조, 웨스턴 토일렛, 응접실, 키친에서 직접 던질 수 있는 쓰레기통, 허리를 구부리지 않고 그릇을 닦을 수 있는 싱크대가 얼마나 더 실질적인 생활에 유용한 것인가"[59] 또는 "현기증이 날 정도로 옆으로 다닥다닥 조막손이 모양 퍼지는 판도(板都)보다는 하늘로 높이 솟고 넓은 땅에 나무나 화초를 심고 분수를 만들어 어린이놀이터를 마련하는

← 마포아파트로 추정되는 실내공간 모습(1970.3.)
출처: 미국국립문서기록관리청

← 마포아파트 실내 거주 풍경(1965.8. 추정)
출처: 대한주택공사 홍보실

↓ 마포아파트 Y형 주거동 측면부와 어린이놀이터
출처: 대한주택공사 홍보실

↑ 마포아파트 재건축을 통해 새롭게 조성된
마포 삼성래미안아파트단지 항공사진(2014)
출처: 서울특별시 항공사진서비스

것이 훨씬 여유롭고 좋지 않습니까?"[60]라는 확신에 찬 표현을 통해 서구식 생활의 편리성을 예찬하는 일은 오랫동안 계속되었다. 아파트는 분명 재래의 생활습속과는 상당히 다른 것들을 요구했고 불현듯 다가온 주거공간이었다.[61]

　　이 장의 첫머리에서 인용한 김현철 내각수반이 대독한 박정희 국가재건최고회의 의장의 마포아파트 준공식 치사는 소위 한국의 전통적 생활양식을 어떻게 보아야 할 것인가를 분명하게 밝히고 있다. 마포아파트와 같은 고층 건축물이 혁명 한국의 상징이 되기를 간절히 바란다고도 했다. 박정희 정권의 강력한 사회개혁 및 생활개혁 의지가 전해져서인지 아니면 서구적 편리성이 우리 일상을 지배하게 된 때문인지는 몰라도 우리는 현재 아파트의 시대에 살고 있다. 우리나라 재고주택 전체의 6할 이상이 아파트다. 하루가 다르게 달라지는 도시의 풍광을 차지하는 아파트를 위해서라면 문화유적지나 풍성한 녹지도 반드시 없애버리고야 마는 우리들의 상스러움은 그렇게 따르고자 했던 서구의 여러 나라가 우리와는 다른 길을 걸으며 다른 가치를 추구하고 있음은 여전히 외면하고 있다. 그동안의 조급증과 개발지상주의가 적어도 현재의 풍요를 주었다면 그 풍요를 이제는 다져나가야 할 때이다.

　　그 맨 앞자리에 마포아파트가 있었다. 그리고 마포아파트의 완전 준공 직후 비록 한시적일지라도 "도시의 토지 이용도를 높이고, 막심한 주택난을 집약적으로 해결하기 위하여 고층아파트의 건설을 권장코자"[62] '고층아파트 건설에 따른 지방세 감면 조치'가 시행됐다. 구체적으로는 무주택자 10세대(서울과 부산은 20세대) 이상 입주하는 아파트 건설 사업에 대해 1966년부터 1970년까지 5년간 취득세를 50퍼센트 이내 범위에서 감면하되 서울과 부산은 4층 이상의 경우로 한정하며 대구와 인천은 3층 이상, 광주, 전주, 청

주, 춘천, 제주는 2층 이상(목포와 마산, 울산은 제한 없음)의 아파트
에 대해 적용되었다. 마포아파트의 공간 기획 전략이 확대되는 대목
이며, 마포아파트 준공 이후 서울 등 대도시를 중심으로 전례 없는
아파트 건설이 이어진 배경 가운데 하나다.

주

1   대한주택공사, 『대한주택공사 20년사』(1979), 237~238쪽. 대한주택공사 초대 총재로 임명된 장동운은 2005년 KBS와 인터뷰를 한 적이 있는데 당시 녹음된 내용에 따르면, 마포아파트 1차 준공식 치사는 박정희 의장이 온 것이 아니라 김현철 내각수반이 대독한 것이며, 아파트 건설 과정에서도 박정희 의장은 만난 적도 없고 보고한 적도 없다고 밝혔다. 이후 한강외인아파트 시공 중에 청와대에서 불러 갔더니 까닭을 설명한 뒤 '좋은 일했다'고 자신을 칭찬한 적은 있지만 마포아파트나 한강맨션아파트 건설 과정에서는 대통령이 부른 적도 없고, 본인이 찾아간 적도 없다고 말했다. 한강외인아파트 준공식에 박정희 대통령이 처음 참석했고, 그곳을 둘러본 뒤 한강맨션아파트도 대통령과 더불어 둘러보게 됐다는 것이 장동운의 증언이다.

2   장동운(張東雲)은 1927년 황해도 재령 출신으로 김종필과 함께 육사8기 출신이다. 박정희의 2군 사령부 직할 공병대대장으로 5·16 쿠데타에 참여한 후 대한주택영단 이사장을 거쳐 「대한주택공사법」 제정과 함께 대한주택공사 초대 총재로 부임했다. 한국전쟁 중이던 1953년에 미군공병학교 고등군사반 연수를 위해 미국에 머물던 중 그곳에서 발행되는 잡지를 통해 아파트에 대한 관심을 가진 것으로 알려져 있다. 대한주택공사 초대 총재로서 마포아파트 건설을 주도했고, 이후 공화당 창당을 위해 '2군 대표'로 창당 업무에 간여했다. 1966년 애국선열동상건립위원회 위원장을 맡아 광화문의 이순신 장군상 등 많은 동상 건립을 주도했고, 후일 다시 대한주택공사 제4대 총재로 돌아와 한강맨션아파트 건설을 이끌었으며, 대한주택공사를 떠난 뒤에 원호처장을 역임하기도 했다. 마포아파트 건설계획에 대해서는 국가재건최고회의 구성원 모두가 내심 반대했지만 밖으로는 말하지 못했는데 중앙정보부장인 김종필만이 호의를 가졌으며, 마포아파트를 일종의 '시범아파트'로 강력하게 추진한 배경에는 결국 '혁명 주체'인 최고위원회의 신뢰를 받았기 때문이라고 회고하기도 했다. 장동운 총재와 KBS 백승구 기자의 2005년 인터뷰 녹취록.

3   장동운 총재와 KBS 백승구 기자의 2005년 인터뷰 녹취록.

4   보건사회부 장관, 「공영주택 건설 요강 제정의 건」, 국무회의 부의안건, 1961.1.9., 국가기록원 소장. 여기에는 '연립주택'에 대한 정의와 내용도 담겨 있는데, '연립주택은 도시 주변부에 건설하는 장기저리 상환 방식의 분양주택으로 2층 또는 단층이며, 세대당 건평은 9평(C형)과 7평(D형)으로 구분'. 그러나 실제 제정된 「공영주택법」에서는 '공영주택이라 함은 정부로부터 대부 또는 보조를 받아 지방자치단체나 대한주택공사가 건설하여 주택이 없는 국민에게 저렴한 가임 또는 가격으로 임대 또는 분양하는 주택'으로 규정됐다. 공영주택이 처음과 달리 임대 또는 분양주택으로 범주를 넓힌 이유는 아마도 재정의 어려움 등을 반영한 것이 아닌가 한다.

5   나익진(羅翼鎭)은 1960년 11월 14일 전임 김윤기 이사장의 뒤를 이어 대한주택영단 이사장에 임명됐다. 그는 1941년 3월 연희전문학교 상과를 졸업한 뒤 같은 해 4월 조선식산은행 행원으로 경력을 시작했다. 해방 이후 미군정청 이재국 은행검사원

등을 거친 뒤 1960년에 체신부 차관, 상공부 차관, 귀속재산 소청위원회 위원 등을
두루 거쳤으며, 5·16 군사정변으로 6개월 만에 대한주택영단 이사장직에서 물러났다.
「국사인비 제516호: 대한주택영단 이사장 임면발령안」, 1960.11., 국가기록원 소장.
문헌에 따르면 실질적으로 나익진 이사장이 해면된 것은 1961년 6월 25일이다.

6   대한주택공사, 『대한주택공사 20년사』, 231~232쪽.

7   일제강점기인 1941년 7월 1일에 설립된 조선주택영단은 1945년에 미군정 발족과
동시에 군정청 학무국 사회과에 편입되었다가 1945년 10월에 신설된 보건후생부
주택국으로 이관됐다. 그 후 주택국이 폐지되는 1946년 6월에는 지방관서인 경기도
적산관리처로 다시 이관됐다가 1948년 정부 수립으로 중앙관재처가 관할하게 되었다.
1953년 휴전 직후에는 다시 정부기관인 사회부의 관할조직이었다가 1955년 2월 16일
사회부와 보건부가 통합하여 보건사회부로 발족함에 따라 보건사회부 부서 관할로
옮겨졌고, 1961년 10월 2일 국가재건최고회의의 새로운 「정부조직법」 공포에 따라 11월
13일자로 국토건설청 관할기관으로 편성된다.

8   장동운 총재와 KBS 백승구 기자의 2005년 인터뷰 내용 중 일부를 다시 작성한 것임.

9   장동운 총재와 KBS 백승구 기자의 2005년 인터뷰 녹취록.

10   지극히 사소한 내용이지만 마포아파트 설계 당시 엄덕문은 건축부장으로 이사를 겸했다.
따라서 장동운 초대 주택공사 총재가 KBS와의 인터뷰를 통해 언급한 '본부장'이라는
직책은 정확하지 않은 것이다.

11   「위대한 세대의 증언: 주거혁명의 기수 장동운」, 『월간조선 뉴스룸』 2006년 7월호.

12   1962년에 1차로 공급한 마포아파트의 신문광고 문안. 이 광고문에 평면도와 임대 가격,
건설 취지와 개요가 함께 게재되었다.

13   대한주택공사는 마포아파트 2차 공사가 한창이던 1963년 12월에 서울 마포구
도화동에 '도화아파트'를 준공했는데 이는 2동으로 이뤄진 것으로 부엌과 화장실, 방
하나로 구성된 3층짜리였다. 한창 건설 중이었던 마포아파트 2차 사업과 차별하기
위해 대한주택공사에서는 이 아파트를 일컬어 '소형 아파트'로 부르거나 혹은
'노무자아파트', '영세민아파트' 등으로 호칭했다. 대한주택공사, 「(도화동 소형 아파트)
인계인수서」(1963.12.).

14   장동운의 인터뷰 내용은 당시 설계를 책임졌던 건축가 엄덕문의 기억과도 일치한다.
'서울공대 교수들을 주축으로 1961년 7월 자문위원회를 구성해 일을 시작했는데,
일을 하다 보니 자문위원들도 신이 나서 위원회 구성 3개월 만에 설계를 마쳤다.
마포아파트는 문화주택의 시초였고, 당시로서는 최첨단·최신식 아파트여서 주택산업에
혁명을 가져왔을 뿐만 아니라 침대생활과 입식생활의 시작과 함께 수세식 변기와 싱크대
등 주택생활산업 발전에도 기여'했다고 밝힌 바 있다. 「위대한 세대의 증언-주거혁명의
기수 장동운」, 『월간조선 뉴스룸』 2006년 7월호 참조.

15   마르세유의 유니테 다비타시옹(Unité d'Habitation)은 1952년에 준공했다. 건축가
르 코르뷔지에가 프랑스 정부로부터 설계를 의뢰받아 일에 착수한 지 7년만의 일이었다.

17층 높이에 350세대를 수용하는 이 아파트는 근대화된 서비스와 다양한 사회적 교류를 의도했으며, 7~8층에는 상점거리를 만들고 옥상에는 집회시설과 휴게공간이 있었다. 마포아파트가 이를 사뭇 닮았다. 옥상에서는 지중해를 바라보고, 지면에서는 풍성한 숲길을 산책하는 것으로 '수직적 정원도시'라 불리기도 한다.

16   주종원, 「커뮤니티계획에 있어서 아파트와 단독주택」, 『주택』 제16호(1966), 30쪽.

17   대한주택영단은 5년 전인 1956년에도 '주택건설5개년계획'을 수립했었다. 당시 계획에 따르면 5년 분할 상환에 의한 분양을 전제한 주택과 달리 아파트는 임대가 원칙이었다. 건설할 아파트의 규모는 동당 건평 9평의 주택 50호가 들어갈 10동이었다.

18   단독주택은 9평, 12평, 15평, 18평, 20평형으로 구성되었다.

19   마포아파트 건설자금에 대해 장동운 총재는 2005년 KBS와의 대담을 통해 다음과 같이 밝혔다. '당시 USOM(주한 미국경제협조처)이 주택자금을 관장하고 있어 주택국장인 이태리계 미국인 귀도 낫조(Guido Nadzo)를 찾아가 서너 차례 논의하고 요청했다. 하지만 국민소득 100달러도 안 되는 나라에서 무슨 아파트냐며, 그것도 엘리베이터가 있는 아파트는 안 된다고 얘기해 포기했었다. 다시 국가재건최고회의 재정위원장에게 여러 번 요청해 귀속재산처리적립금 중 일부를 받아 건설하게 됐고, 건축비용을 줄이는 과정에서 엘리베이터를 포기하면서 걸어 올라갈 수 있는 6층으로 낮췄다.'

20   마포아파트 1차 준공분 임대아파트 450세대는 입주 후 5년이 경과한 1967년 10월 분양으로 전환하기 시작했으나 입주자 대표인 김광택을 중심으로 분양대책투쟁위원회가 꾸려져 분양 가격은 「공영주택법」 제11조, 동 시행령 제3조에 의한 가격에서 감가상각을 한 가격을 초과할 수 없으며, 융자 금액의 상향과 함께 공무원(11퍼센트), 회사원(15퍼센트), 교원(11퍼센트), 군인(2퍼센트), 기타(15퍼센트) 등 일시에 지불할 수 없는 계층에 대한 처사가 가혹하다는 점을 들어 10월 7일 대한주택공사와 국회 등에 진정서를 제출했다. 이에 분양 조건을 일부 조정한 뒤 1967년 11월부터 분양이 시작되었다. 대한주택공사, 「제63차 이사회 회의록」(1967.11.18.).

21   대한주택영단, 「마포아파트 사업계획」(1961.11.).

22   B형 주동은 1964년 5월 14일에 개최된 대한주택공사의 제8차 이사회에서 "구조상 결함이 있고, 건평이 크므로 분양을 고려하여 A형 아파트 3동으로 변경"되었다. 대한주택공사, 「제11차 이사회 회의록」 중 의안 제2호 '마포아파트 건설사업 계획'(1964.3.).

23   마포아파트에 Y자형 주동이 들어간 특별한 이유가 있는지에 대한 질문에 대한주택공사 건설부장이었던 엄덕문은 구조적으로 Y자형이 튼튼하다면서 ―자형은 바람을 많이 받는 반면 Y형은 강한 바람이 불어도 압력이 분산돼 역학적으로 유리하다고 밝혔다. 「위대한 세대의 증언: 주거혁명의 기수 장동운」.

24   마포아파트 최초 설계 과정에서 주거동의 각각 다른 형태에 A, B, C형이라 명명한 것은 좀 더 생각해볼 여지가 있다. 일본주택영단의 「51C」형 표준설계가 떠오르기 때문이다. 「51C」형이란 일본이 패전 후인 1951년에 이상적이자 현실적인 보통 공영주택을

궁리한 끝에 16평형(A형), 14평형(B형), 12평형(C형)을 고안했는데, 주택영단이 가장 작은 C형을 전국적으로 널리 보급하면서 일종의 별칭처럼 굳은 용어다. 평면은 흔히 DK형으로 불리는데, 식사공간을 갖춘 넓은 부엌을 두는 것으로서 소위 먹는 곳과 자는 곳의 공간적 분리(식침분리)를 꾀했다. 이후 DK는 LDK로 진화했고, 이는 침실의 수가 몇 개인지를 부기한 nLDK 형식의 토대가 됐다. 하지만 "1962년 설립된 대한주택공사가 지은 아파트에도 51C의 계획 개념이 그대로 적용되었다"(손세관, 『집의 시대: 시대를 빛낸 집합주택』[도서출판 집, 2019], 290쪽)는 해석과는 달리, 대한주택공사는 "1962년도에 건설된 12평형을 예로 들면 리빙룸이 특이했는데 그것은 침실들이 완전 분산 독립되어 있는 평면에서 유일한 공공공간이었다. 그것은 휴식공간도 되고 객실도 되고 식당도 되도록 설계되어 있었다. 이 평면에서는 부엌과 욕실을 한군데로 집중시켜 설비를 절감하였고 반침 등을 두어 별도로 가구가 필요 없게 만들었으며 연탄가스를 배출시킬 굴뚝의 위치도 적절하게 잡았다"(『대한주택공사 20년사』, 360쪽)고 기록한다. 이러한 설명은 마포아파트 평면계획이 일본의 51C형과 관련성이 거의 없었음을 시사한다.

25 서울역사박물관 의뢰로 정재은 영화감독이 기획한 「최초의 설계자들」이라는 영상물에서 관련자 증언을 겸한 인터뷰에 초대된 대한주택공사 조항구 구조계장은 2019년 2월 20일의 구술 이후 기억을 다시 정리해 알려주었고, 내용은 다음과 같다. 마포아파트에 대해 주택공사 내부에서는 장동운 총재-엄덕문 건설부장-임승업 공사과장-조항구 구조계장이 주로 의사 결정과 실무 책임을 맡았으며, 외부 자문위원으로는 김희춘(서울공대 건축과 교수), 정인국(홍익대 건축과 교수), 나상진(나상진 건축설계사무소장), 함성권(한양대 건축공학과 교수), 김창집(홍익대 건축과 교수) 등이 있었다. 이들 자문위원은 마포아파트 설계자문위원 이후 중앙정보부가 주도했던 워커힐 지역개발 사업에 다시 참여했다. 당시 일본으로 휴가를 가는 주한 미군들이 한국에서 달러를 쓸 수 있도록 유도하기 위해 워커힐 주변을 휴양지로 만드는 사업이었다. 엄덕문은 "당시 워커힐 호텔에서 남한산성까지 케이블을 설치할 계획이었는데 워커힐 비자금 사건으로 수포로 돌아갔다"고도 했다. 엄덕문은 일본 와세다대학에서 건축학을 공부한 국내로 돌아와 마포아파트 외에도 대한주택공사의 남산외인아파트를 설계했다. 이외에도 정부종합청사, 워커힐 민속관 및 별관, 세종문화회관, 소공동 롯데호텔, 리틀엔젤스 예술회관 등을 설계했다.

26 대한주택공사, 「1962년 마포아파트 신축 건축공사 1~2차 3공구, 5공구, 6공구 준공조서」, 「1963년 마포아파트 추가공사(도면)」, 「1964년 마포 A형 아파트 신축 토목공사 준공 검사보고서」, 「1964년 마포아파트 건평 내역 통보」, 「1965년 공사 준공 검사보고서」 등을 비교, 참고한 것이다. 그러나 1차 건설사업 착공이 1962년 8월 31일이라는 등의 기록은 문건으로 확인된 것이나 실제 공사 진척도와는 다소 차이가 있을 수 있다. 국가기록원의 마포아파트 건설현장 사진에서는 1962년 8월 20일경 이미 6층 주거동의 골조공사가 마무리된 것을 확인할 수 있다.

27 발레리 줄레조, 『아파트 공화국』, 길혜연 옮김(후마니타스, 2007), 15~16쪽.

28 장동운 총재와 KBS 백승구 기자의 2005년 인터뷰 녹취록 해당 부분 발췌 요약.

29   홍사천, 「주택문제 잡감(雜感)」, 『건축』 제8권 제1호(대한건축학회, 1964), 10쪽.

30   1954년부터 1956년까지 11층짜리 공동주택 33동이 지어진 프루이트 아이고 공영주택단지(Pruitt-Igoe Housing and George L. Vaughn Housing)는 르코르뷔지에가 주도하는 CIAM의 유럽식 모델을 도입한 대단위 공공주거 단지계획으로 초기에는 저소득층의 파라다이스라는 호평을 받았으나, 세인트루이스시 재정 악화로 유지·관리에 어려움을 겪으면서 범죄와 마약의 온상지로 변했다는 비판을 받으며 20년 만인 1972년 3월 16일 철거되었다. 건축역사학자인 찰스 젠크스(Charles Jencks)는 프루이트 아이고 해체를 두고 '모더니즘의 종언'이라 비평했다. 건축역사학에서 포스트모더니즘의 등장을 암시하는 사건으로 자주 언급된다. 프루이트 아이고의 실패와 치유 방법을 도시사회학적 관점에서 논한 것으로는 에릭 클라이넨버그, 『도시는 어떻게 삶을 바꾸는가』, 서종민 옮김(웅진지식하우스, 2019), 85~91쪽 참조.

31   『동아일보』 1962년 7월 30일자.

32   장동운 총재와 KBS 백승구 기자의 2005년 인터뷰 녹취록과 「위대한 세대의 증언: 주거혁명의 기수 장동운」에 별도 인터뷰 기사로 삽입된 엄덕문의 증언을 통해 이를 확인할 수 있다.

33   대한주택영단, 『주택』 제7호(1961), 80쪽. 같은 쪽에 "반공을 국시의 제1의로 삼고 …"로 시작되는 「혁명공약」도 실렸다.

34   김희춘건축설계연구소에서 작성한 C-1형 1층 전체 평면도는 1961년 10월에 6층으로 변경됐다. 하지만 현장에서 작성한 것으로 보이는 Apartment House C-1(제1-1차) 단면도는 이보다 한 달 앞선 1961년 9월에 작성되어 6층으로의 설계변경은 더 일찍 이루어졌을 수 있다.

35   1962년 1차로 6층 높이의 Y자형 주거동 C-1형, C-2형 각각 3동씩 450세대를, 1964년에 2차로 역시 같은 층수의 一자형 주거동(A형) 4동 192세대를 준공하였다. 대지면적 1만 4,141평, 건축면적 1,529.5평, 연면적 9,440평으로 건폐율은 11퍼센트, 용적률은 67퍼센트이다. 당시 "영단의 계획은 총예산 약 50억 환, 총건설호수 1,158호, 총건설동수 11동이었는데 이 우렁찬 착공은 [1961년] 10월 16일에 마포의 현지에서 행해졌다"(대한주택공사, 『대한주택공사 20년사』, 232쪽).

36   이 문건에는 'Proposed Apartment Housing, Mokpo, Deoul, Korea'라는 제목이 달렸는데, Mokpo는 Mapo의 잘못된 표기로 판단된다.

37   유니테 다비타시옹에 대해서는 손세관, 『집의 시대: 시대를 빛낸 집합주택』, 164~167쪽 참조.

38   1962년 8월 27일 작성된 Y자형 주거동 옥상층 평면도에도 'Roof Garden'이라는 표기가 되어 있다. 하지만 B형의 경우처럼 적극적이지 않고, 기둥을 받친 직사각형 통로만 만들어진 정도였다. 아무튼 마포아파트 B형의 좌절 때문이었을까? 대한주택공사 설계진은 그로부터 5년 뒤인 1966년 11월 남산 힐탑외인아파트를 설계(안병의 설계 주도)하면서 옥상층에 미끄럼틀을 설치했다.

39   최초 설계 이후 여러 차례의 설계변경 내용을 담은 도면 대부분은
김희춘건축설계연구소가 작성했으나 더러는 대한주택영단 기술진이 작성해 공동 설계로
판단했다.

40   당시까지 8호동은 공정 지연으로 최초 임대 공고에서는 제외했는데, 일주일 후인 1962년
11월 20일 8호동 준공 소식과 함께 잔여 아파트 임대 공고가 있었다. 1차 임대 공고에는
신청자를 대상으로 공개 추첨을 통해 입주자를 정했는데 임대 호수보다 신청자가
적었고, 그로 인해 두 번째 임대 공고에서는 입주자 선정을 선착순으로 변경했다.

41   그러나 대한주택영단의 공구별 「공사 준공보고서」에 따르면 실제 준공 일자는 1962년
12월 18일부터 12월 28일까지 동별로 달랐다. 따라서 임대 신청자 입주가 공고
내용대로 1962년 12월 5일이었다면 준공이 공식 문서화된 시점은 입주 후라 할 수
있다. 그런데 당시 김현철 내각수반이 참석해 국가재건최고회의 박정희 의장의 준공식
치사를 대독한 날짜는 1962년 12월 1일이었다. 따라서 실제 준공 일자는 무엇을
기준으로 삼느냐에 따라 그 해석이 달라질 수 있다.

42   대한주택공사, 「1962년 마포아파트 신축 건축공사 1~2차 3공구, 5공구, 6공구
준공조서」, 「1963년 마포아파트 추가공사(도면)」, 「1964년 마포 A형 아파트 신축
토목공사 준공검사보고서」, 「1964년 마포아파트 건평내역 통보」, 「1965년 공사 준공
검사보고서」 등을 비교, 참고한 것임. 준공 일자는 기록마다 조금씩 다른데, 최종 준공
조사보고서에 따르면 Y자형 주거동 6개를 대상으로 한 1차 사업은 1962년 12월 중순
이후 공식 준공된 것으로 보인다.

43   마포아파트 입주자들이 대한주택공사의 청으로 『주택』에 발표한 글을 보면 '키친에서
직접 버릴 수 있는 쓰레기통으로 인해 먼지를 뒤집어쓰며 쓰레기차를 기다리는 노고도
없고', '위층에서 쓰레기 장통문(長筒門)을 열고 담배꽁초 하나도 버릴 수 있고'(『주택』
제22호[1968], 112, 115쪽) 등의 찬사를 보내며 더스트 슈트를 긍정적으로 평가했다.
더스트 슈트에 대한 자세한 내용은 박철수, 『박철수의 거주 박물지』(도서출판 집, 2017),
123~138쪽 참조.

44   마포아파트 관리사무소, 「마포아파트 관리소 인수인계 결과 보고」(1965.11.10.).

45   대한국토·도시계획학회 편저, 『이야기로 듣는 국토·도시계획 반백년』(보성각, 2009),
114~115쪽.

46   1963년 박병주가 ICA기술실 부실장으로 있을 때 대한주택공사의 홍사천 이사가
일본에서 사용하는 '주택단지'라는 용어에 대해 설명해달라 하면서 장동운 총재와
얘기를 나눌 테니 주택문제연구소 단지연구실장으로 오라고 해 주종원과 함께
대한주택공사로 자리를 옮겼다고 했다. 이직 후 박병주는 1963년 6월에 발행된 『주택』
제10호를 통해 「단지연구의 당면 과제」라는 글을 발표했는데, 당시만 하더라도 '단지'란
학교 등을 갖춘 대단위 동시 개발지역을 일컫는 것이었다.

47   장동운은 2005년 KBS와의 대담에서 1천 세대는 되어야 단지라고 할 수 있다고
주장하면서 지역난방을 택한 한강맨션아파트가 단지 개념을 잘 적용한 사례라고 말했다.

48 장동운과 KBS 백승구 기자의 2005년 인터뷰 녹취록. 그러나 백욱인은 일본
내 미군기지가 '단독형 아파트나 교외 주택과 달리 넓은 구획 안에 공공시설과
주택을 대량으로 건설한 '단지' 스타일 주거지역이었다'는 요시미 순야의 언급을
인용하면서(요시미 순야 지음, 『왜 다시 친미냐 반미냐』, 오석철 옮김[산처럼, 2008],
191쪽), 일본의 아파트단지와 우리나라의 마포아파트단지 역시 이로부터 기인한
것이라는 해석을 조심스럽게 제시한 바 있다(『번안 사회』[휴머니스트, 2018],
240~242쪽).

49 마포아파트 평면설계에 대한 대한주택공사의 기록은 다음과 같다. "마포아파트의
평면설계 또한 참신했다. 몇백 년의 전통을 지켜오던 좌식생활을 입식으로 전환시킬
계획이었던 것이다. 마포아파트의 평면설계는 10층의 고층건물을 전제로 한 것이었다.
물론 10층이 6층으로 됨에 따라 부분적으로 수정이 되었지만 1차 건설에서는
고층아파트용 건설 흔적이 그대로 남아 있었다. … 1962년도에 건설된 12평형을 예로
들면 리빙룸이 특이했는데 그것은 침실들이 완전 분산 독립되어 있는 평면에서 유일한
공공공간이었다. 그것은 휴식공간도 되고 객실도 되고 식당도 되도록 설계되어 있었다.
이 평면에서는 부엌과 욕실을 한군데로 집중시켜 설비비를 절감하였고 반침 등을 두어
별도로 가구가 필요 없게 만들었으며 연탄가스를 배출시킬 굴뚝의 위치도 적절하게
잡았다"(대한주택공사, 『대한주택공사 20년사』, 360쪽). 결국 마포아파트는 당시의
전통적인 좌식생활을 현대적인 입식생활로 유도하려는 의도에서 구상, 기획된 것이다.
이러한 태도는 한강맨션아파트에 이르러서는 아예 온돌을 없애고 침대생활을 하도록
한 뒤 이를 매우 중요한 한강맨션의 특징으로 언급하기도 했다. 한편, 마포아파트 설계
과정에는 당시 건축계의 권위자였던 김희춘, 강명구, 정인국, 나상진, 김종식, 함성권
등의 자문위원으로 위촉되어 설계에 관여했다. 시공 역시 당시 국내 최고기술을
가진 현대건설, 신양사, 건설산업, 신광토건, 삼부토건 등의 업체가 참여했다. 믹서와
컴프레서가 처음으로 마포아파트 시공에 사용되기도 하였다.

50 대한주택공사에 따르면, 주택공사 최초의 고층아파트인 잠실 5단지 단위주거계획에
대하여 "고층건물에서 오는 불안감을 줄이기 위해 전 동에 걸쳐 발코니를 전면으로
내었으며 위험 방지와 미관을 위해 화분대도 설치하였다. … 발코니가 비상시에
[피난통로로] 쓰이도록 호 간에 설치된 칸막이를 슬레이트로 하여 언제든지 그것을
제거하고 대피할 수 있도록 하였다"(대한주택공사, 『대한주택공사 20년사』, 381쪽). 이
당시 발코니 설치의 목적은 고층에 대한 불안감 완화와 피난에 있었다.

51 Y자형 주거동이 계획된 것에 대하여 주종원은 一자형 주거동에 비해 나은 것 같아서
넣었다(1998년 7월 29일 필자와의 면담)고 함으로써 경관을 감안했음을 밝혔으나
설계를 주도했던 건축가 엄덕문은 풍력(風力)에 대한 안정성을 꼽았다.

52 대한주택공사, 『대한주택공사 주택단지총람 1954~1970』(1978), 71쪽.

53 동부이촌동 공무원아파트를 계획했던 박병주는 생전에 필자와의 면담(1998년 7월
23일)에서 당시 일본에서의 아파트단지 시찰 후 동부이촌동 부지를 보고 백지계획을
하였으며, 이는 후에 총무처와의 협의를 거쳐 계획안으로 채택되었다고 회상했다.

54 대한주택공사, 『대한주택공사 주택단지총람 1971~1977』, 5~11쪽 참조.

55 대한주택공사는 마포아파트 최초 임대 당시에는 고층에 대한 불안과 이동에 따른 불편함을 이유로 1층과 2층의 임대료를 다른 층에 비해 가장 높게 책정했다. 참고로, 분양아파트인 경우는, 대한주택공사 2대 총재 박기석의 회고에 의하면 당시 서울시민들의 구매력은 형편없었고 분양가 역시 일반 시민들이 감당하기에는 비싸서 수요가 없었다. 박기석, 「자금난 주택난이었으나 우수한 인재들이 참여」, 『대한주택공사 30년사』(1992), 118쪽.

56 대한주택공사, 『대한주택공사 20년사』, 238쪽 참조.

57 1962년 대한주택영단을 확대 개편하여 설립된 대한주택공사 자체가 증가하는 도시근로가구 주택부족문제를 해소하는 전진기지의 성격을 가졌다. 1962년을 시작 연도로 하는 제1차 경제개발5개년계획에는 우리나라 최초로 주택 건설계획을 경제정책에 포함시켰다. 당시 경제개발계획이 기존의 농업 중심 산업구조를 수출주도형 공업 중심으로 전환하는 것을 기치로 삼음에 따라 도시발전 대책이 필요했기 때문이다. 설립 당시 대한주택공사의 주된 사업방향은 "대도시 무주택 서민과 중소득층에 문화주택을 공급하는 것"(『대한주택공사20년사』, 325쪽)이었으며, 1967년에 개시된 제2차 경제개발5개년계획 내 주택부문 정책 목표는 "대한주택공사로 하여금 대도시에서 대단위 고층아파트를 양산"하는 것이었다(같은 책, 327쪽). 또한 마포아파트 건설 중에 『한국일보』는 1962년 10월 7일자 「신혼 신청객 밀려」라는 기사에서 현대식 구조에 매력을 느낀 젊은 부부들이 입주 신청에 많은 관심을 보이고 있다고 썼다.

58 대한주택공사, 『주택』 제22호, 112쪽에 실린 시인 추은희 글.

59 같은 책, 115쪽에 실린 영화감독 문여송 글.

60 같은 책, 화가 박근자의 글. 이 글에서 박근자는 "나는 이미 결혼 전부터 서구의 아파트를 동경해왔으며, 혁명 후 매머드 아파트단지가 마포에 세워졌을 때 아무 주저 없이 입주하였다"고 언급하면서 공동생활의 불편은 '생활혁명'을 통해 극복되어야 한다는 박정희 국가재건최고회의 의장의 발언과 그 궤를 같이하고 있다. 이런 점으로 미루어볼 때 마포아파트는 공간정치의 기획물이기도 하다.

61 물론 모든 이가 아파트를 긍정적으로 받아들인 것은 아니다. 일례로, 1962년 11월 23일과 11월 30일자 『한국일보』엔 '아파트에서는 무서워서 못 살겠다'거나 비싼 월세와 입식생활에 아파트의 인기가 주춤하거나 시들해졌다는 기사와 함께 각계각층의 다양한 경험담이 실렸다. 이와 관련해서는 이승호, 『옛날 신문을 읽었다 1950~2002』(다우출판사, 2003), 46~50쪽 참조. 반대로 1972년에 준공된 남서울아파트(준공 이후 반포아파트로 개명)는 아파트 시대가 열렸다는 평을 들었으며, '반포족'이라는 신조어까지 등장하는 등 입주자들의 문화생활을 타인들이 부러워했다는 기록(대한주택공사, 『대한주택공사 20년사』, 264쪽)도 있다.

62 내무부, 「고층아파트 건설에 따른 지방세 감면 조치」(1965.9.15.).

4 공영주택·
민영주택·
시영주택

1963

1960년대 초만 하더라도 사람들은 아파트를 마당 딸린 단독주택으로 거처를 옮기기 전에 임시로 사는 곳이라 생각했고, 이는 일제강점기 이후 아파트에 대한 태도의 핵심이었다. 따라서 대한주택영단이 1961년 7월부터 기획, 설계한 마포아파트 1차 사업물량은 의심의 여지없이 임대용으로 기획되었다.[1] 하지만 임대아파트 입주 후 5년이 경과했을 즈음, 대한주택공사의 건설자금 비축과 회전자금 운영에 대한 우려가 공사 내부의 중요한 현안으로 등장했고, 공사는 1967년 8월 마포아파트 1차 준공사업분인 Y자형 주거동 입주 세대에 대한 분양 전환을 시작했다.

　　　대한주택공사의 구상은 1967년 11월 30일까지 분양을 모두 완료하는 것이었다.[2] 그런데 문제가 생겼다. 분양 전환 과정에서 입주민들이 김광택이라는 사람을 위원장으로 하는 '마포아파트 분양대책투쟁위원회'를 결성하고, 분양가 감액과 융자금 증액을 요청하는 진정서를 대한주택공사와 국회에 제출한 것이다. 진정의 내용은 크게 3가지였다. 첫째, 분양 가격은 「공영주택법」을 따르라는 것이며, 둘째, 융자금을 증액해 입주자들의 경제적 부담을 줄이고, 마지막으로 분양액 전부를 한꺼번에 낼 형편이 못 되니 이를 여러 차례 나눠 낼 수 있도록 해달라는 것이었다.[3] 그리고 이 3가지 요구의 이유를 아주 구체적으로 밝혔다.[4] 아래와 같다.

　　1. 본 건 아파트는 임대를 목적으로 하였느니 분양을 목적으

↓「답십리 공영주택 전기공사」관련 내선도 및
외선도(1961.7)에 나타난 공영주택 배치 및 평면도
출처: 대한주택영단 문서과

↓↓ 화곡동지구 공영주택 대지조성공사
준공도(1966.9.10., 삼양공무사 시공
출처: 대한주택공사,「공사 준공 검사보고서」

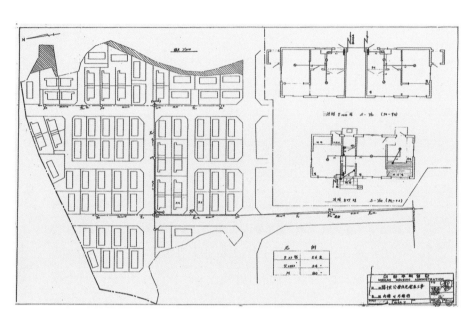

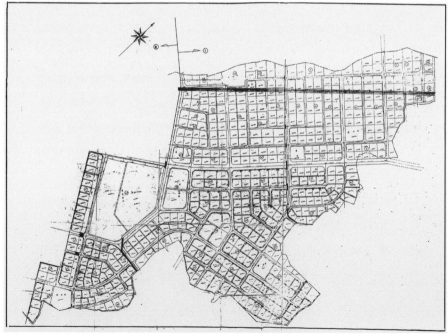

로 하였느니 하는 괴변이 유포되고 있으나 이는 어디까지
나 「공영주택법」 제2조의 정의를 벗어날 수 없으며, 공영
주택을 분양할 경우에는 「공영주택법」 제11조, 동 시행령
3조에 의한 가격에서 감가상각을 한 가격을 초과할 수 없
는 것이다.

2. 융자에 대해서는 이미 대출한 것인 까닭에 신축성 있는 재
량권이 있을 것이며, 현행이 평당 2만 7천 원이고 주택금고
가 3만 원임에 비해 평당 2만 원을 융자한다는 것은 언어
도단이라 아니할 수 없다.

3. 대한주택공사 발행 『주택』 8권 1호 「66년도 공영주택의
종합 진단」에서 아파트 입주자의 직업별 및 학력별 통계
표[5]에 의한 바와 같이 공무원 11퍼센트, 회사원 15퍼센트,
교원 11퍼센트, 군인 2퍼센트, 기타 15퍼센트 등이라면 입
주전납금에 관하여 일시불에 수십만 원씩이라면 불가능
할 뿐만 아니라 이는 「공영주택법」의 입법 정신과 주택정
책에 위배된다 아니할 수 없다.

따라서 이런 사실을 감안하여 현재 주택공사가 주장하는 결손금이
니 추가 투입금이니 하여 6,700만 원을 가산하는 비합법적인 방법
은 있을 수 없으며, 진정인 등은 어디까지나 평온하게 위 진정사항을
관철하려고 노력하였으나 공사가 끝까지 고집하는 한 극한투쟁도
불사하는 사태가 야기될 우려가 있으므로 우선 위와 같이 진정한다
는 것이다.

호당 분양가격 비교표 (5층기준)

건 평	주택가격	융 자 금	입 주 금		비 고
			금 액	50%할부	
8.71	518,995	180,000	338,995		융고가격
(10.66)	518,995	243,000	275,995	137,999	변경가격
12.24	729,333	240,000	489,333		융고가격
(14.97)	729,333	324,000	405,333	202,666	변경가격
15.36	915,241	240,000	675,241		융고가격
(18.79)	915,241	370,000	545,241	272,620	변경가격

* ( )내건평은 공동부분을 포함한 선평수임.

↑ 마포임대아파트 분양 전환 시 제시된
최초 분양 가격과 변경 가격 비교표
출처: 대한주택공사, 「제63차 이사회 회의록」, 1967.11.18.

→ 1964년 제작한 「서울특별시 도시계획 가로망도」에
굵은 일점쇄선으로 표기한 서울특별시계
출처: 서울역사아카이브

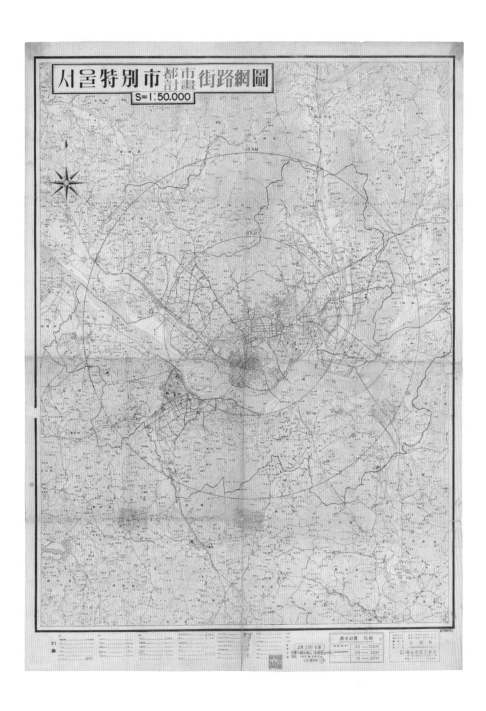

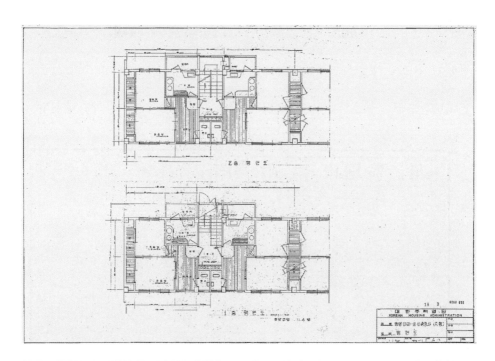

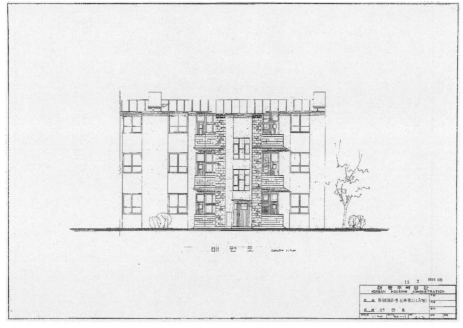

↑↑ 1960년 갑종 공영주택   ↑ 1960년 갑종 공영주택공영아파트 부분 배면도
도시지역의 임대용 공영아파트 1~2층 평면도   출처: 대한주택영단,
출처: 대한주택영단, 「공영아파트 신축공사(A형)」, 1960.11.   「공영아파트 신축공사(A형)」, 1960.11.

「공영주택법」 제정과
서울시 행정구역 확대

앞서 언급한 진정서가 나올 수 있는 근거가 있었다. 「공영주택법」
이 그것이다.[6] 이 법은 지방자치단체와 대한주택공사가 정부와 협
조하여 공영주택을 건설하여 주택이 없는 국민에게 공급함으로써
국민의 주거생활 안정과 공공복리 증진을 꾀하기 위해 1963년 11월
30일 제정되어, 12월 31일부터 시행되었다. 「공영주택법」과 그 시행
령에는 어떤 조항들이 있기에 '마포아파트 분양대책투쟁위원회'는
자신들의 정당성을 입증하기 위한 도구로 삼았을까. 그들이 마포아
파트에 입주할 시에는 없었던 이 법률은 분양 전환이 시행된 1967년
10월에는 주거권과 관련해 '저소득자'를 보호하는 나름의 역할을 하
고 있었다.

　　　분양대책투쟁위원회가 인용한 법조문은 「공영주택법」 제
2조(정의)와 제11조(입주금 및 가임) 그리고 「공영주택법 시행령」
제3조다. 위원회는 제2조에 근거해 '정부로부터 대부 또는 보조를
받아 지방자치단체나 대한주택공사가 건설하여 주택이 없는 국민
에게 저렴한 가격으로 임대 또는 분양하는 주택을 공영주택이라 하
므로, 마포임대아파트는 공영주택에 해당한다'고 주장했다. 또한 '공
영주택의 입주금 및 가임은 당해 공영주택의 건설에 소요된 실비를
기준으로 하되 이에 관하여 필요한 사항은 건설부령'으로 정하도록
한 제11조와 여기서 말한 '건설부령'인 「공영주택법 시행령」 제3조
'자기의 재력과 소득만으로는 그에게 필요한 주택을 취득할 수 없는
자로서 그 가족의 월수입 총액이 그 주택을 취득할 수 있는 가액의
48분의 1 이하인 자'를 언급했다. 이것이 「공영주택법」 제2조 9항에
서 정의한 '저소득자'이며, 마포아파트 입주민은 모두 여기 속하는 저
소득층이라고 피력한 것이다.

결국 대한주택공사는 주택 가격은 낮추지 않는 대신 융자금을 조금 늘리고 입주금의 50퍼센트는 할부 방식으로 납입하도록 계획을 변경하고, 이를 건설부에 알려 승인을 얻었다. 분양대책투쟁위원회 입장에서 보자면 마포임대아파트 입주 후 1년 남짓한 시간이 흐른 뒤 전반적인 사회 분위기의 변동에 따라 새로 제정된 「공영주택법」과 「공영주택법 시행령」 덕을 톡톡히 본 셈이다.[7]

당시 한국사회의 변화는 급물살을 타고 있었다. 1960년대 초중반 강력한 군사정권이 주도한 성장주의 시책은 한국 경제의 양적 성장에 초점을 맞췄고, 이는 지표상으로도 곧 나타났다. 1962년에 시작된 제1차 경제개발5개년계획이 자리를 잡아가며 1963년 경제성장률은 9.2퍼센트를 기록했고, 이후 1972년까지 10년 동안 연평균 경제성장률은 10.24퍼센트를 달성했다. 2년마다 50만 명에 달하는 상주인구가 증가하면서 서울 곳곳에 수많은 무허가 주택이 만들어졌으며, 1963년 행정구역 확장으로 강남지역과 북동부지역을 흡수하면서 이전보다 면적이 2.3배 커졌다.[8] 서울의 인구는 300만을 넘어섰고, 도시계획구역도 이에 비례해 넓어졌다. 1963년 10월 15일에는 국민의 직접 선거에 의해 민주공화당 박정희 후보가 대한민국 제5대 대통령으로 선출되었다. 1963년 11월 30일 제정된 「공영주택법」은 이러한 변화와 궤를 같이 한다.

「공영주택법」 제정 이전에도 '공영주택'은 있었다. 당시의 공영주택이란 1960년 11월 7일 보건사회부 장관이 작성해 11월 9일 제57회 국무회의에 상정했던 「공영주택 건설 요강 제정의 건」에 담긴 내용을 법적 근거로 삼은 것으로 보인다. 「공영주택 건설 요강(안)」은 '무주택 영세 수입자와 극히 불량한 주택에 살고 있는 영세민에게 위생적이고 문화적인 주택을 공급하는 것은 국민 복지를 지향하는 정부의 입장에서 가장 중요한 사업이기 때문에 불량주택을 일소하고, 영세 수입자를 위한 임대주택이나 장기 상환을 전제하는 분양용 공영주택을 건설함으로써 대지의 합리적인 사용과 서민주택의 대량공급을 목표'하는 것이었다.[9] 이 문건은 공영주택에 대한 정의, 공영주택에 포함되는 주택의 유형과 규모 등을 규정하고 있다.

즉, 무주택 영세 수입자와 불량주택지구에 거주하는 영세민을 위해 임대하거나 특별히 장기 저리 융자를 통해 분양비용을 상환할 수 있도록 분양하는 주택과 그 부대시설을 공용주택으로 정의했고, 그 종류를 갑종과 을종으로 구분했다. 갑종 공영주택이란 '3층 이상' '아파트'로 '도시지역'에 건설하는 '임대주택'인데, 전체를 세대별 주거시설과 부대시설로 사용하는 주택이었다. 이와 달리 을종 공영주택은 '도시 주변'에 건설해 장기 저리상환으로 '분양하는 연립주택'이며, '2층 혹은 단층' 건물로 2세대 이상이 거주하는 주택이었다. 사업 주체는 지방자치단체가 맡아야 할 것이나 지방자치단체가 특별회계를 설치해야 하는 등의 절차가 필요하므로 준비가 될 때까지 대한주택영단에서 이를 전담한다고 규정했다. 공급 대상은 무주택자와 불량주택에 거주하는 영세 수입자, 철거 대상 지구에 거주하는 영세 수입자였고, 불량주택 철거계획에 의해 집단 철거되는 지역의 거주자를 우선 공급대상으로 삼았다.

그 대표적인 예가 구로동 공영주택이다. 1962년 1월 31일 촬영된 구로동 공영주택 전경 사진은 '단층 연립주택'이 펼쳐진 일대의 모습을 잘 보여준다. 당시 건설된 1,300가구에는 무주택 시민이 제비뽑기로 8대 1의 경쟁률을 뚫고 입주했다. 입주금 없이 15~20년 동안 분양가를 할부 상환하면 자기 집이 되는 곳이었다. 이 단지는 2.5평짜리 구호주택 2,430세대, 4평짜리 간이주택 1,100세대, 6.7평짜리 공영주택 1,200세대로 구성되어 있었다.[10] 문학을 통해 서울의 사회사를 재구성한 송은영의 표현을 빌리면 "2.5평짜리 주택이라면

↓ 서울 화곡동지구 공영주택 전기접지 배선도(1966.10.)
출처: 대한주택공사 문서과

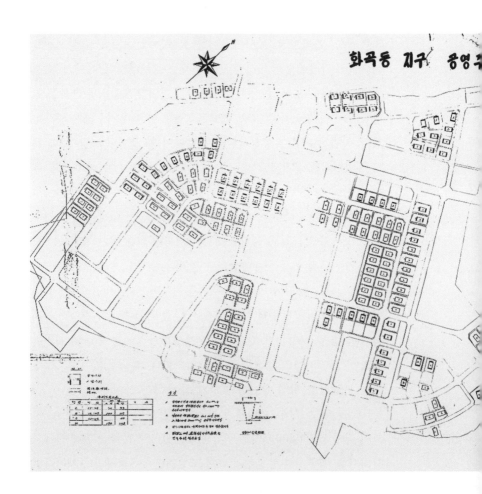

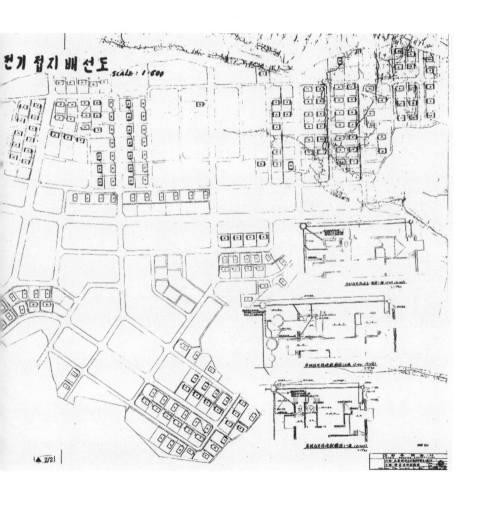

서울특별시공고 제131호

구로동 공영주택 분양공고

1965년도 본시 계획에의하여 건설중인 구로동공영주택의 준공이가까워 다음과같이 무
주택시민을 대상으로 분양함。
　　　　1965년 10월 10일

서울특별시장 윤 치 영

1. 입주신청절차
　가. 구비서류　①분양신청서 (당시 소정서식)
　　　　　　　②무가옥증명 (신청일로부터 30일내에발급분)
　　　　　　　③인감증명
　　　　　　　④입주예약금　A형주택　100,000원　(시중은행보수)
　　　　　　　　　　　　　B형주택　 50,000원
　나. 접수기간및 접수처
　　　①접수기간및 접수처　65.11. 1 ~65.11. 5 (5일간) 당시주택과
　　　②접수방법 위기간내에 선착순으로 접수하여 분양대상호수에 달하면 마감함
2. 입주호별 추첨일자및 장소 1965·11·15·10:00 당시 회의실
3. 주택 개산가격

| 종 별 | 평 수 | | 개 산 | 융 자 | 금 | | 입주자담금 |
	건 물	대 지	주택가격	정부융자금	시융자금	계	
공영 A 형	13	약50	510,000	150,000	60,000	210,000	300,000원
공영 B 형	10	〃	444,000	100,000	60,000	160,000	284,000원

4. 입주자 자담금 내역

주택행별 \ 납부기한	입주신청시까지	호별추첨시까지	65년 말 까지	계
공 영 A 형	100,000원	100,000원	100,000원	300,000원
공 영 B 형	50,000원	100,000원	135,000원	284,000원

5. 입주예정일 65·11·20경
　기타 상세한 사항은 당시 도시계획국 주택과에 문의하시기 바람. <끝>

↑↑ 서울 구로동 공영주택 및 간이주택 전경(1962.1.31.)　　↑ 서울 구로동 공영주택(제2종) 분양 공고
출처: 국가기록원　　　　　　　　　　　　　　　　　　　　출처: 『동아일보』 1965.10.20.

사실 방 하나에 불과할 것이고, 가장 넓은 6.7평짜리 주택에는 가족 전체가 입주한 경우가 많았으나, 겨우 몸 하나 뉘일 수 있는 정도의 공간을 행운으로 알고 기쁘게 입주"했다.[11]

　　1960년 11월 국무회의에 상정된 「공영주택 건설 요강 (안)」은 용어의 정의와 주택 유형 구분 등을 좀 더 명확하게 다듬어 「공영주택법」과 「공영주택법 시행령」의 토대가 됐다. '갑종'과 '을종' 구분은 '제1종'과 '제2종'으로 바뀌었는데, '제1종 공영주택은 대한주택공사가 건설, 공급하는 주택'이며, '제2종 공영주택은 지방자치단체가 건설, 공급하는 주택'으로 사업 주체를 갈랐지만 규모나 주거 유형은 명기하지 않았다.[12] 이와 함께 애매했던 '저소득자'는 마포임대아파트 주민들이 진정서에 인용했던 것처럼 '월수입 총액이 그 주택을 취득할 수 있는 가액의 48분의 1이하인 자'로 정했다.[13] 또한 국고보조를 받는 것은 제2종 공영주택사업으로 한정했으며, 집단 공영주택이 50호 이상인 경우에는 어린이놀이터 1개소 또는 2개소를, 200호 이상인 경우에는 어린이놀이터 2개소 이상과 집회소 및 공동욕장 각 1개소를 설치하도록 했다.[14] 50호 이상의 공영주택을 일종의 '단지'로, 200호 이상이라면 '대규모 단지'로 간주한 셈이다. 주민의 일상생활을 지원하는 최소한의 부대복리 시설도 사업주체가 조성해야 한다는 사실을 명시한 것에 의미를 부여할 수 있다.

　　「공영주택법」과 「공영주택법 시행령」은 그로부터 10여 년이 지난 1972년에 「주택 건설촉진법」이 제정되면서 폐기되었는데 이를 계기로 '공영주택'이라는 용어도 사실상 사라졌다. 그 자리에 '공공주택'이 들어섰는데, 한국토지주택공사(LH)와 광역 및 기초자체단체가 설립한 서울특별시 도시주택공사(SH)와 같은 지방공사가 공급하는 주택을 의미한다.

개봉동 민영주택 분양안내

당금사에서는 대성황리에 대지분양을 완료한 개봉동 30 만단지내에 부대시설이 완비되고 주거생활에 편리한 주택을 건립하여 다음과 같이 분양합니다.

1. 위치및 전경 ; 경인도로변 개봉단지 (서울특별시 편입예정지로서 경기도 시흥군 서면 광영리)

   이 단지는 서로는 현 경인가도에 연하고 남으로는 시흥 동북으로는 도시계획에 의한 40m 의 외곽선 도로와 연결되어 광화문을 기점으로 약 14 Km 지점에 위치하고 현 경인가도 (고척교 경유) 에서 25m 의 진입도로로 연결되어 있읍니다. 또한 동 단지내에는 25m 및 30m 의 간선도로망과 접접마다 차량이 출입할수 있는 도로망이 형성되어 있으며 전기및 상하수도의 완비는 물론 학교. 시장. 운수사업소. 공변및 공중시선등이 갖추어진 신흥도시가 형성될것입니다.

2. 분양대상. 주택 300 동

   가. (1) 건평 16평 WT 대지 60 평가준 155 동

   　　 (2) 건평 18평 WT 대지 60 평가준 25 동

   　　 (3) 건평 18평 ST 대지 60 평가준 90 동

3. 입주예정일 69 년 12월 15 일경

4. 분양방법

   주택건설자금중 한국주택은행 융자금과 입주자 부담금으로 건설하며 총건설호수 300동중 적장안체 50 프로. 일반 50 프로로 하여 건평별 및 형별로 신청마감일자까지 무제한 접수후 신청자격 우선순위에 의거

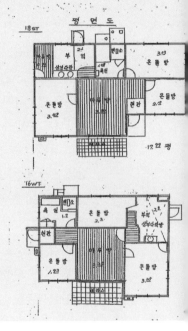

피분양권을 결정함

5. 신청자격 및 피분양권 결정

  건평 16평은 주택은행 출종부금 계약고 600.000원과 18평은 출종부
  금 계약고 700.000원의 계약자로서 부금 6개월이상 불입자중 본 공고
  이후 주택은행에 정기예금 300.000천이상 예입한자 또는 주택채권 500000
  원 이상 매입한자에게 우선권을 부여하되

  가. 주택은행 실적고액순으로 분양권을 결정하고
  나. 전항의 자격자가 분양호수에 미달시는 거래가 없는 부금계약자만으로
    배당 잔여분을 추첨에 의하여 분양권을 결정한다
  다. 분양신청자격은 주택은행 출종부금 가입자로서 6개월이상 부금 불입
    자에게 기본자격이 있음

  주택가격

건	형별	대지평수	분양가격	주택은행 융자금	자기부담금 불입내역 (입주금)			
					정약금 (계약시)	중도금 (69.9.30까지)	잔금 (69.10.31까지)	계
16평	WT	60평	1,325.000	600.000	250.000	220.000	216.000	725.000
18평	WT	60평	1,430.000	700.000	300.000	220.000	210.000	730.000
18평	ST	60평	1,435.000	700.000	302.000	220.000	216.000	735.000

  단. 주택가격은 급지 대지평수 증감에 따라 가감될것임

6. 분양신청 일시 및 장소

  가. 신청일시   1969. 8. 28. 09시부터
           1969. 8. 30. 12시까지
  나. 신청장소   당공사 주택과

7. 구비서류

  가. 당공사 소정양식 신청서 1통
  나. 주민등록 초본 또는 등본 (동장발행) 1통
  다. 인감인장

라. 청약금 불입 영수증 (주택은행발행) 1통
마. 주택부금 가입증명서 (주택은행 발행) 1통
바. 주택은행 정기예금 또는 주택채권 매입실적 증명서 (주택은행발행) 1통

9. 추첨일시 및 장소
  가. 일시   1969. 9. 3. 16시
  나. 장소   시내 용산구 동부이촌동 공무원아파트전면 (면천단지)

10. 주택위치 선정

  건설자금중 융자금을 제한 자기부담금 중도금 및 잔금 불입후 공사진척
  사항을 참작하여 별도 개별통고에 의해 피분양권자 전원참석하에 전명
  별 및 평별로 공개추첨으로 위치를 결정함

  단. (1) 잔금 불입시는 인감인장 및 인감증명서 3통 (69.10.21 - 69.10.31
      까지 발행분에 한함)을 지참 제출하여야 하며 미제출 피분양권
      자는 위치 선정권이 상실되며 기선정 잔여분만으로 서류제출시 위치를
      결정케 한다
    (2) 단체분양은 위치를 지정할 수 있다

  주택지 위치

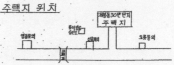

※ 기타 상세한 것은 대한주택공사·주택과 (전화직통(23)2022, 교환(23)635/~7)로 문의하시기 바랍니다.

           1969. 8.
             대한주택공사 총재 장 동 운

↑ 개봉동 민영주택 분양 안내(1969.8.)
출처: 대한주택공사 문서과

두 가지
민영주택

공적 영역이 운영한다는 '공영'과 개인과 기업 등 민간 영역에서 주
도한다는 '민영'은 서로 반대되는 단어다. 하지만 1960~70년대 한
국에서 두 영역은 날카롭게 구분하기 힘들 만큼 뒤엉켜 있었다. 단
적으로 대한주택공사는 "공영주택을 건설하고자 하는 민간건설업
자에게는 자금과 행정 면에서 적극 지원함으로써 공영주택 건설에
의 민간기업 참여를 촉구"했다.[15] 이는 주택공사나 지방행정부만으
로는 주택난을 해결하기 힘들었던 상황을 방증한다. 민간업체에 대
한 자금지원도 대한주택공사나 지방자치단체와 전혀 차별이 없었
다. 한편 ICA주택기술실에서 일하며 작업한 주택 설계 등을 바탕으
로 1964년 『새로운 주택』을 펴낸 안영배와 김선균은 민영주택자금
(ICA주택자금)을 융자받아 짓는 주택, 그러니까 한국산업은행에서
융자와 관리 업무를 담당한 주택을 민영주택이라고 설명했다.[16] 국
책은행에서 관리한 주택이지만 민영주택으로 불렸던 것이다.

그러니까 누가 짓느냐보다 자금의 출처가 어디인지가 공
영과 민영을 나누는 기준이었다. 정부가 직접 자금을 지원하는 것
은 공영주택이었고, 공적 자금이기는 마찬가지지만 민간은행의 주
택 융자를 통하면 민영주택이었다. 대한주택공사가 대지를 조성한
경우라도 대지 구입비와 건축공사비에 대한 융자가 정부의 공공기
금인지 민간은행의 융자인지에 따라 구분했다. 대한주택공사가 신
문 공고를 내기 위해 작성한 1969년 8월의 「개봉동 민영주택 분양 안
내」 내부 문건은 이런 사실을 잘 알려준다. 공영과 민영은 주택 유형
의 엄밀한 구분을 위한 것이 아니었다. 민영주택 건설에도 적극적인
정부의 정책자금 지원이 이루어졌다.[17] 1964년, "주택문제를 다루는
기관으로서는 산업은행의 민영주택기구와 지방자치단체의 공영주

택기구가 있으나 특히 주택공사는 정부의 대행기관으로서 건설업무의 근간을 맡고 있었다."[18] 1960년대 후반부터 1971년까지 대한주택공사가 민영주택을 활발하게 건설한 배경이기도 하다.[19] 민영주택자금에 의한 민영주택은 뒤에서 다루기로 하고, 우선 대한주택공사의 이름으로 지어진 민영주택을 먼저 살펴보자.

　　대한주택공사의 민영주택은 매년 표준설계도를 바꿨고, '표준설계'인 까닭에 전국적으로 규모에 따라 혹은 유형에 따라 동일한 평면과 구조가 적용됐다. 특히, 「공영주택법」이 제정된 1963년대에는 100여 종의 설계도가 마련됐으며, 이들이 각지에 건축됨으로써 많은 영향을 끼쳤다. 이들 주택의 평면도는 점차 형태의 다양성을 추구하면서 실의 배치를 가급적 남향으로, 방은 온돌, 거실은 마루로 하고, 부엌과 다른 실의 고저차를 없앰으로써 주부의 노력을 경감하는 쪽으로 변화했다. 또 거실과 부엌을 한 공간으로 한 리빙키친형(living kitchen型), 거실과 식당을 한 공간으로 한 리빙다이닝형(living dining型) 등을 도입하여 입식생활을 권장하는 유형도 등장했다. 구조는 벽식구조로 시멘트벽돌, 벽돌 등을 썼고, 기초는 콘크리트, 지붕은 목조트러스에 일본식 기와나 슬레이트를 사용했다. 특히 개구부를 넓게 잡은 거실 창호 위에는 철근콘크리트보로 보강했다.[20] 구체적 내용을 확인할 수 있는 「71년도 각 지구 민영주택 설계도」를 보면, 18평형 주택일 경우 2년 전인 1969년 8월 신문 공고를 통해 분양한 바 있는 서울 개봉지구 민영주택과 동일한 평면을 채택했고, 이를 부산, 대구, 대전 등에 어떤 변형도 가하지 않고 그대로 적용했다. 이 주택이 들어설 지구의 대지구획만이 달랐을 뿐이다.

　　「공영주택법」에 따르면 서울특별시 시영주택은 제2종 공영주택으로 대한주택공사가 공급하는 제1종 공영주택에 비해 규모가 작았다. 대한주택공사의 주택공급 대상보다 소득 수준이 낮은

↓ 1963년 대한주택공사가
수유리 주택지에 적용한 리빙키친시스템 평면도
출처: 대한주택공사, 『주택』 제12호(1964)

→ 대전 부사동 민영주택 배치도
(변경 후, 1971.4.)
출처: 대한주택공사 문서과

↓↓ 방 2개와 마루, 부엌 및 화장실로 구성된
11.8평형의 상도동 시영주택 공사 현장(1963.11.29.)
출처: 서울사진아카이브

→ 대구 민영주택 평면도 및 입면도
출처: 대한주택공사,
「71년도 각 지구 민영주택 설계도」, 1971.4.

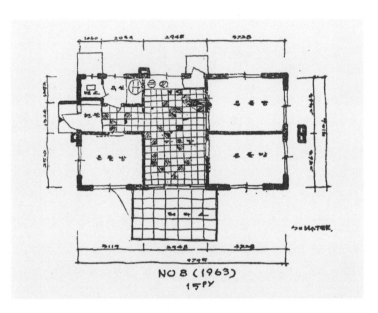

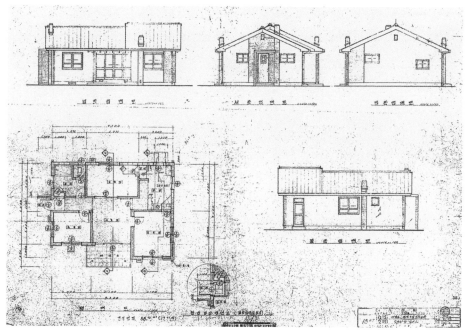

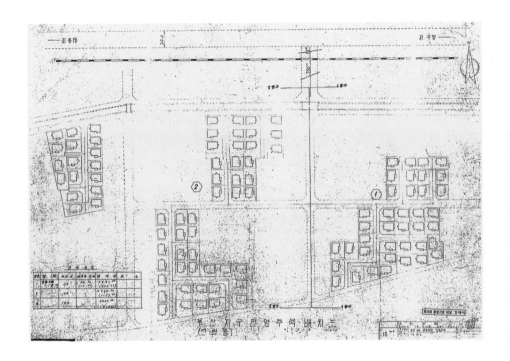

↑ 부산 안락지구 민영주택 배치도
출처: 대한주택공사,
「71년도 각 지구 민영주택 설계도」, 1971.4.

→ 부산 안락지구 민영주택 욕실 및 변소 상세도
출처: 대한주택공사,
「71년도 각 지구 민영주택 설계도」, 1971.4.

→ 부산 안락지구 민영주택 조립식 정화조(H-A형)
출처: 대한주택공사,
「71년도 각 지구 민영주택 설계도」, 1971.4.

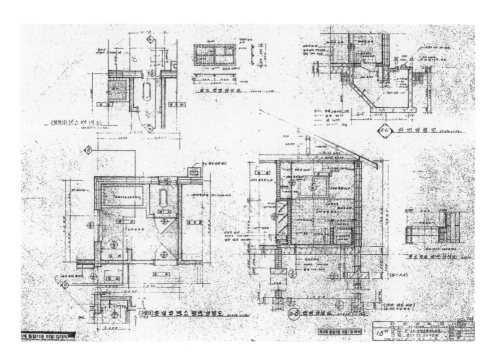

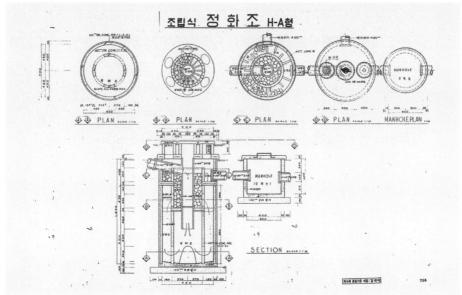

계층을 위한 주택이었기 때문이다. 따라서 1960년대 중반 이후 새로이 서울시에 편입된 외곽지역에 서울시가 본격 공급한 시영주택은 대부분 제1종 공영주택에 비해 8~10평 정도가 작은 10평 내외였고, 무주택자와 원호대상자가 공급 대상이었다. 1965년 9월 분양 공고한 서울 응암동과 구로동의 시영주택은 단독주택인 경우는 50평 내외의 대지 위에 13.08평의 주택을 공급했지만, 구로동 2호 연립주택의 경우는 50평 정도의 대지에 10평 주택 2채가 연립하는 방식이었다.

　　공영주택이 활발하게 공급된 1960년대 후반에 같은 값이면, 아니 약간 더 비싸더라도 누구나가 자기 뜰이 있는 단독주택에 살기를 바란다고 여겼던 건축가 김중업은 1960년대 중반을 '한국주택의 과도기'라 평하면서 '공영주택의 평면은 불완전한 것'이라 주장했다.[21] 대청마루를 어쭙잖게 리빙룸으로 대용하려 한 것과 수세식 변소와 입식주방의 적극적 도입이 부족했다고 비판했다.[22] 1966년도에 대한주택공사가 공급한 단독주택 12평, 15평, 17평의 공영주택 가운데 15평과 17평처럼 수세식 변소와 욕실을 갖춘 것에 특별하게 '시범주택'이라는 명칭을 부여할 것이 아니라 비록 적은 숫자일지라도 '시범주택' 유형을 평형별로 만들어 보급하면 일반인들에게 주택의 여러 측면을 선전, 계몽하는 데 도움이 될 것이라면서, 적은 재원으로 최대한의 주택을 지으려는 생각을 대한주택공사는 버려야 한다고 역설했다.

　　공영주택과 관련해 1967년은 주목할 만한 해다. 제2차 경제개발5개년계획에 따른 제2차 주택건설5개년계획에서 대한주택공사는 1967년부터는 단독주택공급을 그만두고 연립주택과 아파트만을 건설하기로 내부 방침을 정했기 때문이다. 마포아파트에서 경험한 가능성과 자신감, 주택난을 아파트로 해결한 외국의 사례 등에

힘입어 대한주택공사는 1966년 연희동에 150세대 짜리 아파트를
건설했고, 이제 본격적으로 아파트 공급에 나선 것이다.

　　대중의 인식과 선호도 바뀌고 있었다. 마포아파트에서는
1층과 2층이 임대료와 분양가가 가장 높았지만 대중들의 선호도
는 '2층이 67퍼센트, 3층이 26.4퍼센트, 그 다음이 1층이나 4층 순'으
로 바뀌었다.[23] 1960년대 후반 이후 '공영주택이란 경제 성장에 따라
생활 수준이 높아져 저축성 주택자금을 보유했거나 월부 상환 능력
을 갖춘 중소득층 위주로 문화적 시설을 갖춘 주택'으로 바뀌고 있
었다. 건축가와 단지계획 전문가들은 여기에 편리하고 쾌적한 생활
환경이라는 아이디어를 얹어 '단지형 아파트'를 정부시책에 부응하
는 모델로 상정하기에 이른다. 동일한 공영주택임에도 제1종이 제
2종에 비해 상대적으로 소득 수준이 높은 이들을 대상으로 시장에
서 우위를 점해나갔다.

　　제1종 공영주택을 대표하는 사례 가운데 하나로 흔히 화
곡동지구를 꼽는다. 화곡동지구에 대해 김중업은 "작년[1966년]에
건설된 화곡동 단지는 약 10만 평 그리고 올해 계속해서 30만 평의
단지를 같은 곳에 조성하리라 하는데, 그동안 도시 주변에 산발적으
로 소단지를 조성하여 땅값만 올린다는 세평을 받아왔던 주택공사
가 이 정도의 규모나마 대단지 조성으로 방향을 바꾼 것은 적절한
조치라 할 수 있다. … 이 단지에는 국민학교, 극장, 점포, 병원, 지서,
어린이놀이터 등 시설을 갖추고 있는 점은 우리나라 최초의 것으로
서 뜻이 있을 것"으로 평가했다.[24]

　　대한주택공사가 공급한 민영주택은 둘로 나누어 살펴볼
수 있다. 하나는 매우 제한적인 숫자의 표준형 설계를 이용해 집단
주택지를 채워 공급하는 방식, 다른 하나는 필지 구획을 다양하게
한 뒤 각각의 필지 조건에 부합하는 개별 설계를 통해 수요자를 상

↓ 응암동과 구로동의
서울특별시 시영주택 분양 공고
출처: 『경향신문』 1965.9.23.

↓↓ 매우 다양한 주택 유형이 복합된
화곡동지구 주거밀집지역
출처: 대한주택공사 홍보실

↓ 공영주택이 한창 공급된
1967년 발행된 『주택』 표지 사진
출처: 대한주택공사, 『주택』 제19호(1967)

↓ 개봉지구 토지구획정리사업 조감도
출처: 대한주택공사,
『대한주택공사 주택단지총람 1954~1970』(1975)

↓↓ 서울 개봉 민영주택 분양 광고
출처: 『동아일보』 1969.8.25.

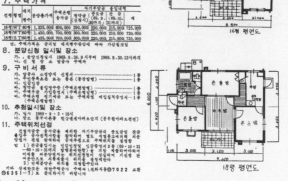

↓ 「공영주택법」에 따라 다양한 주택형이
공급되던 시절의 연탄공장(1963)
출처: 국가기록원

↓↓ 개봉동 민영주택 16WT 평면도 및 입면도
출처: 대한주택공사,
「69년도 개봉동 민영주택 건축공사」, 1969.2.

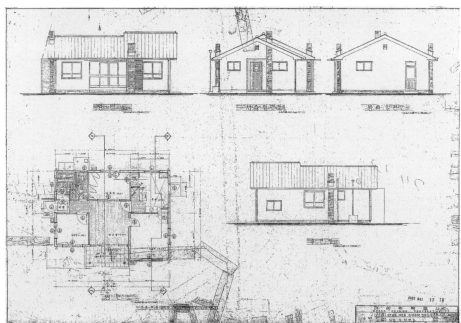

대하는 방식이다. 전자의 대표적인 경우가 개봉동 토지구획정리사
업지구이고 후자에 가장 부합하는 특별한 사례는 수유동 국민주택
(민영주택)이다.

개봉지구
토지구획정리사업지구의 민영주택

서울 개봉동 60만 단지는 1970년대에 접어들며 도시형 단독주택
의 전형으로 작용했다는 점에서도 특히 주목할 사례다. 개봉지구
는, 토지구획정리사업으로 확보한 부지 중 환지처분(換地處分)한
49.2퍼센트와 도로와 하천, 공원 등 공공시설 용지 26.3퍼센트를 제
외한 24.5퍼센트에 해당하는 1만 8,088평을 대상으로 1969년부터
1972년에 16평형과 18평형 민영주택 300세대를 대한주택공사가 공
급한 것이다. 이곳에 적용한 표준설계 16평형WT와 18평형ST 및
18평형WT[25] 평면은 「공영주택법」을 대체할 「주택 건설촉진법」이
1972년 12월 30일 제정될 때까지 대전, 대구, 부산 등 전국적으로 건
설된 공영주택과 민영주택의 표본으로 사용됐기 때문에 그 영향력
은 전국에 걸친 폭넓은 것이었다.

　　　1969년 2월 작성한 대한주택공사의 16평형WT 평면은 건
축면적 53.05제곱미터(16.05평)에 대·중·소의 온돌방 3개를 갖춘 주
택으로 마루방과 부엌, 욕실을 따로 갖췄다. 3.25평으로 이 주택에
서 가장 넓은 온돌방에서는 가족의 식사가 이뤄졌을 것으로 보이며,
아궁이 난방방식에 따라 바닥 높이가 낮은 부엌의 상부공간을 이용
해 안방에서 이용할 수 있는 커다란 다락을 두었다. 이는 옷장 때문
에 방이 좁아지므로 수납공간은 두지 않는 것이 좋겠다는 의견이
93퍼센트에 달할 만큼, 조금이라도 더 넓은 바닥면적을 원했던 입주

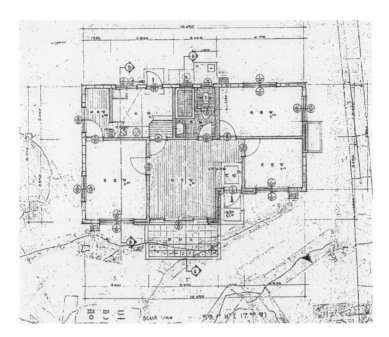

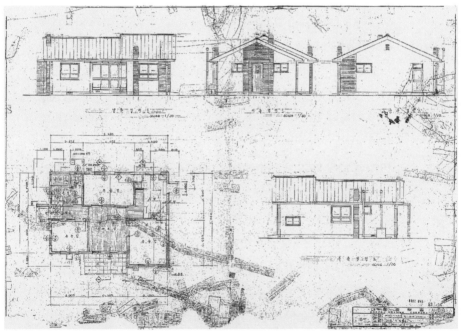

↑↑ 개봉동 민영주택 18ST 평면도
출처: 대한주택공사,
「69년도 개봉동 민영주택 건축공사」, 1969.2.

↑ 개봉동 민영주택 18WT 평면도 및 입면도
출처: 대한주택공사,
「69년도 개봉동 민영주택 건축공사」, 1969.2.

자들의 요구에 부합하는 것이었다.[26]

1966년의 대한주택공사 공영주택 표준설계에서 지적된 욕실 내부 양변기 설치공간에 대한 별도 구획 요구가 받아들여졌는지, 양변기와 나머지 공간이 칸막이벽으로 구획되어 있지만 소변기를 별도 설치하지는 않았다.[27] 또한 현관에 설치한 신발장이 돌출함으로써 욕실 내부공간은 부정형으로 구성했다. 이는 화곡동 공영주택에 대한 대한주택공사 건축연구실의 실태조사 결과를 수용한 것으로 판단된다. 한편 오른쪽 위 귀퉁이에 위치한 부엌은 여전히 연탄아궁이 방식의 취사와 난방을 채택한 탓에 다른 모든 실과 달리 상대적으로 낮은 바닥 높이를 가져 마루방과의 공간적 연속을 위해 일종의 툇마루를 부엌 안쪽에 두었다.

흥미로운 것은 마루방 남측에 설치된 테라스인데, 보도블록으로 단장한 2.7미터 폭의 바닥에 길이 방향으로 독립된 2개의 기둥이 테라스 바닥 위의 목조 그릴 구조물을 지지하는 형식이었다. 대한주택공사는 1965년 이전에는 테라스를 거의 설치하지 않았다. 하지만 화곡동 공영주택의 경우 집값이 다소 비싸져도 테라스는 있는 것이 좋다는 여론이 100퍼센트에 달했던 공영주택 실태조사 내용이 적극 반영된 결과로 보인다.

18ST형은 건축면적 59.47제곱미터(17.99평)로 16WT와 마찬가지로 3개의 온돌방과 마루방을 갖춘 유형이다. 16WT와의 큰 차이는 표준설계 도면 명칭이 알려주는 것처럼 남측 현관 진입 방식을 택했다는 점이다. 이 유형은 1인당 3평 정도의 면적을 산정해 5인 가족을 겨냥한 것인데, '현관 쪽을 증축하고 테라스 방향으로 현관을 바꾼 것이 이미 화곡동지구에서 크게 호응을 얻었던 까닭'에 이를 그대로 채용했다.[28] 또한 온돌방 3곳 모두에 별도의 수납공간을 두지 않음으로써 방의 숫자보다는 방의 크기를 늘릴 것을 원했던

화곡동지구 주민들의 의견을 반영했다. 주택의 주요 구조체의 가로 방향 길이가 10.45미터에 이르고, 아궁이를 설치한 부엌과 반대 방향에 온돌방 2개가 들어서기 때문에, 에너지 효율과 편리성 등을 고려해 동측 외벽에 별도의 아궁이를 두어 온돌방의 난방을 독자적으로 할 수 있도록 했다.

한편, 욕실은 16평형의 경우와 유사하지만 거의 정방형에 가까운 형상에 욕조와 세면대를 깊이 방향으로 나란히 놓고, 변기는 구획해 별도의 공간에 설치했다. 차이라면 세면대를 추가로 설치한 것이다. 안방에 해당하는 서측의 온돌방에는 부엌 방향으로 별도의 마루방을 두어 부엌 상부에 마련된 다락을 이용할 수 있도록 했다. 건축가를 포함한 다양한 이들이 주장하고 있는 입식부엌에 대해서는 연탄아궁이 방식을 대체할 수 있는 경제적이고 효율적인 난방 방식을 적용하지 못했던 것으로 보인다. 난방이 되지 않는 마루방에 대한 만족도는 높았으나 부엌 난방 시스템에 대해서는 불만이 많았다. 하지만 이에 대한 개선은 이루어지지 않았다.

18WT는 16WT와 거의 동일하다 할 수 있는 평면으로 욕실과 부엌 사이에 위치하는 온돌방의 폭이 16WT에 비해 약 70센티미터 늘었고, 부엌의 바닥면적도 일부 커졌다. 왼쪽 아래 귀퉁이에 자리하는 온돌방은 별도의 아궁이를 외부에 설치해 필요에 따라 난방을 할 수 있도록 했으며, 나머지 온돌방은 서로 다른 방향에 설치된 부엌의 아궁이를 이용해 난방할 수 있도록 했는데, 이는 16WT와 같은 방식이다. 세 평면 모두 부엌에서 들고 날 수 있는 별도의 출입구를 두었는데, 이는 난방과 취사 모두 연탄을 이용해야 하는 까닭에 불가피했던 것으로 판단된다.

필지마다 다른 설계
수유리 민영주택

개봉지구 토지구획정리사업지구의 민영주택이 공간 구성이 유사한 3가지의 표준설계를 통해 대단위 주택지를 조성한 것에 비해, 수유리 민영주택은 모든 필지에 대해 개별설계를 적용한 아주 흥미로운 사례다. 1964년 9월 37개 필지와 주택을 한꺼번에 분양한 수유리 민영주택은, 한 필지가 121제곱미터에 달하는 것부터 40제곱미터 정도에 불과한 경우까지 다양했고 '수요자 대응형' 설계를 통해 필지마다 다른 유형의 민영주택을 공급한 경우다. 이에 따라 필지별 건폐율도 제각기 달라 16.4퍼센트에 불과한 것(682호)이 있는가 하면 거의 60퍼센트에 달하는 경우(674호)도 있었다. 1964년 9월 대한주택공사가 최종적으로 필지 구획을 확정하고, 필지별로 설계안을 제안했을 당시 한 곳(661호)은 이미 준공 허가를 받은 상태였고, 대지 소유자에 의해 건축허가 신청이 완료된 곳(673호)도 하나 있었다.

　　　　앞서 '수요자 대응형'이라 했지만 구체적인 도면을 살펴보면, 건축가가 개입했다기보다는 필지를 분양하면서 소유자의 요구를 건축설계 실무자가 거의 100퍼센트 수용한 것으로 판단된다. 공간 구성이나 온돌방의 개수부터 광, 변소를 본채와 분리해 따로 만드는 것에서 20미터 폭의 도로에 면하는 부지에서는 점포와 주택을 결합한 점포병용주택이 들어섰는가 하면, 부분적으로 2층을 만들거나 다다미 방을 두는 등 매우 다양한 주택이 들어섰다. 이러한 사실에서 1960년대 중반 대중들의 기호와 취향을 읽을 수 있다.

　　　　우선 651호부터 655호까지는 배치도를 통해 짐작할 수 있는 것처럼 20미터 폭의 도로에 인접했으며, 대지경계선까지 건축물이 돌출하고 있다. 인근에 상가가 없는 신규주택지였기에 토지를 분양받은 이들은 점포를 개설해 가계에 보탬이 되는 방법을 강구한 것

지 적 도

배 치 도 SCALE: 1/600

구 적 표

↑ 수유리 민영주택(국민주택)
배치도 및 구적표
출처: 대한주택공사

→ 수유리 민영주택(국민주택) 655호,
간선도로변 점포병용 주택
출처: 대한주택공사

→ 수유리 민영주택(국민주택) 658호,
광과 변소를 분리한 주택
출처: 대한주택공사

→ 수유리 민영주택(국민주택) 674호,
별채형 온돌방을 가진 주택
출처: 대한주택공사

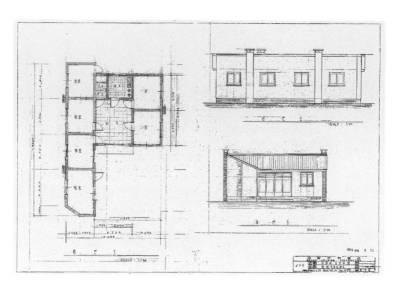

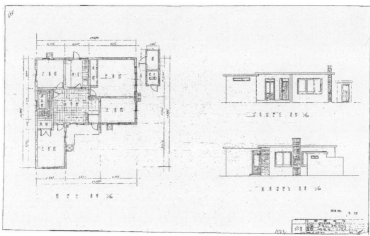

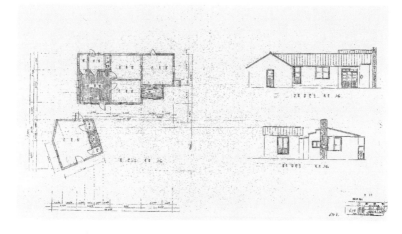

↓ 수유리 민영주택(국민주택)
664호, 부분 2층형 주택
출처: 대한주택공사

↓↓ 수유리 민영주택(국민주택),
다다미방이 별도 부설된 주택
출처: 대한주택공사

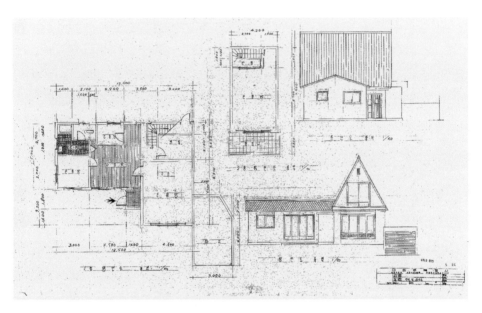

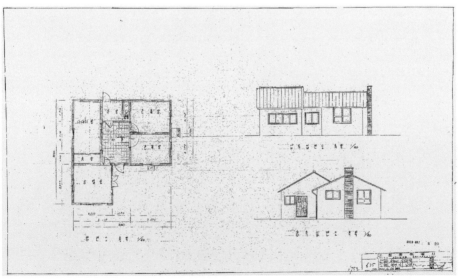

이다. 이곳 뿐만 아니라 37개 필지 가운데 많은 경우가 점포병용주택을 주문했다. 이 가운데 655호는 토지주가 점포 하나를 운영하는 형태가 아니라 일부를 임대할 수도 있게 서로 분리된 점포용 공간 4곳을 두고 이를 후면에 위치한 살림집과 결합했다. 그러나 입면도를 확인하면 과연 이 공간이 점포로 기능할 수 있었을지 의심된다. 미서기문을 둬서 손님을 받을 수 있도록 한 것이 아니라 일정한 높이에 창문을 두는 방식을 택했기 때문이다.

658호는 전근대 주택의 공간 구성 방식을 따르면서도 내부공간을 밀집한 경우에 해당한다. 마루방을 중심으로 네 귀퉁이에 온돌방을 둔 뒤 창고로 쓰일 광과 변소를 별도의 구조물로 분리했다. 남측에 진입현관을 두고 부엌을 통해 외부공간으로 나설 수 있는 별도의 출입구를 두었다. 마루방의 귀퉁이에 있는 욕조를 설치한 목욕탕이 눈이 띈다. 가장 규모가 큰 온돌방을 제외한 나머지 온돌방의 난방은 별도의 아궁이를 설치해 해결하도록 해서 필요에 따라 바닥을 데울 수 있었을 것으로 보인다. 짜임새가 있는 평면이라 하기는 힘들다. 지붕은 평평한 슬래브를 택했는데 수유동 공영주택의 상당수가 이와 동일한 방법을 택하고 있어, 소위 양식주택에 대한 일정한 선호가 있었던 것으로 판단된다. 이면도로에 면하는 대지였던 탓에 점포병용 형식을 택하지 않은 것으로 보인다.

또 다른 방식의 별채형 주택은 674호인데, 하천변 도로에 면하는 부지에 마루를 갖춘 오각형의 온돌방을 별채로 두었다. 경사지붕을 한 본채는 침실집중형 구성 방식을 택해 온돌방 3개가 몰려 있다. 북측의 온돌방 2곳은 장지문을 통해 오갈 수 있도록 했다. 온돌방 두 곳에서 이용할 수 있는 마루가 딸려 있지만 별채와 동선을 연결하기 위한 넓은 마루방을 따로 두고 있어서 마루를 통해 방으로 진입하는 일종의 원칙을 고수한 것으로 보인다. 별채에도 온돌방

↓ 수유동 민영주택지구 항공사진(1972)
출처: 서울특별시 항공사진서비스

으로 진입하기 위한 좁은 툇마루가 붙어 있다. 2개의 온돌방이 직접 외부공간으로 들고 날 수 있도록 했는데, 소위 전이공간을 불필요한 공간의 낭비로 파악한 것이라 할 수 있다.

가장 흥미로운 주택은 664호로, 비슷한 예를 찾기 힘들다. 거의 유일하게 부분 2층형이고, 부분 2층이 되는 곳은 구배가 매우 급한 경사지붕을 얹어 실내공간의 변화를 추구했다. 특히 별도의 차고를 두었고, 마루방에서 오를 수 있는 2층에도 온돌방을 설치했으며, 온돌방의 외부에는 2층 발코니를 두는 매우 특이한 공간을 연출했다. 2층 발코니는 자연스럽게 1층 온돌방의 차양 역할을 했을 것이므로 아마도 수유동 민영주택지에서 단연 돋보이는 풍경을 만들었을 것이라 쉽게 추측할 수 있다.

특이한 또 다른 사례 가운데 하나는 675호 주택이다. 수유리 민영주택지구에서 유일하게 다다미가 깔렸다. 다다미 방이 가장 넓은 것으로 보아 이곳을 안방으로 사용했으리라 추정한다. 마당에서 직접 출입할 수 있는 응접실 역시 이 주택의 특징인데, 이는 일제강점기의 관사를 떠올리게 한다. 마루를 중심으로 구성되는 전통주택과 한국전쟁 이후 들어온 서구식 주택의 공간 구성 방식에 더해 일제강점기의 관사와 사택의 특징이 모두 결합한 것이라 하겠다.

산업은행 표준설계 민영주택과
건축가의 참여

대한주택공사 민영주택이 아닌 민영주택자금(구ICA주택자금[29])을 융자받아 지어진 주택을 살펴보자. 융자 신청자 모집은 1년에 한 번으로, 대개는 봄에 정해졌고 호당 융자 금액은 신청자의 월수입과 융자를 받아 지으려는 집의 건축바닥면적에 따라 달리 책정되었다.

평당 1만 4천 원 정도로, 상환기간 20년에 연이율은 4퍼센트였다.[30]

융자 대상 주택의 호당 건평은 일반적으로 12~17평 6가지였으며, 평당 융자액은 고정이지만 상환 능력의 지표인 월수입이 건평과 융자 가능 총액을 결정했다. 예를 들어, 월수입이 6천 원 이상 7천 원 미만인 경우에는 12평과 13평의 주택을 신축할 경우에만 융자금이 지원되었다. 즉, 월수입이 높은 사람만 보다 넓은 평형의 집을 지을 수 있었다. 주택의 규모까지 연동된다는 점만 빼면 원리금 상환 능력에 따라 융자금이 책정되는 방식은 오늘날의 LTV(담보인정비율)나 DTI(총부채상환율) 제한과 유사하다고 할 수 있다.

해마다 조금씩 달랐지만 「공영주택법」이 제정되고 민영주택이 본격 공급되기 시작한 1963년을 기준으로 융자 대상 주택의 호당 건평과 융자액, 신청인의 월수입 규모 등의 관계는 227쪽의 표와 같다.[31] 이러한 조치는 곧 주택 소유를 목적으로 정책이 작동했음을 의미하는 것이다.

제1차 경제개발계획기간인 1962~1966년에 주택 투자는 GNP의 1.7퍼센트에 불과했다(선진국의 경우 6~8퍼센트). 전체 투자 중 공공부문이 차지하는 비중도 8.8퍼센트에 지나지 않았다.[32] 제1차 경제개발5개년계획이 시작된 1962년의 산업별 투자계획만 보더라도 계획 기간 중 2차 산업으로 분류된 건설업은 정부(공공)와 민간이 각각 36.6퍼센트와 63.4퍼센트로 책정됐고, 3차 산업으로 분류된 주택부문의 투자는 정부와 민간이 각각 16.9퍼센트와 83.1퍼센트를 차지했다.[33] 이미 민간 중심의 건설 산업과 민간 주도의 주택 공급을 통해 주택을 국민들이 소유하도록 하는 정책적 전략이 마련되었던 것이다. 민영주택으로의 전환과 융자 지원에 의한 민간 주도의 주택 건설, 다른 말로 바꾼다면 투기자본에 의한 주택 건설은 이런 바탕 위에서 추진된 것이다. 「공영주택법」이 제정, 시행됐지만 실

1963년 현재 민영주택자금 융자 대상 호당 융자 최고액

융자 대상 호당 건평	호당 월수입별 융자 최고액(부대시설 융자액 포함)		
	월수입 6,000원 이상 7,000원 미만	월수입 7,000원 이상 8,000원 미만	월수입 8,000원 이상 18,000원 이하
12평	175,000원	175,000원	175,000원
13평	185,000원	185,000원	185,000원
14평	-	200,000원	200,000원
15평	-	210,000원	210,000원
16평	-	-	225,000원
17평	-	-	238,000원

출처: 안영배, 김선균, 『새로운 주택』(보진재, 1965), 내용 재정리.

제 시장에서 이루어진 주택공급의 상당량은 민간 기업에 의해 이루어졌다.

이 과정에서 건축가들이 개입할 여지가 생겨났다. 한국산업은행의 민영주택을 매개로 건축가의 기획에 의한 보통주택 확산 기회가 자연스럽게 형성된 것이다. 이는 1960년대 말부터 1970년대에 걸쳐 한창 붐을 이뤘던 건축가 설계 단독주택의 전조가 됐고, 소위 평창동 K씨 주택이니 안암동 A 교수댁이니 하는 호칭이 붙곤 한 민간분야 중대형 주문식 단독주택으로 진화했다.

이와 때를 맞춰 1964년 3월 여원사에서는 『현대여성 생활전서 ⑪ 주택』을 발간했는데, 당시 한국을 대표하는 건축가와 학자들이 대거 기획과 집필에 참여함으로써 당시 주택설계의 여러 움직임을 그대로 포착했다. 이러한 움직임은 정부를 대행하는 대한주택공사가 화곡지구나 개봉지구, 수유지구 등 대단위 토지구획정리사업지구의 주택지를 몇 가지 표준설계를 통해 효과적으로 채우는 방식과는 다를 뿐만 아니라 수유동 민영주택에서 확인한 것과 같은 실수요자 요구에 공공이 적극적으로 대응하는 주택생산 방식과도 사뭇 달랐다. 간단히 말하자면 건축가들이 받아들인 서구의 주택 이론과 설계 동향을 한국의 토양에서 번안하거나 재현한 것이라 할 수 있으며, 이후 단독주택 설계에 전범으로 작용했다.

민영주택 융자 신청은 집을 지을 수 있는 땅(대지)을 확보 하였거나 확보가 가능하다는 증빙을 한 사람에 한해 가능했으며, 당연히 자기 자금에 대한 부담 능력이 있어야 했다. 대지는 서울, 부 산, 대구, 대전에 소재한 것으로서 한국산업은행의 조사를 거쳐 적 격 판정을 받아야만 했고 대지의 규모는 지으려는 집 건축바닥면적 의 2.5배 이상으로 최소 35평 이상인 경우로 한정했다. 예를 들어 앞 서 언급한 수유리 민영주택지구의 대부분 필지는 35평 이상이었으 므로 산업은행의 민영주택 융자 조건을 충족하는 것이었다.

융자금을 관리하는 한국산업은행이 서류를 확인하고 현 장 조사를 거쳐 융자 가능 여부와 금액을 책정한 뒤 융자 실행 결정 통지를 하면 신청자는 그로부터 30일 이내에 자기 자금 적립금을 산업은행에 적립하는 동시에 융자금을 받기 위한 각종 서류와 건축 허가서를 갖추고 근저당권 설정 절차를 마쳐야 했다. 건설공사는 모 두 6단계로 진척상황을 구분하고 때마다 검사를 받아야 했으며, 그 결과에 따라 전체 융자금이 산업은행에 의해 공사대금으로 지급되 었다. 이후 대도시 곳곳에서 '은행주택'으로 불린 주택지가 바로 이 때 조성된 민영주택 표준설계를 사용한 경우에 해당한다.

민영주택이 본격적으로 지어지기 시작한 1963년도의 민 영주택 특징을 살펴보면 다음과 같다.[34] ① 과거의 정부자금으로 조 성된 대부분의 주택이 공사비를 절약하려 지나치게 단조로운 데 반 해 좀 더 형태의 다양성을 주려고 노력했다. ② 방은 가급적 남향으 로 배치했기 때문에 겨울에 따뜻하고 여름에는 시원하다. ③ 통로로

만 쓰이는 복도면적을 줄이고 복도가 있더라도 뜰과 연락되는 유효공간이 되도록 설계했다. ④ 개실(個室)은 온돌방이고 거실은 대개가 마루방이다. ⑤ 표준설계의 대부분이 부엌 바닥을 거실 바닥과 동일한 높이로 만들어 가사노동을 덜어주도록 했다. ⑥ 벽은 시멘트·벽돌, 기초는 콘크리트이며 지붕틀은 목조트러스로 구성했으며, 창틀 상부는 철근콘크리트로 보강했다.

　　여기서 '형태의 다양성을 주려고 노력'했다는 점은 소위 '양옥'으로의 이행이 가속화됐다는 뜻과 크게 다르지 않다. 당시 민영주택에는 경사지붕뿐 아니라 함께 근대건축의 영향을 받은 슬래브 지붕이 활발하게 적용되었고, 대한주택공사가 채택한 전통주택의 다양한 분합문 창호 패턴을 곁들이기도 했으나 건축가들이 주도한 민영주택에서는 유리의 투명성을 강조하는 경향으로 바뀌었다. 대한주택공사에서 흔히 마루방이라 명칭을 부여한 공간도 서구의 리빙룸(living room)으로 바꿔 사용하기도 했다. 게다가 대한주택공사에서 채택하려다가 좌절했던 '리빙키친'이라는 용어를 지속적으로 호출해 거실과 주방을 별도로 나누지 않고 통합한 사례를 제시했다.

　　다른 한편에서는 여전히 속복도 형식의 실내공간 구성 방식이 사용되었다. '주거공간이 좁고 긴 평면 형태 속에 각 실이 칸막이에 의해 분리되면서 내부복도에 따라 연결되는 일본의 공간 구성 방식'이 여전히 남아 있었던 것이다.[35] 대한주택공사의 전신인 조선주택영단이 1941년에 작성한 '갑'형 표준설계와 비교해 보면 그 상황을 미루어 짐작할 수 있다. 당시의 민영주택에는 대청, 리빙룸, 마루방, 내부복도, 리빙키친 등 여러 가지 개념이 혼재했고, 이는 서구의 주택 설계 개념이 한국 고유의 주거공간과 일제강점기에 유입된 주거 유형 등과 충돌하며 뒤섞이는 과정이었다.

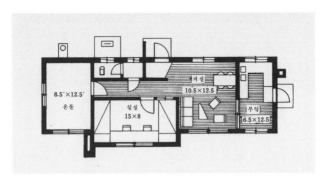

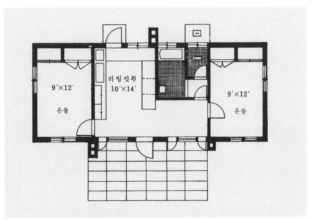

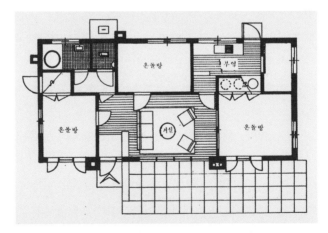

↑↑↑ 한국산업은행 민영주택 12평형 표준설계
출처: 안영배·김선균, 『새로운 주택』(1965)

↑↑ 리빙키친이 등장한 한국산업은행 민영주택 14평형 표준설계
출처: 안영배·김선균, 『새로운 주택』(1965)

↑ 거실과 테라스, 온돌방을 갖춘 한국산업은행 민영주택 20평형 표준설계
출처: 안영배·김선균, 『새로운 주택』(1965)

부엌 바닥 '대부분이 거실 바닥과 동일한 높이로 하여 가사노동을 경감'한다는 취지는 "우리나라에서도 부엌의 개량과 가사공간의 능률화에 대한 논의가 1920~1930년대에 당대의 사회 지식인층에 의해 제기"[36]됐다는 사실의 연장에서 이해할 수 있다. 특히 온돌, 마루, 부엌이 1960년대 이후 같은 높이를 이루면서 부엌과 거실이 나란히 놓이고 때론 미닫이문으로 구획하는 정도에 이르면서 온돌-마루-부엌이 공간적으로 통합됐다는 측면에서 진일보한 것이라는 견해에 따른다면, 내부 공간의 자율성 확대가 민영주택을 통해 본격적으로 시작됐다는 사실에 큰 의미를 부여할 수 있다.[37]

당시 민영주택에서 특별하게 드러난 현상 가운데 하나는 테라스다. 1965년 출간된 『새로운 주택』에 수록된 산업은행 민영주택 표준평면도 24종 가운데 테라스가 표현되지 않는 경우는 단 3개에 불과했을 정도로 테라스가 보편화되었다. "지붕은 연한 물매에 추녀를 깊숙이 잡았고 거실에서 넓은 유리문을 통해 직접 연결된 넓은 테라스에는 격자형 퍼걸러(pergola)를 덮어 현대 감각을 살렸다"[38]고 건축가 스스로 자신이 설계한 주택을 설명한 내용은 당시 테라스에 대한 건축가들의 적극적 수용의식을 드러낸 것으로 볼 수 있다.[39] 테라스는 한국전쟁 이후 ICA주택이나 UNKRA주택에서도 나타나지만 1960년대에 보다 적극적으로 적용되었다.

테라스에 대해 당시 건축가들은 '실내와 마당과의 중간 장소로 간주할 수 있으며, 한식주택의 툇마루와 비슷한 역할을 하는 것으로서 대판 유리가 낀 유리문을 통하여 실내와 실외를 연계하는 기능 공간'[40]으로 받아들였다. 나아가 양식주택이나 일식주택의 선데크(sun deck), 선룸(sunroom)처럼 마당과 접속되는 전이공간으로 이해했다. 아울러 테라스는 시각적으로 대단히 아름다운 요소로서 휴식을 취하며 정원을 감상할 수 있는 중요한 곳으로 여겨졌다.

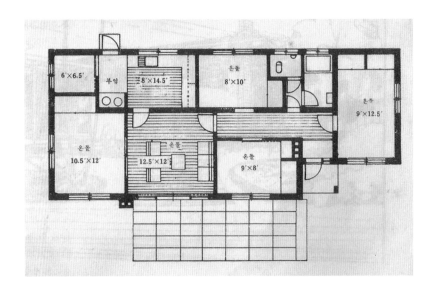

평면도 내 치수 표기:
- 6'×6.5'
- 부엌
- 온돌 8'×14.5'
- 온돌 8'×10'
- 온돌 9'×12.5'
- 온돌 10.5'×12'
- 온돌 12.5'×12'
- 온돌 9'×8'

↑ 속복도 형식을 보인 한국산업은행
민영주택 25평형 표준설계
출처: 안영배·김선균, 『새로운 주택』(1965)

↓ 건축가 엄덕문이 설계한 테라스가 있는 문화주택
출처: 『현대여성 생활전서 ⑪ 주택』(1964)

↓ 거실의 풍경과 가구 연출을 제시한 화보
출처: 『현대여성 생활전서 ⑪ 주택』(1964)

또한 대부분 입식을 전제하고 있는 20평 이상의 민영주택 부엌에는 상대적으로 작은 방이 딸려 있었다. 이 방은 집 안에서 가장 넓은 면적을 차지하는 온돌방에 비해 4분의 1 정도에 불과한 규모인데 가사노동을 돕는 식모를 위한 공간으로 예상할 수 있다.[41] 당시의 융자금 규모는 주택의 바닥면적과 연동되었고, 20평 이상의 집을 지은 이들은 상대적으로 여유 있는 경제력을 바탕으로 입주 가사노동자를 고용했을 수 있어, 소위 식모방의 주거공간 내 편입이 필요했을 것이다. 이런 맥락에서 1960년대 민영주택은 식모방을 전파시킨 기점이었으며, 이 경향은 단독주택뿐만 아니라 아파트에서도 일반화됐다.

대한주택공사 설계실에서 일했으며 이후 간삼건축을 창업한 지순은 한국전쟁 이후 한국 부유층 주택의 특징 중 하나로 입주가정부의 존재를 꼽았다. 이를 위해 상류층의 단독주택을 지을 때는 주방 바로 옆에 가사도우미의 방을 따로 마련하는 것이 일종의 관례였다는 것이다.[42] 건축가이자 건축역사학자였던 정인국 역시 1964년 「식모방」이라는 글에서 "우리들 가정에서 고용인이라면 가사를 돌보는 식모, 소제나 기타 힘들 일을 돕는 사용인(남성), 아이를 보는 소녀 등으로 이 중에서 가장 흔한 것이 식모"[43]라고 언급한 바 있다. 식모는 어디까지나 가사노동자이고, 노예적인 고용인의 관념은 변했다고 하면서도, 식모방의 위치는 부엌과 가까운 위치에 두고, 문간과 가까이 자리해 내객 응접에 편리하도록 하며 뒷문간이나 유틸리티 룸에 가까이 두어 행상들과의 교섭이나 장보기 등 출입에 편안하게 해야 한다고 언급하는 이율배반적 태도를 취했다. 특히 이들이 기거하는 방의 향은 특별히 고려할 것이 없다 했고, 면적은 1.5평에서 2평 정도면 충분하다는 것이 당시의 생각이었다. 이와 함께, 될 수 있으면 식모방은 리빙룸이나 가족 침실공간과는 완전히

234

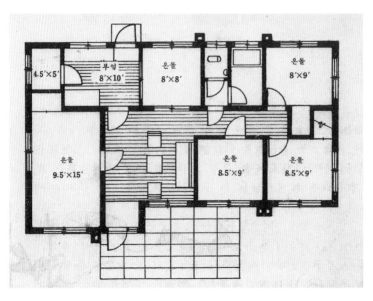

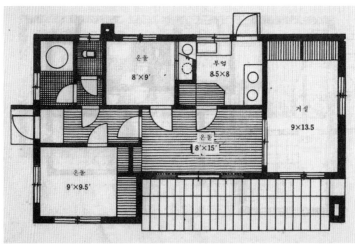

↑↑ 부엌과 인접한 곳에 식모방을 둔
한국산업은행 민영주택 23평형 표준설계
출처: 안영배·김선균, 『새로운 주택』(1965)

↑ 온돌마루와 독립적 거실을 둔
한국산업은행 민영주택 23평형 표준설계
출처: 안영배·김선균, 『새로운 주택』(1965)

차단하도록 만들어야 한다고 전문가들은 조언했다. 1960년대의 얘기다.

　　결국 1960년대의 민영주택은 한국 주택건축의 원류로 상정할 수 있는 전통적인 의미의 주거공간과 일제강점기에 일본인들에 의해 착종된 공간배치 규범과 습속에 서양의 주거건축이 가졌던 담론이 건축가들에 의해 계몽적 차원에서 자의적이고 개별적인 방식으로 보태진 형식으로 구체화됐고, 시장을 통해 파급됨으로써 이질적이고 이종적인 요소가 갈등하고 수용되는 양태로 나타났다.

　　서두에 말했듯 공영주택 가운데 아파트가 존재했음을 물론이다. 당시 지어진 아파트 가운데 일부는 오늘날에도 여전히 옛 모습을 그대로 간직한 채 고된 시간을 그 자리에서 묵묵히 지키고 있다. 공영주택으로서의 아파트는 따로 정리했다.

236

주

1   마포아파트 1차 준공분에 해당하는 임대아파트 450세대는 입주 후 5년이 경과한
    1967년 하반기부터 대한주택공사 내부의 논의를 통해 분양으로 전환하기 위한 움직임이
    분주했다. 당연하게도 여러 소문이 번졌고, 이에 불안을 느낀 임대아파트 거주자들은
    입주자 대표로 김광택을 선임한 뒤 그를 중심으로 분양대책투쟁위원회를 꾸린 뒤
    대한주택공사와 국회를 상대로 진정을 하기에 이르렀다. 분양 전환을 위한 아파트
    가격은 「공영주택」 제11조, 동 시행령 제3조에 의한 가격에서 감가상각을 한 가격을
    초과할 수 없으며, 융자금액의 상향과 함께 공무원(11퍼센트), 회사원(15퍼센트),
    교원(11퍼센트), 군인(2퍼센트), 기타(15퍼센트) 등 일시불을 지불할 수 없는 계층에
    대한 처사가 가혹하다는 점을 들어 10월 7일 진정서를 대한주택공사와 국회 등에
    제출함에 따라 분양 조건을 일부 재조정한 뒤 1967년 11월부터 다시 분양 전환에
    돌입했다. 대한주택공사, 「제63차 이사회 회의록」, 1967.11.18.

2   건설부 특정지역국장이 대한주택공사에 발송한 공문, 「건축주 471-12380」, 1967.8.11.

3   진정서에는 이를 '입주전납금에 대해 공납제를 택해야 한다는 것'이라고 언급된다.

4   마포아파트 분양대책투쟁위원회 위원장, 「진정서」, 1967.10.7. 이 진정서는
    대한주택공사뿐만 아니라 국회에 제출됐다.

5   진정서에 언급된 '입주자의 직업별 및 학력별 통계표'는 『주택』 통권 제19호(1967)의
    '66년도 공영주택의 종합 진단'이란 제목 아래 실린 곽동수, 「66년도 공영주택에 대한
    여론의 방향」(72쪽)에 있다. 그런데 곽동수의 조사 대상엔 마포아파트는 없었으며,
    동대문아파트, 연희아파트, 홍제동아파트, 돈암동아파트 425동 가운데 7퍼센트인
    30동과 화곡동 공영주택 329동 중 15퍼센트에 해당하는 50세대가 포함되었다.
        참고로, '66년도 공영주택의 종합 진단'에는 「표준설계」(안병의),
    「공사시공」(임승업), 「66년도 공영주택사업에 대한 나의 견해」(김중업)이 실렸다.

6   「공영주택법」은 「건축법」, 「도시계획법」과 함께 일제강점기인 1934년 6월 제령으로
    시행한 「조선시가지계획령」에서 갈래를 만들어 새롭게 제정된 법률이다. 1962년 1월
    20일 「조선시가지계획령」이 폐지되며 같은 날 「건축법」과 「도시계획법」이 동시에
    제정되었고, 「공영주택법」은 1963년 11월 30일 제정됐다. 건축, 도시계획, 주택을
    모두 담았던 일제강점기의 「조선시가지계획령」이 영역을 분리해 각각의 법령으로 다시
    만들어진 것이다. 이 가운데 「도시계획법」은 2002년 2월 4일 「국토의 계획 및 이용에
    관한 법률」이 제정되며 같은 날 폐지됐으며, 「공영주택법」 역시 1972년 12월 30일
    제정된 「주택 건설촉진법」 시행에 맞춰 1973년 1월 15일 공식 폐지됐다.

7   대한주택공사, 「제63차 이사회 회의록」, 1967.11.18. 구체적인 내용은 다음과 같다.
    세대별 융자액 산정을 위한 평수는 임대 평수를 반올림해 적용하며 평당 2만 7천 원을
    융자하지만 세대당 37만 원을 초과할 수 없도록 했다. 융자금을 제외한 입주금의
    50퍼센트는 1968년 5월 말까지 납입하고, 나머지 50퍼센트는 1968년 11월까지

3개월 단위로 2회 분할 납입하도록 했다. 융자금에 대한 조건은 정부와 주택금고(후일 한국주택은행)가 결정하는 바에 따르고, 분양계약은 임대보증금을 계약금으로 전환하여 1967년 11월 30일까지 체결하며 새롭게 변경된 분양 조건 시행 이전의 계약도 새롭게 바뀐 조건을 적용한다는 것이 주요 내용이었다.

8   김선웅, 「서울시 행정구역의 변천과 도시공간구조의 발전」, 2016.10.30. 최종 수정, 서울정책아카이브 참조.

9   보건사회부 장관, 「공영주택 건설 요강 제정의 건」, 1960.11.9., 제57회 국무회의 상정 안건, 국가기록원 소장.

10   서울특별시사편찬위원회, 『서울육백년사』 제6권(서울특별시, 1996), 1,003쪽.

11   송은영, 『서울 탄생기: 1960~1970년대 문학으로 본 현대도시 서울의 사회사』(푸른역사, 2018), 123쪽.

12   이를 좀 더 엄밀하게 구분하자면, 제1종 공영주택은 중간 소득층을 위해 주택공사가 건설하는 주택을 말하고, 제2종 공영주택은 그 이하 소득가구를 대상으로 지방자치단체가 건설하는 주택을 말한다. 주택공사는 단독주택과 아파트를 단지 형태로 개발, 공급했고, 지자체는 각 지방의 저소득 노동자를 위한 주택과 특정사업으로써 군사원호 대상자, 국가유공자, 월남 귀순자, 이재민, 철거민 등을 위한 주택공급을 담당했다. 이러한 역할 분담은 대한주택공사는 저소득층용 공공임대주택공급에만 치중해야 한다는 논변들과는 사뭇 대조적이며 오히려 과거 일본의 주택도시정비공단이 중산층을, 지방자치단체가 저소득층을 대상으로 주택을 공급하던 역할 분담과 유사한 것이었다. 박천규·권수연·사공호상·이소영, 『2011 경제발전 경험 모듈화사업: 한국형 서민주택 건설 추진 방안』(국토연구원, 2012), 38쪽.

13   1964년 5월 28일 제정, 시행된 「공영주택법 시행령」 제3조.

14   1964년 5월 28일 제정, 시행된 「공영주택법 시행령」 제6조 제1항.

15   대한주택공사, 『대한주택공사 20년사』(1979), 243쪽.

16   안영배·김선균, 『새로운 주택』(보진재, 1964), 223쪽.

17   1962~1971년에 "건설업에 대한 [산업은행의] 자금 지원이 6.8퍼센트의 대출 비중을 차지하였는데, 이는 1962년 3분기부터 개시된 주택사업5개년계획 사업으로 주택자금 대출이 크게 증가했기 때문이다. 특히, 1962년에는 건설업에 대한 자금공급 중 82.5퍼센트가 주택자금으로 사용되었다"(한국산업은행, 『한국산업은행 60년사』[2014], 353쪽). 산업은행의 주택자금 지원업무는 1967년에 주택금고가 신설되며 이관함에 따라 격감했고, 1968년 이후의 건설업에 대한 자금 지원은 주로 경부고속도로 건설에 집중됐다.

18   대한주택공사, 『대한주택공사 20년사』, 244쪽.

19   예를 들어, 1965년도 정부시책 주택의 종별 융자 한도를 보면 제1종 공영주택은 단독주택 10평형 13만 4천 원, 12평형 16만 원, 15평형 20만 원이었고, 아파트는

8평형 16만 원, 10평형 20만 원이었다. 제2종 공영주택은 단독 8평 이하 5만 원, 8평 이상 10만 원, 11평 이상 15만 원(인구 20만 이상 도시)이었다. 민영주택 융자는 기업자주택 15평형 20만 원, 산업주택 9~15평형 10만 원, 개인주택(조합주택) 15평 23만 원이었다. 이때의 주택 가격은 1965년 돈암동 8평 아파트가 평당 4만 5,131원으로 36만 1,055원, 1966년의 연희동 12평 아파트가 74만 1,933원, 평당 61,827원 수준이었다. 이 시기의 도시 노동자 월평균 가계소득을 보면 1965년 8,450원, 1966년 1만 1,750원, 1967년 1만 8,180원 수준이었다. 이에 비추어보면 이때의 12평 규모 아파트 가격은 평균 도시 노동자 연간 평균소득의 4~5배 수준이었던 것으로 추정된다. 박천규·권수연·사공호상·이소영, 『2011 경제발전 경험 모듈화사업: 한국형 서민주택 건설 추진 방안』, 38쪽.

20 한국학중앙연구원, 온라인 한국민족문화대백과사전. 그러나 이는 일부 경우에 국한한 것이다. 1963년에 수유리지구 공영주택지에서 리빙키친 방식을 적용한 15평형 주택이 있었지만 다른 지역의 경우는 달랐다. 일례로 1971년 대한주택공사의 민영주택 표준설계도를 보면 당시 과감하달 수 있는 새로운 공간 구성 방식은 전혀 채택하지 않았다. 다이닝키친이나 리빙키친은 1964년 3월 16일~3월 22일 신문회관에서 대한주택공사가 주최한 「주택전」에 출품한 주택 대부분이 채택한 것으로 설명한 기록도 있다. 이문보, 「주택건축 잡감(IV)」, 『주택』 제12호(1964), 35~38쪽 참조. 곽동수에 따르면, '1963년 공영주택에서 시도했던 리빙키친에 대해 입주자의 과반 이상이 찬성했으나 연료의 이중 손실과 실내에서의 음식물 냄새, 실내에서 부엌이 들여다보인다는 문제 등으로 인해 칸막이가 설치되고 말았다'(「66년도 공영주택에 대한 여론의 향방」, 73쪽)고 실태조사를 통해 밝히기도 했다.

21 김중업, 「66년도 공영주택사업에 대한 나의 견해」, 『주택』 제19호(1967), 67~71쪽.

22 우리나라 전래의 대청마루와 안방이 일제강점기를 거치며 서구에서 수입된 일본의 양식과 결합하면서 절충형 양식주택으로 변모한 것이 공영주택인데 이는 네모난 평면에 여러 방을 집어넣은 것에 불과하고 대청마루는 그대로 존치했던 점을 크게 비판했다(같은 글, 69쪽).

23 곽동수, 「66년도 공영주택에 대한 여론의 향방」, 75쪽.

24 김중업, 「66년도 공영주택사업에 대한 나의 견해」, 68쪽.

25 대한주택영단(대한주택공사)의 각종 표준설계도 명칭엔 다음과 같은 규칙이 숨어 있다. 맨 앞에 놓이는 숫자는 도면이 작성될 당시 통용되던 건축 바닥면적의 단위를 뜻하며, W와 S 혹은 N, E 등은 1층 진입 방향을 의미하는 것이어서 W의 경우는 서측 진입이라는 뜻이다. 마지막에 사용하는 T는 type으로 흔히 '형'으로 호칭한다. 따라서 16WT란 16평형 서측에서 실내로 진입하는 공영주택이라는 뜻이다. I는 판상형 아파트를, T는 탑상형아파트를 가리키는 경우도 있다. 85I라면 전용면적 85제곱미터 판상형 아파트라는 것인 반면, 102T라면 전용면적 102제곱미터의 탑상형아파트 평면을 의미하는 것이다. 이러한 표기 방법은 민간부문에서도 통용하고 있다.

26 곽동수, 「66년도 공영주택에 대한 여론의 향방」, 74쪽.

27 같은 곳. 조사 내용에 의하면 '화곡동 일부 시범주택에서 채택한 욕실 일부의 양변기 병치(併置)를 꺼려 칸막이 설치를 원하고 있으며, 대변기만 설치되는 것보다는 소변기도 설치하던가 아니면 대소변 양용을 원하는 것'으로 나타났다.

28 같은 글, 73쪽.

29 1962년을 마지막으로 ICA자금에 의한 ICA주택은 더 이상 공급되지 않는다. 이에 따라 그동안 ICA 주택자금으로 부르던 융자 재원을 민영주택자금(때론 '구ICA주택자금'으로 부르기도 한다)으로 바꿔 부르고, 산업은행이 관리한 이 자금을 바탕으로 공급된 주택을 민영주택이라 한다. 그러니 앞서 언급한 것처럼 민영주택이라는 용어는 1963년부터 본격화되었다.

30 융자금 상환기간과 이율은 5·16 군사정변 후속조치로 전격 시행된 것이다. "1961년 5월 16일을 기점으로 정치에 일대 혁신을 가져왔듯이 주택정책에도 크나큰 변혁을 가져왔다. 주택자금의 상환기간을 20년으로 연장하고 연리 4퍼센트로 인하하는 한편 대한주택공사의 설립 자본금을 증자하여 기구를 대폭 확장하고, 보건사회부 국민주택과 업무 일부를 건설부 주택건설과에 이관함으로써 주택 건설사업에 박차를 가했다." 윤태일, 「한국 주택문제의 특성」, 『주택』 제12호(1964), 7쪽.

31 안영배·김선균, 『새로운 주택』, 223쪽.

32 공동주택연구회, 『한국 공동주택계획의 역사』(세진사, 1999), 37쪽.

33 심의혁, 「제1차 경제개발5개년계획에 있어서의 주택사업」, 『주택』 제9호(1962), 26~30쪽 참조.

34 안영배·김선균, 『새로운 주택』, 224쪽.

35 공동주택연구회, 『한국 공동주택계획의 역사』, 333쪽.

36 전봉희·권용찬, 『한옥과 한국 주택의 역사』(동녘, 2012), 137쪽.

37 같은 책, 191쪽.

38 김선균 설계, 「별장식의 교외주택」, 안영배·김선균, 『새로운 주택』, 45쪽.

39 ICA 기술실에서 활동했던 박병주와 안영배의 회고에 따르면, 'Site Planning이라는 말을 그곳에서 처음 들었을 뿐만 아니라 미국 측 고문들이 가지고 온 책들로 공부를 하였으며, 도시계획적 개념이나 단지계획이라는 개념은 나즈오니 맥보이니 하는 외국 사람들이 와서 바람을 넣는 바람에 우리나라에 도입된 셈'이라고 했다. 이 가운데 박병주의 회고는 공동주택연구회, 『한국공동주택계획의 역사』를 집필하기 위한 필자의 면담조사(1998.7.23.)에서 밝힌 내용이며, 안영배의 회고는 목구회, 「원로건축가 초청 좌담회」, 『건축과 환경』 1991년 9월호, 190쪽에 기술된 내용을 옮긴 것이다.

40 윤정섭, 「테라스·썬룸」, 『현대여성 생활전서 ⑪ 주택』(여원사, 1964), 248~249쪽.

41 식모방과 관련한 자세한 내용은, 박철수, 『박철수의 거주 박물지』(도서출판 집, 2017), 105~122쪽 참조.

42 지순·원정수, 『집: 한국주택의 어제와 오늘』(주식회사 간삼건축, 2014), 41쪽.
    실제적으로 1965년 대한주택공사가 공급한 화곡동 공영주택의 경우도 약 13퍼센트
    정도의 가구가 식모를 뒀다. 곽동수, 「66년도 공영주택에 대한 여론의 향방」, 72쪽.

43 정인국, 「식모방」, 『현대여성 생활전서 ⑪ 주택』, 104쪽.

5 시험주택

1963년 2월 23일 건설부 장관은 대한주택공사 총재 앞으로 한 장의 공문을 발송했다. 「시범주택사업계획 수립 추진」[1]이라는 제목이었다. 정부의 주택건설5개년계획을 효율적으로 추진하기 위해 시범주택사업계획을 수립하고자 하니 별첨한 주한 미국경제협조처(이하 USOM)[2] 공문을 참고하여 구체적인 사업 수행 방안을 검토하여 그 방안을 3월 5일까지 제출하라는 내용이었다. 또한 이와 관련해 서울특별시장과 부산시장에게도 시범사업을 위한 시유지나 국유지를 물색하도록 지시하면서 대한주택공사도 사업에 적합한 대지를 찾아보라고 주문했다.

　　　　건설부 장관과 대한주택공사 총재가 주고받은 공문들에는 각각 별도의 문서가 달렸다. 장관이 총재 앞으로 보낸 문건에는 USOM에서 작성한 영어 문건,[3] 총재가 장관에게 보낸 답신에는 「1963년도 시범주택 건설 개요」라는 제목의 수기 문건이 붙었다. 이 수기 문건은 USOM에서 작성한 영어 문건의 일부 내용을 번역한 것으로, 대한주택공사와 관련되는 내용만 발췌해 우리말로 옮긴 것이다. 대한주택공사의 번역 문건에 포함되지 않은 부분을 포함해 전체를 살피는 일은 대단히 중요하다. 당시 주한 미국경제협조처가 어떤 태도와 입장으로 한국의 주택공급문제를 보았는지를 가늠하는 중요한 열쇠이기 때문이다. 실제로 그 내용은 1960년대 우리나라 주택공급의 얼개와 방향에 적지 않은 영향을 미쳤다. 이를 하나씩 살펴보자.[4]

January 30, 1963

Pilot Housing Demonstration Projects; 1963
Housing Program

1. Low/Moderate Cost Housing - KHC

    a. Integrated Communities ("Satellite Cities")

        i. Number of Demonstration Projects: Two, one in the Seoul area and one in the Pusan area, consisting of between 500 and 1,000 dwelling units each, plus necessary community facilities.

        ii. Type of Housing: Single family detached homes and multiple unit dwellings (apartment buildings and rowhouses) to be included in each project.

        iii. Timing: Execution of projects to be phased over three or four years, depending upon fund availabilities, with the housing and related community facilities built each year to be entirely functional in themselves, in order that the project can be occupied as soon as each phase is completed, and will provide satisfactory, livable conditions.

        iv. The apartment house buildings built in the initial phase (CY 1963 and possibly CY 1964) to be of moderate height, preferably not exceeding four stories, in order that elevators, extensive power and water supply and other utilities and services not readily available at present, may be eliminated, until conditions, with respect to provision of such utilities and services, improve sufficiently to ensure their continuous availability.

792

← USOM이 한국 정부에 전달한
Pilot Housing Demonstration
Projects 1963 Housing
Program(1963.1.30.) 일부
출처: 미국국립문서기록관리청

↓ 보건사회부가 제작한
「약수동 시범주택」 팸플릿 표지(1957.12.)
출처: 국가기록원

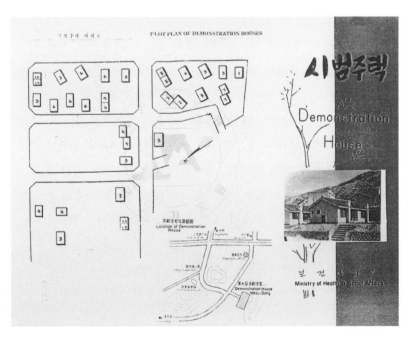

우선 대한주택공사가 주택과 주민공동시설이 통합적으로
구축된 '위성도시'[5] 규모의 주거지를 조성하는 주체로 상정되었다.
USOM은 저렴하거나 중간 가격대의 주택 500~1,000세대가 들어
가는 규모로 서울과 부산 각각에 한 곳씩 시범주택지구를 조성하되
주택의 유형은 단독주택이나 집단주택(아파트와 연립주택)으로 해
달라고 요청했다. 사업기간은 재정 여건에 따르되 최소 3~4년으로
하며, 단계별로 추진하더라도 각 단계는 입주자가 즉시 거주가 가능
하도록 주택과 주민공동시설 모두가 완비되어야 한다는 점을 강조
했다. 시범사업 초기인 1963~1964년에는 엘리베이터와 전력 사정,
급수 및 그 밖의 편의시설이 충분하지 않다는 점을 고려해 아파트
의 경우 4층을 초과하지 않는 범위에서 적정 층수를 택하도록 했다.
여건에 따라 점차 층수 규제도 완화한다는 계획이었다. 또한 단독주
택이나 집단주택 가릴 것 없이 난방과 취사, 실내 수납 등을 세심하
게 배려해야 현대적 생활을 지원해야 한다고 밝혔다.

민간부문 역시 저렴한 주택이나 중간 가격대의 주택공급
을 시범사업으로 삼되 몇 곳의 사업지구를 정하고, 주택공급 규모도
별도로 산정해 추진할 것을 요청했다. 실수요자의 요구에 따라 단독
또는 집단주택을 정하도록 했다. 대한주택공사 사업과 마찬가지로
1963년에 1차 사업을 마무리하거나 착수해 다음 단계로 이행하는
것이 좋겠다는 의견이었다.

각급 지방행정부는 가장 낮은 가격으로 공급할 수 있는
주택과 함께 정부가 재정을 지원하는 자조주택을 집중 공급하되 사
업지구의 규모와 공급 주택의 수 등은 알아서 결정하도록 위임했다.
민간기업체는 기숙사 주택(혹은 노동자주택)을 집중 공급하되 구체
적인 내용은 스스로 정하도록 했다. 시범사업에 필요한 기술 개발과
계획상의 고려사항 등은 관계기관과 입주 예정자 그리고 서울대학

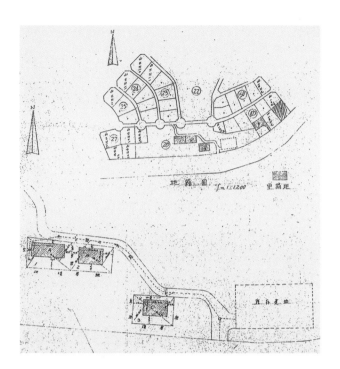

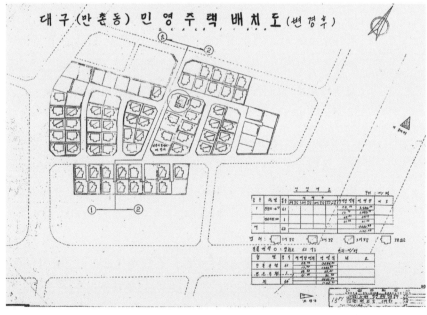

↑↑ 서울 용산구 한남동 산13-7호
분양용 시험주택 배치도 일부
출처: 대한주택영단,
「한남동 시험주택 건축허가 신청서」, 1961.12.

↑ 대구 만촌동 민영주택지구 내 시범주택
출처: 대한주택공사,
「대구 민영주택 및 시범주택 인수인계서」, 1971.12.

교 공과대학의 최고 전문가 및 저명한 분야별 기술진으로 구성된 합동기술용역단(Joint Technical Work Groups)에서 논의해 결정하도록 한다고 명시했다.

1963년 USOM이 대한민국 정부에 권고한 '시범주택사업'은 대한주택공사와 서울시에 의해 '시험주택사업'이라는 명칭으로 추진됐다. 한국 주거의 역사에서 '시범주택'과 '시험주택'을 구분하는 것은 쉽지 않을뿐더러 이런 이름이 붙은 사업은 이루 헤아릴 수 없을 정도로 많았다. 한국전쟁 중인 1952년 부산 청학동 산비탈에 대한주택영단이 9평짜리 흙벽돌집을 짓고 이를 시험주택으로 명명한 것부터[6] 1956년 서울 행촌동의 한미재단시범주택, 1957년 창경궁역에 일종의 발명품 전시라는 행사를 위해 지어진 전시용 시범주택이 있는가 하면,[7] 1958년 대충자금(對充資金)으로 약수동에 시범주택 10동 33호를 공급하기도 했다.[8]

1959년에는 한남동과 이태원 외인주택지구 귀퉁이에 내국인용 시험주택을 건설했으며,[9] 1961년에는 대한주택영단이 한남동에 15평과 18.11평짜리 각각 3채와 2채를 분양용 시험주택으로 짓기도 했다. 1963년과 1964년의 공영주택공급 과정에서는 대상지 여러 곳을 정해 영단의 표준설계와는 달리 수세식 변소를 채택하거나 리빙키친 등과 같은 새로운 평면 형식을 택한 경우를 따로 시범주택으로 부르기도 했다. 다시 말해, 저렴한 주택의 대량공급 가능성을 기술적으로 타진하거나, 건축 자재의 성능 평가나 새로운 평면 형식의 시장 수요 등을 가늠할 때에도 같은 이름을 사용했던 것이다.

또한 대단위 주택지를 조성한 뒤 한 필지에 주택 한 채를 먼저 지어 실수요자들이 방문해 구경할 수 있게 한 일종의 모델하우스도 시범주택으로 불렸다. 1970년 와우동 시민아파트 붕괴 사고가 있은 후 서울시가 중산층용 고층아파트로 공급한 여의도아파트에

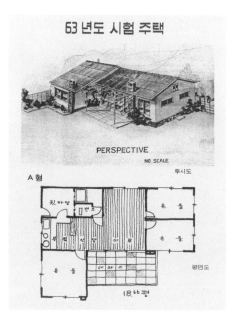

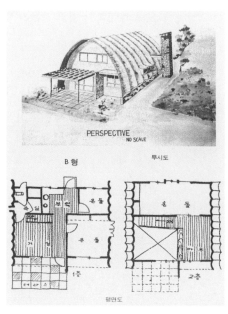

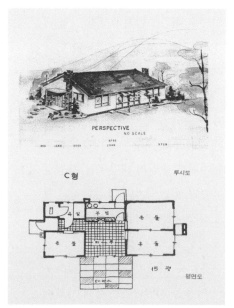

← 63년도 시험주택 A형
출처: 대한주택공사,
『주택』 제11호(1964)

↑ 63년도 시험주택 B형
출처: 대한주택공사,
『주택』 제11호(1964)

← 63년도 시험주택 C형
출처: 대한주택공사,
『주택』 제11호(1964)

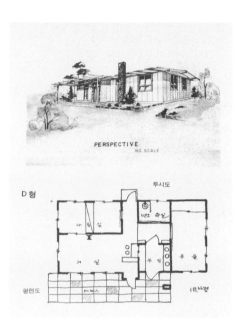

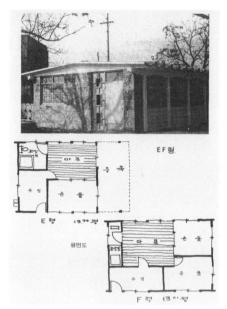

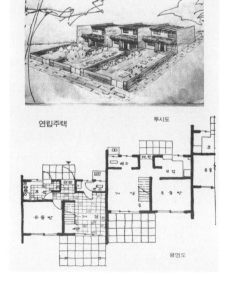

↑ 63년도 시험주택 D형
출처: 대한주택공사,
『주택』 제11호(1964)

→ 63년도 시험주택 E, F형
출처: 대한주택공사,
『주택』 제11호(1964)

→ 63년도 시험주택 연립주택
출처: 대한주택공사,
『주택』 제11호(1964)

'시범'이 붙었고, 1974년에는 대한주택공사 주택연구소 구내에 직접 다양한 유형의 시험주택을 건설한 적도 있다. 1980년에는 태양열을 이용해 개별 주택에 대한 중온수 공급 시스템을 적용하고 '과천 태양열 실험주택'이라는 용어를 사용했다. 1986~1987년에는 건설부가 대한주택공사에 3세대 동거형 주택, 다세대주택, 에너지 절약형 공동주택에 대한 시범사업을 추진하도록 지시한 바 있었고,[10] 가깝게는 수도권 제1기 신도시의 초기 사업지인 분당에도 분당시범아파트단지를 만든 적도 있다.

'63 시험주택
건설사업

USOM의 협조 공문은 주택공급의 양적 확대정책과 재정 부족이라는 목표와 수단의 불일치를 간파한 것이었다. 다른 한편으로는 주택공급과 관련해 대한주택공사와 서울특별시 등 지방행정부의 역할을 엄격하게 구분한 조치로서 일종의 강요와 다름없었다. 또한 1962년 7월 1일 발효된 「대한주택공사법」에 따라 새롭게 창립한 대한주택공사가 연평균 2.88퍼센트에 이르는 인구증가와 이로 인한 매년 6만 호에 이르는 주택수요에 대응해야 한다는 각오를 거듭 다지게 한 계기가 됐다.[11] 이런 배경에서 대한주택공사와 부설 주택문제연구소는 본격적으로 시험주택 건설에 나서게 되는데, 그 사업의 명칭이 바로 '63 시험주택 건설사업'이다.

　　'63 시험주택 건설사업'은 저렴한 주택의 대량공급 가능성을 사전에 검토해 확대 여부를 판단하고, '공기 단축, 자재 절감, 성능 향상을 목적으로 하는 간편 구조(경제성)를 채택하고, 규격재 사용(생산성)의 가능성'을 타진하기 위해서였다.[12] 통상 4가지 유형을 시

험적으로 건설했다고 알려진다.[13] 그러나 대한주택공사 내부 자료인
「공사 준공 보고서」[14]를 통해, 최종 6개 유형의 8세대(5종의 단독주
택과 3세대용 연립주택 1종)가 건설된 사업이라는 것을 확인할 수
있었다.[15] 「63년도 시험주택 연혁」과 「63년도 시험주택 중간보고서」
를 통해 대한주택공사가 공식적으로 설명하는 수유동 시험주택의
건설 경위는 다음과 같다.

1963.9.23.	A, B, C형 및 3호 연립주택 3동 착공 (삼안산업이 시공한 B형 제외 모두 삼부토건 시공)
1963.11.5.	D형 1동 착공(우림산업 시공)[16]
1963.11.13.	A, B, C, D형 4동 설계변경
1963.11.20.	정부기관 및 사계 인사 초청 시험주택 관람[17]
1963.11.29.	E, F형 2동 착공(조공무소 시공)
1963.11.30.	A, C, D형 3동 준공
1963.12.10.	B, E, F형 준공
1963.12.	3호 연립주택 설계변경으로 준공기한을 1964년 5월 30일로 연장(삼부토건 시공)[18]
1963.12.	시험주택 입주자 선정[19]
1964.1.	제반 문제 검토 중
1964.5.25	3호 연립주택 제2차 설계변경
1964.6.10	3호 연립주택 준공

정확한 작성 일자는 알 수 없는 「시험주택 건설계획」에 따르면, 서울
특별시 성북구 수유동 산132의 7 국민주택 건설계획지(수유 제2차

지구)를 대상으로 A, B, C, D형의 4가지 시험주택 1동씩을 건설했다. 이 시험주택을 통해 ①1964년도에 적용 가능한 연립 및 국민주택의 연구, ②장래의 국민주택 건설과 각종 재해가 닥칠 경우 응급용 대량 건설의 가능성 타진을 위한 주택 연구, ③저소득층을 위한 아파트 연구를 수행하는 것이 목표였다.[20] 뿐만 아니라 각 시험주택별로 중점을 두고 확인하고자 한 사항, 예상되는 장단점, 구조의 개요와 공사기간[21] 등을 이 문서는 전한다. 정부에 대한 건의사항을 정리한 것으로 보아 아직 실천 단계 이전의 것임을 알 수 있다.[22] 흥미롭게도 A~D형으로 분류하면서 별칭을 부여해 특징을 부각하려고했다.

시험주택 유형별 구조 개요

형별	건평	대지 규모	기초	벽체	지붕	비고(별칭)	기타
A형	18.66평	55평	아성벽돌	아성벽돌	골슬레이트	아성벽돌식	-
B형	19.25평	67평	콘크리트	돔	돔	이시도레식	1층 12평, 2층 7.25평
C형	15.18평	56평	아성벽돌	아성벽돌	기와	63년도 15평식	-
D형	18.40평	63평	콘크리트	PSC	PSC	조립주택	-

출처: 「시험주택 건설계획」

A형 시험주택을 '아성벽돌식'으로 명명한 건 기초와 벽체 모두에 '아성벽돌'을 사용했기 때문이다. 아성벽돌식이란 아성산업(亞城産業, 대표 김찬수)이라는 국내 건설자재 생산업체의 벽돌 이름에서 연유했다. 중부 지방에 산재한 규산질암(珪酸質岩)의 풍화 작용으로 생성된 콜로이드 실리카(coloidal silica)를 1961년 10월에 발견해 여기에 소량의 수산화석회와 시멘트를 혼합한 뒤 경화 방수액과 내압성

촉진제를 희석, 첨가해 기계적 압력으로 성형 가공한 것으로, 기존 붉은 벽돌보다 강성이 높고 저렴했으며 1962년 5월 25일부터 생산되었다.[23] 당시 이 벽돌을 부분적으로 사용하고 있던 대한주택공사는 시험주택 A형을 통해 그 활용성을 적극적으로 검증하고자 했던 것이다.

시험주택 B형은 자재 절감이나 공기 단축 등의 목표는 다른 유형과 크게 다르지 않았으나 건설에 특별한 숙련 기술이 요구되지 않는 주택 유형(USOM 문건에서 언급한 "self-help house"[자조주택])을 선보인 것으로서 특이하게 '이시도레식'으로 불렸다.[24] 1963년 9월 23일 착공하였으나 다른 시험주택보다 조금 늦은 같은 해 12월 10일에 준공되었다.[25] 이 시험주택은 조감도와 설계도, 모형사진 등을 통해 대강의 내용을 확인할 수 있지만[26] 실제 준공 상황은 『대한주택공사 30년사』에 담긴 한 장의 사진과 주택공사 내부 문건에 희미한 흑백사진 몇 장으로 남아 있다.[27] 그러나 폐쇄지적도와 서울특별시 항공사진이 보여주듯 서울시 수유동 국민주택 건설지구에 1972년 5월까지 남아 있었다.

C형 시험주택은 별칭에서 알 수 있듯 1963년도 15평형 국민주택 표준설계를 바탕으로 아성벽돌의 성능과 확대 적용 가능성을 타진하기 위한 것이다. 흔히 미국식 생활공간인 리빙키친을 시험하기 위해 부엌과 대청의 바닥 높이를 동일하게 함으로써 가사노동의 획기적 절감 또한 도모했다. 이는 공공주택에서 현대적 생활방식을 고려하라는 USOM에 대한 응답이라고 하겠다. 난방 방식의 변화와 함께 현관을 제외한 실내공간 전체가 같은 높이로 만들어져 연탄아궁이 방식에서 벗어나고자한 의도도 엿보였다.

시험주택 D형은 '에밀레하우스'[28]라고도 불렸는데 조립식 주택으로 시도됐다. 벽체와 지붕을 모두 PSC 판재로 구성했을 뿐만

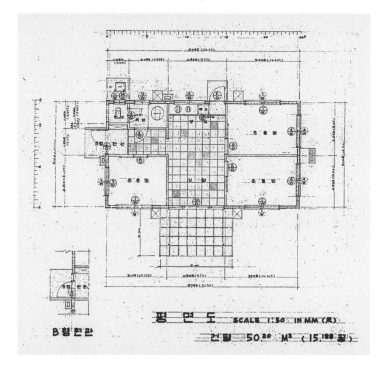

↑↑ 1972년과 1963년 촬영한 구로동 시범주택(B형)
출처: 서울특별시 항공사진서비스&서울사진아카이브

↑ 1963년 국민주택 15WS' 국민주택 평면도
출처: 대한주택공사, 「'63 국민주택 신축공사」, 1963.2.20.

아니라 기초도 콘크리트 기초를 사용함으로써 공기 단축을 도모했다. D형 시험주택 준공 직후 대한주택공사가 발간한 『주택』에는 다음과 같은 내용이 실렸다. "에밀레하우스는 벽체 구조가 아니고 철근콘크리트 기둥 위에 같은 철근콘크리트의 지붕판을 올려놓고, 기초도 재래식이 아니고 조립식으로 되어 있다. 지붕과 처마와 기둥의 모양이 우리나라 고전 건축의 아름다움을 담뿍 지닌 점과 기초 구조가 이 주택의 특색이라 하겠다. 이러한 시도는 우리나라에서 처음이라 할 수 있는데, 그 결과가 좋으면 앞으로도 국가정책으로 공급될 주택은 이 방향으로 바뀌져야 할 것이다. 이러한 조립식 주택은 현장에서 조립하는 데 불과 23일이면 충분하고, 주택 1동에 재래의 근로자 약 3분의 1 정도면 족하다."[29]

　　　조립식주택, 온수온돌 난방 등 새롭게 도입한 공법과 설비 시스템 도입도 '시험'의 이름으로 전개되었다. "건축가 예관수(芮寬壽) 씨와 성익환(成益煥) 씨가 설계한 이시도레하우스, 조자용(趙子鏞) 씨의 설계인 에밀레하우스, 연립주택, P.S.C 조립식주택, 아성벽돌식주택 등이 그 내용이었는데 지하실에서 보일러를 작동시켜 1, 2층을 온수온돌로 난방을 하는 안도 시험"했다.[30]

　　　대한주택공사의 내부 토론과 논의를 거쳐 수유리에 최종 시도한 시험주택은 모두 6가지로 늘었다. 이 가운데 B형은 삼안산업 주식회사가 시공했기 때문에 또 다른 별칭인 삼안식(三安式)으로 불리기도 했다. "6개의 시험대상 주택 중에서 (실제) 시험 건설된 주택은 A, C를 합친 아성식(亞成式) 주택과 B형 삼안식(이시도레식), D형 P.C 조립식, E형과 F형을 합친 R.C 조립식 주택 4동과 3호 연립식 주택"[31]으로 다시 조정됐다.[32]

　　　대한주택공사의 공식 기록에 따르면, 1963년 서울 시내의 장위동, 불광동, 수유동, 종암동, 홍은동, 정릉동 등에 단독주택, 수

↑↑ 1963년 시험주택 이후 1966년
김현옥 시장에 의해 다시 시도된 조립식주택(1966.8.)
출처: 서울역사박물관 유물관리과 편,
『돌격 건설: 김현옥 시장의 서울 I』(2013)

↑ 1962년 목포의 내화벽돌공장 내부
출처: 국가기록원

유동에 연립주택 시험주택을, 서교동과 북가좌동, 대구시 내당동, 부산시 명륜동에 각각 시범주택을, 서울시 도화동에는 소형 아파트를 건설했다.[33] 1960년대 초반은 가히 시험주택 또는 시범주택의 시대였다. 앞서 말한 것처럼 시험주택과 시범주택의 구분은 뚜렷하지 않았다.

수유리 시험주택 A~F형과
연립주택

수유리 시험주택 A형과 C형은 모두 삼부토건주식회사가 1963년 9월 23일 착공, 같은 해 11월 30일 준공했다.[34] A형을 통해 검증하고자 했던 내용은 ㄱ자형 주택이 동선문제와 주방의 활용성과 독립성의 정도를 얼마나 개선하는지를 비롯해 현관을 없앴을 때 생활상의 능률이 오르는지 여부, 지붕판 폐지에서 오는 실내온도의 변화, 대체 자재 사용에 따른 구조물의 안정성과 욕조의 개량 방안 등이었다.[35]

실제 준공도면을 통해 A형 평면을 살펴보자. 먼저 그동안 가장 흔히 사용했던 '마루방'이라는 호칭 대신에 테라스를 가진 주택 중앙의 널마루 공간은 'Living Room'으로, 널마루 깊이의 2분의 1 정도 되는 지점에 따로 'Dining'이라 표기한 것이 눈에 띈다. 현대생활의 추구라는 USOM의 요청에 대한 대응이다. 그동안 '온돌'로 표기하던 방식도 'Bed Room'으로 바꾼 뒤 상대적으로 작은 글자로 'ondol'이라고 병기했다. 관행적으로 채택해왔던 현관을 돌출시키는 방법도 달라져 서측 벽면선과 현관이 일치하도록 했는데, 이는 시험주택 A형에서 의도했던 '현관 폐지'라 하겠다.

사각형 욕조 아랫부분에는 연탄 2장이 들어가는 화덕을 놓아 물을 데워서 사용할 수 있게 했으며, 세면대를 별도로 두었다.

↓ 수유리 시험주택 A형 평면도(1963.8.)
출처: 대한주택공사,
「공사 준공 조사보고서」(A, C형),
1963.12.19.

→ 수유리 시험주택 A형
욕조 및 화장실 단면도(1963.8.)
출처: 대한주택공사,
「공사 준공 조사보고서」(A, C형),
1963.12.19.

→ 수유리 시험주택 A형 주단면
상세도(1963.8.)
출처: 대한주택공사,
「공사 준공 조사보고서」(A, C형),
1963.12.19.

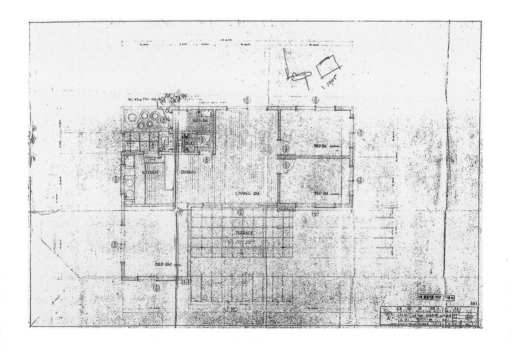

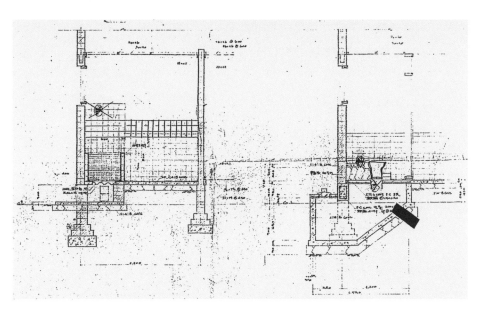

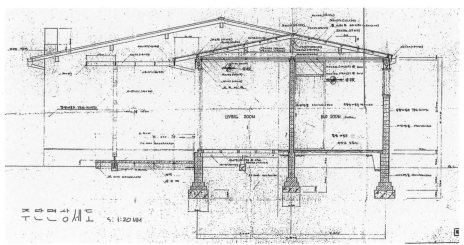

주단면상세도 S: 1:20 MM

특히, 욕실 내부에 별도의 칸막이를 설치해 좌식변기를 둔 변소는 아직 수세식은 아니었다. 변기가 부착되는 PC판 바닥 아래에는 가로세로가 각각 1미터, 깊이는 변소 바닥으로부터는 1미터, 지면에서는 0.7미터 정도가 되는, 한 면이 경사진 공간을 만들어 배설물을 저장했다. 현관에 들어서면 배설물 처리를 위해 둔 덮개를 마주하게 되는데, 부엌과도 인접해 있다. 그런 이유에서인지 부엌문을 따로 두었다. '아성벽돌식'이란 별칭에 걸맞게 기초와 외벽, 칸막이 벽체는 모두 아성벽돌을 사용했다. 침실 바닥은 화강암 온돌석을 둔 뒤 마감했으며, 지붕은 목구조 위에 골슬레이트 경사 2/10로 마무리했다.

　"A형은 대지 일각에 ㄱ자형으로 건물을 배치하여 대지를 유효하게 이용할 수 있으나 인접대지와의 독립성이 적어 통풍, 화재, 질병, 도난의 우려가 있고 평면 구조상으로 보아 불합리한 제한을 받게 되어 사용 목적에 따른 활용도가 적고 지붕널이 없어 원가는 절감되나 외기온도에 대한 실내온도의 변화가 컸다"는 것이 사업시행자였던 대한주택공사의 자체 진단이었다.[36]

　이에 비해 C형은 1963년도 15평형 국민주택 표준설계 평면 형식을 그대로 따랐지만 "기초 콘크리트 및 벽체를 아성벽돌 조적으로 대체했고 이중창을 단창으로 변경 시공했으나 주거생활에 이상을 가져올 만한 온도 변화는 없었다. 그러나 외부와의 직시차단(直視遮斷)을 위한 시설을 필요로 했으며 집단 대량 건설 시에는 균등한 지내력의 안전성 검사가 요구"되었다.[37]

　1963년 8월 대한주택공사가 작성한 C형 시험주택의 단면 상세도는 이러한 이유에서 '15평 WT⁻¹ 단면상세도'라는 이름이 붙었는데, A형과 달리 좌변기를 설시하고 외부에서 오물을 처리하는 방법을 채택했다. 현관은 국민주택에서 대부분 채용한 것처럼 돌출형이며, 역시 당시 공영주택이나 민영주택에서 보편적이었던 부엌-

외부 직출입 방식을 사용했다. 따라서 평면 형식이며 구조 등에서 동일한 유형으로 분류되는 A형과 C형 가운데 보다 실험적이며 적극적인 변화를 추구한 경우는 A형이라 하겠다.

평면만 대한주택공사에서 작성했을 뿐 다른 내용은 주택형을 제안한 회사의 의견에 따라 시행된 B형은 1963년 시험주택 건설사업 가운데 가장 독특한 유형이다.[38] 1층 면적 12평에 2층 바닥면적 7.25평을 더한 19.25평의 바닥면적을 갖는, "흡사 구름다리처럼 생긴"[39] 이 주택은 '기초 콘크리트 위에 목조 아치형 형틀을 조립하고 가마니를 깐 다음 물로 충분히 적셔서 시멘트 분말을 뿌린 후 1:2 모르타르를 2센티미터 두께로 바르고 24시간 경과 후 동일한 방법으로 두께 3센티미터씩 2회 바르기가 끝나면 최종 바르기부터 7일이 지난 후 목조 형틀을 제거하고 나머지는 재래식과 동일한 방법으로 끝맺음해 구조체가 특이'했다.[40] 대한주택공사 기술자들도 "벽체와 지붕을 한꺼번에 시멘트 모르타르로 지을 수 있는 셸(shell) 구조"라거나[41] "미군용 퀸셋(quonset)을 조금 아름답게 변형한 것"이라 설명했다.[42]

B형 시험주택의 「공사 준공조서」에 따르면, 도급자는 삼안산업주식회사(대표 예관수)로 1963년 9월 23일 착공해 12월 10일 준공했다. 따라서 1963년 11월 20일 수유리 시험주택에 대한 대대적 홍보를 위해 정부기관과 언론사 등을 초청한 날에는 안타깝게도 그 모습을 보여줄 수 없었다. 시공 과정에서 일부 설계변경이 있었는데, 1차 설계변경에서 가장 주목할 만한 것은 2층 바닥을 원래 의도했던 PSC판에서 슬래브 위 목재널판으로 바꾼 것이다.

건축공사를 위한 시공도면에 B형이라는 명칭과 함께 부기된 '시험주택 ISIDORE'라는 명칭에 주목해야 한다. 이는 B형 시험주택이 이미 제주 이시돌목장에서 돈사와 살림집 등으로 먼저 지

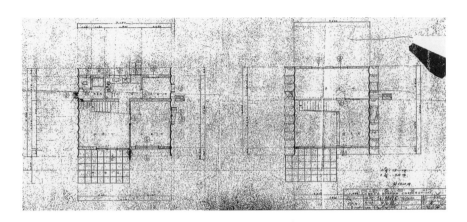

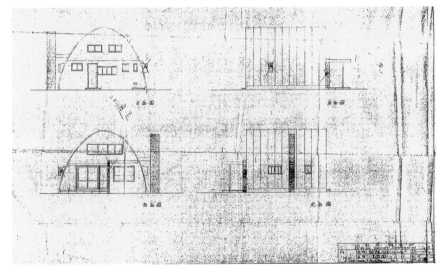

↑↑ 시험주택 이시도레 평면도
출처: 대한주택공사,
「공사 준공 조사보고서」(B형), 1963.12.19.

↑ 시험주택 이시도레 입면도
출처: 대한주택공사,
「공사 준공 조사보고서」(B형), 1963.12.19.

→ 수유리 시험주택 C형 평면도 및 입면도(1963.8.)
출처: 대한주택공사,
「공사 준공 조사보고서」(A, C형), 1963.12.19.

→ 수유리 시험주택 C형 단면상세도(1963.8.)
출처: 대한주택공사,
「공사 준공 조사보고서」(A, C형), 1963.12.19.

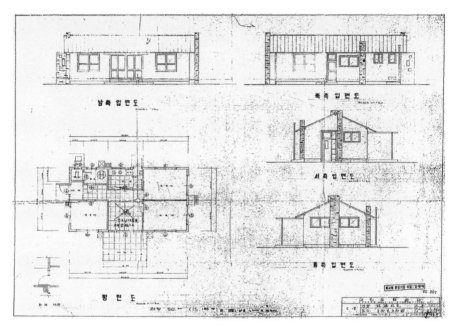

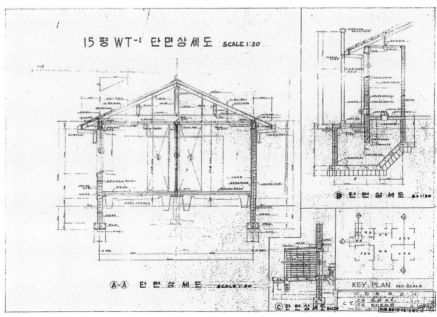

어졌고, 여기서 시험주택의 형식과 시공 방법 등이 연유했기 때문이다.[43] 이와 관련해 "서울시에서 시험주택으로 20동가량이 구로동에 건설 중"[44]이라는 설명과 함께 "삼안식 주택 건설은 수유리 시험주택 1동 및 구로동 시영주택 십수 동이 건설되어 있다"[45]는 언급도 눈여겨볼 만하다.

　'삼안식'이란 표현과 관련해서는 특허 관련 문건을 살펴야 한다. 특허 기록에 의하면, 제주 이시돌목장의 맥그린치 신부가 1963년 2월 23일 「돔형 건축물의 주벽체」라는 이름으로 실용신안 특허 출원을 했고, 같은 해 5월 20일 94-4159라는 특허번호를 획득함으로써 수유리 시험주택 B형의 사용 권리는 이시돌목장으로 한정됐다. 그런데 1963년 8월 12일 실용신안 등록권자의 허락서에 따라 그날부터 1973년 7월 27일까지 10년간 전국을 대상으로 관련 특허의 제조, 판매, 사용 등에 대한 실시권을 삼안산업주식회사가 설정했음을 확인할 수 있다.[46] 이후 1970년 5월 31일 「특허법」 제71조 3항에 의해 지불해야 하는 특허료 납부기간이 경과되어 1971년 7월 30일자로 특허권이 소멸됐다. 즉 삼안산업주식회사가 실시권을 양도받아 7년 동안 사용한 뒤로는 더 이상 특허권 유지를 위한 비용을 납부하지 않아 서류상 말소 조치가 이뤄졌다. 따라서 삼안산업주식회사는 1969년까지 특허 실시권을 이용해 수유리 시험주택 B형을 '삼안식'이라는 이름으로 사용했던 것이다.

　"1960년대 초에 조립식주택은 아니지만 공사기간이 빠르고 과거의 구조와 색다른 '삼안식 주택'이 있었는데 이는 당시 지상에 많이 선전되었던 벽체와 지붕을 한꺼번에 시멘트 모르타르로 지을 수 있는 일종의 쉘 구조로서 서울시에서 약 20동 가량의 시범주택을 구로동에 건설했다"는 설명이나, 1964년에 발간된 『새로운 주택』[47]에서 '삼안식(이시돌식) 주택은 건축가 성익환[48]이 설계했다'

고 언급한 배경은 이런 사정을 알 때 비로소 정확히 이해할 수 있다.

　　우림산업주식회사가 공사를 맡았던 D형은 1963년 11월 5일 착공해 11월 30일 준공했다. 주로 PC 조립부재의 품질과 숙련공의 능률에 따라 공정 효율이 결정되는 것이어서 구조체의 개조는 힘들었다. 내구력이 높았고 열전도를 막기 위해 벽체 사이에 일정한 틈을 둔 이중판으로 PC 부재가 사용됐다. 지붕판은 보온판으로 열을 차단해야 하고 부동침하(不同沈下)를 막기 위해 철저한 지반조사를 실시해야 하며 조립 자재의 보급 및 공법의 일반화를 도모하기 위해 공법과 규격을 통일해야 한다는 과제를 시험주택의 목적으로 상정한 유형이다.

　　E, F형은 부재의 생산공정이 간단하나 기초부터 벽체, 지붕과 1층 바닥판까지 모두를 콘크리트 조립재로 구성하는 방법으로서 상당한 중량(重量)이므로 취급이 어렵고 조립부재의 규격상 평면계획에 제한을 받으며 비교적 재질이 유약하여 취급에 주의를 요했고 지상의 중량이 독립기초에 전달되므로 철저한 지반조사가 선결되어야 한다는 점이 먼저 지적되었다. 이에 따라 조립은 비교적 단기간에 가능하나 중장비가 필요하고 취급 과정에서 부재가 파손되지 않도록 유의해야 하며 부재 접합 시 균열이 염려된다는 것이 대한주택공사 측의 설명이다. 공사기간은 「공사 준공조서」에는 1963년 11월 29일 착공, 12월 10일 준공으로 기록되어 있다. 열흘 남짓 걸린 셈이니 그야말로 속전속결로 지을 수 있는 유형이었다.

　　설계는 조자룡이 맡았다고 알려지며,[49] 시공은 주식회사 조공무소(대표 조만복)가 맡았다. E형과 F형 각각 1동으로 시험됐으며, 때론 '에밀레주택'으로 불렸다.[50] 완전 조립식이라고는 하나 실제로는 현장에서 벽돌을 쌓는 반조립식이었다. 조적물의 양생 중에는 공정이 중단되고 외부 충격에 견디도록 부재를 잘 연결해야 하는

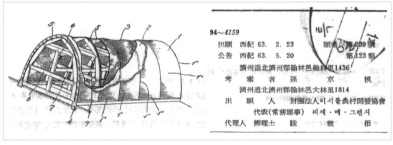

94~4159

出願　西紀 63. 2. 23　　　　願書　第239號

公告　西紀 63. 5. 20　　　　　　第123類

濟州道北濟州郡翰林邑翰林里1436

考　案　者　孫　　京　　機

濟州道北濟州郡翰林邑大林里1814

出　　願　　人　　財團法人이시를農村開發協會

代表(常務理事)　피제·메·그렌지

代理人　辨理士　睦　　　敦　　相

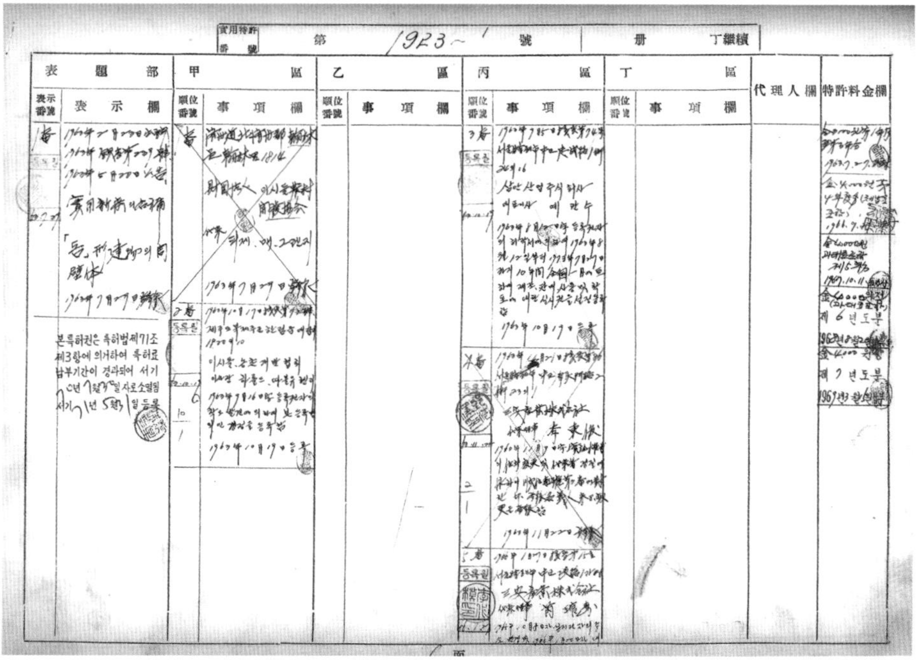

實用特許番號 第 1923-1 號 冊 丁繼續

表題部		甲區		乙區		丙區		丁區		代理人欄	特許料金欄
表示番號	表示欄	順位番號	事項欄	順位番號	事項欄	順位番號	事項欄	順位番號	事項欄		

← 제주 한림읍 금악리
이시돌목장 입구의 테쉬폰(2014)
©손민아

↑ 이시돌목장의
'돔형 건축물의 주벽체' 특허등록 원부 표제
출처: 특허청

← '돔형 건축물의 주벽체(周壁體)'
실용신안 특허 도면 및 출원 관련 사항
출처: 특허청

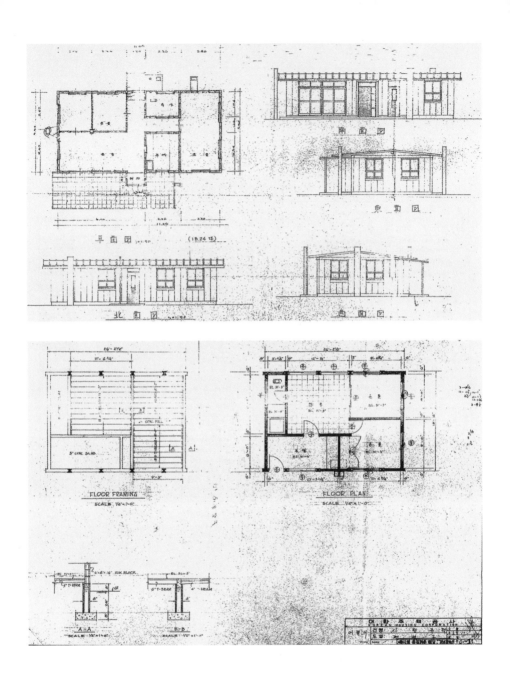

↑↑ 시험주택 D형 평면 및 입면도
출처: 대한주택공사,
「공사 준공 조사보고서」, 1963.12.19.

↑ 수유리 시험주택 에밀레 평면도
출처: 대한주택공사,
「공사 준공 조사보고서」, 1963.12.19.

어려움이 있었다. 그러나 대지 활용도가 높고 공용 부분의 원가가 절감되고 지붕판의 이용도에 따라 목재도 절약되는 장점이 있었다. 또한 취사 과정에서 남는 열을 이용해 온돌을 데움으로써 난방 면에서 경제적이라고 평가했다.[51] 어떻게 하면 심각한 주택난을 일시에 해소할 수 있을까에 주목한 경우로서 공사기간의 단축을 위해 궁여지책으로 감행한 유형이기도 하다.

수유리 시험주택의 마지막 유형은 특별한 기호를 붙이지 않은 연립주택이다. 연립주택은 1964년 5월 2차 설계변경을 거친 후 그 다음 달인 1964년 6월 10일 최종 준공했다. 가장 늦은 준공 사례다. 앞서 언급한 것처럼 USOM에서 서울과 부산 등 대도시에는 시범주택지구를 조성하되 주택의 유형은 단독주택이나 집단주택(아파트와 연립주택)으로 정할 것을 요청했는데, 이에 대응한 유형이라고 하겠다.[52] 연립주택은 대지 절약과 공동생활 훈련에 그 목적을 두었으며 삼부토건주식회사가 시공을 맡았다. 3세대가 일직선으로 들어서지 않고 마치 톱니처럼 물려 있는 방식으로 구성해 이웃 사이의 사생활 보호와 함께 온전한 마당을 각 세대가 누릴 수 있도록 의도했다.

대한주택공사는 1964년 3월 16일부터 22일까지 서울 신문회관에서 제1회「주택전」을 개최해 수유동 시험주택을 비롯해 그간의 주요 사업들을 소개했다.[53] 이는 USOM의 요청에 대한 공개적 화답의 성격을 지니기도 했다.

지금까지 설명한 내용을 정리하면 272쪽 표와 같다.[54]

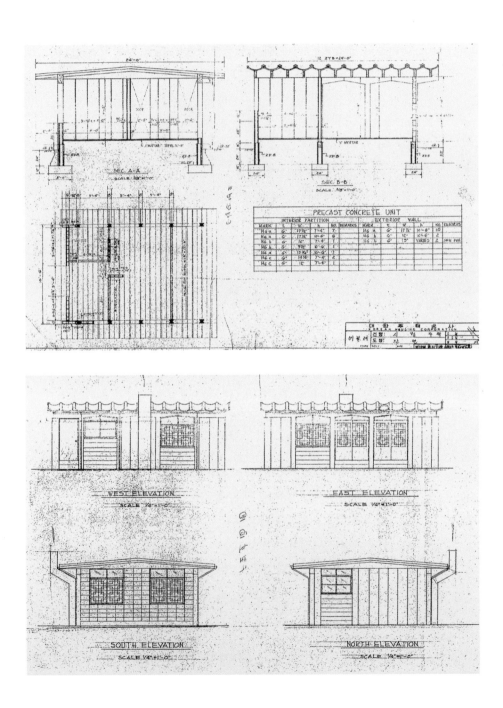

← 수유리 시험주택 에밀레 단면도
출처: 대한주택공사,
「공사 준공 조사보고서」, 1963.12.19.

← 수유리 시험주택 에밀레 입면도   ↓ 63 시험 연립주택 평면도
출처: 대한주택공사,   출처: 대한주택공사,
「공사 준공 조사보고서」, 1963.12.19.   『공사 준공 검사보고서』, 1964.6.

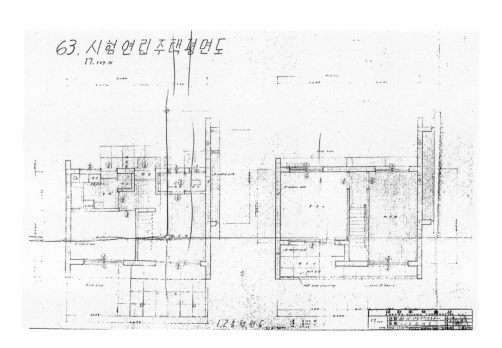

'63 시험주택 구조 개요

형별	기초	외벽	내벽	지붕	1층 바닥	2층 바닥
A	아성벽돌	아성벽돌	아성벽돌	골슬레이트	화강석온돌	
B	콘크리트	이시도레식돔	아성벽돌 시멘트벽돌	이시도레식돔	아성온돌마루	아성온돌마루
C	아성벽돌	아성벽돌	아성벽돌	시멘트 기와	아성온돌마루	
D	콘크리트	P.C 조립판	P.C 조립판 이동식목조판	P.C 조립판	아성온돌마루	
E, F	R.C 조립판	R.C 조립판	R.C 조립판	Y형 조립판	R.C 조립판	
연립 주택	콘크리트	홀 블록	홀 블록 아성벽돌	P.C 조립판	아성온돌마루	아성온돌마루

※ 수유리 시험주택과 관련한 대한주택공사 내부 문건 여럿을 필자가 종합적으로 정리한 것.

'63 시험주택 시공 개요

형별	사용 기재	골격 조립	준공기간	시공 요점
A, C형	–	–	각 60일	아성벽돌을 주재료로 재래식과 유사한 방식으로 시공; C형은 63년도 국민주택형
B형	목조형틀	11일간	69일	기초 콘크리트 위에 목조 아치형 형틀을 조립하고 가마니를 깐 다음 물로 충분히 적셔서 시멘트 분말을 뿌린 후 1:2 몰탈을 2cm 두께로 바르고 24시간 경과 후 동일한 방법으로 두께 3cm씩 2회 바르기가 끝나면 최종 바르기부터 7일이 지난 후 목조형틀을 제거하고 나머지는 재래식과 동일한 방법으로 끝맺음을 함, 일명 삼안식 혹은 이시도레주택
D형	트레일러 1대 체인블록 2조	3일간	26일	안양 지방에서 제작한 P.C 조립자재로 기초 콘크리트 위에 벽판, 보, 지붕판의 순서로 부재를 조립함, PSC 조립식주택
E, F형	크레인 2대 트레일러 2대 소형크레인 1대	각 3일간	각 12일	답십리 임시공장에서 제작된 R.C 조립자재로 기초 콘크리트 위에 벽판, 보, 지붕판의 순서로 부재를 조립함, 일명 에밀레주택 혹은 에밀레식
연립주택	크레인 2대 트레일러 1대	조립자재 만 4일간	261일	재래식과 동일한 방법으로 기초 및 벽체를 조적한 후 P.C 및 R.C형 상판을 조립하고 2층 벽체 조립 후 P.C 지붕판을 조립함, 연립식

※ 수유리 시험주택과 관련한 대한주택공사 내부 문건 여럿을 필자가 종합적으로 정리한 것.

모니터링과
평가

시험주택을 완공한 후 대한주택공사는 시험주택 시공 과정과 입주
후 평가를 위해 매우 다채로운 시도를 전개했다. '향후 2년간 시험주
택을 통하여 구조와 각 부재의 예기치 않았던 문제점을 파악하고,
제반 문제점을 종합적으로 검토해 계속 연구에 활용하기 위함'이었
다.[55] 이에 따라 목재 대체 문제, 신재료의 사용 가능성 타진, 시공법
의 개선, 공기 단축, 저렴주택 획득, 주거생활 개선, 대량 건설문제, 조
립주택문제, 외국산 자재의 사용 제한 정도, 대지의 효율성문제 등
을 검토하기 위해 1964년 1월 1일부터 1965년 12월 31일[56]까지 대한
주택공사 직원이나 건설부 직원 중 희망자를 입주시킨다는 방침을
세웠고, 매주 혹은 1개월 단위의 조사서 제출을 의무로 부과하는 방
안을 채택했다. 1964년 2월에는 입주자 가운데 시험주택 모니터링
을 주관하기 위해 단지연구실장이었던 4호 입주자 박병주를 '시험주
택 위원장'으로 선임하기도 했다.[57]

　　　　이어 1964년 4월부터 6월까지 다채로운 현장 실험이 실시
됐는데 누수와 결로 문제가 해결되지 않아 주한 미군과 일본에서 주
로 사용하는 방수재와 응결재 등을 사용해 후속 조치를 취했다.[58]
그럼에도 불구하고 해당 보고서는 "신재료와 신공법에 관한 설계는
대체로 예상에 부합하였으므로 주택공사 설계에 반영, 발전시킬 수
있으므로 점차적인 개량이 기대된다"는 점을 전제하면서도, 최소
1년 동안은 전문적 식견을 가진 연구소 직원이나 대한주택공사 직원
이 상주하면서 기후조사, 주택일반 조사, 온습도 변화 조사, 기타 문
제를 조사하여야 하므로 향후 2년 동안의 입주시험이 필요하고, 그
렇게 하더라도 외부의 비판을 받을 소지가 있다고 지적했다.[59]

　　　　다양한 종류의 시험주택 조사 결과 보고와 개선 방안 등

에 대한 자료가 있지만 부분적인 문제를 언급하거나 일부 유형에 대한 문제를 지적한 경우가 대부분이다. 모든 유형을 아우르며 종합적으로 평가를 내린 것으로는 수유리 시험주택 건설사업을 주관한 주택문제연구소의 내부 보고서가 대표적이다.[60] 이를 토대로 당시 시험주택의 성과와 문제를 진단해볼 수 있다.

　　A형은 도시형 주택으로서 가장 적절한 평면구조이며, 거실 중심 배치와 오픈 키친에 의한 공간 구성이 활용도가 높지만, 이웃하는 대지와의 관계를 고려할 때 통풍, 화재, 질병, 도난 등의 우려가 있고 집단으로 건설할 경우 평면구조가 불합리하다고 평가 받았다. A형에서 특별하게 언급한 현관 폐지와 관련해서는 경제적이지만 신발장 등 부수 시설공간이 필요하고, 무슨 연유인지는 모르나 '거실 중심형 주택이므로 대인관계가 불편'하다고 평가했다. 성능과 관련해서는 지붕재를 달리 써 경제적이나 실내온도 변화가 커서 주거생활에 비효율성을 초래하고, 단열재 추가가 필요하다고 지적했다. 욕실의 경우에는 알루미늄 판과 다른 재료가 만나는 부분이 열팽창률이 달라 접합부위에서 누수가 발생해 향후 연구가 필요하다고 언급했다.

　　B형은 형틀 조립이 용이하고 가설비가 절약될 뿐만 아니라 공기 단축이 뚜렷하지만 축압력(軸壓力)에 대한 세심한 감독이 필요해 구조체에 철근이나 철망 등을 이용해 균열 방지를 위한 보강이 필요하다고 일갈했다. 또한 셸 구조만으로는 외기와의 단열 성능을 확보할 수 없으므로 충분한 단열재 보강이 시급하다는 점을 지적했다. 목재 사용이 크게 줄었고, 공사비 역시 평당 상당한 절감 효과가 있지만 특수한 형틀이 필요하므로 단기간에 대량 건설은 곤란하며, 회전 건설 방식이 유용하다고 했다. 특히 형태 면에서는 외벽이 곡면으로 만들어지므로 효용면적이 줄고, 실내공간의 손실이 있

으며, 생활 면에서 안정정이 박약하다고 했다. 이 밖에도 창호 위치의 제한, 복사열 처리의 어려움, 실내공간의 손실 등에 문제가 있음을 언급하고 있다.

C형은 아성벽돌에 의한 기초가 비교적 안정적이지만 대량 건설일 경우에는 지내력의 불균등으로 인해 보강이 필요하다고 평가했으며, 홑창으로 인해 실내 온도의 손실이 매우 크고 외부에서의 실내 투시가 가능해 커튼 설치가 필수적이라고 밝혔다. 이와 함께 흙벽돌을 사용한다는 점에서 구조체의 변화가 없고 단열 효과가 높음에도 불구하고 거주자들이 집에 대해 열등감을 보인다는 점을 언급하기도 했다.

D형 주택은 조립 부재의 확보와 현장 인력의 숙련도가 관건이며 공간 개조는 어렵지만 내구력이 크다는 점은 장점이라 밝혔다. 조립판 자체의 열손실과 지붕판의 한계를 극복하기 위해 천장에는 특별히 단열재 보강이 필요하고, 조립식이라는 점에서 부등침하와 누수 방지를 위해 반드시 지질조사가 선행해야 한다고 지적했다. 또한 동절기 작업을 위해서 물을 사용하는 공사를 제한하는 방법이 연구되어야 하며, 조립 자재의 수급과 공정의 단순화가 반드시 필요하다고 보았다.

E, F형의 경우는 조립재 자체의 중량이 대단해 중장비 동원이 필요하므로 일반적인 보급은 어려우며, 창호 및 칸막이 등이 제한적이므로 평면계획에 곤란을 초래할 것으로 봤다. 특히 파손율이 높아 마무리 공사가 쉽지 않고, 부분 개조가 어렵지만 조립식이 갖는 장점이 있으므로 공기 단축은 용이하다고 평가했다. 특히 독립기초에 조립판의 하중이 직접 전달되는 까닭에 충분한 지질조사를 수행해야 하고 조립식 신자재의 보급이 비경제적이므로 철근콘크리트 자재를 현장에서 조립하는 등의 새로운 공법 연구가 필요하다고 지

↑↑ 정부와 대한주택공사 관계자들의
수유리 시험주택 B형 시찰 모습(1964.4.)
출처: 국가기록원

↑ 수유리 연립형 시험주택
관계자 시찰 모습(1964.4.)
출처: 국가기록원

적했다.

　　　연립주택은 조적과 조립의 혼용 방식을 이용해 조적물의 양생기간 중에는 공사가 중단되는 문제가 있지만 대지 활용성이 높으므로 주택 원가가 낮아진다는 점은 장점이라고 밝혔다. 이 밖에도 조립지붕판으로 인해 목재가 절약되고, 취사용 열기를 이용해 2층 온돌 난방이 가능하지만 부엌의 평면 구성은 합리적으로 수정되어야 한다고 덧붙였다. 조립판의 결합 부분에 대해서는 여러 가지 향후 연구가 필요하다는 점도 언급했다.

　　　이 보고서는 결론적으로 '1963년도 국민주택과 비교하면 자재의 품질 및 공법 면에서 여러 가지 서로 다른 점을 알 수 있으나 앞으로의 전망 및 시급한 주택난 해결을 위해서는 내구연한이 길고 단기에 많은 양의 주택을 건설할 수 있는 조립식 주택을 공급해야 한다'고 마무리했다.

시험주택에서
조립식주택으로

결국 이 과정에서 계속 검토하기로 결정한 것은 '조립식 자재를 더욱 널리 활용하는 것'이었다. 다양한 항목과 내용의 검토 끝에 내구연한이 길고 동절기를 포함해서 단기간에 다량의 주택을 건설할 수 있는 조립식 자재를 이용하는 방법이 좋다는 것이었으니 1964년 7월 14일부터 11월 25일까지 서울 갈현동에 130호의 P.C 조립식주택을 건설하게 된 배경이 됐다. 그러나 갈현동 주택 역시 시험주택과 마찬가지로 심한 결로와 누수 등으로 많은 문제를 야기했다.[61]

　　　시험주택(시범주택)은 1965년부터 다시 본격적인 정책 대상이 된다. 건설부는 1965년 벽두에 8대 주택정책을 발표했다. ① 주

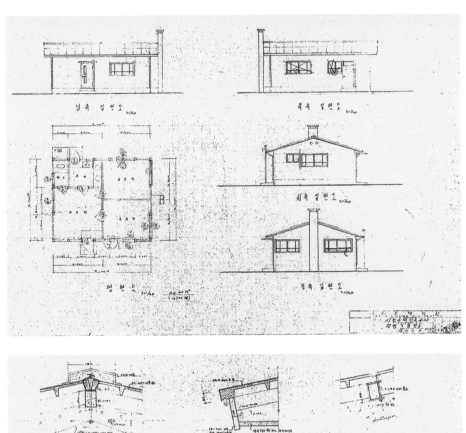

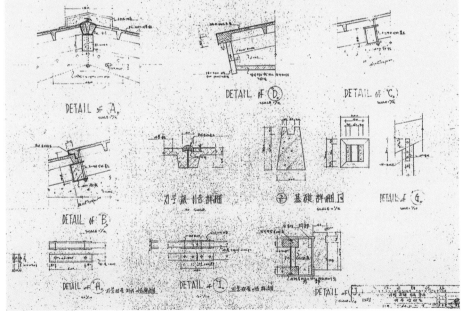

↑↑ 갈현동 시험주택(P.C. 조립식) 평면도 및 입면도
출처: 대한주택공사,
「공사 준공 검사보고서」, 1965.5.15.

↑ 갈현동 시험주택 각부 상세도
출처: 대한주택공사,
「공사 준공 검사보고서」, 1965.5.15.

택금고 설립, ② 자재생산업체의 육성, ③ 시범주택 건설로 민간 자력 건설 유도, ④ 조립식주택 권장, ⑤ 민간주식 투입으로 주택공사 개편, ⑥ 대지채권 발행, ⑦ 대단지 사업, ⑧ 건실 주택기업에 대한 융자가 그것이다.[62] 「63 시험주택 건설」을 통해 시도된 유형들 가운데 거의 유일하게 살아남은 조립식주택은 1965년부터는 민간부문의 건설 능력 향상을 위한 국책과제로 등장하게 되었다. 그럼에도 불구하고 실질적인 시험주택의 평가를 거친 조립식주택이 대량으로 건설됐다고는 할 수 없다. 이미 수유리 시험주택 평가보고서에서 언급했듯 이를 일반화하기 위해서는 앞서서 확보해야 할 기술과 조건이 많았기 때문이다. 조립식주택은 이후 다분히 구호성정책에 머물면서 1966년에는 설비가 개량 혹은 개선된 화곡동 국민주택단지를 통해 시범식주택으로 변모한다.

"화곡동에 건설한 국민주택은 설계상 공사가 처음으로 국민주택에 수세식 위생설비를 시도해본 데에 큰 의의가 있다. 유형으로는 양식 욕조와 양식 화장실을 구비한 시범식주택과 종래의 시설을 따른 재래식 주택 2가지였으며 형별 규모에 따라 시범식은 15평형 100호, 17평형 50호, 재래식은 12평형 40호, 15평형 115호, 17평형 53호였는데, [1966년] 10월 15일 서울 시내 마포아파트 관리소에서 추첨으로 일반입주자 선정을 했을 때는 평균 3.7대 1의 경합을 벌였다"[63]는 대한주택공사의 서술을 보면 어느 곳에서도 조립식이거나 부품형 주택에 대한 강조를 찾아볼 수 없다.

따라서 시험주택 혹은 시범주택은 새로운 주택 유형뿐 아니라 새로운 구조와 공법 혹은 설비가 시도된 경우에도 부여된 이름이라는 사실을 새삼 확인할 수 있다. 일례로 1975년에 대한주택공사가 "태양열을 이용한 시범주택을 건립, 시험하는 단계"에 들어섰다고 밝힌 바 있는데,[64] 이에 대해 1975년 6월 "18일에는 주택연구소의

↓ 에밀레주택과 유사한 판문점 자유의 집
(1965년 9월 30일 준공, 김종식 설계, 육군공병단 시공)
출처: 국가기록원

↓↓ 서울시의 남가좌동
조립식 주택 기공식(1966.8.15.)
출처: 서울역사박물관

→ 64 국민주택 12S형 평면 및 입면도
출처: 대한주택공사,
「64 국민주택 신축공사」, 1964.3.

→ 64 국민주택 12S형 단면상세도
출처: 대한주택공사,
「64 국민주택 신축공사」, 1964.3.

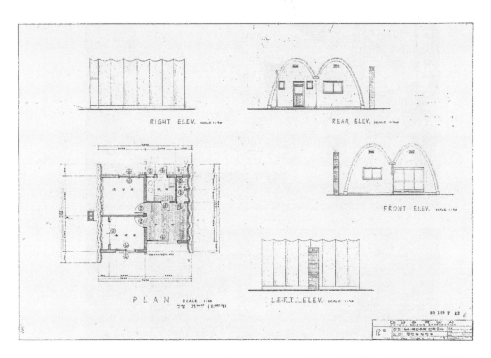

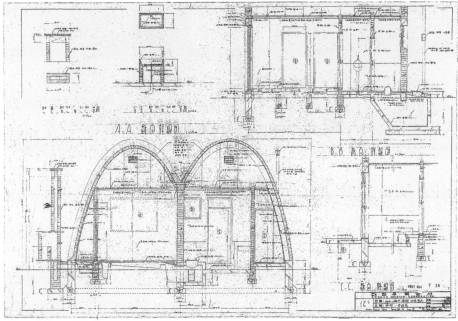

↑ 마지막까지 남았던
수유리 연립형 시험주택(2020)
ⓒ김영준

↑↑ 1965년에 제작한 영상자료
「건설의 보람: 주택편」에 등장하는
수유리 연립형 시험주택
출처: 대한주택공사 홍보실

→ 64 국민주택 16평형 연립주택 전체 평면도
출처: 대한주택공사,
「64 국민주택 신축공사」, 1964.3.

→ 64 국민주택
16평형에 적용된 온돌 상세도
출처: 대한주택공사,
「64 국민주택 신축공사」, 1964.3.

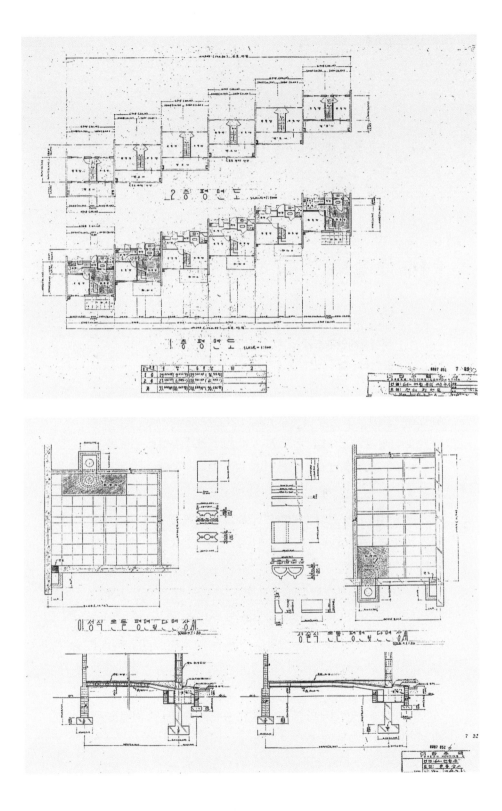

견본주택지구 안에 태양열 이용 시험주택을 건립"했음을 밝혔다.[65] 기존의 주택이 갖는 성능이나 규모 혹은 설비의 고급화 등을 전시한다는 의미에서도 시범이란 단어가 사용되었다. 외인아파트 등을 제외하고 내국인을 위해 지은 한국 최초의 15층 아파트인 잠실 고층아파트를 "시설, 설비, 규모(전용면적 기준 23, 25평) 등 모든 면에서 어디에서도 자랑할 수 있는 선도형 시범주택"으로 부르기도 했다.[66]

주택문제연구소와
조립식주택

1962년 7월 1일 대한주택영단이 대한주택공사로 탈바꿈했다. 이와 함께 부설기관으로 주택문제연구소도 설립되었다. 주택문제연구소가 주로 감당하게 될 일로 우선 꼽은 것은 '건재의 규격화 방안과 조립식주택에 대한 본격적인 연구'였다. 당시 상황에 대해 주택공사는 다음과 같이 전한다. "1962년에 들어서 공사는 국민주택의 개발과 저렴한 주택의 대량건설을 위하여 건재의 규격화 방안과 조립식주택에 대한 연구를 하여 그 시험주택을 1963년 9월에 서울 수유동에 건설하고 1965년에는 우이동에 질석(蛭石) 조립식주택도 시험 건설하게 되었다."[67] 대한주택공사 설립 이후 가장 먼저, 주택공사의 모든 역량을 모아 USOM 요청에 응답한 것이 바로 '63 시험주택이었고, 이 과정을 통해 우리는 급격한 도시화 속에 가장 시급히 해결해야 할 주택부족문제에 대해 국가가 어떤 태도와 방식을 가졌는가를 엿볼 수 있다.

대대적인 연구와 홍보를 거친 수유리 시험주택 건설을 통해 "공사는 융자금에 의존한 운영 방식을 지양하고 자기 자본으로 운영되는 만큼 수요자에게 저렴한 가격으로 주택을 공급"할 수 있게 되었다며 자신감을 드러냈다.[68] 그러나 주택문제연구소는 당시 시험주택이 그리 성공적이지 못했다고 토로한다. "선진 외국에서는 스포렉스판을 건축자재로 사용했는데 이것은 내화성이 있고 방음·방습에 효과가 있었다. 그래서 연구소에서는 이것을 본따 우리나라에서 생산되는 자재를 가지고 질석판을 만들어 주택건축의 칸막이 등에 부분적으로 사용했다. 그러나 전문적인 생산 공장이 없었고 생산가가 높아 결국 전반적인 공사에는 사용되지 않았고 다만 연구의 성과를 알리는 의미에서 서울시청 앞 광장에 질석판 견본주택을 지어 전시했다."[69] '시험주택'의 의미가 다소 축소되어 '시범주택'과 혼동되더니 슬그머니 '견본주택'으로 둔갑했다. 아직은 모든 것이 역부족이었다. 무엇보다 아이디어를 시공 현장에서 구현해줄 생산 체제 전반이 빈약했다. 이에 따라 대한주택공사는 한성프리훼브 주식회사를 자회사로 설립하기도 한다.[70]

　　　　조립식주택에 대한 정책적 관심이 집중되면서 다른 유형의 시험주택에도 적용할 수 있는지 여부를 타진했다. 시험주택사업의 목적이 문제점 발굴하고 개선해 적용 범위를 넓히는 것이었기 때문에 다소 무리가 따르더라도 기왕의 사업 성과를 높이기 위한 궁여지책이기도 했다. 특이한 형상으로 세인의 관심을 받았던 시험주택 B형은 서울 우이동 국민주택지구에 64년형 국민주택 가운데 하나로 채택됐는데, 지붕에 반자를 댐으로써 실내공간에서의 열손실을 줄이는 동시에 유효면적을 확보했다. 이를 위해 수유리의 2층형과 달리 쌍봉형 1층주택으로 변경됐다. 수유리에서 시험된 3호 조합연립주택은, 1층과 2층을 한 세대가 모두 사용하는 것은 동일하지만 6호 조합 연립주택으로 변형돼 1964년도 국민주택 표준형으로 활용했다. 한편 벽돌과 함께 아성산업의 주요 생산자재 가운데 다른 하나인 온돌용 시멘트블록도 1964년 국민주택 연립형에 적극 활용돼 구체적인 성능 검증 과정에 돌입하기도 했다.

비록 그 발단이 USOM이라 하더라도 1963년 시험주택 건설사업은 제1차 경제개발 추진 과정에서 불가피하게 벌어진 가공할 도시화에 따른 주택 부문의 적극적 대응 전략이었다. 공기 단축과 자재 절감, 대지 절약으로 요약할 수 있는 3대 과제에 대한 국가의 도전이자 시련이기도 했다. 이 과정에서 대한주택공사와 주택문제연구소를 중심으로 한 전문가들의 적극적 참여와 헌신은 스스로 시험의 대상이라 자부했을 정도로 치열했고, 그 결과 아파트 시대가 본격 전개되는 1960년대 후반까지 한국주택의 보편을 만든 시금석을 만들었다고 할 수 있다. 이런 점에서 '63 시험주택은 한국 주거사에서 그 이름에 가장 걸맞는 시험대였다.

주

1   건설부, 「시범주택사업계획 수립 추진」, 건국주 111.23-1829(72-9814)(1963.2.23.).

2   주한 미국경제협조처(U.S Operations Mission to Korea, USOM)는 1959년 한국에
대한 원조 권한이 유엔군사령관에서 주한 미국대사에게 이양되면서 만들어졌다.
USOM은 미국의 대한 원조자금의 운영 방법을 규정한 한국 정부와 유엔군사령부 사이의
경제조정에 관한 협정(마이어협정, 1952년 5월 24일)에서 정한 역할을 수행했다. 주한
미대사관 산하에 있었던 USOM은 한국 경제를 좌우했던 미국의 대외 원조의 권부였다.

3   USOM에서 작성한 문건 제목은 "Pilot Housing Demonstration Projects: 1963
Housing Program"이며, 생산 일자는 1963년 1월 30일이다.

4   이하 내용은 USOM의 문건을 중심으로 번역, 정리한 것이지만 '합동기술용역단',
'집단주택'(multiple unit swellings), '연립주택'(rowhouses) 등 일부 용어는 당시
대한주택공사의 상황을 알 수 있도록 그들이 번역한 내용을 그대로 따랐다.

5   USOM에서 보건사회부 장관 앞으로 보낸 문건에서 '위성도시'가 언급된 때문인지
시험주택 건설사업을 특집 화보로 담았던 『주택』 제11호(1964)에는 주택문제연구소
단지연구실 명의로 「위성도시에 대하여」(24~28쪽)라는 글이 실렸다. 그리고 그 뒤를
이은 기사가 같은 연구소 건축연구실에서 쓴 「프리회브 주택에 대하여」였으며, 다시
주택문제연구소 자재연구실 이름으로 「시험주택 건설 개요」가 실렸다. 1963년의
시험주택은 대한주택공사 주택문제연구소가 역점을 둔 사업이었음을 확인할 수 있다.
관련 문건의 상당수를 주택문제연구소에서 작성한 점도 이러한 주장을 뒷받침한다.

6   대한주택공사, 『대한주택공사 20년사』(1979), 206쪽.

7   대한주택영단, 「시범주택 신축공사에 관한 건」, 1957.5.14. 이 문건은 보건사회부가
창경궁 내에 발명품 전시와 관련한 시범주택 건설을 대한주택영단에 요청해 시공에
착수한다는 주택영단의 내부 문건인데, 돌로 기초를 삼고 석회벽돌로 벽체를 쌓고 그
위에 청기와 지붕을 얹은 12평 단층주택 1호를 짓는 것이었는데 실제 시공 과정에서
청기와지붕은 시멘트 기와로 변경됐으며, 기초 역시 잡석 위에 콘크리트 블록으로 바뀌는
등 많은 내용이 변경됐다. 변경 사항은 1957년 10월 23일 대한주택영단 이사장이
보건사회부 장관 앞으로 공사비 정산을 요청한 공문을 통해 확인할 수 있다.

8   보건사회부, 「시범주택 Demonstration House」(1957.12.), 국가기록원 소장 자료.

9   대한주택영단, 「한남동 시험주택 건축허가 신청서」(1961.12.29.).

10   대한주택공사 건설사업부, 「다세대주택 시범 건설 검토」(1988.12.).

11   1962년 7월 1일 창립한 대한주택공사의 설립 목적은 『주택』 제9호(1962), 3~6쪽에
게재된 식사(式辭, 초대 총재 장동운), 축사(국가재건최고회의 재정경제위원장 장동하),
축사(건설부 장관 박임환), 축사(USOM 주택과장 귀도 낫조) 등을 통해 거듭 확인할

수 있다. 당시 서울의 심각한 주택부족문제와 주택수요 증가를 야기하는 세대수 및 가구원수 증가 등의 구체적인 상황과 토지 확보에 대해서는 권영덕, 『1960년대 서울시 확장기 도시계획』(서울연구원, 2013) 참조.

12　대한주택공사, 「시험주택 건설계획」, 대한주택공사 내부 문건. 작성 일자는 확인할 수 없으나 총 8쪽으로 작성된 이 문건에 따르면, 시험주택의 건설부지는 서울 성북구 수유동 산132의 7 수유 제2차 국민주택 건설계획 대상지로 하며, 1964년에 확대 적용할지를 검토하되 1963년 9월 11일부터 11월 30일까지 81일간을 공사기간으로 A부터 D까지 모두 4종의 시험주택을 각 1동씩 건설하는 것을 목표로 삼았다는 내용이 담겼다.

13　수유리 시험주택 건설과 관련한 자세한 사항은 주택문제연구소가 1964년 1월 10일 작성한 「63년도 시험주택 연혁」이라는 문건에서 확인할 수 있다. 여기서는 시험주택의 목적에 대해 "국민주택의 개량을 위하여 연구한 조립식 자재 및 개량 자재를 이용하여 저렴한 주택의 다량 건설을 시도하고, 동 자재를 사용하여 건설한 주택의 예기치 않았던 점과 제반 문제점을 종합적으로 검토하고, 계속 연구 자료로 하고자 함에 있음"이라 밝히고 있다. 그러나 기존의 4개 유형보다 많은 A~F형과 3호 연립주택을 모두 포함해 최초 계획이 일부 변경됐음을 알 수 있다.

14　대한주택공사 내부 문건인 「공사 준공 보고서」는 보고 일자가 각각 1963년 12월 19일과 1964년 6월 10일로 적힌 두 건이다. 전자는 A, B, C, D, E, F형, 후자는 3세대용 연립주택에 대한 준공 보고서이다. 이들 문건은 공사 시행자, 도급자, 공사종별 내역, 예산액과 준공액, 지급 자재 내역, 설계도 및 설계 변경 내용 등을 망라하고 있어 자료로서의 가치가 높을 뿐만 아니라 준공된 건물에 대한 문서란 점에서 사실 확인에도 유용하다.

15　대한주택공사, 『대한주택공사 20년사』(1979), 242쪽에는 당시 수유리 시험주택은 6종 7동 9호를 지었다고 기록하고 있으나 주택공사 내부 자료를 통해 확인한 결과 5종의 단독주택과 3세대용 연립주택 1종 등 모두 6개 유형으로 세대수는 8세대임을 확인할 수 있었다. 다만 E형과 F형을 별개로 본다면 연립주택을 포함해 7종에 이른다.

16　대한주택공사 내부 문건인 주택문제연구소, 「시험주택 조사결과 보고」(1964.10.7.)에는 우림산업이 아닌 '유림산업주식회사'가 시공했다고 기술되어 있다.

17　이때 초청된 언론사에서 참관 내용을 게재한 것이 바로 1963년 11월 21일자 『경향신문』과 11월 22일자 『동아일보』 기사다.

18　실제적으로 3호 연립주택이 준공된 것은 1964년 6월 10일로 삼부토건주식회사가 시공을 맡았다. 주택문제연구소, 「시험주택 조사결과 보고」, 대한주택공사 내부 문건(1964.10.7.).

19　입주자는 전문지식이나 활동 조건을 고려해 대한주택공사와 주택문제연구소 직원을 대상으로 했으며, 최소 1년 정도 거주하는 것으로 계획했으나 안전율을 고려해 2년 동안 거주하는 것으로 변경했다. 시험주택에 입주해 2년간 각종 자료를 수집하는 등의 역할을 맡은 이들은 A형-박병주(주택문제연구소 단지연구실장), B형-송정원(영업부

영선계장), C형-이용철(이사), D형-최동훈(한남동 관리소장), E형-김진성(총무부 주사), F형-전경진(내각부반실 비서)였고, 아직 준공되지 못한 연립주택 3호에 대해서는 문서 작성 당시 정해지지 않았는데, 이는 「63년도 시험주택 중간보고서」에서 확인한 것으로, 문건은 정확한 작성 일자를 표기하지 않았지만 내용으로 판단할 때 1964년 6월 9일 이후 작성된 것으로 보인다.

20   시험주택 유형에 따라 목적이 다소 달랐지만 전체 사업을 통해 공통적으로 의도한 시험주택 건설의 목적은 대지 절감과 간편 시공, 공사비의 대폭 절감, 프리스트레스트 콘크리트에 의한 규격재 조립 가능성 타진 등으로 요약할 수 있다.

21   공사 기간은 1963년 9월 11일부터 1963년 11월 30일까지 총 81일이었다.

22   시험주택 건설에 필요한 자재 가운데 시멘트와 목재는 물가 변동이 심하므로 상공부의 협정 가격 범위 안에서 지급 자재로 할 것, 시험주택의 목적 달성을 위해 설계가 변경될 경우에는 주택문제연구소장이 총예산의 범위 안에서 시행토록 해줄 것, 건설자금은 대한주택공사에 배정하는 자금으로 정부에서 융자해줄 것 등이 담겼다.

23   아성산업, 「국산 건설자재 생산 공장 순방」, 『주택』 제10호(1963), 46쪽 요약. 아성벽돌은 A형과 B형이 있는데, A형은 기존 벽돌의 1.5배, B형은 2.25배 크기여서 시공의 효율이 높다는 점을 장점으로 꼽았다. 아성벽돌 공장은 당시 답십리에 있었으며, 종업원 100여 명이 하루 5만 장 정도의 벽돌을 생산했다. 당시 교통부 기술연구소 시험 결과 아성벽돌은 1개 중량이 3.5킬로그램 정도여서 다른 것들에 비해 1킬로그램 이상 가볍지만, 흡수율은 10.7퍼센트로 시멘트벽돌이나 붉은 벽돌에 비해 절반에 불과하고 압력을 견디는 내압력은 1제곱센티미터당 102킬로그램으로 대략 시멘트블록의 4배, 붉은 벽돌의 2배 라고 기록하고 있다.

24   이와 관련한 자세한 언급은 박철수, 「흡사 구름다리처럼 생긴 집」, 『박철수의 거주 박물지』(도서출판 집, 2017), 51~76쪽 참조.

25   대한주택공사 내부문건인 「공사 준공 보고서」(1963.12.19.)에 따르면 각 유형별 공사기간(착공~준공)은 A, C형이 1963.9.23.~11.30., D형은 1963.11.5.~11.30., E·F형은 1963.11.29.~12.10., 3호 연립주택은 1963.9.23.~1964.6.이다.

26   대한주택공사, 『주택』 제11호(1964), 47~52쪽에는 「63년도 시험주택」이라는 제목 아래 A~F형과 연립주택의 투시도와 평면도가 치수 표기 없이 게재되어 있으며, 다음 해인 1964년 3월 16일부터 22일까지 서울 신문회관에서 개최된 대한주택공사의 제1회 「주택전」에 B형 시험주택의 입면도 2종과 모형이 『주택』 제12호(1964), 64쪽과 67쪽에 사진으로 수록되어 있다. 한편, 수유리 시험주택 B형이 건설되었다는 기록을 명확한 사실로 확인할 수 있는 사진으로는 대한주택공사, 『대한주택공사 30년사』(1992), 103쪽이 거의 유일하다고 할 수 있다. 이 밖에도 1964년 4월 10일 촬영한 '수유리 주택단지 시찰' 사진 3점(국가기록원 소장)이 있다.

27   대한주택공사, 「63년도 수유리지구 시험주택 앨범」, 1964.6. 이 문건에 담긴 사진은 거의 그 형상을 알아볼 수 없을 정도다.

28   '에밀레하우스'라는 이름은 시험주택 고안자로 알려진 건축가 조자룡의 의지 때문으로 알려졌는데, 그는 미국 유학 뒤 귀국해 한국적 아름다움이 무엇인가에 골몰했는데 우연히 경주 유적지를 방문했다가 그곳에서 한국미의 원형을 찾았다고 알려졌다. 이후 그는 '에밀레'라는 이름을 여러 곳에 사용했는데, 이 과정에서 시험주택 설계 참여를 계기로 여기에도 같은 이름을 사용함으로써 시험주택 D형의 별칭으로 에밀레하우스가 사용된 것이다. 이후 그는 사비를 들여 각종 민속품을 수집해 에밀레박물관을 개설하기도 했다.

29   주택문제연구소 건축연구실, 「프리회브 주택에 대하여」, 『주택』 제11호(1964), 31~32쪽.

30   대한주택공사, 『대한주택공사20년사』, 240쪽. 건축가 예관수 씨와 성익환 씨 및 조자룡 씨 등에 대해서는 박철수, 「수유리 시험주택 B형과 제주 테쉬폰 주택의 상관성 유추」, 대한건축학회논문집(계획계), 제30권 제7호(2014), 71~80쪽 참조.

31   같은 책, 362쪽. 1960년대 서울의 심각한 주택부족문제와 주택수요 증가를 야기하는 세대수 증가 및 가구 원수 증가 등에 대해서는 권영덕, 『1960년대 서울시 확장기 도시계획』 참조.

32   주택문제연구소 자재연구실, 「실험주택 건설 개요」는 시험주택 A~F형과 연립주택건물 개요를 상세하게 기록하고 있으며(33~35쪽), 시험주택 E, F형을 합친 R.C 조립식주택(일명 에밀레주택)의 조립 광경과 일반인들의 관람 모습이 사진으로 게재되어 있다(화보 및 29쪽). 수유리 시험주택은 공식적으로 기록된 준공 일자보다 열흘 앞서 언론과 일반에 공개되었는데 1963년 11월 21일자 『경향신문』과 11월 22일자 『동아일보』 기사를 통해 확인할 수 있다. 그러나 『주택』 제13호(1964), 47쪽과 대한주택공사 문서과에 PDF 파일로 보관되어 있는 서류에서는 이 가운데 B형이 1963년 12월 10일에, 3호 연립주택은 해를 넘겨 1964년 6월 10일에 준공된 것으로 다른 문서와 다르게 기록되어 있다는 점에서 1963년 11월 20일에 일반인과 언론기관에 공개될 때는 B형과 연립주택은 여전히 공사가 진행 중이어서 당시 잡지와 신문에는 실리지 않았을 수도 있다. 따라서 시험주택 B형은 1963년 12월 10일, 3호 연립주택은 다음 해인 1964년 6월 10일에 준공되었다고 보는 것이 타당하고 합리적이다.

33   대한주택공사, 『대한주택공사 20년사』, 240쪽.

34   대한주택공사, 「공사 준공 조사보고서」(A, C형)(1963.12.19.).

35   대한주택공사, 「63년도 시험주택 중간보고서」. 1964년 6월 10일 이후 작성된 것으로 추정.

36   대한주택공사, 『대한주택공사 20년사』, 362쪽.

37   같은 책, 245쪽.

38   정확한 생산 일자를 확인할 수 없으나 문건의 내용으로 보아 1964년 6월 10일 이후 작성된 것으로 보이는 대한주택공사 내부 문건인 「63년도 시험주택 중간보고서」의 '설계 및 시공연구' 기술 내용 일부.

39　　　『경향신문』 1963년 10월 22일자.

40　　　대한주택공사, 「63년도 시험주택 중간보고서」의 '시공 개요' 일부.

41　　　대한주택공사, 『주택』 제13호(1964), 47쪽.

42　　　주택문제연구소 건축연구실, 「프리회브 주택에 대하여」, 32쪽.

43　　　지금도 제주 이시돌목장 입구에 남아 있는 일명 '테쉬폰'(Ctesiphon)은 아일랜드에서
　　　　사제 서품을 받자마자 목포를 거쳐 제주도에 부임해 농사와 노동을 상징하는 농부였던
　　　　성 이시돌(St. Isidore) 성인을 기린다는 의미로 목장 이름을 이시돌로 정하고 개척한
　　　　맥그린치(P. James McGrinchey) 신부가 척박한 제주에 살림집과 양돈장 등으로
　　　　사용하기 위해 1961년에 지은 구조물이다. 오스트레일리아 태생의 아일랜드 엔지니어인
　　　　제임스 윌러(James Waller)가 최초 고안해 유럽과 미국에서 특허를 받은 구조 형식인데
　　　　이를 제주 목장 개척 과정에서 맥그린치 신부가 적용한 것이다. 제임스 윌러는 제1차
　　　　세계대전에 영국군으로 참전했는데, 그리스 살로니카에서 전투 수행 중에 얻은 새로운
　　　　구조 형식에 대한 아이디어를 이라크의 고대도시 테쉬폰을 방문하면서 발전시켜 '테쉬폰
　　　　헛'(Ctesiphon Hut)이라는 이름으로 국제적인 특허를 얻었고, 아일랜드 신학교를 마친
　　　　사제들이 제3국으로 부임한 뒤 특별한 기술이 필요하지 않은 테쉬폰 헛의 원리에 따라
　　　　부임지에서 각종 건축물에 이를 활용했는데, 제주 이시돌목장의 경우도 이에 해당한다.
　　　　그리스–이라크–아일랜드를 거쳐 다시 제주–서울로 이어진 건축술의 여정과 제주에서의
　　　　테쉬폰 출현 배경 등에 대한 자세한 내용은 박철수, 『박철수의 거주 박물지』, 51~76쪽
　　　　참조.

44　　　주택문제연구소 건축연구실, 「프리회브 주택에 대하여」, 32쪽.

45　　　대한주택공사, 「삼안식주택 참고자료」, 2쪽. 이 문건은 정확한 작성 일자를 확인할 수
　　　　없으나 '1964년도 건설에 반영되어야 한다'는 내용으로 미뤄볼 때 1963년에 작성된
　　　　것으로 추정된다.

46　　　특허청, 「실용신안 1923호 특허등록 원부」, 특허청 정보공개 청구 문건.

47　　　안영배·김선균, 『새로운 주택』(보진재, 1965), 39쪽.

48　　　수유동 시험주택 B형을 "건축가 예관수 씨와 성익환 씨가 설계"(『대한주택공사
　　　　20년사』, 242쪽)했다는 설명은 정확하지 않다. 우선 예관수는 산압산업주식회사
　　　　설립자로 그는 육군정훈장교를 끝으로 대령을 예편한 뒤 회사를 설립한 사람이므로 굳이
　　　　건축가라 하기 어렵다. 다만 성익환은 1962년 산업은행 주택기술실 부실장이었는데
　　　　이후 삼안산업주식회사로 직장을 옮긴 전문가로 건축가인 셈이니 수유리 시험주택
　　　　준공 후 작성한 글을 통해 수유리 시험주택과 삼안산업의 관련성을 확인할 수 있다.
　　　　그는 『주택』 제11호에 실린 글 「꿈」에서 '브라질은 기후가 온난하니 그곳으로 이민을
　　　　간 한국인들에게 나의 회사의 삼안식 쉘을 손쉽게 한 개씩 덮어주고 싶다.'며 건축
　　　　수출의 포부를 밝히기도 했다. 그러니 그는 1963년 말 한국산업은행 기술실에서
　　　　삼안산업주식회사로 직장을 옮긴 뒤 수유리 시험주택 건설과 마무리 과정에 적극적으로
　　　　참여했다고 추측할 수 있다. 대한주택공사, 『주택』 제11호(1964), 75쪽.

49 그러나 주택문제연구소, 「시험주택 조사보고」(1964.8.31.), 3쪽에는 평면 설계 역시 시공회사인 조공무소가 작성했다고 언급된다. 따라서 추정컨대 조자룡은 조공무소의 의뢰를 받아 설계작업을 담당했을 수도 있다.

50 대한주택공사가 보유하고 있는 시공 당시의 도면을 보면, E형이나 F형이라는 유형을 기록하지 않고 공통적으로 '에밀레 type'이라 명명했다. 왜 '에밀레'인가에 대해서는 각주 28에서 간략하게 언급한 바 있다.

51 대한주택공사, 『대한주택공사 20년사』, 245쪽.

52 서울의 경우 수유동이 대상지였다면 부산의 경우는 명륜동 시범(시험)주택을 꼽을 수 있다.

53 대한주택공사, 『주택』 제12호, 64, 67쪽.

54 대한주택공사의 수유리 시험주택 관련 문건을 종합적으로 정리한 것이다.

55 주택문제연구소, 「시험주택 입주자 선정안」, 대한주택공사 내부 문건(1963.12.4.).

56 이 부분에서 약간의 오해 소지가 있다. 모든 문건에서 2년 동안 모니터링이 필요하다고 일관성 있게 언급하고 있는데, 문건에 표기된 것은 3년이었다. 단순 오기로 판단된다.

57 대한주택공사, 「시험주택 위원장 위촉」, 대한주택공사 내부 문건(1964.2.10.).

58 대한주택공사, 「63년도 시험주택 중간보고서」. 1964년 6월 10일 이후 작성된 것으로 추정됨.

59 같은 글. 대한주택공사, 『대한주택공사 20년사』, 364쪽에는 시험 결과가 대체로 불만족스러웠다고도 밝힌 바 있다. 이들 문건으로 보아 2년 동안의 관찰과 모니터링이 필요하다는 사실에 기반을 두어 시험주택 조사요원을 입주시켰는지, 아니면 앞서 결정한 입주자 선정이 미뤄지면서 현장 조사 뒤에 조사요원들이 입주한 것인지 분명치 않지만 현장 조사원들이 실제 입주해 조사를 진행했다는 사실은 분명해 보인다.

60 주택문제연구소, 「시험주택 조사보고」(1964.8.31.). 이하 모니터링 및 평가 내용은 이 문건을 중심으로 서술했다.

61 대한주택공사, 『대한주택공사 20년사』, 364쪽 요약.

62 같은 책, 364쪽.

63 같은 곳.

64 같은 책, 277쪽.

65 같은 책, 280쪽. 당시 주택연구소 견본주택에 설치된 태양열 이용 시험주택은 뉴욕주립대학교 기어(Geer) 교수의 기술 협조로 이루어졌으며, 국내 최초로 태양열을 이용하여 온수를 공급하는 동시에 난방에도 활용하는 에너지 절감에 목표를 둔 것이었다. 그러나 태양열을 얻을 수 없는 날을 대비하여 보조난방기를 갖춰야 했다.

66   같은 책, 286쪽.

67   같은 책, 362쪽.

68   같은 책, 233쪽.

69   같은 책, 240쪽.

70   대한주택공사는 1970년 7월 24일 이사회를 통해 한성프리훼브 주식회사(가칭) 설립을 의결했다. 대한주택공사, 「제36차 이사회 의결문」(1970.7.24.).

6 서민아파트

마포아파트의 완전 준공 직후, 비록 한시적이었지만 '고층아파트 건설에 따른 지방세 감면 조치'가 시행됐다. 내무부의 조치는 다음과 같다. "도시의 토지 이용도를 높이고, 막심한 주택난을 집약적으로 해결하기 위하여 고층아파트의 건설을 권장코자 세법상의 감면 조치 방안이 1965년 6월 25일 제56차 국무회의에서 의결되었기에 이를 시달하니 본 사업 시행에 따라 지역의 특수성을 감안하여 아래 지침에 따라 감면 조례를 제정, 조치함과 동시에 본 정책을 적극 지원하기 바란다."[1]

　　　　무주택자 10세대(서울과 부산은 20세대) 이상 입주하는 아파트 건설사업에 대해 1966년부터 1970년까지 5년간 취득세의 50퍼센트 이내 범위에서 감면하되, 서울과 부산은 4층 이상, 대구와 인천은 3층 이상, 광주, 전주, 청주, 춘천, 제주는 2층 이상(목포와 마산, 울산은 제한 없음)의 아파트에 대해 적용되었다. 마포아파트의 공간기획 전략이 국가 주도의 정책 수단으로 채택되는 순간이다. 마포아파트 준공 이후 서울 등 대도시를 중심으로 전례 없는 아파트 건설이 이어진 배경 가운데 하나라고 할 수 있다.

　　　　이어 1967년 3월 30일에는 「한국주택금고법」[2]이 제정, 시행된다. "민간자본 동원에 의한 자금 조달과 주택기금 회전에 의한 자금 등으로 주택자금을 자조적으로 조성 증대하고, 자율적인 경영에 의한 서민주택 금융의 효율적 운용"[3]을 꾀하는 것이 법 제정의 목적이었다. 정리하자면 1960년대 중반에 이르러 주택난이 매

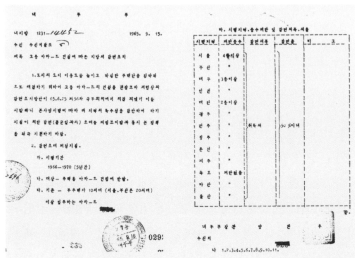

← 고층아파트 건설에 따른 내무부의 지방세
감면 조치 문건(1965.9.15.)
출처: 국가기록원

↑ 원호처 사업으로 완공한
응암동 귀순동포주택 입주식(1966.10.14.)
출처: 국가기록원

← 사당동, 천호동과 함께 1967~1968년에
정부에 의해 무상으로 제공된
봉천동 파월장병주택 사연
출처: 『동아일보』 1992.2.8.

우 심각한 상태에 봉착하자 '민간자본 유치를 통한 주택자금의 조달과 공급 및 효율화'[4]를 담당하는 특수법인인 '주택금고' 설립의 법적 근거를 만든 것이었다. 그 배경에는 제2차 경제개발5개년계획(1967~1971)에서 주요 정책과제로 등장한 주택 건설의 효과적 목표 달성이 자리하고 있었다.[5]

주택금고의 융자 대상은 공영주택, 민간주택, 대지 조성, 기자재 생산 등 4가지였다. 앞에서 다루었듯 공영주택은 「공영주택법」[6]에 따라 대한주택공사가 채무자가 되는 제1종 공영주택자금 융자와 지방자치단체가 채무자가 되는 제2종 공영주택자금 융자로 분류되고, 민영주택은 주택채권 매입자 융자, 주택부금 가입자 융자, 일반 개인이나 조합 융자, 건설업자 융자로 분류했다. 대지 조성은 주택을 신축하고자 하는 사람에게 제공함을 목적으로, 하나의 단지가 1만 2천 제곱미터(약 3,600평) 이상의 토지를 주택건축에 적합하도록 조성하는 경우에 융자하되 대상자에 따라 공영과 민영으로 구분했다. 기자재 생산은 시설자금 수요자와 운영자금 수요자로 구분해 융자 대상으로 삼았다.

눈여겨볼 점은 주택금고의 융자 대상 주택의 규모와 조건이다. 신축과 개량을 포함한 주택의 건설자금이나 구입자금 융자대상에 제한을 두었다는데, 건설의 경우는 1호 혹은 1가구당 건축면적이 66제곱미터(20평) 이하여야 하며, 구입할 주택에 대한 융자는 그 대상 주택이 방화구조 혹은 내화구조로 1호 혹은 1가구당 건축면적이 66제곱미터(20평) 이하, 대지면적이 230제곱미터(70평) 이하로 건축된 지 1년이 지나지 않은 주택을 주택 건설자로부터 최초로 구입하는 무주택자여야 했다. 특히 공영주택을 구입하려는 개인은 주택 건설을 위한 대지를 소유한 무주택자로서 할부금 상환 능력을 갖춘 경우라야 했다.[7] 직장별 사택건설자금도 융자 대상으로 삼앓는데, 주요 생산업체, 교육 및 복지기관, 군경원호 대상자, 공인단체로서 종업원 수가 100인 이상인 경우였다.[8] 이 와중에 대한주택공사는 1967년부터 공영주택자금으로 계획하는 사업은 단독주택을 건축하지 않고 아파트만을 건설하기로 했다.[9]

따라서 1963년 「공영주택법」 제정 전후로부터 최초의 중산층아파트로 호명되는 한강맨션아파트가 착공되고 준공되는 1969~70년 언저리까지 7~8년 동안 한국사회에서 '아파트란 장래를 기약하면서 임시방편적으로 집을 마련하여 숨을 돌린다'[10]는 의미를 내포했다. 대한주택공사가 1969년 착공한 한강맨션아파트에 대해 "이 아파트는 종래 치중해오던 서민용아파트라는 범위에서 벗어나서 본격적인 중산층용 아파트를 짓는다는 데에 의의가 있었고, 따라서 우리나라 최초의 중앙공급식 중온수(中溫水) 보일러를 설치하여 현대인의 문화생활에 맞는 안락한 보금자리를 만들려는 것이 목적"[11]이라고 밝혔듯 그 이후에 아파트는 '임시방편의 집'이 아니라 '보편적 욕망의 대상'으로 탈바꿈했다.

한강맨션아파트가 지어질 1970년 전후 경제성장의 성과가 가시화되기 시작했지만, 그 분배가 공정하게 이루어지지 않는다는 사실도 분명하게 드러났다. 송은영의 문장을 빌리면, "막연하게 서울에 몰려들었던 사람들 사이에서 점차 계급의 분화가 진행되기 시작했다. 이에 따라 사람들이 사는 방과 집도 차등화되고, 서울의 도시공간도 위계적인 구조로 재편되는 시기가 도래했다. 이제 사람들은 다 같이 가난하다는 인식에서 벗어나, 서울에서 살아온 시간의 차이, 직업의 차이, 버는 돈의 차이에 따라 서로 다른 미래가 자기 앞에 놓여 있음을 감지하기 시작"했다.[12] 아파트 역시 이런 변화와 무관할 수 없었다.

302

← 1960년대 초 아파트
실태 예비조사 기록 일부
출처: 장덕진 외,
『압축성장의 고고학』(2015)

↓ 1962년도 기준
소득계층별 서울근로자
월평균 가계수지 실태조사표
출처: 경제기획원, 조사통계국,
『한국통계연감 1963』(1963)

所得階層別서울勤勞者月平均家計收支實態調査表

(1962年度)

區 分		平 均	所　得　範　圍				
			4,000원 未滿	4,000~8,000	8,000~12,000	12,000~16,000	16,000 以上
調査家口數		226	26	89	61	27	23
家口人員數		6.2	5.1	5.8	6.5	6.9	7.7
就業人員數		1.3	1.3	1.3	1.4	1.3	1.3
所得	勤勞所得	7,160	2,540	5,030	7,660	10,560	15,890
	其他所得	1,890	550	1,020	2,150	3,100	4,870
	計	9,050	3,090	6,050	9,750	13,660	20,760
費用支出	消費支出 飮食物費	3,990	2,070	3,200	4,500	5,400	6,130
	住居費	1,750	580	1,110	1,970	2,540	4,310
	光熱費	550	290	420	610	730	1,000
	被服費	710	180	440	840	1,080	1,680
	雜費	2,230	500	1,280	2,410	3,740	5,920
	小計	9,230	3,620	6,450	10,330	13,490	19,040
	非消費支出 租稅및諸賦金	490	40	240	540	830	1,470
	支拂利子	100	30	70	90	130	280
	其他	30	10	30	20	90	50
	小計	620	80	340	650	1,050	1,800
	計	9,850	3,700	6,790	10,980	14,540	20,840
收支過不足		−800	−610	−740	−1,230	−880	−80

資料; 1963年版 韓國統計年鑑(經濟企劃院 調査統計局刊)

주택공사의 도화동아파트와
서울시의 창신동아파트

그렇다면 아직 경제성장의 열매가 얼마간 균등하게 배분되는 줄 알았던 시기의 '임시방편의 집'은 어떤 모습이었을까? 「공영주택법」 제정(1963.11.30)−「주택자금운용법」 제정(1963.11.7)−마포아파트 완전 준공(1965.5.12)−아파트 지방세 감면조치 시행(1965.6.25)과 한일회담 타결 및 베트남 파병−제2차 경제개발5개년계획 착수(1967)−「한국주택금고법」 제정(1967.3.30)에 따른 「주택자금운용법」 폐지−제3차 경제개발5개년계획 시작(1972)−「주택 건설촉진법」 제정에 의한 「공영주택법」 폐지로 이어지는 일련의 사회경제적, 제도적 변화 속에 존재했던 아파트들 말이다. 1966년 즈음 시작되어 1970년대 초반까지 지속된 거대한 규모의 외자 도입으로 자본 축적의 시동이 걸리던 시기, 그러니까 고도성장기로 접어들어[13] 중산층 중심의 아파트 건설이 본격화되기 전의 아파트의 모습을 묻는 것이다.

　　　　1963년 12월 공사 시행자가 대한주택공사에 인계한 도화동 소형 아파트의 경우는 A형(7.4평형, 전용면적 5.985평+공유면적 1.349평), B형(7.0평형, 전용면적 5.684평+공유면적 1.349평), B′형(6.2평형, 전용면적 4.880평+공유면적 1.349평) 등 3개 평형으로 동당 24호가 수용되는 주거동 2개로 구성되어 있었다. 대한주택공사가 지은 제1종 공영주택 가운데 아파트 초기 사례에 해당하며, 사업 명칭은 '63년도 노무사(영세민)아파트'였다. A형은 아궁이를 갖춘 부엌에 온돌방 하나와 쪽방 하나, B형과 B′형은 부엌에 온돌방 하나만으로 구성한 것이었다. 각 세대에 독립적인 변소는 확보하지 못한 채 계단실과 마주하는 돌출형 옹벽 구조체 내부에 공용 소변대와 다시 공간을 쪼개 좌식변기를 따로 뒀다. 3층임에도 불구하고 각 층

↑ 도화동 노무자 아파트 전경　　→ 도화동아파트 분양 공고
출처: 대한주택공사,　　　　　　출처: 『경향신문』 1963.12.19.
『대한주택공사 20년사』(1979)

→ 1963년 12월 공사 시행자가 대한주택공사에 제출한
인계인수서에 담긴 도화동아파트 1층 및 2, 3층 평면도
출처: 대한주택공사

연립주택 소형아파트 및 대지 분양공고

당공사에서는 63년도 건설계획에의거 무주택시민을 위해 건설할 연립주택 파 소형아파트 및 주택건설용 대지의 년내 마지막 분양을 다음과같이 시행하오니 신청하시기 바랍니다.

一. 주택분양

1. 분양결정방법 선착순

11. 분양 규모

二. 대지분양

가. 대지의표시(대지는 현상대로)

대한주택공사

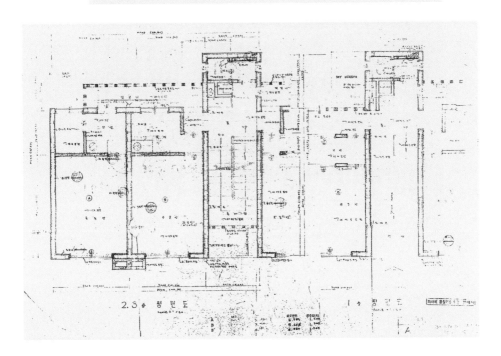

2.3층 평면도   1층 평면도

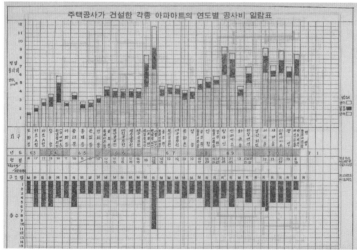

↑↑ 창신동 채석장 자리에 들어선   ↑ 주택공사가 건설한
창신아파트(1963.2.7.)   각종 아파트 연도별 공사비 일람표
출처: 서울성장50년 영상자료   출처: 대한주택공사, 『주택』 제26호(1970)

세대가 공동으로 사용할 수 있는 더스트 슈트가 변소 입구에 설치
되었다.

　　계단실은 좌우에 위치한 2세대가 같이 썼고, 계단에 인
접한 세대는 끄트머리 세대의 진입동선 확보를 위해 부엌공간 일부
를 할애하는 방식이어서 전용면적이 달랐다. 1층의 경우는 더스트
슈트를 통해 내려온 쓰레기 처리를 위한 공간을 따로 둬야 해서 전
용공간이 더욱 작아졌다. 이런 이유로 A, B, B′형으로 평면이 나뉘
게 된 것이었지 평면의 변화를 적극적으로 꾀한 것은 아니었다. 당
시 서울특별시 하위 소득계층의 평균 가구당 가구원 수가 5.1명임
을 감안한다면 가구원 1인당 채 1평의 전용면적도 확보하지 못한
열악한 환경이었다.[14] 분양 공고에 따르면 6.2평형 아파트 가격은
15만 2,293원으로, 입주금 4만 9,792원을 낸 뒤 나머지 금액은 매월
771원을 20년간 납부하는 것이었다.

　　지방행정부가 건설, 공급한 제2종 공영주택 가운데 대표적
인 아파트는 창신동아파트다. 서울시가 사업 주체가 되어 오래전 채
석장과 역청(瀝青, 채석을 통해 천연 콜타르와 도로 포장재 등을 얻
던 곳) 공장이 있던 자리에 1962년 9월 17일 착공해 같은 해 11월
30일 준공한 것으로 세대별로 방 2개와 베란다, 장독대, 부엌, 변소
등을 갖췄다. 입주금 8만 5천 원을 납입한 후 매달 1,700원을 25년
간 납부하면 소유권 이전이 완결되는 조건이었다.[15] 호당 전용면적
12.75평에 공용면적을 합해 18.75평이었고 총 3동에 80세대가 입주
했다.[16]

　　「공영주택법」에 따른 제1종 공영주택 중 '아파트'는 단연
대한주택공사의 몫이었다. 서울 한남동과 이태원 일대의 외인아파
트 등 특별한 입주자를 대상으로 했던 경우를 제외한다면, 「공영
주택법」 제정 이후부터 중산층아파트가 본격 등장한 1970년대 전

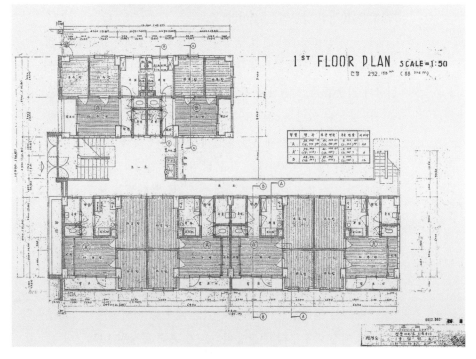

← 정동아파트
출처: 대한주택공사,
『대한주택공사 주택단지총람 1954~1970』(1979)

← 정동아파트 1층 평면도
출처: 대한주택공사,
「정동아파트 신축공사」, 1964.3.

↓ 1960년대 후반까지 조성된
서울의 일반 주택과 아파트 분포도.
출처: 건설부, 『주택실태 조사보고서』(1967)

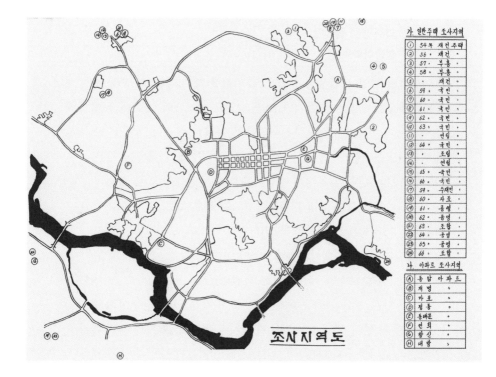

까지 지어진 아파트들은 하나같이 20평 이하로,[17] 일명 서민아파트였다. 서민아파트의 전형으로는 서울과 부산, 대구, 대전, 광주 등지의 공무원아파트와 함께 정동아파트, 서서울아파트와 새마을아파트에 이르는 10여 곳을 꼽을 수 있다.[18] 이들 대부분에 엘리베이터를 설치하지 않고 지을 수 있는 최고 층수인 6층을 넘지 않았으며,[19] 1964~1965년에 지어진 정동아파트와 이화동아파트, 동대문아파트 등과 1968년 이후에 지어진 인왕아파트와 동부이촌동 공무원아파트, 서서울아파트가 라멘(rahmen) 구조인 반면, 1966~1967년에 공급한 그 밖의 아파트는 모두 조적식 구조를 택했다.[20] 이제 서민아파트들을 하나씩 살펴보자.

입주 경쟁 심했던
정동아파트

1964년 4월 27일 건설부의 승인을 얻어 같은 해 11월 10일 준공을 목표했던 정동아파트는 1964년 10월 24일로 예정했던 입주자 추첨을 연기했다. 이유는 공사 부진이었다.[21] 정확한 이유가 실제로 공사부진이었는지는 확인할 수 없으나 입주자 추첨이 이뤄진 것은 1964년 12월 5일이었다. 당시 정동아파트가 사람들의 입에 오르내린 건 다름 아닌 입주 신청 경쟁률이 최고 7:1에 달했기 때문이다.[22] 14평형과 15평형으로 구성된 33세대(건설부의 최초 사업승인 시점에는 36세대)가 신청 대상이었다.[23] 정동아파트는 '철근콘크리트 구조로 지어질 6층의 근대식 아파트'로 선전되었다.

　　　서울 옛길인 정동길에 바짝 붙어 자리 잡은 정동아파트는 지어진 지 벌써 60년을 바라보게 됐지만 여전히 그 자리를 지키고 있으니 도시화석과 다르지 않다. 배치를 살펴보면 도로에 접한 전면의 대응 방식이 석연치 않다. 사람들의 왕래가 빈번한 정동길과 면하는 부분은 현관만 두고 입주자의 출입 기능에만 충실하도록 의도했을 뿐이며, 오히려 도로에 인접한 부분에 길이 방향으로 화단을 설치해 공간적 절연을 꾀하고 있다. 거주자들에게 제공된 외부공간은 북서측 중정뿐이다. 도심형이라 할 수 있음에도 불구하고, 1층부터 6층까지 모두 살림집을 둔, 도시공간 대응에 매우 소극적인 단일동 아파트다.

3가지 유형의 평면이 혼재해 있으나 서로 큰 차이 없으며, 거실을 겸하는 마루방과 침실로 사용할 마루방 2개로 구성되어 있다. 욕실과 변소의 공간을 분리했으며, 싱크대와 보일러, 캐비닛을 갖춘 조리대를 설치한 부엌 역시 별도 공간으로 구획했다. 평면도상으론 거실을 포함한 모든 실이 마루널을 깔아 마감된 것으로 보이지만 끝매기 표를 보면 거실로 쓰였을 마루방만 널마루로 마감했을 뿐 나머지 2곳은 화강석 온돌판을 깔고 시멘트 모르타르 마감을 했으므로 장판이나 기름종이를 사용했을 것으로 보인다. 옥상에는 여러 용도로 사용할 수 있도록 퍼걸러를 설치했다.

9평이 채 안 되는 '소형'
이화동아파트

정동아파트와 비슷한 시기에 설계한 이화동아파트 역시 도심형 아파트라 할 수 있다.[24] 경성제국대학이 최초 자리했던 곳과 인접하고 있고 한양도성의 안쪽이기 때문에 오래전부터 교수 관사와 각종 대학 교육기관이 들어섰던 곳이다.

상대적으로 좁은 3미터 도로에 면한 부지에는 특별히 외부공간이라 할 여유 없이 단독주택과 비슷하게 대문을 통해 직접

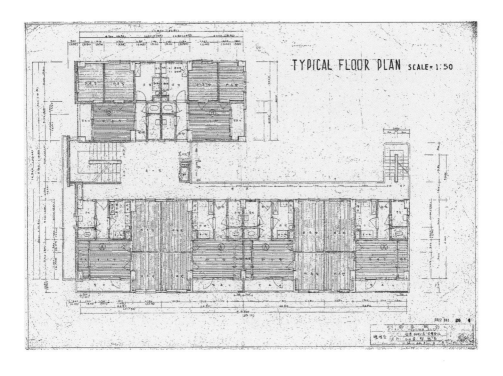

TYPICAL FLOOR PLAN SCALE= 1:50

내 부 끝 매 기 표

명칭구분	바 닥	걸 레 받 이	아 랫 벽	윗 벽	천 정	비 고
현 관	인조석 갈기	인조석 갈기	회 반죽 바르기	회 반죽 바르기	회 반죽 바르기	
마 루 방	후로링	후 로 링	회 반죽 바르기	회 반죽 바르기	회 반죽 바르기	
온 돌 방	시 멘트 몰탈	치 반죽 바르기	회 반죽 바르기	회 반죽 바르기	회 반죽 바르기	
부 엌	인조석 갈기	인조석 갈기	회 반죽 바르기	회 반죽 바르기	회 반죽 바르기	
변 소	인조석 갈기	인조석 갈기	시멘몰탈 마감 페인트칠	회 반죽 바르기		
발 코 니	방 수 몰 탈	방 수 몰 탈	시멘몰탈 마감 페인트칠	시멘몰탈 마감 페인트칠	시멘몰탈	
복 도	인조석 갈기	인조석 갈기	시멘몰탈 마감 페인트칠	시멘몰탈 마감 페인트칠		
주 계 단	인조석갈기 논슬립	인조석 갈기	시멘몰탈 마감 페인트칠	시멘몰탈 마감 페인트칠		
비 상 계 단	시멘트 몰탈	시 멘 드 몰 탈	시멘몰탈마감	시멘몰탈 마감 페인트칠	시멘트 몰탈마감	

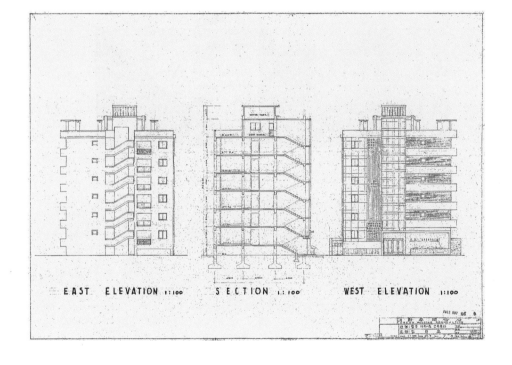

EAST ELEVATION 1:100　　　SECTION 1:100　　　WEST ELEVATION 1:100

↑↑ 정동아파트 내부 끝매기 표
출처: 대한주택공사, 「정동아파트 신축공사」, 1964.3.

← 정동아파트 2~6층 평면도
출처: 대한주택공사,
「정동아파트 신축공사」, 1964.3.

↑ 정동아파트 서측 및 동측 입면도와 단면도
출처: 대한주택공사,
「정동아파트 신축공사」, 1964.3.

↓ 이화동 소형 아파트 전경 및 최상층 테라스
출처: 대한주택공사,
『주택』 제13호(1964)

→ 이화동 소형 아파트 1층 및 2, 3층 평면도
출처: 대한주택공사,
「이화동아파트 신축공사」, 1964.5.

↓↓ 이화동 소형 아파트 변소 및 쓰레기 투입구 상세도
출처: 대한주택공사,
「이화동아파트 신축공사」, 1964.5.

→ 이화동 소형 아파트 4층 및 지붕층 평면도
출처: 대한주택공사,
「이화동아파트 신축공사」, 1964.5.

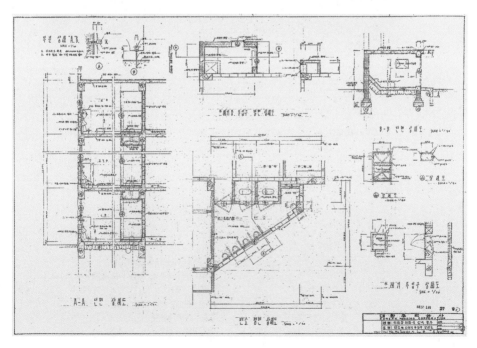

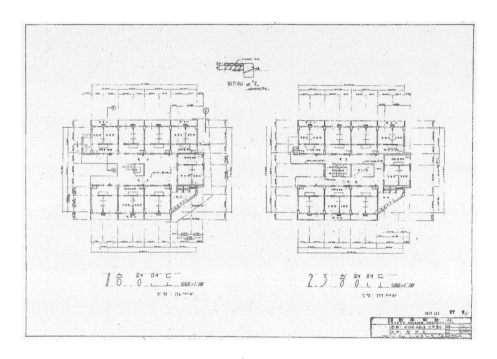

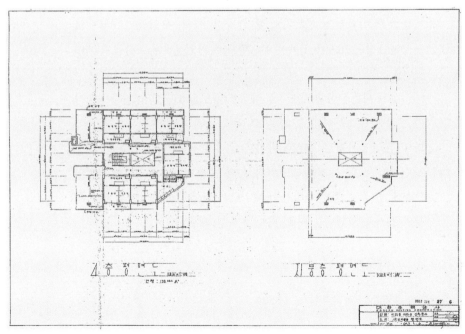

1층의 각 세대로 출입하는 방식을 취했다. 전체적으로는 지붕이 없는 ㅁ자 모양의 중정을 갖는 방식으로 건축물의 형상을 부여했다. 1~3층은 8세대가 들어선 반면 4층에는 6세대를 넣고 3미터 도로에 면하는 마구리 돌출 부분의 2세대를 없애 콘크리트 블록으로 낮은 안전 난간을 두어 일종의 테라스 공간으로 만든 것이 특징이다. 일제강점기의 문화주택이 밀집했던 이곳에서 이화동아파트는 인근에서 가장 높은 건축물이었다. 정동아파트와 마찬가지로 근대적 시설의 첨단이자 편리의 대명사로 불렸던 더스트 슈트를 갖췄고, 이를 통해 수집된 생활쓰레기는 1층 저장고를 통해 반출하도록 했다.

　　　이화동아파트의 가장 흥미로운 대목은 단위세대 평면이다. 정동아파트와 달리 각 층마다 공동 변소를 두었고, 따라서 각 세대 공간에는 현관과 부엌, 미닫이문으로 구획한 온돌방 2개만 있을 뿐 별도의 거실도 구비하지 못했다. 이런 까닭에 특별히 이화동아파트를 '소형 아파트'로 칭하기도 했다. 공유면적을 포함해 7.28평으로 구성한 A형은 26세대, B형은 8.46평으로 짜인 4세대로 전체 30세대였다.

　　　이화동아파트는 정동아파트나 도심 인근에 대한주택공사가 건설한 동대문아파트, 혹은 그 외 변두리 지역에 지은 홍제동아파트, 돈암동아파트, 연희동아파트 등과 달리 각 층별로 공동 변소를 둔 매우 드문 사례에 해당한다. 이와 함께 마포아파트처럼 단지형 모습을 갖추지 않은 단일동아파트로서 일제강점기의 아파트와 유사한 양상을 보였다는 사실 역시 주목할 만하다.

작지만 어린이놀이터가 있던
홍제동아파트

동대문아파트, 돈암동아파트와 함께 1965년 10월 분양 공고한 홍제동아파트는 1962년 6월에 도면이 먼저 작성되었다. 따라서 기록으로만 보자면 도화동 노무자아파트보다도 먼저 검토되었다. 홍제동아파트는 그보다 앞서 준공한 정동아파트와 이화동아파트 그리고 같은 시기에 분양 공고한 동대문아파트나 돈암동아파트와 마찬가지로 단일동 아파트로서 소형 아파트의 전형을 보이고 있다.

홍제동아파트는 공용면적을 포함해 7.91평, 흔히 8평형으로 불리던 아파트다. 연탄난방 방식을 채택한 3층짜리로 중복도를 활용해 층마다 27세대를 넣어 모두 81세대를 수용했는데 맨 끝 한 세대가 들어설 곳에 비상계단을 설치한 까닭에 각 층에 홀수 세대가 들어갔다. 이 가운데 4세대는 원호 대상자를 위한 것이었고, 나머지 77세대는 20년 장기상환을 통해 소유권이 주어지는 일반 분양 방식으로 공급했다.

중복도 진행 방향으로 변소와 현관, 부엌을 겸하는 공간을 둔 뒤 이에 해당하는 폭을 둘로 나눠 크기가 서로 다른 온돌방 둘을 배치했고, 작은방에는 약 80센티미터 깊이를 갖는 발코니가 있었다. 단위세대의 거주 조건으로 보자면 정동아파트나 이화동아파트보다 열악했지만 변소를 세대별로 공급했다. 부엌은 시멘트로 마감한 설거지통을 두었을 뿐 그 밖의 다른 설비며 가구는 들이지 않았다. 그야말로 서민아파트였고, 도화아파트처럼 노무자용 또는 영세민용으로 보아도 무방하다. 단일동 아파트지만 석축을 쌓아 경사지를 평지로 만든 자그마한 외부공간을 마련해 시소와 그네, 모래밭으로 구성된 어린이놀이터를 둔 것이 특징이다. 이화동과 달리 당시 변두리지역이던 홍제동에서 토지 이용 압력이 상대적으로 적었기 때문일 것이다.

↓ 동대문아파트, 돈암동아파트와
동시에 분양한 홍제동아파트 분양 공고
출처: 『경향신문』 1965.10.20.

↓↓ 홍제동아파트 준공 직후 모습
출처: 대한주택공사,
『대한주택공사 주택단지총람 1954~1970』(1979)

도시에서 물러나 배치된
동대문아파트

'창신동 전찻길 옆에 6층 건물로 131세대 수용, 입주금 40만 원 내외'[25]의 동대문아파트는 1965년도 대한주택공사의 주요 주택 건설 사업의 하나였다. 전차가 다니던 시절, 동대문에서 청량리로 오가는 전차의 숭인동 정류장을 이용할 수 있었던 곳에 위치한 도심형 아파트라 할 수 있다. 도성 밖이라 하더라도 효율적인 토지를 이용해야 하는 부담은 적지 않았다. 동시에 일정 수준의 거주성도 확보해야 했으므로 양복도형 방식을 채택했다. 어린이놀이터와 같은 외부 공간을 확보할 여지는 거의 없었다. 이런 이유에서 좁고 깊은 대지를 꽉 채우는 건축물이 들어섰다.

　　동대문아파트는 정동아파트와 유사한 배치 태도를 보인다. 대지의 좁은 면이 서울의 주요 간선도로에 직접 면하고 있음에도 불구하고 주거동의 출입 부분에 해당하는 6미터 정도를 제외하고 다른 부분은 2미터 깊이의 화단을 조성해 도시공간과의 접점을 차단함으로써 매우 적대적인 태도를 취했다. 동서 방향으로 긴 대지를 따라 놓인 주거동의 서측 끄트머리에는 더스트 슈트를 두었다. 더스트 슈트 관련 재미있는 일화가 하나 있다. 당시만 하더라도 집 안에서 쓰레기를 버릴 수 있는 투입구 설치 사례를 거의 찾아볼 수 없어 대한주택공사 실무자가 개명아파트를 설계할 때 고생을 했는데, 아파트가 지어진 뒤 보니 이틀만 지나면 쓰레기 저장공간이 꽉 차는 마람에 손수레를 이용해 매일 퍼냈다는 것이나.[26] 이미 개명아파트에서의 경험이 있었음에도 불구하고 해외 사례를 그대로 참조하는 관행이 남아 다시 좁고 낮은 더스트 슈트를 그대로 설계했기 때문에 동대문아파트에서는 더스트 슈트 증설을 위한 설계변경이 이뤄지기도 했다.

↓ 홍제동아파트 단위평면도
출처: 대한주택공사,
「홍제동 소형 아파트 신축공사」, 1965.5.

↓↓ 홍제동아파트 2~3층 평면도
출처: 대한주택공사,
「홍제동 소형 아파트 신축공사」, 1965.6.

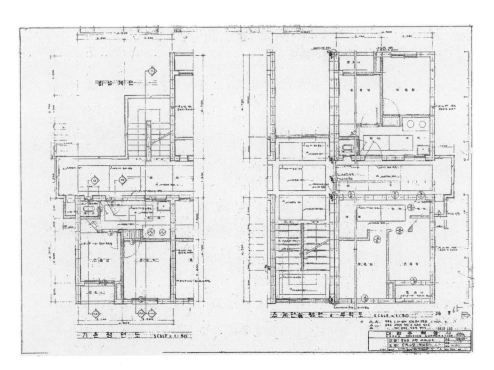

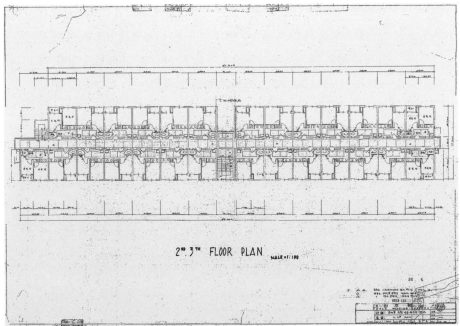

동대문아파트의 단위세대는 전용면적 8.712평과 공유면적 1.534평을 합한 10.296평으로, 흔히 10평형으로 불렸다. 단위세대 구성 방식은 홍제동아파트와 유사하게 복도에 면하는 세대의 폭 전체를 부엌과 현관 및 변소로 할애했다. 홍제동아파트와 다른 것이 있다면 부엌, 현관, 변소를 각각 벽으로 구획해 그 영역을 분명하게 갈랐다는 정도며, 마루를 통해 이어지는 온돌방 2개 가운데 한 곳에 아주 좁은 발코니를 둔 점은 홍제동아파트와 다르지 않다. 다만, 부엌에 마련한 인조석으로 만들어진 싱크 하단은 여닫이문을 설치해 찬장으로 이용할 수 있도록 했다.

문제는 연탄을 둘 곳이 마땅치 않았고, 빨래를 말릴 수 있는 공간 역시 불편하기 짝이 없었단 것이다. 1950년대 후반부터 1960년대를 관통하는 동안 지식인이나 전문가를 자처하는 사람들로부터 고층주택 거주자들이 지탄을 받았던 것은 비위생적인 장독을 여전히 사용한다는 것과 도시미관을 해치는 빨래를 밖에서 보이는 곳에 건조한다는 것이었다. 이는 특히 아파트와 관련한 전문가들의 대담이나 논설에는 빠지지 않고 등장한 이슈였다.[27] 전문가들이 내놓은 해법이란 대부분 옥상공간을 이용하되 퍼걸러 형식의 구조물을 설치해 비를 가리는 한편 눈에도 쉽게 띄지 않도록 한다는 것이었고, 옥상에 어린이놀이터를 설치하는 것도 새로운 시도라고 했다.[28] 동대문아파트와 정동아파트 등 1960년대 아파트의 옥상에 퍼걸러 모양의 구조물이 보태진 이유다.

단독주택을 향한 경유지로서의 돈암동아파트

대한주택공사 기관지 『주택』 제26호에는 「내 집에 문패를 달고」라

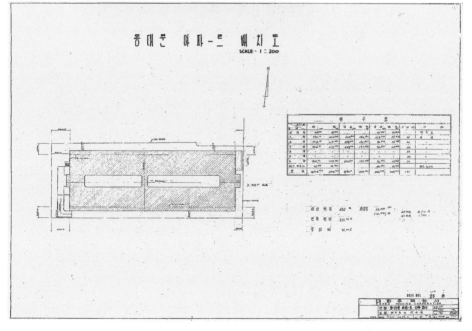

동 대 문 아 파 트 배 치 도
SCALE : 1 : 200

↑↑ 서울의 주요
간선도로변에 지어진 동대문아파트
ⓒ박인석

↑ 동대문아파트 배치도 및 평수표
출처: 대한주택공사,
「동대문아파트 신축공사」, 1965.4.

→ 동대문아파트 1층 평면도
출처: 대한주택공사,
「동대문아파트 신축공사」, 1965.3.

→ 동대문아파트 증설 더스트 슈트 변경도
출처: 대한주택공사,
「동대문아파트 신축공사」, 1966.6.

→ 동대문아파트 기준평면 상세도
출처: 대한주택공사,
「동대문아파트 신축공사」, 1965.3.

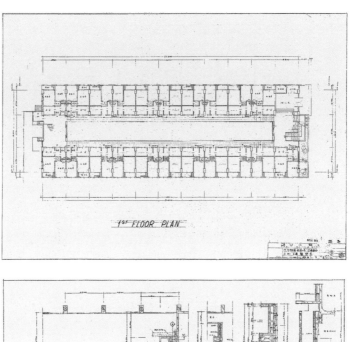

1ST FLOOR PLAN

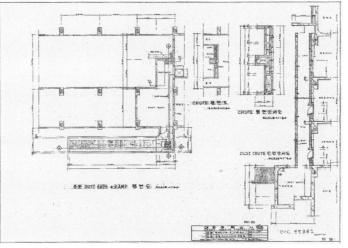

CHUTE 평 면 도

CHUTE 평 면 상 세 도

DUST CHUTE 단 면 상 세 도

塵芥 DUST GATH 〈RAMP〉 평 면 도

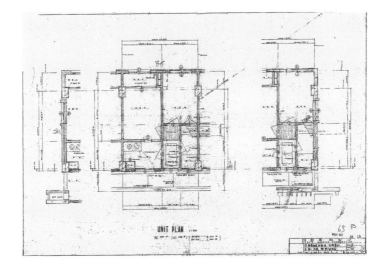

UNIT PLAN

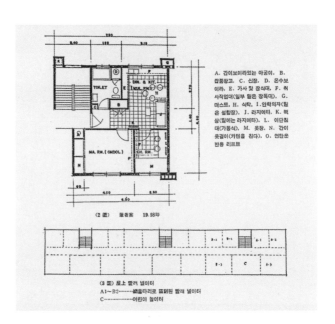

A. 간이보이라있는 아궁이, B. 잡품창고, C. 신장, D. 온수보이라, E. 가사 및 잠식대, F. 취사작업대(일부 밑은 잠독대), G. 더스트, H. 식탁, I. 안락의자(밑은 설합장), J. 라지에타, K. 혁상(밑에는 라지에타), L. 이단침대(가동식), M. 옷장, N. 간이옷걸이(카텐을 친다), O. 연한운반응 리프트

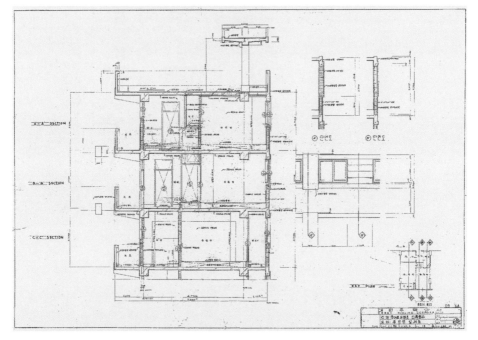

↑↑ 아파트 옥상을 이용한
빨래 건조대 설치와 어린이놀이터 설치 제안
출처: 대한주택공사, 『주택』 제22호(1968)

↑ 동대문아파트 주단면 상세도
출처: 대한주택공사,
「동대문아파트 신축공사」, 1965.3.

는 제목의 수기가 실렸다. 대학에서 불문학을 전공한 여성이 주변의 소개로 시골 출신의 고지식한 남자를 만나 1961년에 결혼한 뒤 몇 차례 셋집을 옮겨 다니다가 드디어 1965년에 돈암동 10평짜리 아파트를 소유하게 된 사연을 담았다. 얼핏 보기에는 꿈에 그리던 집을 갖게 된 사연이겠거니 싶지만 수기의 내용은 전혀 달랐다. "우리 소유의 [돈암동]아파트를 가진 즐거움이 있기는 했지만 그 상태에서 머물러 있을 수 없었다. 아빠는 계속 부업을 놓지 않았고, 직장에서 꾸준히 일한 보람이 있어 계장으로 승진했다. … 금년[1970년] 10월 말 새로운 장소로 집을 옮겼다. … 아빠는 숨겨뒀던 문패를 꺼내들고 나를 쳐다보며, 감회스러운 웃음을 지은 다음 문패를 대문 벽에다 대고 못을 박는다. … 봄 뜰에서 파릇파릇 잔디의 새순이 돋아날 때 나는 꽃씨를 뿌리려는 꿈에 부풀었다."[29] 아파트는 종착지도, 더 나은 곳을 위해 잠시 머무는 곳 이상도 아니었다. 돈암동아파트를 비롯한 1960년대 대한주택공사가 공급했던 아파트에 대한 대부분의 시민들이 가졌던 인식이다.[30]

　　　　1965년 말 입주를 시작한 3층짜리 돈암동아파트 역시 소형 아파트였다. 전용면적과 공유면적을 합해 7.998평에 불과해 그저 8평으로 불렸는데, A아파트와 B아파트로 구분했다. 대한주택공사가 1965년 7월 둘 모두에 대한 실시설계 도면을 작성했다. A와 B를 구분한 것이 내용이 달라서가 아니라 위치가 달랐기 때문이다. A형 아파트는 서울특별시 성북구 돈암1동 80번지, B는 돈암1동 48번지에 자리하고 있어 큰 도로를 사이에 두고 높은 구릉지 위에서 마주 바라보는 형국이었다. 이들 아파트 사이엔 아무런 공간적, 사회적 연계를 찾아볼 수 없고, 그저 같은 행정동 안에 표준설계가 적용되었을 뿐이다. 정동아파트, 이화아파트, 동대문아파트, 홍제동아파트와 달리 2동씩이었고, 각 동은 편복도형과 중복도형을 택했지만 단위세대

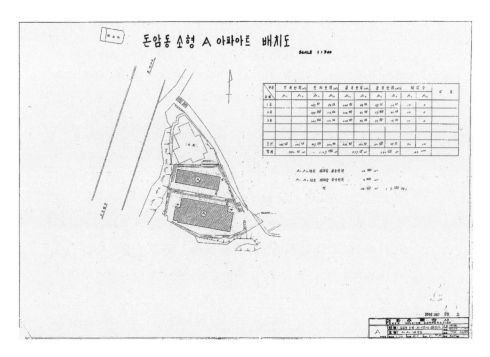

돈암동 소형 A 아파아트 배치도

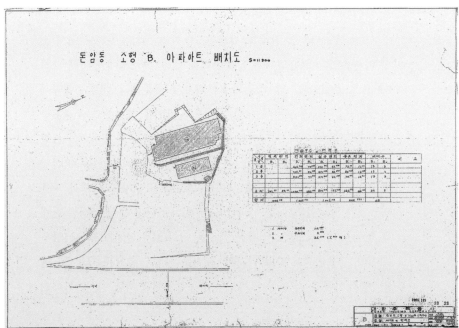

돈암동 소형 B 아파아트 배치도

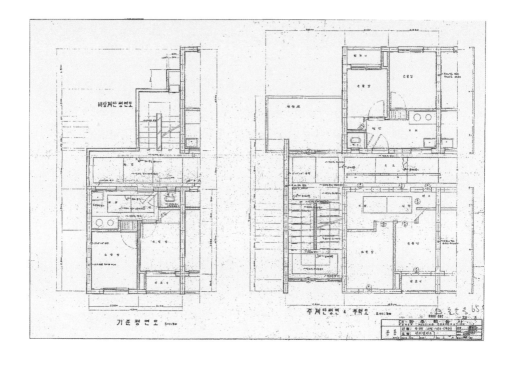

← 돈암동 소형 A아파트 배치도
출처: 대한주택공사,
「돈암동 소형 A아파트 신축공사」, 1965.7.

← 돈암동 소형 B아파트 배치도 및 면적표
출처: 대한주택공사,
「돈암동 소형 A아파트 신축공사」, 1965.7.

↑ 돈암동아파트 기준평면도
출처: 대한주택공사,
「돈암동 소형 A아파트 신축공사」, 1965.7.

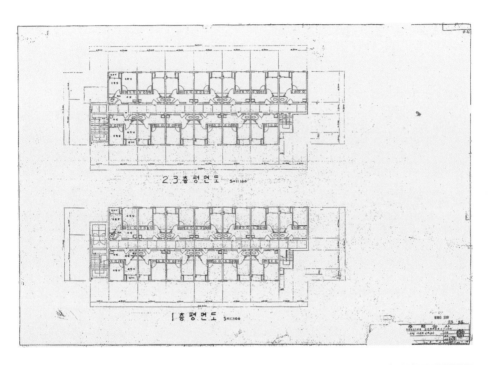

2.3층 평면도 S=1:100

1층 평면도 S=1:100

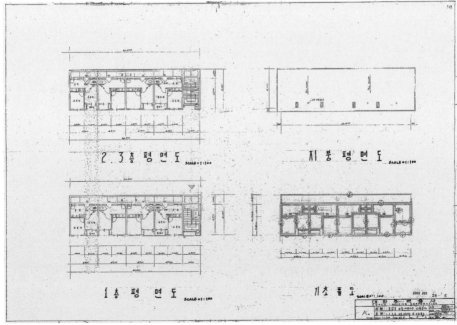

2.3층 평면도 SCALE=1:100

지붕 평면도 SCALE=1:100

1층 평면도 SCALE=1:100

기초 돌도 SCALE=1:100

← 돈암동아파트 중복도형 각 층 평면도
출처: 대한주택공사, 「돈암동 소형 A아파트 신축공사」, 1965.7.

← 돈암동아파트 편복도형 각 층 평면도
출처: 대한주택공사, 「돈암동 소형 A아파트 신축공사」, 1965.7.

↑ 돈암동 소형 A, B아파트 항공사진(1972)
출처: 서울특별시 항공사진서비스

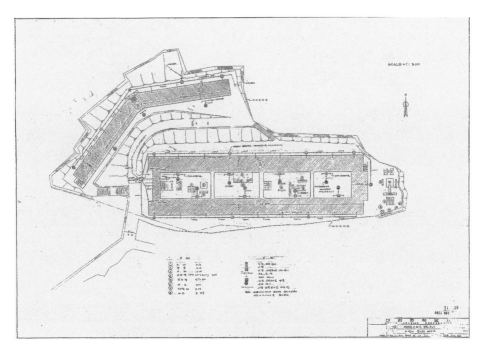

↑↑ 연희동아파트 주거동 및 어린이놀이터 배치도
출처: 대한주택공사,
「연희동아파트 건축공사」, 1966.10.

↑ 연희동아파트 중정에 마련된
어린이놀이터 모습(1967)
ⓒ이민아

의 평면은 홍제동아파트의 경우와 거의 같았다. 도심형아파트가 아니라는 점에서는 도화아파트와 홍제동아파트와 같다.

     A, B아파트 배치도를 통해 확인할 수 있듯 아파트를 공급하기 위해 특별히 택지를 마련하는 것이 아니라 이미 조성된 대지에 최대 용적으로 단위 세대를 끼워 넣는 방식으로 공급했음을 알 수 있다. 따라서 대지 안의 자투리 공지는 여러 세대가 함께 사용하는 장독대를 두거나 공동의 빨랫줄을 설치하는 방식으로 활용했다. 실제로 여러 가지 생활의 불편이 따랐을 것이니 이곳을 어렵사리 분양받았지만 여기에 머물고자 하는 이들은 거의 없었음은 쉬이 짐작할 수 있다.

표준 12평형을 채택한
연희동아파트

1966년 11월 분양을 시작한 연희동아파트는 150세대로 구성된 당시로 볼 때엔 비교적 큰 아파트단지였다. 서울의 신촌로터리에서 700미터 남짓한 거리에 위치한 까닭에 분양가는 1960년대 아파트 평균을 상회했다. 「공영주택법」에 따른 제1종 공영주택이었으므로 20년 장기상환을 통해 소유권을 획득하는 방식이었다. 대한주택공사는 1966년 제8차 이사회 안건으로 「아파트 표준설계 개요」를 상정해 1966년 2월 2일 이를 의결했다. 그해에 건설할 아파트의 크기며 성능의 골자를 정한 것인데, 온돌방 2개를 갖춘 10평형, 12평형, 15평형(10평형과 12평형과 달리 마루방과 욕실을 따로 둠) 3가지로 정하고 모두 15개 항목의 설계 개요였다. 복도는 편측(片側)으로 하고, 각 세대마다 발코니를 두며 욕실에는 세면기 및 샤워꼭지를 달 수 있을 정도만 설비한다는 내용이 담겼다. 이 밖에도 굴뚝의 형상

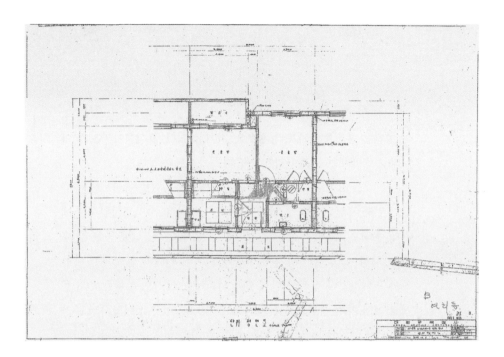

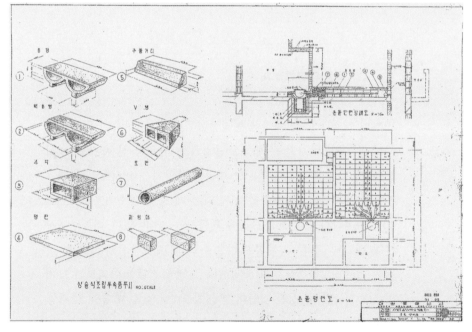

↑↑ 연희동아파트 단위평면도
출처: 대한주택공사,
「66년도 소형 아파트 건축공사」, 1966.6.

↑ 연희동아파트 온돌 상세도
출처: 대한주택공사,
「66년도 소형 아파트 건축공사」, 1966.6.

이며 높이, 아궁이 시공 방법과 콘센트 위치, 현관 출입문 위의 창문
개폐 방식에 이르기까지 세세하게 작성된 지침이었다. 연희동아파트
는 이 기준을 준용한 대표적 사례로 12평의 표준을 따랐다.[31]

　　주거동은 2동으로 구성했는데, A동은 마치 동대문아파트
의 주거동 유형의 변형처럼 보인다. 좁고 깊은 대지를 꽉 채웠지만 층
수가 3층에 불과했기 때문에 중정의 폭을 확대해 일조 조건을 확보
했다. 또 마주하는 주거동의 복도와 복도를 잇는 다리를 둠으로써
구획되는 4곳의 지면 가운데 2곳에 어린이놀이터를 설치했다. 각 세
대의 거주성을 확보하고 마주 보는 세대가 쉽게 오갈 수 있도록 하
면서 어린이놀이터를 생활공간으로 포섭하기 위한 조치였던 것이
다. 같은 시선으로 본다면 B형은 마포아파트에 적용한 Y자형 주거
동의 날개 하나를 없애 구릉지에 대응한 것이다. 아울러 대지 동측
단부의 자투리땅에 어린이놀이터를 두었다. 놀이터가 마련되지 않
은 중정은 대부분 빨래를 널어 말리거나 살림살이를 내놓거나 혹은
꽃밭을 가꾸는 등으로 사용했다. 별도의 담장을 둘렀다는 점도 주
목할 필요가 있다.

　　단위평면은 A동과 B동을 구분하지 않고 12평형 하나로
150세대를 모두 채웠다. 외기에 노출된 복도를 통해 현관에 들어서
면 좌우 방향으로 각각 부엌과 변소가 구획된 공간에 위치하는데,
돈암동이나 홍제동 아파트와 달리 크기를 넓혀 세면대가 설치되었
다. 연탄난방 방식의 온돌 구조지만 다양한 조립식 부품을 이용해
시공 정밀도 향상과 표준화를 꾀했다는 사실 역시 주목할 만하다.
나머지 공간 구성 비슷한 시기의 소형 아파트와 크게 다르지 않다.

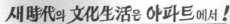

↑ '새 시대의 문화생활은 아파트에서!'
정릉아파트와 문화촌아파트 홍보물
출처: 대한주택공사,
『주택』 제 20·21호 합본호(1967)

→ 문화촌아파트 배치도
출처: 대한주택공사,
「67년도 아파트 건축공사」, 1967.10.

→ 문화촌아파트 어린이놀이터 배치도
출처: 대한주택공사,
「67년도 아파트 건축공사」, 1967.10.

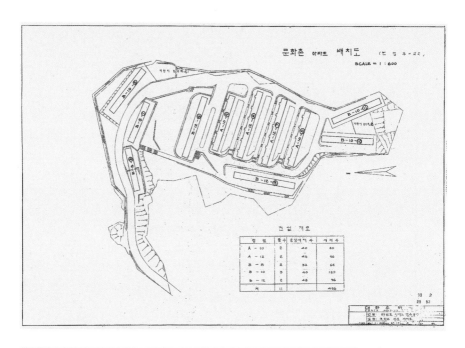

문화촌 아파트 배치도
SCALE = 1 : 600

건설 개요

별 동	동수	동당세대수	세대수
A - 10	2	40	80
A - 12	2	48	96
B - 8	2	32	64
B - 10	3	40	120
B - 12	2	48	96
계	11		456

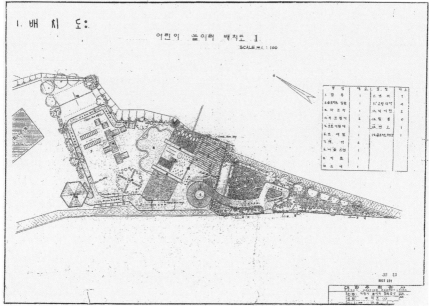

I. 배 치 도:

어린이 놀이터 배치도 1
SCALE = 1 : 100

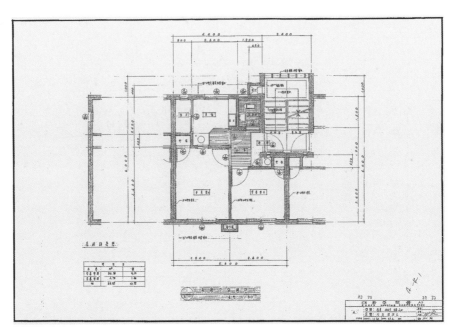

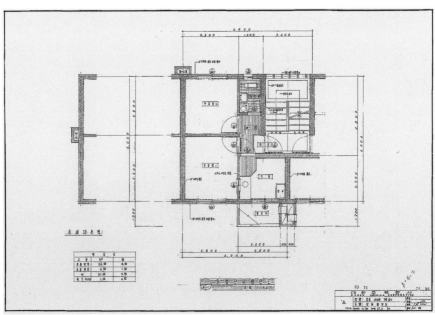

← 정릉아파트 A형 단위주택 평면도
출처: 대한주택공사,
「정릉아파트 건축공사」, 1967.6.

← 정릉아파트 B형 단위주택 평면도
출처: 대한주택공사,
「정릉아파트 건축공사」, 1967.6.

↑↑ 발코니가 없는 정릉아파트
A형 아파트 외벽의 빨래 건조 풍경
출처: 대한주택공사 홍보실

↑ 문화촌아파트(1968.1.2.)와
정릉아파트 모습
출처: 국가기록원+대한주택공사 홍보실

대단위 단지 개발의 교두보
정릉아파트와 문화촌아파트

연희동아파트 분양 후 1년만인 1967년 11월 동시 분양에 나선 정릉아파트와 문화촌아파트는 '문화생활과 아파트의 동일시'가 공언된 경우다. 둘은 전혀 다른 동네에 지어졌고, 아파트가 들어설 대지의 조건이며 문맥 등이 판이함에도 불구하고 동일한 평면 형식이 적용되었다.[32] 그런데도 둘 다 '소단위 가족의 간편한 문화생활'을 언급했다는 점과 '버스 종점에서 도보로 3분 거리'라는 점이 에둘러 강조되었다. 종점 주변에 위치했으니 변두리였다. 이를 상쇄하려는 듯다른 장점이 있음을 유달리 내세웠다.[33] 게다가 다른 지역의 아파트와 달리 입주금도 할부로 지불할 수 있도록 함으로써 경제적으로 여유롭지 못한 무주택자를 끌어 모으려 했다. 그렇지만 분양 가격은 1960년대 대한주택공사가 서울에 공급한 10여 곳의 아파트단지 가운데 각각 2번째, 3번째로 높은 편이어서 평당 7만 8천 원 내외였다.

　　같은 시기 다른 아파트와 특별하게 다른 점을 꼽는다면 공급 부지가 대규모로 확대되며 주거동의 숫자가 엄청나게 늘었다는 점이다. 문화촌아파트는 11동에 달하고, 정릉아파트단지는 8동이었으니 한 동이거나 두 동에 머물렀던 이전의 아파트와는 사뭇 달랐다. 1년 전 분양한 비교적 큰 단지였던 연희동아파트는 150세대였다. 반면, 문화촌아파트는 456세대에 말했고 정릉아파트도 162세대였다. 그러나 소위 '단지계획'이라 부를 만한 조치는 찾아보기 힘들다. 대지 가득 주거동을 채우고, 자투리땅을 활용해 예전보다는 공을 들여 어린이놀이터를 설계하는 수준이었다. 1967년 11월부터 12월에 걸쳐 입주했다.[34]

　　정릉아파트는 10.59평의 A형과 9.56평의 B형 2가지 평면을 사용했다. 둘 다 계단참에서 좌우의 각 세대로 진입하는 계단실형을 택해 기존의 복도형에 비해 평면 구성의 합리성을 꾀할 수 있었다. 더스트 슈트는 계단참에 두어 2세대가 공동으로 이용했고, 따로 창문을 낸 부엌과 화장실을 완전 분리하는 등의 변화가 이뤄졌지만 부엌에 별도의 수납용 창고를 둔 탓에 발코니는 설치할 수 없었다. 아마도 창고를 확보하는 한편, 전면과 후면 모두 외기에 직접 접할 수 있다는 사실을 들어 발코니를 두지 않았으리라 짐작한다. 이러한 추정은 B형 평면을 통해 확인할 수 있다. 여기선 부엌에 별도의 창고를 두지 않는 대신 발코니를 부엌의 확장공간으로 사용하면서 더스트 슈트도 발코니에 설치하여 편리함을 꾀했기 때문이다.[35] 따라서 A형과 B형의 차이는 부엌 발코니 설치 여부에 있었다. 두 유형 모두 침실엔 별도의 발코니가 없었다.

넓은 발코니,
인왕아파트

1968년 11월 인왕아파트 분양이 시작됐다. 6층짜리 주거동 4개로 이뤄진 이 아파트는 이미 2년 전에 분양한 홍제동 소형 아파트와 구별하기 위해 배면한 인왕산의 이름을 붙였다. 같은 홍제동에 소재한 소형 아파트의 단위주택 규모가 8평이었던 것에 비해 그 2배 이상의 면적을 갖는 16평형[36] 121세대와 20평형 5세대가 분양 대상이었는데 이 가운데 6세대는 점포주택이었다.[37] 분양 공고문에는 인왕아파트의 특징을 6가지로 꼽았다. 열거하자면, ①2세대용 독립 계단, ②욕실 바닥 타일 시공과 양변기 설치, ③전면 및 부엌 측 발코니 설치로 간이 장독대와 연탄 저장 가능, ④쌀집, 양장 및 양품점, 잡화상, 식료품점, 미장원과 정육점 등 점포로 생활편의 도모, ⑤국도변에 위치해 도심으로의 교통 편리, ⑥서대문구와 종로구에 위치한 상급 학교 진학이 가능한 2학군 지역 등이었다. 상대적으로 도심에 가까운 입지 조건 때문인지 대한주택공사가 공급한 1960년대의 아파트 가운데 평당 분양 가격도 제일 높아, 16평형 기준 평당 9만 750원이었다.[38]

점포주택 6세대는 배치도상 B′주거동 1층에 자리했는데, ㄴ자 모양으로 꺾인 부분에 20평형이 들어서고, 나머지 5곳은 모두 16평형이었다. 오래전 촬영한 사진을 보면 '연쇄점'이라는 간판을 붙이고 있다.[39] 아마도 넓은 국도변에 위치한 아파트여서 자질구레한 일상용품을 구매하기 쉽지 않았기에 제법 많은 세대가 어울려 살게 될 아파트단지에 가게가 있어야 한다는 발상으로 보인다. 이러한 아이디어는 후일 한강맨션아파트나 반포주공아파트 등의 노선상가로 확장된다.

신문에서 특징으로 언급한 것처럼 인왕아파트는 세대마다 2개의 발코니를 두었다. 바닥면적이 가장 넓은 마루방의 폭과 같은 길이의 발코니가 있었고, 문화촌아파트와 정릉아파트에서 선보였던 부엌 보조공간으로서의 발코니도 설치되었다. 특히 북측을 전면으로 하는 15N형 평면에는 남측을 전면으로 하는 15S형 평면보다 훨씬 적극적으로 발코니 공간을 할애했다. 서로 인접한 부엌과 온돌방의 폭 전체에 걸쳐 발코니를 두었기 때문이다. 오늘날의 후면 발코니 구성과 유사한 방식이라 할 수 있다. 이에 따라 A형 주거동에는 상대적으로 너비가 좁지만 깊이가 있는 발코니를 두었고, B형 주거동에서는 15N형 평면이 반복적으로 사용되었다. 분양 광고에서 알린 것처럼 욕실에는 욕조와 양변기, 세면대를 모두 구비했으며, 바닥과 바닥으로부터 1.2미터 정도에 이르는 높이의 벽면에는 액체 방수 후 세라믹 타일을 부착했다. 내장재 고급화 등으로 분양가가 높게 산정될 수밖에 없었다.

전국을 대상으로 한
표준설계 확산의 기폭제 공무원아파트

공무원아파트는 1960년대 공동주택 사례 가운데 특별히 주목할 대상이다. 서울에서는 1966년부터 1969년에 걸쳐 동부이촌동에 집중적으로 건설됐고, 다시 한강 이남 개발 과정에서 강남 최초의 아파트라는 상징성을 획득하기도 했다. 그리고 무엇보다 중요한 사실은 서울, 대구, 광주, 부산 등지에 지어진 공무원아파트가 평면과 주거동 형태까지 모두 같았다는 점이다. 1966년 작성된 12, 15평형 단위주택 평면은 3층 높이의 一자형 주거동(12평형 18세대와 15평형 12세대)과 Y자형 주거동(12평형 21세대와 15평형 9세대)으로 구성되어 부산 대연동과 광주 산수동에 一자형과 Y자형 주거동 각 1개, 대구 대명동에 一자형 주거동 2개, 대전 문화동에는 Y자형 주거동 2개로 그대로 복사되어 퍼져나갔다.[40] 공무원아파트는 '표준설계' 확산의 기폭제였던 것이다. Y자형과 一자형은 이미 마포아파트에서 시작됐고, 1960년대의 주요 아파트 건설을 통해 검증받았던 형식이다.

　　지방 도시의 공무원아파트 건설에 전범이 된 것은 서울 동부이촌동 공무원아파트였다. 전국의 공무원아파트 가운데 이곳에서 가장 먼저 Y자형과 一자형 주거동이 섞인 아파트단지가 조성되었다. 마포아파트의 Y자 주거동과 마찬가지로 동부이촌동 공무원아파트 Y자형은 세 방향 날개 끄트머리에만 침실 2개와 대청, 상대적으로 넓은 발코니를 갖춘 15평형 단위주택을 두고, 계단실로 향하는 나머지 부분에는 모두 12평형을 두었다. 一자형 주거동의 경우는 이와 반대로 계단실과 계단실 사이에만 15평을 넣고, 끄트머리 방향으로는 12평을 배열하는 방식으로 주거동을 구성했다. 15평형과 달리 12평형 단위주택은 온돌방만 2개를 가질 뿐 거실에 해당하는 대청

↑ 인왕아파트 전경
출처: 대한주택공사 홍보실

→ 인왕아파트 배치도(변경 후)
출처: 대한주택공사,
「홍제동아파트 건축공사」, 1968.6.

→ 인왕아파트 B′ 주거동 1층의 점포주택 평면도
출처: 대한주택공사,
「홍제동아파트 건축공사」, 1968.8.

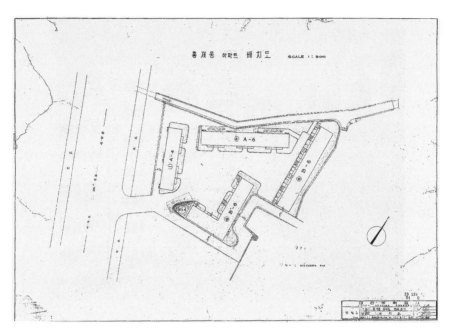

홍제동 아파트 배치도　SCALE 1 : 300

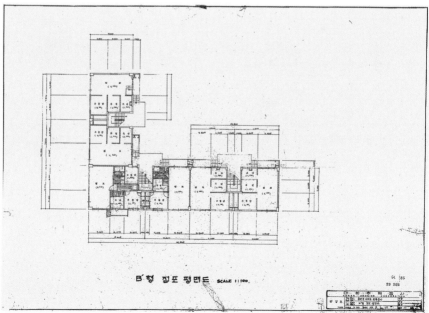

B형 점포 평면도　SCALE 1:100.

↓ 인왕아파트 단지 내 '연쇄점'
출처: 대한주택공사 홍보실

↓↓ 인왕아파트 15평형 및 20평형 단위평면도
출처: 대한주택공사,
「홍제동아파트 건축공사」, 1968.4.

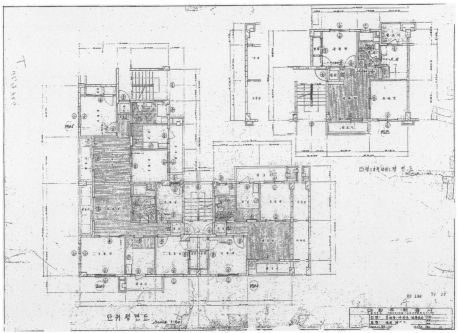

을 두지 않았다. 옥상층에는 마포아파트와 동일하게 굴뚝을 보호하
는 동시에 빨래를 말리는 등의 공간으로 사용할 것을 전제해 퍼걸러
구조물을 설치해 물탱크실과 같은 높이로 슬래브를 만들었다.

인왕아파트와 달리 발코니가 15평형에서는 대청에, 12평
형에서는 안방에 딸려 있었다. 물론 서울 동부이촌동 공무원아파트
설계 시점이 인왕아파트보다 2년 앞서기 때문에 부엌 보조공간으
로서의 발코니 설치에 대한 설계 규범이 만들어지지 않았을 수도 있
다. 한두 가지 사례로 경향을 일반화할 필요는 없지만 조금 더 세밀
하게 살펴야 할 대목임은 분명하다. 이와 함께 Y자형의 끄트머리 세
대에 주어진 발코니는 그동안의 경우와 달리 외기에 면하는 모서리
를 두 방향에서 감싸는 수법이 적용됐다. 더불어 현관과 부엌, 화장
실이 완벽하게 독립적 공간으로 자리 잡아 1960년대 전형적인 소형
아파트와는 달랐다. 발코니가 하나만 주어진 탓에 여전히 장독을
둘 공간이며 빨래를 건조할 마땅한 방법을 찾지 못했다.

1960년대의 아파트와
대한주택공사의 예측

노무자아파트 혹은 영세민아파트 같은 이름 탓에 더 임시 거처로 여
겨졌던 1960년대 초기 아파트는 「공영주택법」 제정 이후 서민아파
트로 위치를 굳혀갔다. 주택금고 설립으로 일원화된 공공주택 재정
융자는 20년이라는 긴 상환기간에 힘입어 무주택 서민에게는 꿈꿀
수 있는 집이 되었다. 그러나 기껏 아파트가 내 집이 됐어도 거주자
들은 습속으로 굳어진 생활방식과 새로운 공간 사이의 괴리와 갈등
을 감내해야 했다. 서울시의 경우는 행정구역의 대폭적인 확장으로
인해 변두리가 생겨났고, 가공할 도시화는 주변지역을 집단주거지

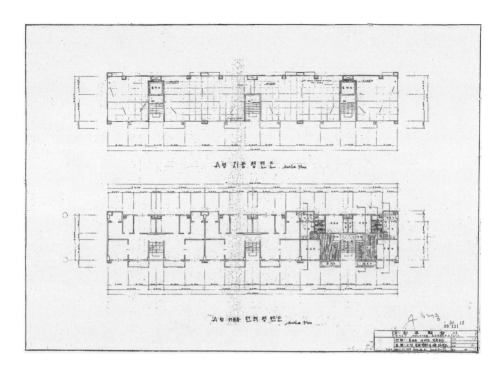

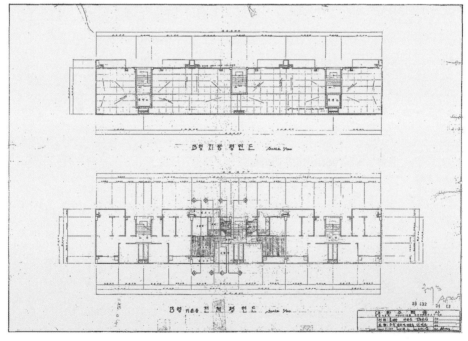

↑↑ 인왕아파트 A형 주거동 전체 평면도 및 지붕층 평면도
출처: 대한주택공사, 「인왕아파트 건축공사」, 1968.4.

↑ 인왕아파트 B형 주거동 전체 평면도 및 지붕층 평면도
출처: 대한주택공사, 「인왕아파트 건축공사」, 1968.4.

로 변모시키는 동기가 됐다.

　　1960년대를 거치며 아파트는 단지화로 모습을 바꾸기 시작했다. 정동아파트, 이화동아파트, 동대문아파트, 홍제동아파트와 같은 한 동짜리 아파트는 돈암동아파트와 연희동아파트를 거치며 2동으로 구성되더니 인왕아파트와 정릉아파트, 문화촌아파트가 조성되면서 대단위 주택지로 변모하기 시작했다. 일제강점기에 도심지에 들어서며 도시공간과 긴밀한 상호작용을 꾀했던 아파트는 1960년대에 들어서며 도심과 변두리를 가릴 것 없이 공공공간과의 절연을 강화했으며, 마포아파트처럼 담장을 둘러 단지의 물리적 차폐를 강화했다. 인왕아파트의 경우처럼 아파트 안에 따로 점포주택을 둔 경우 역시 다른 양상의 단지화 전략으로 간주할 수도 있겠다.

　　도시의 인구집중과 심각한 주택난을 해소하기 위한 정책은 모든 것에 우선해 토지 이용 효율화와 저렴 주택공급에 치우쳤고 거주성 확보는 뒷전이었다. 중복도와 양복도 형식이 자주 등장했으며, 혼합 방식도 거듭되었다. 하지만 1960년대 후반에 들어서며 편복도 형식이 일반화되었다. 더불어 계단실형 아파트의 보급이 확대되면서 단위주택 변화도 서서히 일어났다. 후일 다용도실로 변모하게 될 주방 보조공간으로서의 발코니가 자리 잡기 시작했고, 계단실형에서는 거실뿐만 아니라 부엌에서 직접 출입할 수 있는 발코니가 설치되며 생활과 공간의 정합성을 높이기도 했다. 옥상에 빨래를 말리는 공간을 마련하거나 어린이놀이터를 두어야 한다는 주장이 힘을 얻어 설계에 적극적으로 반영되기도 했다. 이 역시 일제강점기 아파트의 유전 인자를 일부 수용한 것으로 판단할 수도 있을 것이다. 그러나 1960년대를 거치며 이런 시도는 사라졌다. 주거동을 배치하고 남은 자투리땅에 어린이놀이터를 두는 방식이 도입되었다.

　　그러나 1960년대 아파트의 가장 두드러진 특징을 꼽으라

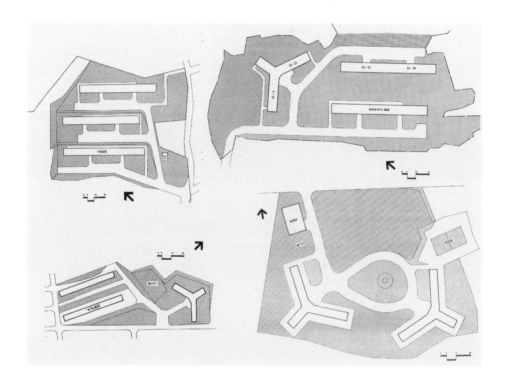

↑ 1966~1967년에 건설된 공무원아파트 배치도
(왼쪽 위로부터 시계방향으로
대구 대명, 광주 산수, 부산 대연, 대전 문화지구)
출처: 대한주택공사,
『대한주택공사 주택단지총람 1954~1970』(1979)

→ 공무원아파트 Y자형
주거동 기준층 평면도(서울)
출처: 대한주택공사,
「66 공무원아파트 설계도」, 1966.6.

→ 공무원아파트 ─자형
주거동 기준층 평면도(서울)
출처: 대한주택공사,
「66 공무원아파트 설계도」, 1966.6.

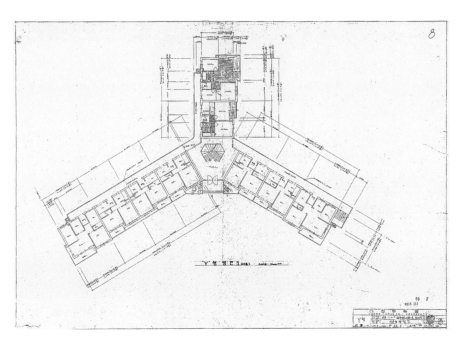

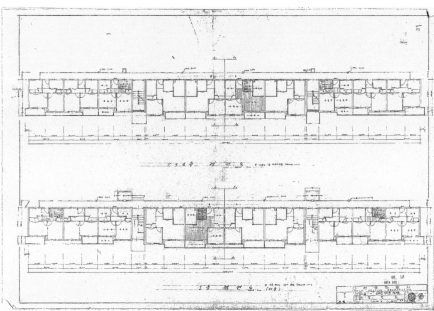

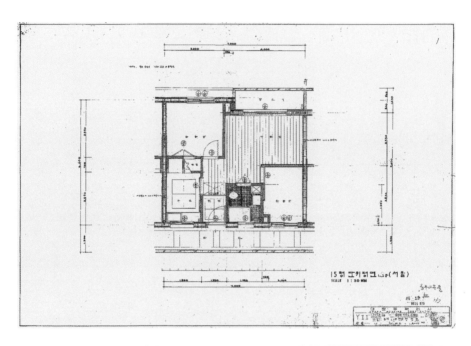

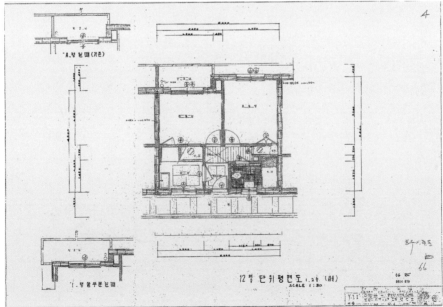

← 공무원아파트 15평형 단위평면도(Y 및 一자형 공통)
출처: 대한주택공사,
「66 공무원아파트 설계도」, 1966.6.

↑ 서울 동부이촌동 공무원아파트
입주 후 모습(1969.1.9.)
출처: 국가기록원

← 공무원아파트 12평형 단위평면도(Y 및 一자형 공통)
출처: 대한주택공사,
「66 공무원아파트 설계도」, 1966.6.

→ 1971년 분양한 서울 마포구 아현동
서서울아파트 전경
출처: 대한주택공사 홍보실

↓ Y자형과 ─자형 주거동으로 이뤄진
서울 동부이촌동 공무원아파트 전경
출처: 대한주택공사 홍보실

→ 서울 강남지역 최초의 아파트로 불리는
논현동 공무원아파트(1973.5.19.)
출처: 국가기록원

↑ 대한주택공사 기관지
『주택』 제23호(1969) 및 제24호(1969) 표지
출처: 대한주택공사

↓ 광명아파트와 서서울아파트를
대상으로 한 할부 분양 광고
출처: 『경향신문』 1971.5.21.

면 무엇보다도 표준형 평면의 채택과 표준 주거동의 반복 배치라 할
수 있다. 동일 평면으로 같은 시기에 건설해 동시 분양한 정릉아파
트와 문화촌아파트, 서로 다른 곳에 들어섰지만 동일한 평면을 채택
한 돈암동아파트와 홍제동아파트 그리고 연희동아파트 등이 초기
의 경우라면, 1960년대 서울과 부산, 대구, 대전 등을 대상으로 건설
했던 공무원아파트는 표준 주거동을 전국에 걸쳐 확산한 대표적인
사례다. 물론 이 과정에서 같은 평형이라도 단위주택의 공간 구성을
달리하려는 미세한 변용의 움직임은 있었다.

　　　　　1960년대 말부터 1970년대 초는 아파트의 일대 변혁이 일
어난 시기였다. 세운상가로 대표할 수 있는 상가아파트의 등장과 확
산, 신임 서울특별시장으로 자리를 옮긴 불도저 김현옥이 강력하게
밀어붙였던 시민아파트, 그리고 그 뒤를 이어 등장한 맨션아파트가
꼬리를 물고 등장했다. 이들 모두는 기본적으로 아파트라는 주거 형
식을 전제했고, 마침 대한주택공사는 1967년부터 공영주택자금으
로 계획하는 사업은 단독주택을 건축하지 않고 아파트만을 건설하
기로 했다. 이러한 변화의 소용돌이 속에서도 대한주택공사는 아파
트 건설사업을 수탁해 서서울아파트를 착공해 서울 마포구 아현동
에서 준공했으며, 민영주택에 해당하는 새마을아파트도 서울 마포
구 연남동에 지어졌다.[41] 1970년대를 맞이하는 대한주택공사의 입
장과 태도를 드러내듯 1969년 6월과 12월에 각각 발행한『주택』표
지는 천연색 아파트 사진이 실렸다. 이와 함께 서서울아파트와 동시
할부분양에 나선 광명아파트는 신문광고를 통해 '학교'와 '교통' 그리
고 '단지'를 '아파트 단지의 발전 방향'으로 꼽았다. 다가올 1970년대
의 예고편이라고 할 수 있다.

주

1   내무부, 「고층 아파트 건설에 따른 지방세 감면 조치」(1965.9.15.), 국가기록원 소장자료.

2   법률 제1940호 「한국주택금고법」은 한국주택금고를 법인격으로 설립하여
    서민주택(아파트 포함) 자금의 자조적 조성을 뒷받침하고 주택자금의 공급과
    관리의 효율화를 기하기 위해 마련되었다. 대통령령 제3085호 「한국주택금고법
    시행령」은 1967년 5월 19일 제정, 시행됐다. 이에 따라 1963년 12월 7일 제정,
    시행됐던 「주택자금운용법」은 폐기됐다. 정부는 1969년 다시 한국주택금고를
    금융기관으로 개편하여 일반 수신 업무를 취급하도록 함으로써 주택금융의 재원을
    확충하고자 「한국주택금고법」을 「한국주택은행법」으로 개정해 1969년 1월 공포하고,
    아울러 한국주택은행을 설립하여 한국주택금고의 업무와 권리 및 의무는 신설된
    한국주택은행에 모두 인계했다.

3   유돈우(한국주택금고 기획실장), 「주택금고를 이용하려면」, 『주택』 제20·21호(1967),
    20쪽.

4   여기 언급한 민간자본의 유치란 채권 매입과 부금 가입 등으로 조성되는 기금을 뜻한다.

5   제2차 경제개발5개년계획 중 주택 건설 목표는 83만 호였다. 이 가운데 40만 호는
    민간의 자발적 개발로 추계했으며, 대한주택공사와 지방자치단체가 합해서 3만 호를,
    나머지 40만 호는 주택금고가 담당하게 하는 것이었다. 박병주, 「단지화된 주택사업에
    우선토록: 융자 앞선 엄격한 기술 검토 필요」, 『주택』 제20·21호, 36쪽.

6   「공영주택법」은 「건축법」, 「도시계획법」과 함께 일제강점기인 1934년 6월 제령으로
    시행한 「조선시가지계획령」에서 갈래를 만들어 새롭게 제정한 법률이다. 1962년 1월
    20일 「조선시가지계획령」이 폐지되고 「건축법」과 「도시계획법」이 제정되었으며,
    「공영주택법」은 1963년 11월 30일에 제정되었다. 건축, 도시계획, 주택을 모두 담았던
    일제강점기의 「조선시가지계획령」이 영역을 분리해 각각의 법령으로 다시 만들어진
    것이다. 이 가운데 「건축법」을 제외한 「도시계획법」은 2002년 2월 4일 「국토의 계획
    및 이용에 관한 법률」이 제정되며 같은 날 폐지됐으며, 「공영주택법」 역시 1972년 12월
    30일 제정된 「주택 건설촉진법」 시행에 맞춰 1973년 1월 15일 공식 폐지됐다.

7   융자금 상환기간은 통상 15년이어서 1967년 말 이후 대한주택공사가 분양한
    문화촌아파트, 정릉아파트, 인왕아파트 등의 경우 융자금 상환기간은 14년 6개월~14년
    9개월이 주어졌다.

8   유돈우, 「주택금고를 이용하려면」, 21쪽 요약. 이런 이유로 1969년 말까지 준공했거나
    시공 과정에 있던 직장별 사택의 주요 사례로는, 해병대의 사당동 파월장병주택,
    삼성그룹의 남산동 삼성사우촌, 한국일보 사우촌, 유한양행의 화곡동 간부주택,
    한국주택은행 고척동 단지, 안양문화촌, 상업은행 화곡동 단지 등이 있다.

9   박병주, 「아파트 건설과 주택사업: 주택공사가 아파트건설 일변도로 전환한 데 대하여」,

『주택』 제19호(1967), 76쪽.

10 같은 곳.

11 대한주택공사, 『대한주택공사 30년사』(1992), 112쪽.

12 송은영, 『서울 탄생기: 1960~1970년대 문학으로 본 현대도시 서울의 사회사』(푸른역사, 2018), 254쪽.

13 같은 책, 180~182쪽.

14 경제기획원 조사통계국, 『한국통계연감』 1963년 판. 「서울특별시 근로자 월평균 가계수지 실태조사표」는 1962년도를 기준으로 작성된 것이며, 당시 서울의 평균 가구당 가구원 수는 6.2명이고, 가구당 취업 인원은 1.3명이었다. 이 가운데 가장 낮은 소득계층은 월평균 4천 원 미만인 경우로 분류했다.

15 『경향신문』 1962년 9월 12일자.

16 1962년 11월 준공한 창신아파트는 1969년부터 본격 건설된 서울시의 시민아파트 초기 사례로 분류되기도 한다. 염재선, 「아파트 실태조사 분석: 서울지구를 중심으로」, 『주택』 제26호(1970), 111쪽 표 참조. 이 자료에 의하면 기존의 알려진 경우와 달리 아파트 3동에 101세대가 입주한 것으로 기록하고 있다.

17 물론 이들 사례 가운데 전국 곳곳에 약간의 시차를 두고 준공된 공무원아파트의 경우는 1966년에 12평과 15평 아파트가 공급된 이후 1969년엔 일부가 25평으로 규모가 커지기는 했다. 또한 이 기간 중에 마포아파트가 완전 준공했는데, 이는 이 책 2권 3장에서 자세히 다뤘기 때문에 여기서는 제외했다.

18 공무원아파트는 1966년에 서울의 동부이촌동을 필두로 부산, 대전, 광주, 대구에 12평형과 15평형을 집중 공급했고, 다음 해인 1967년에는 서울, 부산, 대구에 추가로 지어졌는데 부산과 대구의 경우는 1966년에 비해 단위주택 규모가 줄어 10평형을 공급했다. 다른 경우도 크게 다르지 않으나 당시 공무원아파트 평면은 입지 조건을 거의 고려하지 않은 채 표준형 평면을 채택, 공급했다. 수탁사업으로 대한주택공사가 건설한 서서울아파트와 민영아파트로 분류되는 새마을아파트는 여기에서 구체적으로 다루지 않는다.

19 다만, 서서울아파트의 경우 1개 주거동이 7층이었다.

20 1960년대 주택공사와 서울시가 공급한 아파트 10곳을 택해 분양 홍보물과 분양 광고 등을 중심으로 분양 시기의 차이를 무시하고 평당 아파트 분양가를 산출, 비교해본 결과를 정리하면 다음과 같다. 인왕아파트: 9만 750원, 정릉아파트: 7만 8,607원, 문화촌아파트: 7만 8,097원, 연희동아파트: 6만 2240원, 동대문아파트: 5만 7,795원, 돈암아파트: 4만 7,696원, 창신아파트: 4만 6,667원, 마포아파트: 4만 1,700원, 홍제동아파트: 4만 1,519원, 도화동아파트: 2만 4,563원순으로 낮아졌다.

21 『동아일보』 1964년 10월 27일자.

22 『동아일보』 1964년 12월 5일자 기사에 따르면, 15평형(22호 공급)에 155명이, 14평형(11호 공급)엔 24명이 입주를 신청했다.

23 1964년 3월에 작성해 사업승인신청서에 첨부했을 것으로 보이는 당시 도면에는 15평형도 엄밀하게는 2종류여서 각각 A형(15.309평, 20세대)과 A'(15.218평, 4세대)형으로, 14평형은 B형(14.647평, 12세대)으로 불렸고, 공급 세대수는 모두 36세대였다. 이는 1979년 5월 대한주택공사가 발간한 『대한주택공사 주택단지총람 1954~1970』, 11쪽에서 확인할 수 있다.

24 이화동아파트는 1964년 12월 22일 공사 현장에서 대한주택공사 영업부로 관리가 이관됐다. 대한주택공사, 「이화동아파트 인계인수서」(1964.12.22.) 참조.

25 대한주택공사, 『주택』 제14호(1965), 화보. 대한주택공사가 조정한 당시 동대문아파트는 창신동아파트라는 이름으로도 불렸는데 서울특별시가 공급한 제2종 공영주택인 창신아파트와 구별하기 위해 차츰 동대문아파트라는 이름으로 굳어졌다.

26 최원준·배형민 채록연구, 『원정수·지순 구술집』(도서출판 마티, 2015), 115쪽. 고층주택의 확대에 따른 더스트 슈트에 대한 도입과 변화 과정에 대해서는 박철수, 『박철수의 거주 박물지』(도서출판 집, 2017), 123~138쪽 참조.

27 같은 책, 85~104쪽에는 일제강점기 이후 지속적으로 논란의 중심에 있던 장독대 문제를 다루고 있다.

28 송종석, 「소규모 아파트의 생활공간 활용을 위한 새 시도」, 대한주택공사, 『주택』 제22호(1968), 105~107쪽 참조.

29 박미경, 「내 집에 문패를 달고」, 『주택』 통권 제26호(1970), 146~150쪽.

30 당시 대한주택공사에서는 아파트를 주택공사아파트, 공무원아파트, 상가아파트, 맨션아파트, 일반(민영)아파트, 시민아파트, 시중산층아파트 등 7개 유형으로 나누었다. 주택공사 아파트는 대체로 13~20평 이하로 도화아파트에서 시작해 광명아파트 정도까지를 포함하지만 공사 내부에서는 마포아파트를 아파트 건설의 본격적 시초로 삼고, 중앙산업이 건설한 종암아파트와 개명아파트, 그리고 한미재단이 건설한 행촌아파트는 주택공사가 부흥국채를 통해 인수한 대상으로 파악해 예외로 삼았다. 공무원아파트는 총무처가 공무원연금을 재원으로 대한주택공사에 아파트 건설을 위탁해 지은 것으로 1966년부터 1969년까지 서울, 부산, 대구, 대전, 광주에 집중 건설한 것인데 25평 규모도 있지만 대개가 12~15평형 아파트로 표준평면으로 건설한 것이었다. 상가아파트는 세운상가아파트를 필두로 도심불량지역 개발과 토지의 고도이용을 지향한 사례로 봤고, '서울의 상가아파트는 없는 곳이 없을 정도'라고 밝혔는데, 가장 넓은 경우로 대왕상가아파트와 뉴스타 상가아파트를 꼽았는데 2곳의 최대 규모는 54평형이었다. 한편, 맨션아파트는 새롭게 등장한 중산층을 대상으로 '편리한 시설과 우아한 가정생활을 지지하기 위한 것'이 목적이었던 바 한강맨션의 뒤를 이어 성아맨션, 남한강맨션, 연세생산성맨션 등이 뒤따랐다고 봤다. 일반아파트란 민영아파트 가운데 상가아파트와 맨션아파트를 제외한 경우를 대상으로 했는데 대체로 1969년부터 시작한 주택의 공공성+기업의 수익성 결합형이라 설명하고 있다. 서울에서

시민아파트가 본격적으로 공급된 때는 1969년이지만 대한주택공사에서는 서울시의
입장과는 달리 1962년 창신동 채석장 자리에 들어선 3동의 창신아파트를 시민아파트의
기원으로 삼아 1970년 와우시민아파트 붕괴 이전까지를 시기적으로 구분한 뒤
판자촌을 대체하기 위한 아파트로 규정했다. 한편, 시중산층아파트는 주택공사가
공급한 맨션아파트와 달리 지방자치단체가 중산층을 대상으로 공급한 아파트를 일컫는
것인데 당시 「공영주택법」은 대한주택공사가 지은 주택은 제1종 공영주택, 서울특별시
등 지방자치단체가 건설, 공급하는 주택은 제2종 공영주택으로 구분했기 때문에 건설
주체를 구분하기 위한 방법으로 시중산층아파트를 대한주택공사의 맨션아파트와
구별해 부른 것이다. 주택공사 아파트와 시민아파트는 도심으로부터 15킬로미터 정도
떨어진 곳에 주로 지어졌고, 세대당 평수도 가장 작았다. 이상 내용은 염재선, 「아파트
실태조사 분석: 서울지구를 중심으로」, 『주택』 제26호(1970), 105~116쪽 내용을 요약
정리.

31 대한주택공사, 「1966년도 아파트 표준설계 개요」, 대한주택공사 제8차 이사회
    안건(1966.2.2.).

32 문화촌아파트는 4층 주거동이고, 정릉아파트는 3층이었는데 2곳 모두 10.53평의 A형
    평면과 10.22평의 B형 평면을 표준평면으로 활용했다. 그러나 분양 공고 내용과 달리
    실시설계도에는 A형은 10.59평, B형은 9.56평으로 면적을 산출했다.

33 이 밖에도 몇 가지 특징을 장점으로 소개한 바 있는데, 수세식 변기와 샤워 시설을
    갖춘 화장실, 개별 계단(복도식이 아닌 계단실형)을 이용한 프라이버시의 보호, 단지
    안 놀이터, 구내 교환 전화 시설과 수은 가로등을 꼽았다. 대한주택공사, 『주택』
    제20·21호(1967), 화보.

34 당시 대한주택공사의 의견은 이와 달랐다. "67년도 공영주택사업계획에 따라 시내
    서대문구에 건설 중이던 문화촌아파트와 성북구의 정릉아파트가 지난 11월 말
    완공되어 집 없는 시민들에게 입주금(약 50만 원)도 할부 조건으로 분양되고 있다.
    … 건설 세대수는 문화촌이 11동에 456세대, 정릉이 8개 동에 162세대에 달하는데
    마포아파트와 같은 단지로 형성된 점이 특색이어서 입주자의 생활 조건이 여러 면에서
    편리할 것으로 보인다"고 했기 때문이다. 대한주택공사, 『주택』 제20·21호, 화보 캡션.

35 이는 다용도실의 등장과 깊은 관련을 맺는다. 1962년 마포아파트에서 처음 등장한
    다용도실은 1960년대 후반에 들어서며 부엌에 면한 발코니 설치로 이어진 뒤 계단실형
    아파트에서는 일종의 규범처럼 채택했기 때문이다. 생활사적 입장에서 본다면
    부엌 보조공간으로서의 다용도실은 최초 부엌 연계형 발코니를 거친 뒤 보편적인
    현상으로 자리 잡았다. 한국주거사에서 다용도실의 성립과 변천 과정에 대해서는
    공동주택연구회, 『한국 공동주택계획의 역사』(세진사, 1999), 368~377쪽 참조.

36 당시 작성된 설계도에는 15평형으로 표기되어 있다.

37 점포주택은 16평형 5세대와 20평형 1세대로 모두 6세대였는데 인왕아파트 배치도의
    B'형 주거동 1층에 위치했으며, 20평형 1세대는 주거동 절곡부위에 자리했다.
    『경향신문』 1968년 11월 9일자. 최초 분양한 126세대 가운데 1층의 20평형 점포주택을

포함해 6세대만이 20평으로 계획됐다.

38   이러한 분양가는 영세민아파트 혹은 노무자아파트로 불렸던 도화동아파트의 평당 분양가였던 2만 4,563원의 4배에 육박하는 것이었으며, 같은 홍제동에 위치한 홍제아파트나 대한주택공사의 특별사업이었던 마포아파트에 비해서도 2배를 넘는 것이었다. 문화촌아파트와 정릉아파트보다도 평당 1만 2천 원이 비싼 경우에 해당한다. 정릉아파트와 문화촌아파트의 분양 광고 문안이 '새 시대의 문화생활은 아파트에서!'였던 것과 유사하게 '새 시대의 주거생활은 아파트에서!'라는 문구를 붙여 최초 분양에 나섰지만 여의치 않았던 탓에 해를 넘겨 1969년 3월에도 분양 광고가 계속 이어졌다. 이때는 '현대적 문화생활을 인왕아파트에서!'로 광고문안을 바꿨고, '식모가 필요 없는, 맞벌이 부부에게 이상적인 아파트'로 광고했다. 『경향신문』 1968년 3월 1일자.

39   김시덕, 『갈등도시』(열린책들, 2019), 90~103쪽엔 1950년대 말부터 1960년대 초까지는 오늘날 우리가 사용하는 슈퍼마켓보다는 '연쇄점'이 자주 쓰였다고 하며, 이는 70~80년대까지 동네마다 있었던 구멍가게였다는 구술 내용이 담겨 있다.

40   공동주택연구회, 『한국 공동주택계획의 역사』, 229쪽. 물론 이 밖에도 1967년에는 대구와 부산에 10평형 단위주택 36세대로 구성한 3층의 一자형 주거동을 추가로 건설했다.

41   서서울아파트는 6층과 7층으로 구성된 3개의 주거동에 17평형 아파트 120세대를 수용하는 아파트로 중앙난방 방식의 철근콘크리트 구조였는데 1970년 준공했다. 같은 해 준공한 새마을아파트는 새마을회관과 점포를 갖춘 5층의 3개 주거동으로 구성된 경우인데 13평형 70세대를 수용했으며, 두 사례 모두 1970년에 준공했다.

7 상가아파트

1966년 3월 31일 제14대 서울특별시장으로 취임한 김현옥은 6월 20일 박정희 대통령에게 업무 보고를 한다. 종로와 필동 사이의 무허가건물 일체를 철거, 정리하고 도로 용지 일부에 민간자본을 유치해서 산뜻한 건물을 짓겠다는 내용이었다. 이는 이듬해인 1967년 벽두에 서울특별시 시정 방침 중 하나로 '민간자본 유치를 통한 상가아파트 건립'으로 공표된다.[1] 세운상가로 대표되는 상가아파트가 출현하게 된 배경이다. 시정 방침이 신문에 게재된 다음 날인 1967년 1월 5일 서울특별시의 '색다른 시무식'이 열렸다.[2] 김현옥 서울시장과 직원들 모두가 '돌격 건설'이라는 글자가 박힌 노란색 헬멧을 착용하고 일제히 '건설의 진군'을 다짐한 것이다.[3] '밤낮을 가리지 말고 시민의 일꾼이 되는 태세부터 갖추라'는 김현옥 시장의 시무식 발언은 1967년도 서울특별시장 특별지시 1호로 기록된다.

    4년 보름 남짓 서울시장에 재임하는 동안 김현옥의 주요 치적으로 언급되는 입체고가도로 건설과 간선도로 확장 및 포장, 세운상가와 파고다 아케이드 및 낙원상가 등 도심재개발사업 추진, 한강개발사업과 남산터널 개통, 400여 동의 서울시민아파트 건설과 영동 1, 2지구 등 대규모 구획정리사업 시행 등은 1967년 시정 방침의 주요 사업이었다. 이는 상가아파트라는 새로운 도시건축 유형을 낳은 배경이 되었다. 한 해 전, 건축가 김중업은 '새서울 백지계획'[4]에 대한 전문가 의견을 통해 이미 상가아파트에 생각의 일단을 밝히기도 했다. 선형(線型) 도시보다는 집중화와 고층화를 전제한 고밀 도

↓ 1945년 4월 지정된
경성의 소개공지대와 소개소공지대
ⓒ고토 야스시(五島寧)

↓↓ 서울 인현동 일대의
무허가 건축물 철거 모습(1966.8.10.)
출처: 서울성장50년 영상자료

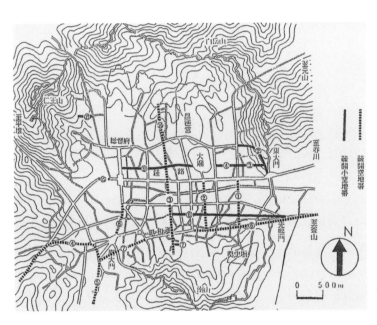

시상을 언급하면서 "이를테면 1층은 상가, 2층과 3층은 오피스, 4, 5층은 이곳에 근무하는 사람들의 아파트, 옥상은 옥상정원"[5]을 만들어야 한다는 것이었다.[6]

　　　상가아파트 가운데 대표적 사례라 할 수 있는 세운상가[7]가 지어진 자리는 일제강점기에 소개공지대(疏開空地帶)로 지정된 뒤 해방과 한국전쟁 등을 거치며 무허가 불량주택들이 들어찼던 곳이다. 중일전쟁이 격화된 1937년만 하더라도 이 자리에 대한 도시계획은 전무했다. 경성부는 혹시라도 폭격을 당하면 뚝섬 수원지에서 시작되는 송배수관으로 공급되는 물을 이용해 화재를 진압한다는 배수지 및 저수지 위주의 소극적 조치만 취하면서 경성을 동부와 서부로 양분하는 구상이 있었을 뿐이었다. 하지만 1941년 일제의 진주만 공격 이후에는 연합군의 폭격에 대비하기 위한 적극적 조치가 취해져 1945년 4월에는 경성 전역을 대상으로 소개소공지대(疏開小空地帶)와 소개공지대가 조선총독부에 의해 지정됐고,[8] 이에 따라 종묘에서 남산에 이르는 직선 구간을 대상으로 철거가 이뤄져 폭 50미터의 공지대가 만들어졌다.

　　　후일 세운상가 부지는 이렇듯 일제의 「공지지정법」에 따라 지정된 뒤 1952년에 (대한민국 정부에 의해 다시) '소개도로'로 확정된 곳이었다. 1937년 4월 제정된 일본 「방공법」에 근거한 「공지지정법」은 '대도시의 팽창과 시가지의 밀집을 억제하고 공습 시의 소방 피난 활동을 위해 법적으로 담보된 오픈 스페이스'로서 해당 지역에는 건물 건축을 금지했다. 일본 본토의 방공법에 기초한 「공지지정법」이 식민지에도 적용되어 종묘에서 남산에 이르는 폭 30~50미터의 공지가 방공 소개용으로 유지되고 있었다.[9] 그러나 한국전쟁 이후 이 빈 땅에 피난민들이 모여들었고, 판잣집이 이 일대를 뒤덮었으며 종로3가의 유곽과 연결된 사창가가 생기기도 했다. 세운상가

京城을東西로二分
防火地區設定計劃
남산에서 종묘 거쳐 북악산까지 큰길내어

← 세운상가 건립의 동기가 된
일제강점기 조선총독부의 경성 2분할 방침
출처: 『매일신보』 1938.2.25.

← 종묘 앞 소개공지대 모습(1945.9.8.)
출처: 미국국립문서기록관리청

↓ 서울 도심부 지도(1958년도)에 나타난
종묘 앞에서 필동의 남산자락에 이르는 소개도로
출처: 서울역사박물관

368

를 위시한 대규모 건물군을 건립하기 위해서는 강력한 행정 조치가 없을 수 없었다. 2천 여 세대의 판잣집이 강제 철거되었고, 철거된 무허가건축물 거주자들은 모두 상계동으로 옮겨 가야 했다.

김현옥은 판잣집은 반드시 해결해야 하는 과제라고 말했다. "60년대 말 … 도심·외곽 할 것 없이 들어찬 판자촌은 한마디로 서울의 행정을 마비시킬 정도였으니까요. 내 발상은 간단했습니다. 쓰러질 듯 누워 있는 판잣집을 번듯하게 일으켜 세우자는 게 그것이었습니다. 바로 아파트지요. 당시에는 서대문 금화지구 7만 채를 포함, 서울시 100만 평 땅에 14만 5천 채의 판잣집이 널려 있었습니다."¹⁰ 여기서 '아파트'는 결과적으로 본다면 '상가아파트'와 '시민아파트'였다. 김현옥의 의지대로 종묘 앞에서 필동에 이르는 소개공지대는 다시 빈터로 바뀌게 된다.¹¹

소개공지대를 두고 크고 작은 논란과 행정절차상의 우여곡절이 있었음은 잘 알려진 사실이다. 김현옥이 이끄는 서울시는 당시 아시아재단의 원조자금에 의해 건설부 직속기관으로 운영 중이던 HURPI(Housing and Urban Planning Research Institute)¹²의 미국 도시계획가 오스왈드 네글러(O. Negler)에게 대안을 제시해줄 것을 요청했고, 중앙에 너비 20미터의 건물지대를 조성하고 양측에 너비 15미터의 도로를 설치하는 방안을 받았으나 환지(換地)가 쉽지 않고, 공지가 많이 발생한다는 이유로 받아들이지 않았다. 대신 김현옥 시장은 1966년 8월 판자촌 거주자들로 하여금 자진 철거하면 상가아파트 입주권을 주지만 만약 이에 따르지 않으면 강제 철거후 이주시키겠다는 무허가 건축물 철거 전략을 강행해 너비 50미터, 길이 893미터, 총면적 4만 4,650제곱미터의 부지를 확보했다.

이와 함께 서울시는 7월 26일 건설부에 '재개발지구 설정 및 일단의 불량지구 개량사업 실시인가'를 신청했고, 건설부의 승인이 떨어지기도 전인 9월 8일에 서둘러 아세아상가 기공식을 성대하게 거행했다.[13] 10월 21일에는 세운상가 A, B, C, D지구 설계용역을 육군사관학교 5기 출신인 박창원이 사장을 맡고 건축가 김수근이 실무를 책임진 한국종합기술개발공사와 체결했다. 서울시는 대통령 관심사항이라는 뒷배를 무기로 아세아상가 외에 8개의 대형 건축물 기공식을 치를 태세를 갖췄다. 우여곡절과 논란을 거친 건설부는 1966년 10월 15일 우선 종로구 관내 지구만을 재개발지구로 고시했고, 여러 가지 정치적 이유와 압력 등에 의해 1966년 11월 30일에는 건설부 고시 제2,912호로 종로3가~퇴계로 사이 길이 847미터, 폭 50미터 지역 모두를 '불량주택 개량사업지구'로 지정했다. 대한민국 최대 규모 상가아파트의 속사정이다.

      "1967년은 세운상가의 일부인 가동과 나동이 완공된 해이자 여소녀가 청계천에 수리실을 연 해였다. 여소녀는 상가의 개관식이 있던 날을 기억했다. 박정희와 육영수가 양복을 예쁘게 입은 박지만 어린이를 데리고 상가 2층 양품점을 방문해 어린이용 바지를 고르고 있을 때 여소녀는 그것을 직접 보지는 못했지만 상가를 둘러싼 인파 속에 섞여 이 꿈의 건축물을, 깎아지른 듯한 옥상을 바라보고 있었다. 그가 목을 뒤로 젖혀가며 바라본 세운상가 가동은 4층까지는 일반상가, 5층부터는 중앙 홀이 딸린 주거공간이었다. 타일을 바른 부엌과 온수 공급 시스템과 벽에서 내려오는 침대가 딸린 대한민국 최초의 신식 데파트 맨션."[14] 작가 황정은은 소설 「웃는 남자」에 직접 세운상가 준공을 목격했던 이의 기억을 빌려 이렇게 묘사했다. 세운상가는 결국 제14대 서울특별시장인 김현옥과 건축가 김수근의 합작 발명품인 셈인데, 거대한 상가와 그 위에 들어선 도심형 주택의 복합체로서 '최초의 신식 데파트 맨션'이라는 상징자본을 얻었다.

↓ 기공식장 걸렸던
종로지구 상가아파트 조감도(1966.10.13.)
출처: 서울성장50년 영상자료

→ 「대한뉴스」 650호(1967.11.24.)에 소개된
세운상가아파트 실내 풍경과 옥상정원

↓↓ 1967년 건축가 김수근이 작성한
서울 순환고속고가도로 구상도
출처: 서울역사박물관

→ 청계천3가~종로3가 구간의
점포 계약 신청 접수 및 개점 안내
출처: 『동아일보』 1967.4.15.

김수근의 순환고속고가도로 구상도 1967 ①제1순환고가도로
②내부순환고가도로

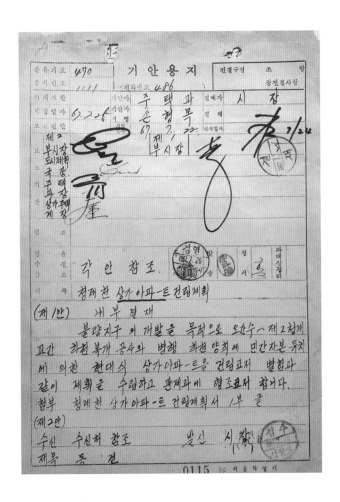

↑ 서울특별시, 「청계천 상가아파트 건립계획」 결재 문서(1967.7.25.)
출처: 서울특별시

　　세운상가는 가장 북쪽인 종묘 앞에서부터 현대상가
(2008년 철거), 세운상가 가동(현 세운전자상가), 청계상가, 대림상
가, 삼풍상가(현 삼풍 넥서스), 풍전호텔(현 PJ호텔), 신성상가(현 인
현상가), 진양상가로 이어지는 8개 건물로 구성되어 있었다. 전체 길
이는 945미터, 종로와 청계천로, 을지로, 퇴계로를 가로지른다. 이 중
가장 먼저 완공된 것은 세운상가 가동으로 1967년 11월 17일에 사
용승인을 받았으며, 가장 나중에 완공된 것은 풍전호텔로 그 사용
승인일은 1982년 12월 31일이다.[15] 사용승인일로만 정확한 완공일
을 특정하기는 힘들지만 흔히 세운상가로 통칭하는 이 건물군은 오
랜 기간에 걸쳐 완성되었다. 상가 부분의 점포 개점 안내가 신문에
실린 것은 1967년 4월 15일이다.

상가아파트의 등장 배경과
원론적 의미

상가주택과 상가아파트는 그것이 그것인 듯 비슷하게 읽히지만 실
상은 꽤 다르다. 상가주택은 이승만 대통령 시절에 수도 서울의 위
신을 세우기 위해 자기 부담 능력이 있는 대지 소유자나 조합에게
귀속재산적립금의 일부를 동원해 건축비의 40퍼센트(시범상가주
택의 경우는 60퍼센트)를 융자해주고 1~2층은 점포나 사무공간을,
3~4층은 주거용 공간을 수직으로 쌓아 올린 독립적인 건축물을 말
한다.[16] 반면 상가아파트는 5·16 군사정변 이후 무허가주택 철거지
역을 대상으로 재개발과 하천 복개를 통한 도로 개설이나 확장사업
에 민간자본을 동원해 지역주민에게 필요한 상가와 아파트를 동시
에 공급한다는 취지에서 비롯된 것이다. 거칠게 시기를 잡아본다면
상가주택은 1950년대 후반, 상가아파트는 1960년대 후반에 본격 등

↑ 1967년 11월 17일
세운상가 준공식에 참석한 박정희 대통령,
김현옥 시장(테이프 커팅하는 두 사람),
정주영 현대건설 대표(왼쪽 끝)
출처: 국가기록원

→ 청계천변 무허가 건물군(1965)
출처: 국가기록원

→ 준공 직후의 세운상가아파트 전경
출처: 서울역사박물관 ⓒ김한용

↑ 성북상가아파트 항공사진(1972)
출처: 서울특별시 항공사진서비스

→ 서울 동부이촌동
한강맨션 노선상가아파트(1973)
출처: 국가기록원

→ 상계 신시가지 상가아파트
출처: 대한주택공사 홍보실

↑ 동대문상가아파트와
청계천 고가도로
교각 공사 장면(1968.8.29.)
출처: 서울성장50년 영상자료

← 동대문상가아파트 분양 광고
출처: 『경향신문』 1968.9.14.

장한 유형으로 10년 남짓 시간 차이가 난다.

1950년대 말의 상가주택은 정부 재정을 자금원으로 대한주택영단과 육군공병단 등이 기획하고 생산을 주도한 철저히 위로부터 기획된 도심지 건설사업이었다. 반면에 1960년대 후반의 상가아파트는 계획의 시작은 정부였으나, 민간이 자금력을 바탕으로 건축생산을 주도했다는 차이가 있다. 도시개발이나 도시계획과 같은 공공적 공간환경 구상과 실천에 민간이 적극 개입하기 시작한 시점인 것이다.

정리하면, 상가아파트는 1960년대 후반에 심각한 교통난을 겪었던 서울 도심지역과 새로 편입된 서울시 외곽지역의 도로 확장을 위해 하천을 복개하고 도로를 포장하면서 하천변 일대의 무허가 판자촌을 철거하는 서울시의 도시건설사업의 결과로 생겨난 새로운 주택형이다. 동시에 주택-점포 도심형 복합체로서 오늘날의 도심형 주상복합아파트에 견줄 수 있다.[17] 당시 서울시가 "재정 형편이 어려워 민간자본을 활용한 사업 추진의 일환으로 복개된 도로와 하천부지에 상가아파트 건립을 허용"[18]했다는 점은 상가아파트를 파악할 때 반드시 염두에 두어야 할 정책 이념이자 태도다. 하천 복개를 통한 공공도로 확보와 도로 위 건축공간의 분양권을 맞바꾼 것이기 때문이다.[19] 더불어 그곳에 삶을 의탁했던 이들의 행방도 다시 한번 상기해야 한다. 그들은 도시미화와 도로 확장이라는 명분으로 치장된 폭력적인 정책 실행 방식으로 인해 배제되거나 격리되었다.

전혀 다른 유형의 건물을 상가아파트라 부르는 경우도 있었다. 대한주택공사에 따르면 "공사는 1970년에는 아파트의 내실과 근대화를 기해 한강맨션을 건설했고 1971년에는 한강민영아파트를 건설했다. 이 아파트들은 중산층을 위한 본격적인 아파트였으며 우리나라 최초로 중앙식 온수난방이 공급되었고, 단지 내에는 상가아파트도 건설했다."²⁰ 아파트단지 외주부(外周部) 가운데 간선도로와 만나는 부분에 들어서게 될, 저층에 상가를 둔 동을 상가아파트라 칭했던 것이다. 그런데 이는 '노선상가아파트'로 따로 구분해 이해해야 한다. 1960년대 후반 상가아파트에 대한 대한주택공사의 생각은 일관적이라 할 수 없었고, 그저 아파트에 상가가 결합하면 가리지 않고 상가아파트로 불렸다.

1973년 대한주택공사는 "서울시 영동지구의 영동임대아파트, 개봉임대아파트, 동작동의 반포아파트, 반포차관아파트, 반포상가아파트와 각 지구의 공공주택, 구미, 마산, 창원의 공단주택 등 5,109호를 완공했는데 부동산 경기의 호전과 공사의 활발한 홍보활동으로 분양 및 임대의 실적은 95퍼센트에 달했다."²¹ 이 기록에 언급된 공단지역의 공단주택 가운데 창원상가아파트는 1975년 3월부터 12월까지 공사가 진행됐는데 1층에 공용시설과 점포가 들어서고 2층 이상에는 13평형 48호, 15평형 64호, 19평형 24호가 들어섰다. 공단 종업원과 그 가족들에게 편의시설을 집중적으로 제공하기 위한 것으로서 창원기계공단의 언저리 허허벌판에 지어졌다는 점에서 서울 등 대도시 도심에 건설된 상가아파트와는 입지 조건이나 생산 배경 등에서 사뭇 달랐다. 굳이 칭한다면 상가복합아파트 정도일 것이다. 주로 1층에 점포가 들어가고 그 위에 살림집이 올라가면 별다른 구분 없이 상가아파트로 부르곤 했으나 단순히 점포와 살림집이 결합된 형태와 세운상가로 대표되는 도심형 상가아파트는 근본적으로 그 특성이 달랐다.

따라서 엄밀한 의미로 다시 풀이하자면, 상가아파트는 원칙적으로 도심형 주상복합건축물로, 급격한 도시화 과정에서 발생한 무허가 주택이나 불량주택의 철거 후 민간자본을 동원한 입체적 도시개발의 결과로 생산된 건축물을 일컬으며, 경우에 따라서는 하

천 복개를 통해 확보한 자동차 도로 상부 공간을 고밀개발의 주체인
민간에게 보상하는 과정에서 생겨난 주택 유형이자 건축 유형이라
할 수 있다.[22]

　　　재밌게도, 중산층을 염두에 둔 상가아파트는 계획대로 작
동하지 않았다. 대한주택공사는 "수년래 번화가에 계속 건립되고 있
는 상가아파트는 그 규모나 설비가 월등히 크고 고급으로 꾸며졌고
주택 가격 또한 막대한 금액임에도 불구하고 인기가 대단함을 볼 때
무엇인가 주택공사가 다하지 못했음을 절감하지 않을 수 없는 것이
다. 물론 상가아파트는 주로 중산층에 속하는 상인을 위하여 계획되
어 있고, 그 기호에 맞았다고 볼 수 있으나 중심가 백화점 상층에 위
치하는 관계로 주거로 볼 때 결함은 한두 가지가 아니다. 혼잡한 출
입, 어두운 복도, 거리의 소음, 주차문제, 방화문제, 무엇보다도 매연
투성이인 혼탁한 공기와 어린이놀이터"[23] 등을 지적했다. 이후 주택
공사는 상가아파트의 대안으로 아름답고 아담한 중산층아파트단지
의 건설을 구상했고, 그 결과 한강맨션아파트를 공급하게 된다.

1967~1970년
서울의 주요 상가아파트

1970년 무렵 서울 종로의 아세아상가와 현대상가아파트가 고급화
전략을 취하며 출현하자, 대한주택공사는 대응책 마련에 고심했다.
이들 상가아파트가 규모나 설비가 월등하고 고급이어서 가격이 높
았음에도 인기를 끌자[24] 경쟁상품을 내놓아야 했던 것이다. 이를 위
해 상가아파트의 실태 파악에 착수, 1967년부터 1970년 사이에 지
어진 서울 시내 주요 상가아파트 18곳을 조사했다.[25]

　　　1969년에 지어진 동대문상가아파트와 성북상가아파트

대한주택공사가 자체 조사한 서울 시내 주요 상가아파트 현황

건설 연도	소재지 구별	소재지 명칭	호당 건평	건설 호수 동수	건설 호수 세대수	연건평	판매(임대)조건 (원/평) 분양	판매(임대)조건 (원/평) 임대	층별	비고
1967	종로	현대	18.2~25.5	1	79	2,160	10만	-	5~13	온수, 스팀난방, 가스 사용, 어린이놀이터(5층 250평)
	종로	아세아	12~18.4	1	100	2,538	10~11만	-	5~8	온수, 스팀난방, 가스 및 석유, 어린이놀이터(현대와 공동 사용)
	중구	대림	17.2~21.5	1	138	4,072	10만	-	5~12	온수, 스팀난방 및 온돌, 가스, 어린이놀이터(5층 400평)
	중구	청계	21~27.23	1	64	1,972	10.5~11만	-	5~8	온수, 스팀난방 및 온돌, 가스 및 석유
1968	중구	삼풍	19.9~52	1	38	1,370	-	8만	11~12	온수, 스팀난방 및 가스 사용
	중구	신성	20~32	1	14	397	11만	-	5	온수, 스팀난방 및 가스 사용 국회의원사무실(6~10층, 175실) +교환실 등 5실 추가
	종로	낙원	19.94~50.62	1	150	4,000	11~12만	-	6~15	온수, 스팀난방 및 냉방 설비, 가스 및 석유, 어린이놀이터(300평), 주차장
1969	동대문	대왕	26~54	1	21	867.24	-	6만	5	온수, 스팀난방 및 냉방 설비, 가스 및 석유, 어린이놀이터(200평), 외국인 15세대
	동대문	동대문	7.98~22.94	4	221	3,123.6	12만 (74세대)	5만 (147세대)	4~14	온수난방, 가스 및 석유
	중구	진양 (대파트 맨션)	28.68~43.01	1	288	10,273	16만	-	5~10 5~16	온수난방, 가스 및 석유, 어린이놀이터(7층), 주차장(3층)
1970	성동	홍인	16~33.5	1	52	1,560	-	5.5만	4~5	스팀난방, 가스 및 석유
	성북	성북	8.5~25	3	86	1,421.8	-	4~4.5만	2~3	수세식, 연탄온돌
	성북	삼선	14.6~15.6	1	38	576	-	3.5~4만	3~	수세식, 연탄온돌
	서대문	뉴스타	27~54	1	158	5,722	11~12만	6~7만	2~5	온수난방, 가스 및 석유

출처: 대한주택공사, 「아파트 실태조사(서울지구)」, 대한주택공사 내부 문건(1971)

가 각각 4동과 3동으로 지어졌을 뿐 나머지 조사 대상 16곳은 모두 단일동 건축물이었다. 세대당 면적은 성북상가아파트의 일부가 8.5평으로 가장 작았으며, 삼풍상가아파트와 대왕상가아파트가 각각 52평형과 54평형으로 최대 평형을 기록했다. 종로의 낙원상가아파트도 이에 뒤지지 않아 일부 세대가 50평을 웃돌았다. 세대수는 신성상가아파트의 경우가 20~32평형 14세대로 가장 적었고,[26] 1970년에 준공한 진양상가아파트(진양데파트맨션)는 288세대에 달해 조사 대상 가운데 가장 많은 세대를 수용했다.

평당 분양 가격은 진양상가아파트가 평당 16만 원으로 가장 높았으며, 현대, 아세아, 대림, 청계와 서소문 상가아파트가 평당 10~12만 원으로 낮은 편에 속했다. 동대문상가아파트와 서대문의 뉴스타, 원일상가아파트는 분양과 전세를 동시에 채택했는데 전세보증금은 평당 3만 5천 원부터 6만 원 수준이었다. 삼풍상가아파트는 평당 8만 원으로 가장 높은 가격으로 임대했다. 대한주택공사의 조사 대상에는 포함되지 않았지만 서대문구 남가좌동에 위치한 좌원상가아파트의 경우는 단위세대 규모가 6평과 8평으로 매우 작은 편에 속해 '독신아파트'라는 이름으로 분양 또는 임대되었는데 분양가는 평당 11만 원, 6평형의 전세보증금은 평당 3만 원으로 가장 낮았다. 세운상가아파트 가동(현대상가아파트)은 준공 즈음에 할부 분양을 단행하기도 했다.

세운상가아파트 가동의 분양 광고가 밝히고 있듯이 대부분의 상가아파트는 고성능 엘리베이터 및 교환용 전화 설치, 온수 공급과 스팀식 난방장치 설비, 욕조가 설치된 수세식 화장실이며 전망 발코니 등을 강조했으며 많은 경우 옥상 인공대지를 활용한 어린이놀이터 구비를 부각했다. 낙원상가아파트와 대왕상가아파트의 경우는 냉방 설비까지 갖췄고, 주방용 가스가 공급된다는 사실도 장

↑↑ 진양데파트맨션 분양 광고
출처: 『경향신문』 1971.2.20.

↑ 좌원상가아파트 분양 및 임대 공고
출처: 『경향신문』 1971.7.21.

↑ 세운상가아파트 가동 할부 분양 광고
출처: 『동아일보』 1967.11.4.

점으로 내세웠다. 그런 이유에서인지 세운상가 나동 분양에는 특별히 '최신 문화아파트 분양 공고'[27]라는 문안이 등장했는데, 이때는 프로판가스를 '문화연료'라 부르던 시절이다.[28]

　대한주택공사가 조사한 상가아파트 18곳 가운데 9곳이 옥상이나 중간층 어딘가에 인공대지를 활용해 어린이놀이터를 조성했다. 세운상가에는 이와 관련해 아주 흥미로운 일화가 있다. 아직 세운상가아파트가 사용승인을 얻기 전에 옥상에 운동장 없는 사립초등학교 설립 인가를 문교부에 신청했는데 안타깝게도 1967년 8월 4일 이를 문교부가 불허했다.[29] 서부이촌동과 마포아파트도 세운상가처럼 지상에 운동장을 갖추지 않은 초등학교 설치 인가 신청을 냈었지만, 운동장을 거대한 건물의 옥상에 마련한다는 것은 시설 기준에 부합하지 않는다고 판단한 문교부는 이들 신청을 모두 불허했다. 당시 사립학교 대부분 정원이 미달이었던 것도 이런 결정에 한몫을 했을 것이다.

　그로부터 1년 남짓이 지난 1969년 2월, 이번에는 한국권투위원회가 나섰다. 세운상가 옥상에 1,500명 정도의 관객을 수용할 수 있는 프로복싱경기장을 건립해 매주 1~2회씩 경기를 치러 프로복싱 붐을 일으키겠다고 회장이 공언했다.[30] 구체적인 이유와 사정은 알 수 없지만 이 역시 실현되지 않았다. 낙원상가아파트도 옥상 활용과 관련해 제법 아름다운 안을 내놓았다. 1968년 1월 작성한 상가아파트 조감도에는 포디움 층의 넓은 인공지반이 각종 수목과 장치로 꾸며질 예정임을 알렸고, 창덕궁과 익선동 한옥마을 그리고 북측으로는 멀리 북악과 인왕을 바라볼 수 있는 호젓한 장소로 사용한다는 계획이었다.[31] 세운상가보다 5년 먼저 지어진 마포아파트나 외국인을 위해 건립한 힐탑아파트에서도 그랬지만, 옥상공간은 전문가나 시민들에게 일종의 판타지 공간이었던 모양이다. 아직까지

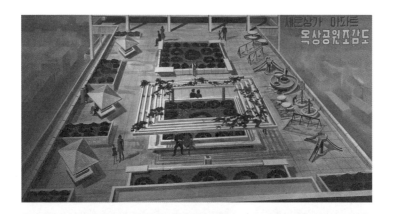

↑↑ 세운상가아파트 옥상공원 조감도(1967.8.7.)
출처: 서울성장50년 영상자료

↑ 낙원상가아파트 조감도(1968.1.9.)   ↑ 낙원상가아파트와 파고다 아케이드 전경(1983.5.17.)
출처: 서울성장50년 영상자료   출처: 서울성장50년 영상자료

는 높은 건축물이 드물던 시절, 옥상은 대지에선 이룰 수 없는 것을
실험해볼 수 있는 또 다른 지면처럼 여겨졌다.

세운상가의 기본설계 확정 및
건설사업자 선정

세운상가는 상가아파트의 대명사로 불리지만 정작 당시 지어진 여
타 상가아파트와는 매우 다르고 특별한 것이다. 도심형 상가아파트
라는 새로운 건축 유형을 선보이고 이를 견인했지만, '상가아파트'라
는 주택 유형학적 입장에서만 보자면 매우 돌발적이고 일탈적인 것
으로서 차라리 변종에 가깝다고 해야 옳다. 물론 손정목의 『서울 도
시계획 이야기』 등에서 언급하듯[32] 정해진 행정 절차와 민주적 의사
결정 과정을 거쳤다고 하기에 민망할뿐더러 때론 폭력적 수법을 동
원해 도시풍경을 바꾼 극단적 사례라 할 수도 있다. 따라서 1960년
대 후반의 주택 유형을 언급할 때 세운상가는 지극히 예외로 봐야
한다.

　　　서울시의 공식 문건을 통해 세운상가의 기본설계가 확정
되고 공사 착공에 이르게 되는 과정을 살펴보자. 1966년 9월 30일
서울특별시 계획과장은 주택과장에게 내부 공문을 발송하면서 서
울 종로3가-청계천3가 구간의 상가아파트 사업계획서와 설계 도서
를 보내달라 요청했다. 새로 취임한 김현옥 서울특별시장이 대통령
에게 업무 보고를 통해 '종로-필동 사이의 무허가건물 일체를 철거,
정리하고 도로용지 일부에 민간자본을 유치해서 산뜻한 건물을 짓
겠다'고 한 지 3개월이 지난 시점이었다. 그동안 서울특별시 주택과
에서는 아직 한국종합기술개발공사와의 설계 계약이 체결되지 않
은 상황이었지만[33] 아마도 양측의 구두약속 정도로 일을 진행했던

388

↑ 유진상가아파트의
인공대지에 조성된 어린이놀이터
ⓒ김병민

→ 세운상가 나동 개관 모습(1968.2.5.)
출처: 서울성장50년 영상자료

→ 세운상가 전체 모습(1968.10.1.)
출처: 서울성장50년 영상자료

것으로 보인다. 그런 까닭에 '한국종합기술개발공사에서 작성한 종로지구 상가아파트 건립 기본설계 확정과 더불어 실시설계를 기본설계를 중심으로 작성하되 건축비 절감에 유의하고, 층수는 형편에 따라 가감할 수 있다'는 방침이 1966년 10월 6일 김현옥 시장의 결재를 통해 확정된다.[34] 다음 날인 10월 7일에는 종로구청에서 서울특별시장에게 「상가주택 건립 시행자 추천 보고」라는 공문이 전달됐는데, 아세아상가주식회사(대표 이태관)와 현대건설주식회사(대표 정주영)를 종로3가–청계천3가 구간의 상가아파트 건립 시행자로 추천한다는 내용이었다.

　　1966년 9월 30일 계획과장이 주택과장에게 요청한 상가아파트 사업계획서와 설계도서는 이 절차를 마친 1966년 10월 10일 답신으로 전달된다. 이 답신 공문에는 '상가아파트 건립사업계획 지침서, 상가아파트 건립 기본설계서, 종묘–대한극장 간 상가투시도'가 첨부되었다. 바로 이 과정에서 10월 6일 김현옥 시장의 결재로 확정된 한국종합기술개발공사 김수근 팀의 세운상가 기본설계도가 세상에 선보여졌다.

　　이틀 뒤인 1966년 10월 12일엔 상가아파트 건설회사 선정이 마무리됐다. 종로 구간의 상가아파트 건설을 맡을 회사를 물색하라는 지시가 구청장에게 전달되었고, 그 결과 서울시가 소유한 시유지(市有地) 부분은 현대건설이, 사업구역에 포함된 사유지(私有地) 부분의 상부 구조물 시공에는 대일건설(대표 박성식)이 선정되었다. 시장은 종로구청장으로 하여금 실시설계도서를 준비해 사업승인 신청을 추진하고 '도시재개발사업의 취지와 수도 중심가의 근대화 형성의 의의가 충분히 반영되도록 계획'할 것과 사유지 소유자들로부터 대지 사용 승낙서를 기공 이전에 받을 것을 지시했다.[35] 이 같은 지시사항이 소상히 적힌 문건에는 상가아파트 실행 담당자 결정 자료가 첨부됐다.

그로부터 한 달 뒤인 1966년 11월 15일에는 중구에 속하는 구간(종로 구간을 A지구라 했고 중구 구간은 흔히 B지구로 불렀다)의 상가아파트 건설을 담당할 회사 선정이 이뤄졌다. 종로 구간의 경우와 마찬가지로 중구청장으로 하여금 적당한 건설사를 찾아보라 지시한 결과 6개 회사가 신청했는데, 사업의 적기 추진 가능성과 건설자금 확보 능력 등으로 볼 때 대림산업주식회사가 유일한 적격자로 판단되었다. 이에 따라 서울특별시는 B지구 건설회사로 대림산업을 확정했고, C, D지구의 경우에는 자격 요건을 분명히 제시한 뒤 이에 응하는 신청자를 대상으로 심사, 선정하기로 결정했다.[36] 이후 같은 방법으로 나머지 C, D지구에 대한 건설회사 선정 절차가 진행되었고, 시공 과정에서 일부 설계변경과 시공기한 연장 등이 뒤따랐다.[37]

세운상가의 종로 구간 기본설계 내용은 비교적 널리 알려져 있다. 건축물의 용적률은 300퍼센트로 하되 도로 부분을 제외한 순용적률은 500퍼센트까지 확보될 수 있도록 했으며, 전체 건물군의 높이는 8층을 유지하면서 간선도로와 만나는 곳은 탑상형으로 고층화해 시각적 변화를 주었다. 그동안 볼 수 없었던 거대건축물(mega-structure)이라는 점에서 도시 내 도시(city in the city)의 개념을 구현하기 위하여 보행 접근성이 떨어지는 2층과 4층에 커피숍, 식당, 병원 등을 배치하고 3층은 보행과 판매가 이루어지는 쇼핑몰로 구성했다. 또한 후일 문교부의 반대로 무산되기는 했으나 초등학교를 옥상에 배치하는 계획을 세우는 등 입체적 복합 기능을 가진 하나의 도시적 건축물이 되도록 노력했다.

각각의 건물군을 연결하는 보행자용 인공 데크를 건물의 3층 레벨에 설치함으로써 종묘에서 남산을 잇는 1킬로미터의 보행

↓ 상가아파트 건립 실행 담당자 결정 자료 중
사업 실행 담당 신청자 목록(1966.10.12.)
출처: 서울특별시

↓↓ 대림상가아파트
신축공사 현장 모습(1967.7.26.)
출처: 서울성장50년 영상자료

商街아파-트建立 實行担當者 決定資料

가. 事業實行 担當 申請者

地區別	申請會社名	代表者	事業計劃	資本區分	資本金	工事金額	工事經歷	備考	實行者 決定表示
鍾路地區 私有地上	亞細亞商街 株式会社	李兼官	1. 垈地面積　624坪 2. 總建坪　4,922坪 3. 8層建物　1棟 　1層 店鋪～3.5坪～140個 　2. 〃 ～3.5～180 　3. 百貨店～全전도～200台 　4. 事務室～其他　500坪 　5. 아파-트～12坪～40户 　6. 〃 〃　40 　7. 〃 〃　9坪　54 　8. 〃 〃　12坪　40 　4. 보이라　1個	株式	1,500,000 (綜合資出分)	215,760,000 1. 店鋪 99,840,000 2. 아파-트 112,320,000 3. 附帶工事費 　3,600,000	大一建設 66.6.10.着市 臨機埋設工事 4件外 10年間에 125 件의 工事經了 保有	1. 銀行残高証 明と事業設計 計劃를 施師 時提示急計 2. 大一建設株 式会社에 工事指定	
鍾路地區市有地上	現代建設 株式会社	鄭周永	1. 垈地面積　416坪 2. 總建坪과 建物構造는 細部設計確定時 提示	株式	20億	308,235,000 1. 舗道覆盖 17,815,000 2. 店 鋪 132,420,000 3. 아파-트 152,000,000 (確定額은 細部設計 確定時提示急計)	當市 第三漢江 橋架設工事 外 6年間의 75件 의 工事經了保 有	1. 銀行残高 証明과 事業 細部設計劃을 立ち時提 示急計	

자물이 조성되도록 했고, 지상 1층에는 도로와 주차장을 설치하여 보차분리를 꾀했다. 건물의 용도는 1~4층은 상가, 5층 이상은 아파트로 하되 5층엔 소위 인공대지 개념을 도입해 공원, 어린이놀이터, 시장 등의 기능을 수행하도록 구상했다. 상가아파트 입주자의 거주성을 고려해 중정에는 대형 아트리움을 두고 주거동은 한 층씩 올라가며 뒤로 밀리는 방식으로 설계했다.[38]

세운상가의 마지막 블록인 신성상가에서 유년을 보냈으며, 최근 세운상가와 을지로 일대에 관한 연구를 수행한 건축가 김성우는 상가아파트에 대해 다음과 같이 묘사했다.

충무로 일대에서 단칸방에 세 들어 살며 작은 약국을 운영하시던 나의 부모님은 세운상가군의 마지막 블록에 위치한 '신성상가'에 처음 아파트를 마련했다. 한 사람이 겨우 지날 정도의 가파른 계단을 오르내려야 했던 셋방에 비하면 그곳은 놀라운 현대식 문물을 자랑했다. 넓은 복도, 엘리베이터, 게다가 집 안에 화장실이 있는 아파트에 살게 된 것이 너무나 좋아서 밤에 잠도 잘 못 이루셨다는 어머니의 말씀이 기억난다.

1970년대 초 태어난 나는 일곱 살이 될 때까지 그곳에서 유년기를 보냈다. 신성상가의 어둡고 넓은 복도는 동네 형들과 자전거를 타고 돌아다니는 트랙이었고 진양상가와 신성상가 사이 중간 옥상에 위치한 놀이터는 '무궁화 꽃이 피었습니다' 놀이를 하기에 맞춤이었다. 평평하고 단단한 콘크리트 바닥을 뛰어다니면 놀다 보면 가볍게 넘어져도 무릎이 깨지는 경우가 많아 다섯 살 때는 결국 팔이 부러져서 한동안 왼팔에 깁스를 하고 지냈다. 어렸을

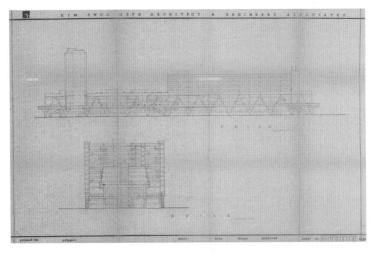

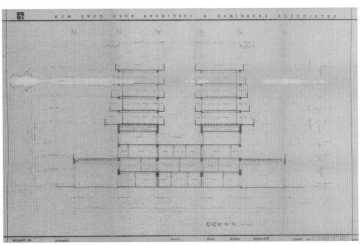

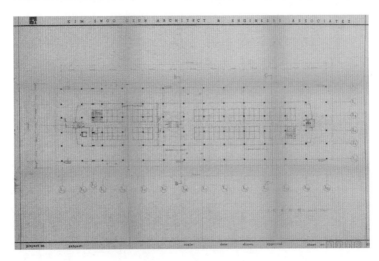

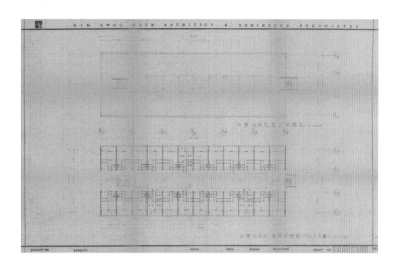

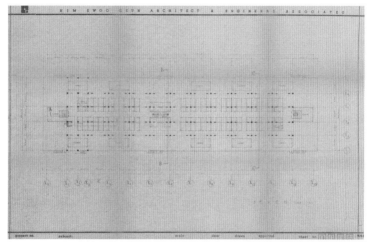

← 종로지구 세운상가아파트 서측 및 남측 입면도
출처: 서울특별시+ⓒ한국종합기술개발공사

← 종로지구 세운상가아파트 C – C 단면도
출처: 서울특별시+ⓒ한국종합기술개발공사

← 종로지구 세운상가아파트 1층 평면도
출처: 서울특별시+ⓒ한국종합기술개발공사

↑↑ 종로지구 세운상가아파트 3층 평면도
출처: 서울특별시+ⓒ한국종합기술개발공사

↑ 종로지구 세운상가아파트
저층아파트 옥상층 및 기준층 평면도
출처: 서울특별시+ⓒ한국종합기술개발공사

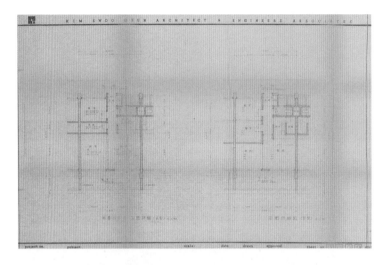

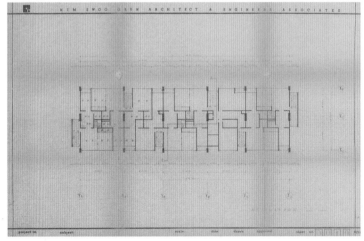

← 종로지구 세운상가아파트 저층아파트 A, B형 평면상세도
출처: 서울특별시+ⓒ한국종합기술개발공사

← 종로지구 세운상가아파트 고층아파트 기준층 평면도   ↓ 종로지구 세운상가아파트 아트리움(2017)
출처: 서울특별시+ⓒ한국종합기술개발공사   ⓒ박철수

↑↑ 성북상가아파트 입주 안내   ↑ 유진상가아파트 전경(1977.5.10.)
출처: 『매일경제』 1970.1.12.   출처: 서울성장50년 영상자료

때는 세운상가 밖으로 돌아다녔던 기억은 없고, 항상 상
가 내부의 보행 데크와 복도에서 뛰어다니면 놀던 기억뿐
이다. 아마도 그 당시 충무로 일대가 워낙 복잡하고 위험
해서 부모님은 어린 나를 아파트 밖으로 나가지 못하게 하
셨던 것 같다. 대신 아버지가 주말만 되면 나를 데리고 북
한산에 가셨는데 그래서인지 거대한 콘크리트 건물들이
답답하거나 무섭게 느껴지지 않았다.[39]

상가아파트의
전형

소개공지라는 예외적 상황 덕에 들어설 수 있었던 세운상가아파트
와 달리, 삼선상가아파트와 유진상가아파트, 풍교상가아파트 등은
각각 성북천과 홍제천, 정릉천 상부에 지어졌다.[40] 도심 내 시유지가
부족했던 서울시는 민간 건설회사의 자금으로 하천을 복개하고 자
동차 도로를 확보한 뒤 그 위에 건물을 짓는 방식을 택했다. 서울시
는 천변의 재래시장을 정비하는 동시에 도로를 얻고 주택을 공급할
수 있었고, 건설회사는 주택 분양 및 임대로 이윤을 취할 수 있었다.
하천 위 아파트는 이 모델에 제격이었다. 도드라진 규모와 형상의 거
대구조물이나 유려한 곡선미를 자랑하는 대규모 주상복합건축물의
출현은 결국 서울시의 궁여지책과 민간 자본이 결합해 도시개발사
업을 감행한 결과였다.

　　　　낙원상가아파트가 특히 그러했다. 이곳은 한국전쟁 이후
월남한 이들이 주로 모여들던 서민들의 시장이었는데, 세운상가와
거의 동시에 추진한 도시미화사업의 일환으로 철거되었다. 서울시
는 '낙원시장 자진 철거 영세상인을 [낙원상가아파트에] 우대 입주

↑↑ 철거 직전인 1967년의 낙원재래시장
출처: 국가기록원

↑ 낙원상가 점포 임차 신청 안내
출처: 『동아일보』 1968.4.27.

시키되 지하층과 2층 입주 구분은 추첨으로 결정했다'.[41] 595개의 점 포 가운데 320곳을 우대 분양해 소위 '낙원 수퍼마케트'를 조성했고, 6층부터 15층까지 '냉온방 시설을 구비한 초현대식 아파트 22평형 170세대'를 분양했다.[42] 이 역시 3·1로의 개통으로 을지로-퇴계로-청계천-종로를 거쳐 지금의 율곡로로 도로를 잇기 위한 조치였다. 이로 인해 1층은 도로와 주차장으로 할애되었다. '도시는 선이다'라 는 김현옥 시장의 구호는 이렇게 구체화되었다.

1967년 상반기는 선거의 시기였다. 5월에 6대 대통령 선거 가 있었고, 6월에는 7대 국회의원 선거가 있었다. 1963년에 이어 재 선을 노리는 박정희와 대통령직을 세 차례 연임할 수 있도록 헌법을 바꾸려던 공화당은 모든 수단을 동원해야 하는 선거였다. 박정희 정 권에 수도 서울의 표심은 골칫거리였다. 농촌보다 도시, 그중에서도 특히 서울에서 야권을 지지하는 성향이 높았다. 집권 세력 입장에서 는 서울 인구의 상당수를 차지하고 있던 빈민과 일반 서민들의 마음 을 사로잡는 정책이 매우 절실했다.[43] 상가아파트 건설은 이러한 속 내가 반영된 도시개조사업 중 하나였다. 새로운 주택을 공급하고 도 시가 쉼없이 발전하고 있다는 이미지를 부여하기에 상가아파트는 제격이었다.

이후 상가아파트는 점차 도심에서 벗어나 외곽이나 변두 리 지역으로 번져나갔다. 하지만 규모와 형상이 달랐다. 1967년부터 1970년 사이에 건립된 대현상가아파트가 대표적이다. 1963년의 서 울시 행정구역 확장으로 포함된 외곽지역에 들어서기 시작한 상가 아파트는 상대적으로 좁은 대지에 밀도를 높이는 방식으로 건축물 이 지어졌다. 점포뿐만 아니라 목욕탕이나 이발소 등과 같은 주민편 의시설이 낮은 지층부에 들어섰고 그 위로 주택이 올라섰다. 도심재 개발사업(서울시에서는 도심 상가아파트 건립사업을 때론 '서울특별

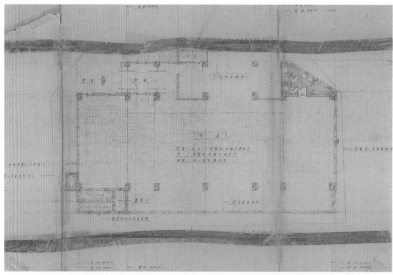

↑↑ 대현상가아파트 전경(2016)   ↑ 대현상가아파트 1층 평면도
출처: 서울역사아카이브   출처: 서울역사아카이브

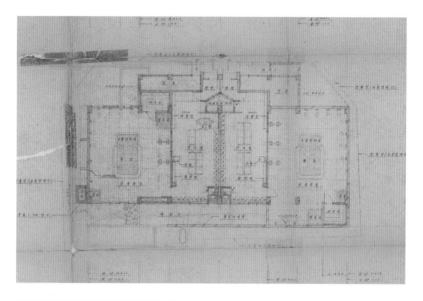

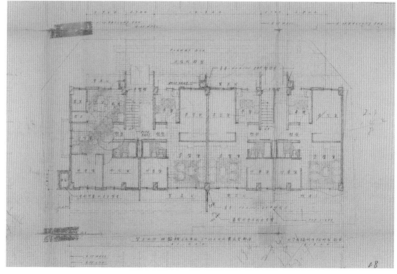

↑↑ 대현상가아파트 2층 평면도   ↑ 대현상가아파트 3층 평면도
출처: 서울역사아카이브   출처: 서울역사아카이브

점포임대안내
73년도 서울특별시 지정 시범시장
초 현대식 맘모스 상가 아파트

■거리
시청에서 약18분정도

■버스노선
61번·62번·76번·98번·99번·
103번·109번·110번

■위치
서울특별시 영등포구 신길동116-15
여의도 개발지구 인접신흥주택가

■임대점포수
1. 양품부-12
2. 식품부-30개

■문의처
대신시장주식회사 관리사무실
전화번호 69-6050

■입지조건
영등포·노량진간 대로에서 남쪽으로불과
100m 강변 1로 진입로에서 400m 여의도
개발지구에 최인접한 신흥주택가로서 교
통이 매우 편리하며 발전성이 가장 높은
입지조건을 구비하고있음

■특징
●시장개설 만7개년의 전통을계승
●초현대식 맘모스 상가아파트로서 입
주세대 무려 70세대(240여세대예정)
●점포임대보증금이 타시장에 비하여
저렴함.
●옥내외 주차시설을 하여 무게한
수용 가능.
●지하층300여평 보세공장가능중.
(종업원수200여명)

市內 中心地에 位置한
最高級 **아파트** 破格的인 廉價로
分讓開始 !

◉아파트 位置 및 特徵
1. 梨泰院洞56~9 (골드장군동상옆편 이배
원시장)
2. 交換電話施設및 TV綜合안테나線 配線
3. 建物 全体보이라 施設(暖房.冷温水 恒
時使用)
4. 棟當房 2~3個및 應接室(最高級마루)
火災 警報器. 부엌. 발코니. 沐浴湯.水洗式
便器. 장독대. 汚物處理場
5. 어린이놀이터및 駐車場施설 完備

◉分讓價格 및 世帶數
1. 世帶別 坪數 20坪부터 27坪
2. 世帶數 各層別 14世帶

3. 層別坪當価格
2층 5층坪當
120,000원
3층, 4층坪當
130,000원

4. 代金拂入方法
계약금10%, 中
途金50%, 殘金
40%(中途金까
지拂入)入
住할수있으며
預金은 5個月
間分納可能함)

5. 입수予定일
71年 10月30日
入住盛況中 !

6. 其他 詳細한것은
管理事務室
로問議하시압

梨泰院商街아파트事務室
T E L (43)7880

← 대신상가아파트
점포 임대 안내
출처: 『경향신문』 1973.4.9.

← 이태원상가아파트 분양 광고
출처: 『매일경제』 1971.11.18.

← 세운상가 다동
삼풍상가아파트 광고 전단

↑ 서울 서교동 단독주택 밀집지역에
1971년 들어선 영진상가아파트(영진맨션)
항공사진(1972)
출처: 서울특별시 항공사진서비스

↑ 대전 인흥상가아파트 전경(2015)
ⓒ최호진

→ 1971년 2월 준공한 서울 영등포구 신길동의
대신상가아파트 항공사진(1982)
출처: 서울특별시 항공사진서비스

→ 서소문상가아파트(2019)
ⓒ권이철

시 특수사업'이라 칭하기도 했다)과 달리 필지별 건축행위의 결과로 등장한 경우다. 주변의 재래시장이나 누추한 가게와는 달리 새뜻한 모양과 명료하게 구획된 신식 점포 위에 주택이 결합한 것이니 여기에 사업시행자가 붙인 이름이 '상가아파트'였다. 1970년대의 맨션아파트나 1980년대 후반에 등장한 빌라라는 명칭이 붙는 방식도 이와 다를 것이 없었다.

상가아파트가 특별한 조건이나 도시의 공간구조 변화와 무관하게 이제 보통명사가 되어 전국적으로 번지게 된다. 이른바 재래시장 근대화사업, 또는 넓게 퍼진 재래시장의 압축적 고밀화가 필요한 곳이라면 어디건 상가아파트가 등장했다. 도심과 변두리를 가리지 않았고, '상가'에 주목하기보다는 '최고급 아파트'를 획득하기 위한 수단으로 상가아파트가 활용됐다. 도로와 면하는 곳 1층에는 대개 상가를 두고 나머지 건축용적 모두를 주택으로 사용하는 육면체 형상의 주상복합아파트라면 가릴 것 없이 상가아파트로 불렸고, 이는 세운상가아파트를 모델로 삼은 것이었다. 때론 민간이 사업을 벌이면서 마치 서울시가 하는 사업인 양 상가아파트 분양에 나서기도 했다. 서울에서의 움직임은 그대로 지방으로 전해져 국공유지거나 하천을 복개한 곳이라면 지방정부가 나서서 상가아파트사업을 주도했다. 진국에서 서울과 동일하거나 유사한 방식으로 재래시장의 고밀화가 이루어졌다. 1967년 7월 26일 '한국사상 최초의 명소!! 동양 최대의 웅장한 규모!!'를 외치며 세운상가아파트 가동 1, 2층을 개관한 세운상가는 그렇게 상가아파트의 대명사가 됐으며, 1970년대 중반에 이르면 여기에 다시 한강맨션아파트에서 비롯한 '맨션'까지 보태지며 '상가맨션아파트'로 한 걸음 더 내딛는다.

상가아파트는 이승만 정권 시절의 상가주택과 마찬가지 서울형 건축 유형으로 분류할 수 있다. 상가주택이 '상가주택 건설구역'에 한해 정부 재정의 융자를 바탕으로 이뤄진 도시 개조였다면, 상가아파트는 재개발지구 지정과 일단의 불량지구 개량사업이라는 대규모 도시개발사업을 통해 부지를 확보하고 고급 설비가 내장된 주택과 점포를 복합했다는 점이 다르다. 그러나 이 건축 유형은 일제강점기의 아파트와 매우 유사하다. 도시성의 고양이라는 점에서도 그렇지만 그것이 중심상업지역에서 출발했다는 점에서 더욱 그렇다.

　　최근 서울시는 시가 소유한 차고지나 도로 같은 인프라스트럭처 위에 주거 및 상업 시설 복합용도의 건축물을 계획하고 있다. 어쩌면 이들의 먼 근원이 상가아파트일 것이다. 상가주택은 10년의 간극을 통해 상가아파트라는 거대구조물로 진화했고, 그렇게 얻은 상징자본과 명성은 전국으로 퍼져나갔다. 이 과정에서 상가아파트의 독특한 규모와 공간 구성이 흐릿해지기는 했으나, 이 유형의 주택을 특별히 주목해 살펴볼 때는 김현옥 서울시장 취임 이후 하천 복개 및 도로 개설이 이뤄진 지역과 견주어 파악해야 한다.

주

1 『경향신문』 1967년 1월 4일자 기사에 서울특별시 '시정의 방향' 11가지가 실렸다.
① 도시 과밀화 방지 및 완화대책으로 390만 평에 달하는 토지구획정리사업 실시,
② 교통난 완화를 위한 시영버스 100대 추가 투입과 14개 노선 신설, ③ 40만에 달하는
고지대 주민 편의 증진을 위한 상수도 시설 확장 및 증산 급수, ④ 계절에 따라 반복되는
수해 방지와 청소 및 월동기 대책 등 영세민 구호계획 수립과 시행, ⑤ 도심지대의
개조사업 적극 추진으로 현대도시로의 면모 일신, ⑥ 간선도로변 불량주택 1만 동에 대한
개조를 통해 문화도시로의 면모 갖추기, ⑦ 도심재개발을 위한 민간자본 유치사업의
적극 추진—상가아파트 건립, 시청 앞 지하상가 조성, 을지로 탑 건립, 시청 뒤 종합청사
건립 및 국제시장과 중앙도매시장 개설, ⑧ 도심지 교통 여건 개선을 위한 입체교차도로
건설, ⑨ 수도건설사업에 시 재정 긴축자금 3억 원 투입, ⑩ 정신 건설 도모를 위한
시민대학 설치 운영과 구별 시민참여사업 실시, ⑪ 가칭 서울가스 공장을 건설하여
연료혁명의 기틀 마련 등이다.

2 『동아일보』 1967년 1월 5일자.

3 당시 『경향신문』은 「황색 헬맷: 돌격 시정현장」이라는 제목의 연속기사를 내보냈는데,
1967년 2월 2일엔 '상가아파트'를 소개하면서 '도시고도화사업으로 주택난을 해결하고,
모범상가를 조성할 목적으로 상가아파트를 건립'한다고 썼다. 사실 '돌격'이라는
군대용어를 행정업무와 관련해 처음 사용한 건 1964년 정일권 내각이 출범할 때였다.
당시 국내외 여건이 어려운 형편이라면서 6개월~1년 내에 이를 일신할 대책을 강구할
것이라 선언하고 매우 의욕적으로 업무를 처리하는 태도를 보여 언론에서 정일권 내각을
'돌격 내각'이라 불렀다.

4 1967년 5월 27일 김현옥 서울시장은 서울특별시 기자실을 찾아 서울을 인구
100만~150만 명이 거주하는 새로운 행정수도로 만들겠다는 새서울 백지계획
추진을 발표했다. 지형이나 여러 조건을 감안하지 않은 상태에서 백지 위에 도심의
주거지와 도로 등을 그려 넣겠다는 의지가 담긴 이 계획은 도시계획가 박병주의 주도로
만들어졌으며 같은 해 8월 11일 김현옥 시장이 공개했다. 구체적인 일화와 계획안
작성 과정 등에 대해서는 손정목, 「새서울 백지계획(상)」, 『국토』(국토연구원, 1997),
112~123쪽 참조.

5 『동아일보』 1968년 5월 28일자. 이 기사는 '새서울 백지계획에 대한 전문가들의 제언'
연재 가운데 하나다.

6 대한주택공사 기록에 의하면, 1958~1959년에 걸쳐 육군 제1군 공병단이
철근콘크리트 구조로 서울 서대문구에 상가아파트를 건설했고(서울상가, 92세대),
이를 대한주택영단이 인수했다(대한주택공사, 『대한주택공사 주택단지총람
1954~1970』[1979], 311쪽 참조.) 하지만 여러 정황으로 보아 이 건물은 1960년대 중반
이후 등장한 '상가아파트'라기보다는 '상가주택'이라 할 수 있다.

7   황두진, 『가장 도시적인 삶』(반비, 2017), 273~275쪽 가운데 주목할 만한 언급이
         있다. "세운상가는 흔히 한 건물처럼 이야기되지만 엄연히 공사 주체와 건립 연도가
         제각각으로 여덟 개에 달하는 건물의 집합체다. 그중에서 역사가 가장 오래된 것은
         이미 철거된 종로변 현대상가와 그 바로 뒤의 세운상가 가동(당시 아세아상가)이다.
         현대상가는 이미 철거되었으나 현재 남아 있는 세운상가 가동의 경우 1967년 11월
         17일에 사용승인을 받았다. 좌원상가아파트보다 약 1년이 늦은 것이다. 1967년 7월
         27일자 『매일경제』 기사에 따르면 바로 그 전날인 1967년 7월 26일에 육영수 여사와
         김현옥 시장이 1, 2층 상가 개장에 참석했고 그 위는 아직 공사 중이었다. 5층부터
         13층까지 아파트가 들어간다고 쓰인 것으로 보아 현대상가를 의미한다. 기사 내용을
         보면 현대상가와 세운상가 가동은 비슷하게 공사가 진행되었던 것으로 추측된다.
         즉 좌원상가아파트가 세워지고 반년이 지난 후에도 세운상가를 구성하는 최초의 두
         개 동은 아직 공사 중이었던 것"이라는 내용이다. 특히 황두진은 좌원상가아파트의
         건축물대장에 쓰인 사용승인 일자가 1966년 12월 23일이라는 사실을 들어
         좌원상가아파트를 한국 주상복합건축의 시초로 봤다. 그럼에도 불구하고 건축물
         사용승인일로부터 4년이 훌쩍 지난 1971년 7월 21일 좌원상가아파트 분양 광고에
         '7월 말 입주 보장'이라는 내용이 담긴 것으로 미루어 건축물대장의 사용승인일이
         잘못되었거나 그 시점까지도 분양이 채 끝나지 않았거나 하는 등의 다양한 시나리오를
         생각해볼 수 있다고 논의를 열어둔 바 있다.

8   五島寧, 「京城の街路建設に関する歴史的研究」, 日本土木學會, 『土木史研究』
         第13號(1993), 101쪽. 조선총독부 관보에 의하면 경성의 소개공지지구는 1945년 4월
         7일, 4월 19일 그리고 6월 14일에 걸쳐 지정됐다.

9   백욱인, 『번안 사회』(휴머니스트, 2018), 222~223쪽을 요약, 정리했다.

10   김현옥과 허의도의 1994년 『월간중앙』 인터뷰, 강준만, 『한국현대사산책 1970년대
         1권』(인물과사상사, 2002), 51~52쪽 재인용.

11   세운상가 건립과 관련한 다양한 논의와 일화 등은 손정목, 『서울 도시계획
         이야기 1』(2003), 241~286쪽 참조.

12   당시 HURPI에는 윤장섭과 손정목이 비상임으로 연구에 참여했으며 우규승, 강홍빈,
         유완, 김진균, 고주석, 문신규, 강위훈 등이 전임으로 일하고 있었다. 같은 책,
         257~258쪽 참조.

13   이 기공식에서 김현옥 시장은 많은 사람이 보는 앞에서 흰 종이와 붓을 가져오라 한 뒤
         큰 글씨로 '世運商街'라는 휘호를 썼다. '세계의 기운이 이곳으로 모이라는 뜻'이라는
         설명도 덧붙였다. 오늘날의 이곳에 자리하고 있는 일련의 건물군을 세운상가나 '다시
         세운'으로 통칭하게 된 순간이다. 보다 자세한 내용과 구체적 설명은, 같은 책, 263쪽
         참조.

14   황정은, 「웃는 남자」, 『제11회 김유정문학상 수상 작품집』(은행나무, 2017), 38쪽.

15   황두진, 『가장 도시적인 삶』, 289쪽.

16   이승만 대통령은 서울 도심의 상가주택 건설구역을 대상으로 상가주택을 지을 것을
     지시하면서 독일 베를린의 사례를 강조한 바 있다. 『신두영 비망록(1) 제1공화국
     국무회의(1958.1.2.~1958.6.24.)』, 19~20쪽(12쪽), 국가기록원 소장 자료.

17   염재선, 「아파트 실태조사 분석: 서울지구를 중심으로」, 『주택』 제26호(1970),
     113쪽에는 1970년을 기준으로 당시 서울의 아파트를 7개 유형(주택공사아파트,
     공무원아파트, 상가아파트, 맨션아파트, 일반아파트, 서민아파트,
     시[市]중산층아파트)으로 구분해 도심으로부터의 거리, 세대당 평수 등을 비교하고 있다.
     상가아파트는 세대당 규모는 8.5~54평으로 맨션아파트에 뒤져 두 번째이지만 위치는
     대부분 도심으로부터 6킬로미터 이내로 도심과 가장 가까웠다.

18   권영덕, 『1960년대 서울시 확장기 도시계획』(서울연구원, 2013), 93쪽.

19   여기서 김현옥 당시 서울시장의 이력을 살펴볼 필요가 있다. 그는 1950년 한국전쟁에
     참전했으며, 1953년 육군대학에 입교 후 같은 해 6월 수료했다. 1954년 3월
     육군수송학교장을 거쳐 1954년부터 1955년까지 육군본부 수송감실 차감으로 일했고,
     1955년부터 1957년까지 육군수송학교장을 지냈다. 이후에도 주로 야전사령부
     수송참모부와 항만사령부 등의 지휘를 맡았다. 1962년 육군 준장 예편 후 부산시장으로
     4년 근무한 뒤 1966년 서울특별시장으로 자리를 옮겨 '불도저 시장'이라는 별명을 갖게
     된 이면에는 그의 군 경력과 수송 분야의 경험이 영향을 미쳤을 것이라 짐작된다. 그가
     남긴 말로 알려진 '도시는 선이다' 역시 속도와 이동에 대한 가치관의 다른 표현이기
     때문이다.

20   대한주택공사, 『대한주택공사 20년사』(1979), 367쪽.

21   대한주택공사, 『대한주택공사 20년사』, 271쪽.

22   서울 소재 상가아파트의 경우 2002년 9월 현재 성북구의 성북천과 정릉천 상부에
     각각 삼선상가아파트와 풍교상가아파트가 자리하고 있었으며, 서대문구의 홍제천에는
     유진상가, 종로구 홍제천 구간 상부에는 신영상가아파트가 있고, 이들은 모두 철거
     후 자연형 하천으로 되돌리겠다는 정책 결정이 있었지만 일부만 계획대로 시행됐다.
     서울특별시 건설국 치수과, 「하천 복개구조물상 상가아파트 정비 검토」(2002.3.).

23   임승업, 「우리나라 최대 최고 시설을 자랑하는 한강맨션아파트 계획의 언저리」, 『주택』
     제25호(1970), 59쪽.

24   같은 곳.

25   대한주택공사, 「아파트 실태조사(서울지구)」, 대한주택공사 내부 자료(1971), 13쪽.

26   당시 신성상가아파트는 189세대를 수용했으나 6~10층 175실이 국회의원 사무실로
     쓰였기 때문에 주거용은 14세대에 불과했다. 신성상가아파트의 이런 특수성을 고려하지
     않는다면, 수용 규모가 가장 작은 곳은 21세대뿐인 대왕상가아파트였다.

27   『동아일보』 1968년 10월 14일자.

28   1964년 6월 11일 대성연탄주식회사가 『동아일보』를 통해 실은 광고에는 '주부에게

보내드리는 문화의 선물', '문화연료 프로판가스'라는 문구가 사용됐다.

29   「세운상가 사립 국교 계획 좌절」, 『동아일보』 1967년 8월 4일자.

30   「세운상가 옥상에 복싱경기장」, 『조선일보』 1969년 2월 5일자.

31   이와 관련해 유니테 다비타시옹에 대한 설명을 살펴보자. "옥상에는 각종 운동 및 집회
     시설을 두었다. 건축가는 옥상을 여객선의 갑판으로 보고 굴뚝, 난간 같은 시설을 그곳에
     설치했다. 높이 솟아오른 환기용 굴뚝은 여객선의 연통이다. 마르세유는 원래 그리스의
     식민지였다. 그리스는 체육과 야외활동, 그리고 민주주의의 원천이다. 르 코르뷔지에는
     옥상에다 체육관 수영장, 유아원, 그리고 노천극장 등을 두었다. 주민들은 지중해가
     바라보이는 맑은 공기에서 운동하고 뛰놀 수 있게 되었다. 과거 그리스의 시민들처럼."
     손세관, 『집의 시대』(도서출판 집, 2019), 166쪽.

32   손정목, 『서울 도시계획 이야기 1』, 257~258쪽 참조.

33   서울특별시와 한국종합기술개발공사(대표 김수근) 사이의 설계용역(세운상가 A, B, C,
     D지구) 계약은 1966년 10월 21일 체결되었다.

34   서울특별시, 「상가아파트 건립 기본설계 결정」, 서울특별시 내부 문건(1966.10.6.).
     이 결재 문건에는 김현옥 시장의 자필 당부가 추가됐는데, ①종로지구 상가아파트
     건설은 중구청장과 종로구청장 책임으로 실시하고, ②서울특별시는 설계와 지원에
     만전을 기해 절대로 차질이 없도록 하라고 지시한 내용이다. 여기에 특별히 '비협조적
     언동이 있을 경우에는 엄중 문책하겠다'는 점을 강조해 덧붙였다.

35   서울특별시, 「상가아파트 건설회사 선정」, 서울특별시 내부 문건(1966.10.12.).

36   서울특별시, 「상가아파트 건립회사 선정」, 서울특별시 내부 문건(1966.11.15.). 이때
     결정된 자격 요건은 지구별 총공사비의 10분의 1 정도를 1966년 11월 19일 정오까지
     상업은행 금고에 적립하되 공사금 적립확인서를 서울시에 제출하는 것이었다. 심사를
     통해 선정된 건설회사는 한국종합기술개발공사와 즉시 설계용역 계약을 체결하되
     기공식 준비와 사유지에 대한 보상 사무는 구청장 책임으로 건설회사와 협의해
     시행하고, 대지 사용 승낙서 징수까지 맡을 것을 지시했다. 다만, 기공식 준비 상황은
     서울시에서 직접 지도할 것이라고 했다.

37   서울특별시, 「상가아파트 건립계획 변경」, 서울특별시 내부 문건(1968.2.15.). 해당
     문건에 따르면 D지구 3공구 시공을 맡았던 삼원건업주식회사에서 외국산 자재
     도입이 여의치 않아 공사기간을 늘려야 한다는 점을 들어 설계변경을 요청했다.
     한국종합기술개발공사는 검토를 거쳐 다양한 외국산 자재를 사용하면서 당초
     22층으로 계획했던 호텔을 15층의 상가아파트로 변경하는 것이 타당하다는 의견을
     냈다. 이에 따른 행정절차와 설계변경이 뒤따르면서 당초 1966년 10월에서 1968년
     5월 16일까지였던 공사기간이 1968년 12월 31일까지로 약 7개월 연장됐다. 세운상가
     전체의 사업자는 현대, 대림, 풍전, 신풍, 삼원, 삼풍 등 건설회사와 지주조합
     아세아상가번영회, 청계상가주식회사가 맡아 사유지 구입 자금을 나누어 부담하고 그
     위에 건물을 지어 분양하거나 임대함으로써 이윤을 확보하는 방식으로 진행됐다. 전체를

8개 구간으로 나눠 분할 시공한 세운상가는 1967년 10월 준공된 현대상가아파트를 시작으로 아세아상가, 대림, 청계, 삼풍, 풍전, 신성, 진양 등의 상가아파트와 호텔이 차례로 준공되면서 1968년 세운상가 전체 구간이 완공됐다.

38 　민현석, 「세운상가 조성계획: 세운상가 건립과 재생」, 서울정책아카이브(2016.10.8.).

39 　엔이이디건축사사무소, 『소필지 주거지 기록지』(이로이로커뮤니케이션, 2019), 15~17쪽. 이 내용은 엔이이디건축사사무소 대표인 김성우의 기억이다.

40 　서울특별시 치수과·서울시정개편연구원, 『서울시 복개하천 복원 타당성 조사연구』(서울특별시 치수과, 2005)에 따르면 서울 시내 24개 법정하천은 모두 복개 후 도로로 사용하고 있으며, 이 중 8곳은 주차장, 3곳은 버스터미널이나 정류장으로 겸용하며, 홍제천과 도림천, 시흥천은 도로와 상가아파트로 사용되고 있다. 이 밖에도 청계천의 동대문상가아파트와 부관상가아파트, 관천동의 서소문상가아파트와 신영천의 신영상가아파트, 봉원천의 신촌상가아파트 등의 사례가 있다. 강승현, 「1960~1970년대 서울 상가아파트에 관한 연구」(서울대학교 건축학과 석사학위논문, 2010), 74~75쪽.

41 　기존 재래시장의 불량점포를 자진 철거한 상인은 일반인의 입주 보증금보다 5퍼센트를 감액하고, 월 임대료 역시 일반인이 3개월 면제인 것에 비해 6개월의 면제기간이 주어졌다. 낙원상가에 조성한 점포의 숫자는 모두 595개(지하층 195개, 2층 400개)인데 자진 철거 상인에게 배분된 점포 수는 지하층 98개, 2층 222개로 모두 320개였다.

42 　낙원상가의 당시 점포 임대와 관련한 내용은 「낙원 슈퍼마케트 지하층 및 2층 점포 임차신청 안내」, 『동아일보』 1968년 4월 27일자 광고 참조. 낙원상가가 들어선 자리 역시 일제강점기의 소개공지대였다는 점에서 세운상가와 그 배경이 동일하다. 이와 관련해서는 황두진, 『가장 도시적인 삶』, 309쪽 참조.

43 　송은영, 『서울 탄생기: 1960~1970년대 문학으로 본 현대도시 서울의 사회사』(푸른역사, 2018), 283쪽.

8 시민아파트

1969

사회학자 백욱인에 따르면, 식민지의 수도 경성은 1960년대를 거치면서 근대 도시 서울로 거듭났다. "'싸우면서 건설하자'는 구호를 내건 박정희는 김현옥을 서울시장으로 앉혔다. 불도저처럼 깔아뭉개고 건설하던 공병대 출신 시장은 전시 효과를 위한 졸속 독주 건설의 대명사가 되었다. 근대화에는 무질서가 용납되지 않았다. '위험한 계급과 불건전한 가옥과 산업을 도심에서 추방하는 일'이 필요했다. 청계천변의 무허가 주택지들이 철거되고 사람들은 도시 외곽으로 밀려났다."[1] 이것이 곧 김현옥 서울시장의 치적으로 서울시 당국에 의해 공식 언급되곤 하는 '무허가 건물 대책과 이주 정착지 제공'이다. 그 대책 가운데 하나였던 시민아파트 졸속 준공과 관련해 신문은 다음과 같이 전했다. 당대의 상황을 소상히 전해주기에 길지만 그대로 인용해본다.

> 올해[1969년] 서울의 모습을 가장 변모시킬 것은 시민아파트일 것이다. 작년 10월 중구 회현동 남산 기슭의 6층의 시민아파트가 준공되어 124가구가 입주한 데 이어 작년 착공된 서대문구 천연동 금화산 기슭의 시민아파트 17동이 21일 완성되어 850가구의 입주식을 가졌다. 이 밖에 성동구 응봉동에 4동(180가구), 서대문구 와우동에 3동(185가구), 용산구 효창동에 2동(71가구) 등 지난 1월 착공한 9동이 5월 말 준공 예정이며 다른 17개소에서도 시민

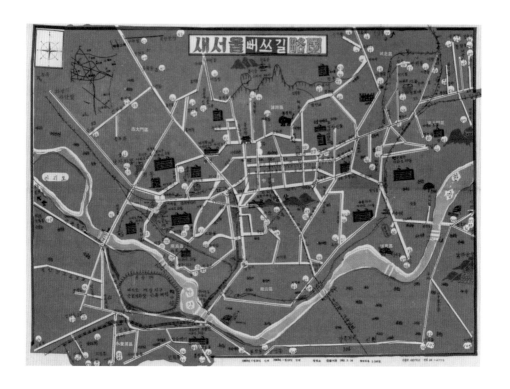

↑ 시민아파트를 강조한 「새서울 뻐스길 약도」(인창서관, 1969)
출처: 서울역사박물관

아파트 건립공사가 한창이다.

　　　올해 서울시가 지을 예정인 동수는 400동인데 284동은 당초 예산으로, 나머지 116동은 추경예산에 반영, 5월 중 일제히 착공할 예정이다. 또한 시당국은 내년에 800동을 짓고 후년에 800동을 지어 올해의 400동을 합쳐 1971년까지 2천 동을 지을 계획인데 김현옥 시장은 내년 것 중 200동을 올해 후반기로 앞당겨 짓고, 내년엔 그 다음 해 것을 앞당겨 1970년까지 2천 동 건립을 끝내겠다는 놀라운 의욕을 보이고 있다. 시민아파트의 1동당 수용 가구는 45가구로 2천 동이 완성되는 날이면 9만 가구가 수용되는 셈이다. 9만 가구는 서울의 무주택가구 32만 가구의 4분의 1이 넘으며, 무허가 건물 16만 동의 반에 해당하는 수효이다.

　　　그러나 작년 후반기부터 갑자기 붐을 일으키고 있는 시민아파트 건립은 갖가지 문제점을 지니고 있다. 시민아파트는 불량지구 재개발계획에 의한 것으로 시가지 곳곳에서 피부병처럼 흉한 모습을 드러내고 있는 무허가 건물지대를 정리하고 그곳에 4~6층의 아파트를 지어 철거민을 수용하게 된다. 이것은 무허가 주택에 골머리를 앓고 있는 6년 전부터 가장 효과적인 주택개량사업이기도 하다.

　　　하지만 동당 1,200만 원이 드는 이 아파트를 1년에 400~600동씩 지어 48억~72억 원의 시비를 주택사업에 집중 투자하는 것이 서울의 현재 형편으로 과연 옳으냐가 문제인 것이다. 48억 원은 서울시의 1965년도 일반회계 예산 전액보다 많다. 더구나 시민아파트는 프레임 아파트로 철근콘크리트 골조와 계단 등만 시비(市費)로 만들어주

← 3평짜리 정착난민주택 752가구가 입주한
서울 봉천동 난민촌 풍경(1966.4.19.)
출처: 서울역사아카이브

← 준공 한 달을 앞둔
금화시민아파트 원경(1969.3.26.)
출처: 서울성장50년 영상자료+서울역사아카이브

↓ 박정희 대통령과 김현옥 서울시장 등이 참석한
금화시민아파트 준공식(1969.4.21.)
출처: 대한민국정부기록사진집

↑ 서울시가 청계천변 판자촌 거주자들을
집단 이주시킨 광주대단지의 모습
출처: 서울역사아카이브

→ 1969년 1차로 건설한 7동 모두를
시중산층아파트로 공급한 청운지구 시민아파트
출처: 서울역사박물관

→ 연희A지구 시범(시중산층)아파트(2006)
ⓒ김규형

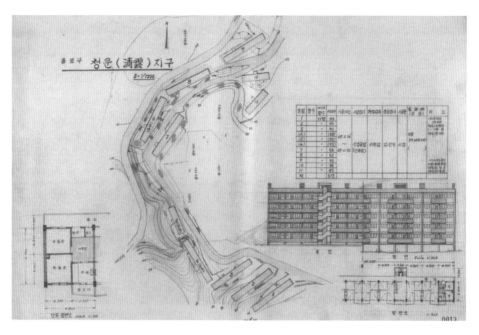

고 각 가구 사이의 칸막이 문짝 등 내부 시설은 일체 입주
자 부담으로 돼 있다.

　　가구당 입주면적은 8평이고 낭하(廊下, 복도)와
변소 등 공동시설까지 합쳐 11평. 가구당 건립비 20만 원
은 연 8퍼센트의 저이자로 15년에 걸쳐 상환토록 돼 있어
입주금은 없다. 그 대신 내부시설로 13만 원(시 주택행정
과 추산)의 돈이 든다. 서울시는 장차 이 아파트가 빈민의
집결처인 슬럼가가 되지 않도록 설계에 세심한 주의를 하
고 있으나 철거민들이 입주하기 때문에 탈바꿈한 슬럼가
가 될 가능성은 짙다. 이같이 자칫 잘못하면 슬럼가가 될
시민아파트에 그렇게 많은 돈을 들여야 하느냐가 가장 중
요한 문제점인 것이다.

　　시 당국에선 입주는 무료로 하지만 매달 2,200
~2,300원을 내도록 했으므로 건립자금은 시간은 오래 걸
리지만 모두 회수가 가능한 것이라고 주장하고 있다. 그러
나 주택공사에서 중산층을 상대로 지어준 영단주택의 잔
금 회수도 성적이 저조한 판에 영세민을 상대로 한 시민아
파트의 할부금이 제대로 걷힐 것으로 보는 사람은 적다.
또한 시민아파트가 도심 시가지 외곽지대에 자리 잡고 있
기 때문에 벌써부터 입주권 매매 행위가 성행, 말썽을 빚
고 있다. 무허가 건물주 중 일부는 거의 100만 원을 호가
하는 집이 헐리고 시민아파트의 8평을 얻는 것이 불만이
지만 나머지 사람들은 경기도 땅으로 이주하는 것보다 몇
배가 낫다면서 대체로 아파트 건립을 환영하는 실정이다.[2]

1970년 12월 대한주택공사 조사연구실의 「아파트 실태조사 분석」

에 따르면, 김현옥 서울시장이 전력을 다해 건립한 시민아파트는 "8~11평이라는 대체로 좁은 면적과 공동 변소 시설, 고지대의 입지 조건 등으로 당초부터 '난민용이다', '슬럼가의 재생이다' 등의 비평 대상이 되어왔던 것이 사실"이라면서도 "판자촌으로 첩첩이 쌓였던 서울 주변의 환경을 고층 아파트로 바꿔놓아 외면만이라도 개선한 공로"는 긍정적으로 평가했다.[3] 전용면적 4.88평에 공유면적 1.35평 을 더해 6.2평형이 되거나 그보다 조금 넓어 7~7.4평에 불과했던 도 화동 노무자아파트(혹은 영세민아파트)에 비해 시민아파트는 전혀 나을 것이 없었다. 그런 까닭에 1960년대 대한주택공사가 공급한 갑종 공영주택인 아파트와 더불어 '도심에서 제일 멀리 떨어진 아파 트'[4]였다. 또한 불량주택지구 재개발을 통해 무주택 서민에게 주택 공급을 확대한다는 취지의 사업이어서 사업지구 안의 건물 소유자 로서 철거당한 경우와 사업지구 내 적법 건축물이나 토지의 소유자 로서 서울시와 협의를 거쳐 철거한 경우, 사업지구 인근의 불량건축 물 소유자로서 서울시 당국의 철거명령에 응해 자진 철거한 거주자 가 입주 대상이었다. 여기에 모범경찰관과 월남전 참전용사 가운데 전상자 혹은 다른 곳의 불량건축물에 거주하다 이주한 이들도 입주 할 수 있었다.

　　　그러나 실제로는 입주권을 사서 입주한 경우는 물론 전세 나 월세 세입자들도 많았다.[5] 건립비 20만 원을 할부 상환해야 했고 골조만 만들어진 아파트에 입주하자마자 8~13만 원(서울시 주택행 정과 추산액)의 내부 시설비를 일시에 부담해야 했기 때문에 철거 민이나 불량주택 거주자는 입주할 형편이 못 됐던 것이다.[6] 이런 상 황을 파악한 서울특별시는 1970년까지 공급할 2천 동의 시민아파 트 건설계획 중 1969년에 공급할 400동 가운데 100동은 중산층을 위한 중류아파트로 건설하겠다고 1969년 7월 발표했다. 이러한 방침

↑↑ 금화시민아파트가 들어서기 전의
금화산 일대 2,900여 세대 판자촌(1968.6.20.)
출처: 서울역사아카이브

↑ 금화아파트 건설 현장에서 이뤄진
서울시 간부회의(1969.8.11.)
출처: 서울역사아카이브

에 따라 필동시민아파트(3동)와 청운시민아파트(7동), 연희동시민아 파트(10동)는 중산층아파트로 건설됐다.[7] 경우에 따라서는 판자촌 철거민이 입주한 시민아파트와 무주택 시민이 35~45만 원의 입주금 을 지불하고[8] 들어간 중산층아파트가 같은 지구에 섞여 건설되었다.

시민아파트의 출현과 정치적 배경

현대 대한민국의 욕망이 압축된 강남의 생성을 추적한 강준만은 시 민아파트 건립은 커다란 사건이었지만 처음에는 그다지 언론의 관 심을 받지 못했다고 지적했다. "시민아파트는 1968년 6월 12일자 각 일간지 4면 서울판 구석 2단짜리 기사로 처음 신문에 등장한다."[9] 짧은 기사는 사업의 계획과 규모에 대해서만 전한다. "서울시는 영 천지구 도시개발사업의 일환으로 무허가 건물이 난립하고 있는 서 대문구 천연동에 850세대가 입주할 '프레임식·아파트' 19동을 오는 19일부터 착공하기로 했다. 이 착공에 앞서 천연동의 무허가 건물 946동 가운데 우선 6월 10일부터 20일까지 487동이 자진 철거하기 로 했다. 1만 1,730평 대지 위에 세워질 19동의 '프레임식·아파트'는 시비 2억 원을 투입하게 되는데 입주하게 되는 민간자본을 충당하 여 12월 말까지 완공할 계획이다. 이 아파트 규모는 4층 내지 5층의 철근콘크리트로 세워지는데 동당 연건평 498평에 45호가 들어서게 된다. 그런데 총 2,900동의 무허가 건물이 난립하고 있는 영천지구 13만 6,800평을 재개발하기 위해 연차적으로 개발할 계획이다."[10]

  기사가 난 지 채 일주일도 안 된 1968년 6월 18일 시민아 파트 건립을 위한 첫 기공식이 열렸다. 훗날 금화아파트로 불린 1호 시민아파트의 기공식에 참석한 사람은 김현옥 서울시장을 비롯해

↑↑ 와우시민아파트
건설 현장(1969.2.10.)
출처: 서울역사아카이브

↑ 시민아파트와 관련한
김현옥 서울시장의 메모(1968.12.9.)
출처: 서울역사아카이브

↑ 김현옥 서울시장 집무실에 걸린
건설사업 테이프커팅용 가위(1967.10.28.)
출처: 서울역사아카이브

극소수의 서울시 관계자들뿐이었다. 언론에는 전혀 보도되지 않았다.[11] 금화아파트는 해발 230미터 높이의 금화산 구릉지 위에 지어졌다. 서울시 간부가 "시장님 왜 이렇게 높은 자리에 아파트를 지어야 합니까? 공사하기도 힘들고 입주자들이 출퇴근하기도 힘들 것 아닙니까? 조금 낮은 지대에 지으면 되지 않겠습니까?"라고 묻자 김현옥 시장은 "이 바보들아, 높은 데 지어야 청와대에서 잘 보일 것이 아니냐?"[12] 라고 반문했다는 말도 전해진다.

　　　　이 얘기는 다소 과장된 것으로 보인다. 구릉지 일대의 일부 토지가 사유지이긴 하지만 대부분의 경우는 재무부, 농림부, 문화공보부 등이 소유했던 국공유지였다. 서울시가 시민아파트 건설에 필요한 곳이라 판단하면 건설부를 통해 직접 대지 사용 요청을 하라고 건설부 장관이 사전에 서울시에 통지했고, 재정이 부족했던 서울시로서는 이들 중앙부처 소유의 토지 양여를 허락받아 시민아파트 건설부지로 사용했다. 즉, 서울시의 재정 여력이 민간이 보유한 토지를 사들일 정도로 충분하지 않았고, 무허가 불량주택들이 무단 점유한 서울 주변 구릉지의 상당 부분이 마침 국공유지였으니, 구릉지는 불량주택지를 일소하면서 아파트를 짓는 일석이조의 정책 효과를 달성할 더 없이 적절한 입지였다. 그런 까닭에 시민아파트 건설 제1차년도에 해당하는 1969년의 시민아파트 건설대지는 국공유지가 전체 소요 대지면적의 3분의 2 정도를 차지했다. 시민아파트 건설을 위한 정부와 서울시 등의 역할 분담 등에 대해서는 1968년 8월부터 1969년 5월까지 서울시와 각 구청 사이에 긴급하게 오간 공문으로 구체적인 내용과 정황을 확인할 수 있다.[13]

　　　　1968년과 달리 1969년의 시민아파트 건설사업 기공식은 거의 모든 언론이 떠들썩하게 보도했다. 군사작전을 방불케 한 사업이었던 터라 1969년 5월 15일 하루에만 모두 16군데에서 기공식이 열렸다. 시장과 부시장 등이 지구별로 나누어 차례대로 참석해 행한 기공식 삽질은 깜깜한 밤이 되어서야 모두 끝났다. 사업 첫해 건립된 시민아파트는 모두 406동, 1만 5,840가구였다.[14]

서울시가 시민아파트 건립을 이토록 밀어붙일 수 있었던 배경은 무엇일까? 건설부 장관이 재무부와 농림부, 문화공보부 등 정부 중앙부처에 서울시민 아파트 건립계획에 따른 (국공유지 사용) 협조를 요청했기 때문이다. 더불어 앞으로는 서울특별시가 건설부를 경유하지 않고 정부 부처에 직접 토지 사용을 요청할 터이니 협조하라는 건설부의 공문에 별첨된 '1969년 시민아파트 건립사업 기본계획'이 박정희 대통령의 1969년 초도순시에 따른 지시사항으로 격상되면서 시민아파트 건립은 매우 중요한 정치적 과업이 되었다.[15]

1969년 4월 30일을 기준해 작성된 「대통령각하 지시사항 추진 결과 보고서 〈초도순시〉」는 연초 중앙정부와 지방정부의 업무 보고 과정에서 승인했거나 대통령이 따로 특별히 지시한 사항에 대한 성과를 정리한 것으로 국무회의를 통해 지속적으로 확인하는 사안이었다. 그해 초도순시에서 대통령이 서울시장에게 특별히 지시한 사항은 크게 3가지였다. "무허가 판잣집을 막는 것이 서울의 무작정 인구 증가를 막는 길이니 무허가 판잣집이 늘어나지 않도록 구청장, 동장, 관할 경찰서장이 공동 책임질 것, 경부, 경인, 경춘선 등 철도 연변의 무허가 판잣집 철거에 서울시는 적극 협조하여 4월 말까지 철거토록 하고, 철거 후에는 울타리를 치고 녹지대를 설치할 것, 현재 구상 중인 아파트 건립계획에 추가하여 임업시험장 부근의 판잣집을 철거하고 거기에도 아파트를 건립할 것"[16] 등이었다.

서울시는 판잣촌 발생이 우려되는 구역을 지정해 책임제를 시행하고, 동 단위로 독찰반을 편성해 무허가 판잣집에 대한 관리를 철저히 했다. 철거와 강제이주도 단행되었다. 철길변의 무허가

판잣집 철거민들은 철도청이 마련한 경기도 광주군 중부면 대단지
내 10만 평 규모의 정착지로 이주시키고, 서울시는 이주 정착지 지정
과 행정지원을 함으로써 지시사항을 실행했다고 보고서는 밝히고
있다. 정착지 이주 완료와 동시에 시영버스 5대를 투입해 운영할 예
정이라고 덧붙이며 정착민 증가에 따른 시영버스 증차 계획도 아울
러 보고했다.

　　한편, 시민아파트 건립계획은 1969년 상반기에 322동을,
하반기에는 78동을 건립해 총 400동에 2만 세대를 수용하는 것을
목표로 추진 중이며, 임업시험장 부근의 판잣집 693동을 정리해 시
민아파트 15동을 건립, 650세대를 수용할 계획으로[17] 1969년 1월
2일 이미 공사에 착공했다고 보고서는 밝히고 있다.

　　서울역사박물관의 '서울역사아카이브'에는 1968년 12월
9일 작성한 김현옥 시장의 친필 메모가 소장돼 있다. 단어 몇 개
와 간단한 다이어그램이 있는 이 메모의 내용을 추측해 정리하면,
1969년 서울시의 목표는 셋집에 사는 시민들에게 마이 하우스를 갖
도록 하는 것인바, 셋집에서 독립시키고 판잣집을 아파트로 바꾸려
면 우선 400동 정도를 공급해야 하며, 이를 위해 시책형(市策型)이
라 부를 수 있는 서울 스탠더드(서울형 시민아파트)를 2:1:1:1로 해
야 한다는 것이었다. '시책형(예)'라는 메모와 함께 그려진 그림이 곧
시민아파트 평면 구성의 골격이었고, 2:1:1:1이라는 마치 암호와도 같
은 숫자는 시민아파트의 단위세대 공간 구성에서 차지할 방-마루-
부엌-창고의 개수였다. 1968년 말에 쓴 김현옥 시장의 친필 메모가
1969년 서울시민아파트 홍보전단의 골자가 되었던 것이다. 중산층
아파트를 제외한 시민아파트 단위세대 공간 구성에는 별도의 화장
실이며 욕실은 당연히 설치되지 않았는데 이 메모와 홍보전단에서
그 이유를 찾을 수도 있다.

1 9 6 9

대통령각하지시사항추진결과보고서

< 초 도 순 시 >

1 9 6 9. 4. 30. 현재

기 획 조 정 실

830

일련번호	지 시 사 항	조 치 계 획	실시기간	조 치 상 황	계획 %	예 산			완료기한	비 고
						예산액	집행액	미집행		
1.	부락가안을넓히고 정비 서울특별시 인구주거를 막는길서 니 부락가 반경심서 능어나시 삼도후 구 청사, 문상, 경찰경찰 서방이 공동해삼심칠	노 동 길 구 구역책임제실시	1~12	69.4.30. 당무부제 시서 공 책임제시행	100	—				
		2. 구시운용당반편성	1~12	69.4.30. 운반완동 불반 편성실시	100	—				
		3. 서망 길 철거				9.6	5.3	55		
		가. 68년발기철기 2,356부	1~5	철거 101부	17					68년도기실기분동 청서에까지 철기삼 분 1,955부 순 5.20 까지 완반철기서정
		나. 신발철 서망 3,311부	1~12	철거 2,789부	87					
3.	정후,정민,정훈권훈 필요변변의 부처가 상심밤서에 서울시는 서규모소가시 4성말 까지 철기도휴하고 철거는 음당기휠기 고 유시때공조성합심	1. 성무시부모 10만세	3	1. 성기포관수운 통 100 부변 대답시내에 10 만세 판도(철도동에서 토서공부수)	100	—	—	—	실도성수관 서울성수관까지 지시가 시성도 고심소서 당시에서 는 이후성철지지성 잇 심성시운옴하고 임.	본사업은 철도
		2. 철거에따른 구모삼주공도	1~5	2. 온세분5,68.세에 본(세세당22 √ }125 은 관도 각구예시휴.		4.3	7.3	100	도사수	
		3. 성학농서매스순벽 시 1 매 55세(성타민동사녀따라 동 부팀 기류)	5~12			—	—	—	성사과 동시순벽 1부	
8.	팀서 구무농심 사가지 신임세째에 추가추여 신성시임상부군외 단 삼심을 철기하고 저기 여호 사가스를 건립심	1. 69남도 사카스건립서류 170부 29,700세에 착공 가. 부반기 322부 12,653세에 나. 부반기 78부 7,347세에	1~12	316부 12,653세에 착공	13	4,003	2,377	31+6		
		2. 준능시구 시반사카스신임 세		1. 동항건 253동 첫비(반세분은 신입 우성서)		2.9.7			고흥부 알소기공 12동560 사부무 (세산155,200,200) 수서에세 (천)음 15동 69)1포 변성	
		가. 동항건 철기 69)0부성서	1~12		40	100	119	66		
		나. 사카스신림 15동 69)1포		2. 69.12.공부완공						

← 「대통령 각하 지시사항
추진 결과 보고서」표지(1969.4.30.)
출처: 국가기록원

← 「대통령각하 지시사항 추진 결과 보고서」중
서울시 시민아파트 관련 부분
출처: 국가기록원

↓ 1969년 부산광역시 동구 좌천동
비탈길 끝자락에 건립된 시민아파트(2020)
©서혜영

법정부 사업
69 시민아파트 건립사업

앞에서 언급한 정부 방침에 따라, 1969년 1월 31일자로 건설부 장관
은 재무부, 농림부, 문화공보부에 협조 요청 공문을 보낸다. 서울시
가 수립한 시민아파트 건립사업의 얼개를 파악할 수 있는 매우 중요
한 자료다.[18] 그 내용의 골자를 정리하면 다음과 같다.

　　'서울시가 당면한 현안인 불량건물 일소와 영세 서민주택
문제 해결을 위해 시민아파트 2천 동(9만 세대) 건립사업계획을 수
립, 추진 중인바 이 사업에 소요되는 국공유지의 사전 사용에 관하
여 귀부(재무부와 농림부, 문화공보부)의 협조가 긴요하오니 본 사
업의 중요성을 감안하여 적극적인 협조 있으시기 바라오며, 구체적
사항에 대하여는 금후 서울시가 직접 귀부에 협조 요청할 것임을 첨
언합니다'라는 내용과 함께 구체적이고 자세한 내용이 모두 14가지
항목으로 분류되어 있다.

　　사업용지가 국유지거나 공유지인 경우에는 관계부처와 협
의한다는 원칙이 정해져 서울시가 해당 토지를 소유 부처로부터 무
상으로 양도받아 사용하거나 그렇지 못할 경우에는 입주자가 일정
비용을 지불하고 구입하는 직접 불하 방식을 택했다. 이 과정에서
서울시는 중간 주선 역할을 맡았다. 사업용지가 사유지인 경우는 매
우 폭력적인 방법이 동원되었다. 사업지구 전체가 사유지일 때는 해
당 지역의 불량건물을 철거하거나 도시계획 결정사항 재검토(예를
들어, 공원용지를 해제하는 등의 조치)를 통해 필요한 용지를 서울
시가 기부체납 방식으로 받아내는 수법을 주로 사용했다. 사업지구
안에 사유재산이 일부 있을 경우(대지와 적법한 건축물)에는 소유
주와 협의해 아파트 입주권과 해당 건축물을 맞바꾸는 방식으로 사
업용지를 확보했다.

1969년 시민아파트 건립계획 사업지구 현황 및 시공청 지정

구분	지구	건립 동수(동)			시공구분	대지 현황(m²)			건물 현황(동/세대)	
		전반기	후반기	계		국공유지	사유지	합계	불량건물 동수	세대수
합계	17	284	116	400	본청 7 구청 10	251,014	110,599	361,613	8,601	17,429
종로	청운	20	6	26	본청	44,950	–	44,950	215	540
	동숭	20	10	30	구청	25,170		25,170	721	1,800
중구	회현	7	–	7	구청	1,300	–	1,300	270	320
동대문	낙산	30	10	40	구청	14,240	83,650	97,890	2,450	5,250
성동	응봉	20	10	30	구청	3,100	7,000	10,100	505	845
성북	성북	–	20	20	본청	67,000	–	67,000	70	143
	정능	10	10	20	구청	16,000		16,000	151	243
서대문	금화	62	20	82	본청	22,500	1,500	24,000	1,221	2,133
	현저	25	20	45	구청	3,000	13,000	16,000	450	1,125
	창천	10	–	10	본청	5,139	–	5,139	160	333
	연희	15	10	25	본청	11,100	–	11,100	360	518
	북아현	10	–	10	구청	6,096	–	6,096	541	1,327
마포	와우	15	–	15	구청	10,000	–	10,000	229	229
	노고	10	–	10	본청	111	4,669	4,780	215	1,189
용산	산천	10	–	10	구청	3,508	80	3,588	152	385
	서부이촌	10	–	10	본청	9,800	–	9,800	742	742
영등포	본동	10	–	10	구청	8,000	700	8,700	150	307

출처: 건설부 장관, 「서울 시민아파트 건립계획에 따른 협조 요청」, 1961.1.31.
원문에 합계 오류가 있어 이를 수정했다.

사업 목적은 불량지구를 합리적으로 정리하고 아파트를 건립하여 서민의 주거문제를 해결하는 것이었다. 서울시는 골조식(프레임식) 아파트를 건립하고 철거 대상자(입주자)가 내부공사 일체를 책임지는 합자(서울시+입주자) 형식으로 추진될 계획이었다. 철거민을 수용해야 했기에 입주금은 따로 징수하지 않는 것으로 정했다. 이를 위해 모두 2천 동(9만 호)을 3개년 사업으로 나눠 제1차년도 (1969년도)에 400동(1만 8천 호), 제2차(1970년) 및 제3차(1971년) 년도에 각각 800동(3만 6천 호)씩을 공급하기로 했다.

이 가운데 1969년 사업분은 '서민 대중용 서민아파트 400동 건립'이라는 이름으로 추진되었으며, 1969년 6월 30일까지 284동, 12월 30일까지 116동을 건립하기로 했다. 이런 이유에서 1969년 5월 15일에 기공식이 모두 16군데에서 열린 것이다. 한편, 각 아파트 이름에 지역 이름을 붙일 것인지는 추후 결정하기로 했다.

앞서 말했듯 입주자도 일부 공사를 책임져야 했다. 시공청인 서울시 본청 또는 구청은 진입로 및 부지 조성 공사, 골조(외벽 포함) 공사와 전기 배관 공사, 옥외 상하수도 공사를 맡았다. 입주자는 자비로 건물의 간벽 쌓기 등 내부공사 일체와 동별 상하수도 설치 등을 맡도록 했다. 이처럼 책임을 나눠 시공할 경우를 가정해 예측한 동당 공사비는 서울시 측이 1,200만 원, 입주자는 576만 원으로 합계 1,776만 원이었다. 입주 예정인 각 세대가 부담해야 하는 비용은 대략 12만 8천 원으로 추계했다.

물론 서울시가 부담하는 1개 동 공사비 1,200만 원 중 900만 원은 연리 8퍼센트 이자와 관리비를 가산해 15년간 입주자가 할부 상환하며(이 경우 각 호가 부담해야 하는 상환금은 총 20만 원이며, 매월 약 2,300원을 납부해야 했다), 일시불로 융자금을 갚을 경우 이자를 면제하고 건물 소유권을 곧바로 이전해주었다. 나머지 300만 원은 주로 진입로 공사 등 주변 환경 정리에 필요한 부대공사비로서, 이는 시비(市費) 보조로 처리하도록 규정했다. 따라서 실질적으로 서울시는 진입로, 상하수도와 기타 정비 비용만을 부담하고, 건축비는 입주자가 전액 부담하는 사업이었던 셈이다. 당시 시민아파트 분양 공고 내용이 이를 잘 보여준다.

시민아파트의 구조는 콘크리트 라멘조의 4~6층이었으며, 동당 45호 정도가 들어가는 건축바닥면적은 111평(연면적 508평)으로 계획되었다. 공공이 부담하는 건축 및 설비 공사비를 최소화하

1969년 시민아파트 건립계획에 나타난 공사별 소요 비용 내역

공사 구분	소요 공사비(원)			비율 (%)	비고
	총공사비	동당 공사비	세대당 공사비		
합계	4,780,000,000	12,000,000	266,667	100	
골조 및 외벽	3,600,000,000	9,000,000	200,000	51	융자금 (15년간 상환)
내부	(2,304,000,000)	(5,760,000)	(128,000)	32	입주자 부담
진입로	730,000,000	1,875,000	41,667	11	시비 보조
상수도	172,000,000	430,000	9,555	2	시비 보조
하수도	150,000,000	375,000	8,333	2	시비 보조
기타	128,000,000	320,000	7,112	2	시비 보조

출처: 건설부 장관, 「서울 시민아파트 건립계획에 따른 협조 요청」, 1961.1.31.
원문에 합계 오류가 있어 이를 수정했다.

기 위해 세대별로 독립된 변소를 두지 않고 층별로 대변기 4개와 소변기 3개를 설치했으며, 복도를 가운데 두고 서로 다른 세대가 마주보는 중복도 방식을 채택했다. 물론 시(市)중산층아파트로 분류된 시민아파트의 경우에는[19] 계단실형이나 편복도형을 택했지만 이에 해당하지 않는 나머지는 대부분 중복도형이어서 거주환경이 열악했음은 물론이다.

　　1963년 생인 작가 김인숙이 1970~80년대 서울을 배경으로 한 소녀의 성장통을 그린 장편소설 『봉지』에는 어렵사리 서울로 오게 된 '봉희'(별명이 봉지다)와 그녀의 오빠 '봉호'가 한때 주변적 도회인으로 살았던 거처를 잘 묘사하고 있다. 시민아파트가 그곳이다. "봉지는 대학교 2학년이 되면서 자취집을 아파트로 옮겼다. 방이 두 개인 서민아파트는 산동네 자취방이나 다름없이 화장실도 공동으로 써야 하고, 1층에서 5층까지 연탄을 옮겨 불을 때야 하는 곳이었지만 그래도 방과 집은 엄연히 달랐다. 봉지 혼자 지내는 집은

438

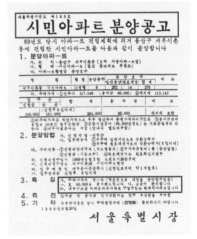

↑↑ 연희지구 시민아파트 골조공사(1969.7.1.)
출처: 서울사진아카이브

↑ 연희시민아파트 A, B지구 원경(1970.3.10.)
출처: 서울성장50년 영상자료

↑ 서부이촌동 시민아파트 분양 공고
출처:『동아일보』1969.8.20.

아니었다. 봉호가 '청운의 꿈'을 안고 서울로 올라와 봉지와 합류했다."[20] 봉지는 서울시 판잣집 철거민이 아니고, 자진 철거한 토지 및 건축물 소유자도 아니니 실제 입주자로부터 임대했을 것이다. 이렇듯 시민아파트는 주변적 인물들, 사회적으로나 경제적으로나 약자에 속하는 이들의 거처였다. 대한주택공사의 1960년대 아파트와 더불어 대표적인 저소득층 아파트였다.

　　　입주자 선정에는 우선 순위가 정해져 있었다. 자진 철거 이주한 사업지구 내 건물 소유자, 자진 철거 후 임시 수용당한 사업지구 내 건물 소유자, 사업지구 내 적법 재산(토지·건물) 소유자로서 시와 협의된 자, 사업지구 인근의 불량건물주로서 서울시 지시에 응하여 자진 철거한 자, 모범보안 경찰관(동당 1세대), 기타 시에서 인정한 자 등의 순이었다. 시가 지정한 입주권자라 할지라도 입주 권리를 타인에게 매매하는 경우에는 무효로 한다는 점을 원칙으로 삼았다.

　　　흥미로운 점은 아파트 동별로 모범보안 경찰관 한 명을 입주자로 추천했는데 이는 주민들에 대한 감시와 통제의 수단이었다. 이와 함께 사업의 효율적인 추진과 현지 주민 상호간의 유기적 협동을 위해 아파트 동별로 관리조합을 만들도록 했다. 이를 시민아파트 관리조합 표준규약에 따라 구성했으며 동(棟)장을 통(統)장으로 임명하여 정권의 하위 행정 수단으로 활용했다. 사업 속도를 높이기 위해 지구 내 주민들에 대해서는 철저하고도 지속적인 훈육이 행해졌으며, 자진 철거를 한 뒤에 거처 마련이 어려운 경우에는 아파트가 완공될 때까지 대개 임시거처로 천막을 제공했다. 서울시의 자진 철거 요청에 응하지 않고 버티는 경우에는 강제 철거한 뒤 이주 대상으로 분류되었다.

　　　이 사업과 관련해 서울시 본청과 각 구청의 업무 분담 내역을 자세히 살펴보면 다음과 같다. 본청은 주택행정과와 주택건설

↓ 창천지구 시민아파트
배치도 및 단위주택 평면도
출처: 서울특별시

↓↓ 1970년대 초 창천지구
시민아파트 원경
출처: flickers.com

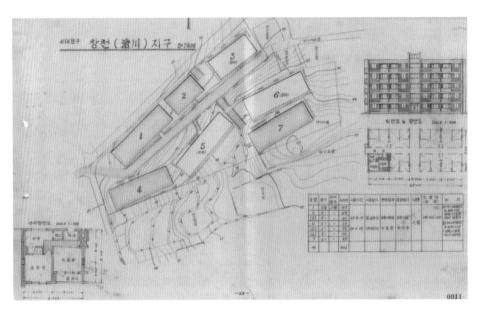

과가 중심이 되어 종합기본계획 수립 및 사업계획 승인(주택행정과, 주택건설과), 예산 집행 및 자금 수납(주택행정과), 상환계획 및 채권 보존 확보(주택행정과), 사업용 관급자재 일괄 확보 및 수급(주택행정과), 구청이 시공하는 부분에 대한 설계 검토 및 기술 지도·감독(주택건설과), 표준설계 작성 시달(주택건설과)을 담당했다. 반면에 구청은 건축과와 총무과가 주로 업무를 담당하고 토목과가 일부 전문 업무를 지원했다. 관내 사업지에 대한 대지 성분 조사 및 세부 조사 측량(건축과, 토목과), 관내 사업지구의 불량건물 조사 및 정리(건축과), 관내 사업지구 주민에 대한 홍보 전개(건축과, 총무과), 관내 사업지구 내 사유지 소유자와의 협의(건축과), 구청 시공지구 사업계획 수립 및 승인 요청(건축과), 관내 사업지 거주자의 입주 대상자 선정 및 조합 구성과 동적부(棟籍簿) 완비(건축과, 총무과), 구청 담당 공사의 설계 및 감독(건축과), 입주자 자기부담 공사의 지도·감독[21] 등이 구청이 담당한 업무였다.

　　　　건설부와 그 밖의 중앙부처 사이에 오간 시민아파트 건립 관련 공문에 이어, 1969년 2월 14일 건설부 장관은 단독으로 대한주택공사와 각 시도에 보낸 공문에서 대통령의 초도순시 지시사항을 적극 실천할 것을 지시한 바 있다.[22] 1월 31일자로 공문을 보낸 후 2주일 만이었다. 공문서에는 모두 7가지 항목이 담겼으며, 서울시는 2월 22일 각 구청에 다시 공문을 보내면서 건설부 장관의 공문을 첨부했다.[23]

　　① 공영주택자금 또는 지방자치단체 예산으로 집행하는 주택 건설에 있어 대도시는 원칙적으로 서민용 아파트를 건설한다.
　　② 건립된 아파트에는 아파트 건설지에 거주하고 있던 원주

↑↑ 서울시 휘장과 동수가 선명한
와우 시민아파트(1969.10.30.)
출처: 서울역사박물관 디지털아카이브

↑ 행응시민아파트(1970.4.10.)
출처: 서울성장50년 영상자료

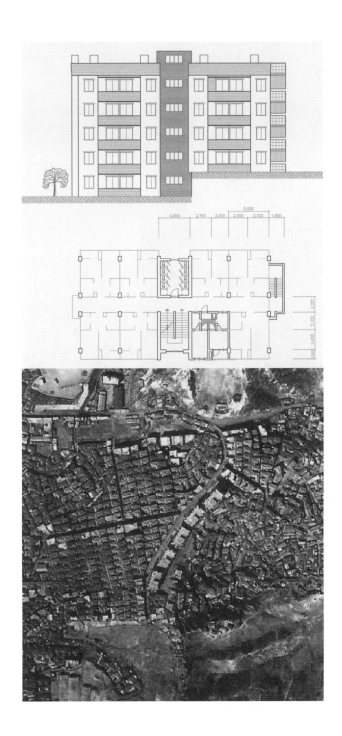

↑ 전농지구 시민아파트 입면도 및 평면도, 항공사진(1972)
출처: ⓒ조상은 & 서울특별시 항공사진서비스

↓ 시민회관 강당에서 열린
시민아파트 관계관회의 장면(1969.7.4.)
출처: 서울사진아카이브

↓ 1970년 1월 발행한
「새서울 약도」 귀퉁이에 소개된
69년 시민아파트 건립계획
출처: 서울역사박물관

↓↓ 3·1 고가도로와 3·1 빌딩
그리고 3·1 시민아파트가
모두 찍힌 사진(1976.11.)
출처: 국가기록원

민을 입주시키도록 한다.

③ 아파트 세대당 평수를 소규모(12평 이하)로 건설하고자 할 때에는 앞으로 국민소득 증가를 고려하여 2세대를 1세대로 통합하는 데 편리하도록 설계할 것.

④ 앞으로 계획 중인 4층 정도의 아파트는 장래 도시미관 및 토지 이용의 증대를 기하기 위하여 10층 정도로 증축할 수 있도록 가급적 설계할 것.

⑤ 민간주택 건설에 있어서도 아파트 건설을 권장토록 하고, 이를 위하여 아파트 건립자에게는 최대한의 행정적 지원을 우선할 것.

⑥ 각 시행청은 주택자금의 조달에 있어 독창적인 아이디어를 발전시키며, 동원된 자금은 이를 주택사업을 위하여 회전 사용토록 한다.

⑦ 각 사업 시행청은 정부자금의 지원을 받지 않은 자체자금 조달에 의한 주택사업 시행에 관하여도 그 계획과 실적에 대하여 건설부 장관에게 보고하여야 한다.

주택난을 해소하기 위한 서민용 주택이니 소규모 아파트를 지을 수밖에 없지만 향후 소득 증가를 고려하여 확장 가능한 평면과 증축 가능한 구조를 택하고, 민간에도 아파트 건설을 권장하며 예산 확보가 곤란하다는 점에서 자금 조달 방안을 궁리하되 회전자금 활용 원칙을 준수하라는 것이었다.[24]

이와 함께 서울시는 시민아파트의 명칭과 외관 색채, 서울시의 마크(市章) 표기 방법 등에 대한 통일 방안을 마련했다. 이에 따르면, 금화시민아파트, 응봉시민아파트 등의 고유 명칭은 대내적으로는 부르되 대외적으로는 시민아파트로 통일하고, 아파트 건물 외벽의 색채는 아이보리(상아)색으로 칠하도록 지시했다. 건축물 준공 단계에 이르면 아파트의 외벽에 서울시 마크와 동수를 표기하되, 마크는 종횡으로 각각 1.5미터의 크기로 검정색을 사용하고, 그 10센티미터 아래에 아파트 동수를 가로세로 1미터 크기의 1, 2, 3 등의 숫자로 넣도록 규정했다.[25]

시민아파트 동장(조합장)과 보안관의 임무

시민아파트엔 동마다 동장(조합장)과 모범경찰관이 있었단 사실은 앞서 언급했다. 우선 입주권이 있었던 모범경찰관은 '보안관'이란 이름으로 임명되었는데, 임명 절차는 이들에게 서약서를 받는 것으로 대신했다.[26]

　　　　동장은 시민아파트 관리조합 규약상의 조합장 직무 이외에 주민행정을 통할하는 통장(統長)으로서 몇 가지 의무를 성실하게 이행해야 했다. ① 통장은 솔선수범하여 시범적 가정을 이룩하는 한편 많은 세대가 집단으로 주거생활을 영위케 되는 아파트 거주민 간에 서로 협조하고 서로 화목함으로써 평화로운 공동생활 분위기를 조성하는 데 노력하여야 한다. ② 통장은 동내(棟內) 주민이 공동 보조를 취해 해결하는 아파트 내외(주위)의 환경 정리와 아파트 관리의 제반 사항을 슬기로운 자기 판단과 주민의 동의로 적절히 처리하여야 한다. ③ 동장은 동내 주민을 위한 선의의 행정관적 위치에 서서 주민으로 하여금 공적 의무를 수행토록 계몽 지도하며 관계당국의 지시사항 전달에 신속을 기하여야 한다. ④ 동장은 주거지역으로서 시민아파트촌(村)이 새서울 건설과 관련하여 건실하게 발전되도록 인근 동장과 협의하고 관계당국에 건의 협조하여야 한다. ⑤ 동장은 동내에서 발생되는 대소의 범죄사건이 있을 때는 당해 보안관에게 지체 없이 통보하고 적법처리토록 하여야 한다.[27]

　　　보안관에게는 경찰관의 신분을 활용해 방범과 방첩활동에 주력하는 의무를 부과했다. ① 보안관은 자기 경내의 방범과 방첩 등 예방 경찰활동에 최선의 노력을 경주하여야 한다. ② 보안관은 제반 사고가 발생되는 때는 그 상황을 신속 정확히 파악, 판단하여 과감히 적법 조치하여야 한다. ③ 보안관은 항상 경내 주민과의 친목을 도모하며 성실하게 봉사하여야 한다. ④ 보안관은 본인은 물론 가족에 이르기까지 품위를 유지하고 청렴결백한 생활로서 모범적인 가정을 이룩하여야 한다. ⑤ 보안관은 항상 동장과 협의하여 청소 등 아파트 주위 환경정리에 최대한 노력하여야 한다.[28]

　　　요즘 형편으로는 헛웃음이 나올 정도의 의무와 임무이지만, 정치적 목적을 위해 주민들을 어떻게 통제하고 감시했는지를 단적으로 보여주는 대목이 아닐 수 없다. 이런 점에서 시민아파트의 공간정치학은 정권 유지와 남북 대치 상황 등 대내외 정치 환경 관리의 측면에서도 주요한 도구로 활용됐음을 알 수 있다.

와우아파트 붕괴사고와 중산층아파트

부산시장 시절 한 번 마음먹은 일은 밀어붙여 성과를 내는 행정 수완을 발휘해 이미 '불도저 시장'이라는 별명을 얻은 서울 시민아파트 건립의 주역 김현옥 서울시장은 1969년 4월 국회 내무위원회에 출석하여 "오는 6월 30일까지 서울 시내 판잣집 13만 6,650동의 문제를 해결하겠습니다. 변명 같습니다만 그 기간까지 여유를 주시면 실적을 보여드리겠다"고 공언했다. 이러한 발상은 사실 "금년에 시민

사 과 문

머리 숙여 5백만 시민에게 사과를 드립니다

8일 새벽 와우지구의 참사가 귀중한 생명을 앗아 가고 시민의 마음을 앗아간 데 대해서 본인은 가눌수 없는 슬픔속에서 거듭 거듭 사과를 올립니다. 그런 끔찍스런 재화를 이 서울에서 발생케했다는데 대한 책임을 통감하며 앞으로 어떻게 이를 보상할까 하는 마음 걱정합니다.

이미 사망하신 분의 영(靈)을 위로하기 위해서 유족의 슬픔을 위로하기 위해서 부상자의 보다 빠른 쾌유를 위해서 어떻게 하면 보다 신속한 구호와 안전한 타아 파트에의 입주를 위해서, 최선을 다할수 있을까하는 마음으로 본인 의 가슴은 꽉 차있읍니다.

사망하신 분의 명복을 빌며 유가족과 이재민, 상처를 입은 시민들에게 거듭 사과를 올리며 시민여러분의 당죄를 기다리는 심정 간절합니다. 피와 눈물이 어린 충정으로 사과 올립니다.

一九七〇년四월八일

서울특별시장

김 현 옥

↑ 와우시민아파트 붕괴사고
이틀 뒤 현장(1970.4.10.)
출처: 서울성장50년 영상자료

↑ 와우시민아파트 붕괴사고에 대한
김현옥 시장의 사과문
출처: 『동아일보』 1970.4.8.

아파트 800동, 내년에 600동, 그 다음 해에 600동, 이렇게 3년 동안 도합 2,000동의 시민아파트를 지어 판잣집 주민 9만 호를 입주시킨 다는 것"[29]으로서 '69 시민아파트 건립 기본계획'을 염두에 둔 발언 이었다. 그러나 김현옥 시장이 과욕을 부리며 추진한 시민아파트 건 립사업은 그 다음 해인 1970년 4월 8일에 일어난 와우아파트 붕괴 사건으로 인해 중단됐고, 그는 이 사고의 책임을 지고 서울시장에서 물러났다.[30]

시인 김종휘는 무너져내린 와우시민아파트 철거 현장을 보고는 그 자리가 얼마나 고요한지 마치 '전쟁이 끝난 평원 같았다' 고 그의 시 「이름만 남은 와우산」을 통해 이야기했다. 폭력적인 가 공할 속도전과 토건국가의 성장 조급증의 한 단면을 지적한 것이 었다.

> … 창문 열고 바라보면 언제나 보이는 것은
> 큰길 건너 와우산 위에 아파트 여섯 채
> 닭똥이 덕지덕지 붙어 있는 닭장 같은 아파트 여섯 채
> 헐리기를 기다리며 퀭한 눈을 한 아파트 여섯 채
> …
> 어느 날 창문 열고 내어다 보니
> 아파트 여섯 채 감쪽같이 사라졌다
> 그 자리가 어찌나 고요한지
> 전쟁이 끝난 평원 같았다[31]

와우아파트 붕괴사고 이후 정치권에서는 서울시가 추진한 시민아 파트 건립이 국민투표(1971년 4월 27일 제7대 대통령 선거)를 앞 둔 정치적 전시 효과를 노린 사업으로 판명난 것이라는 질책이 이

↓ 중산층아파트 입주자 모집 공고
출처: 『경향신문』 1970.3.18.

↓ 중산층아파트 입주자 변경 공모 공고
출처: 『경향신문』 1970.5.29.

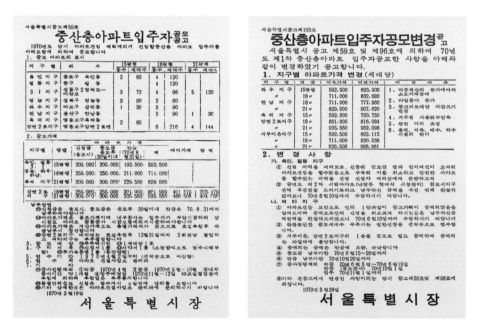

어졌다. 당시 야당이던 신민당은 김현옥 서울시장의 책임과 임명권자의 책임을 묻고, 서울에 시의회가 구성될 때까지 수도권특별위원회를 두고 서울시정 전반에 걸친 특별국정감사를 실시할 것을 요구했다.[32] 비난 여론이 빗발치자 박정희 대통령은 시민아파트 건립을 중지하고 안심하고 살 수 있는 새로운 아파트를 다시 계획함과 동시에, 기존의 시민아파트 전체를 철저하게 점검해서 위험 건물은 철거하거나 상층부의 2, 3개 층을 제거하여 안전을 기하라고 지시한 바 있다.[33] 이에 따라 1969년부터 1972년까지 서울시의 32개 지구에 425동 1만 7,204가구가 세워진 시민아파트는 더 이상 건립되지 않았으며, 1970년부터 건설이 활발하게 진행된 중산층아파트 혹은 시범아파트로 전환됐다.

시민아파트 가운데 특별히 세대당 면적이 12평 이상인 '시(市)중산층아파트'라고 칭했다. 서울시 당국의 무허가주택 철거에 의해 터전을 잃은 사람들에게 장기 할부 방식으로 골조아파트를 제공한 것이 시민아파트였다. 반면, 중산층아파트는 많은 경우 시민아파트와 같은 곳에 지어졌지만 세대당 바닥면적이 12~21평에 해당하고 딱히 철거민이 아니더라도 신청할 수 있었다. 서울특별시가 공급하는 주택이라는 점을 보태 시(市)중산층아파트가 되었다. 여기에 다시 '시범'이 붙어 '시범중산층아파트', 약칭 '시범아파트'가 된 대표적인 사례가 후일 '맨션'아파트의 선두격이 된 여의도시범아파트다.

시민아파트 가운데 일부를 무주택 중산층을 위해 공급하겠다는 방침이 가시화된 것은 시민아파트 건설이 본격 궤도에 오른 1969년 7월이었다. 시민아파트 2차 건설분 400동 가운데 100동이 대상이었다. 이들 중산층아파트 입주자 분양 공모는 1970년 초 일제히 신문을 통해 공고되었다. 신청 자격은 단순해서 무주택 시민으로 세대당 한 가구만 신청할 수 있었다. 15평형과 18평형, 21평형으

↓ 중산층아파트에 해당하는
수색지구 시민아파트 배치도 및 평면도
출처: 서울역사박물관

↓↓ 영등포구 영흥지구 중산층아파트
배치도 및 평면도
출처: 서울역사박물관

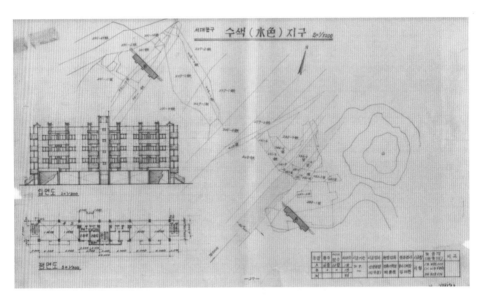

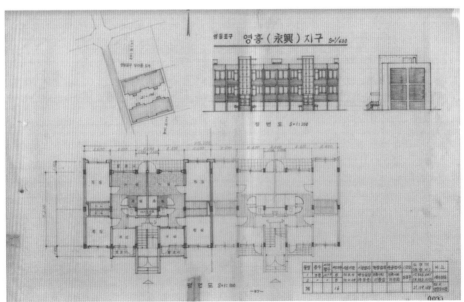

로 세대당 면적은 크게 증가했다. 일반 시민아파트와 다른 것이라면 15년 분할 상환이 아니라 신청금-중도금-잔금을 입주 전에 모두 완납해야 하는 것이었다. 당연하게도 이 비용을 입주 전에 모두 지불할 수 있는 계층은 '중산층'이거나 '중류층'이었다.[34]

최초 중산층아파트 입주 신청 공고에 따르면 일반 시민아파트와 마찬가지로 내부공사는 입주자가 부담하되 서울특별시가 정한 아파트 공동 공사 시공 요령을 따르도록 했다. 최초 공고는 며칠 지나지 않아 신청일을 하루로 줄이고 추첨 일자를 다시 정해 공고되었는데, 변경 공고 일주일 후 와우시민아파트 붕괴사고가 일어났다. 사고 후폭풍은 거셌고, 시민아파트 입지 선정과 부실 공사에 대한 시민들의 질타가 이어졌다. 서울시는 중산층아파트 입주자 공모 공고를 바꿀 수밖에 없었다. 이미 옥인지구와 필동지구 중산층아파트를 신청해 선정된 사람들이 분양 신청을 대거 취소했기 때문이다. '입지 여건이 도저히 아파트 건립을 할 수 없는 곳이므로 부득이 이를 취소하고, 안전한 곳을 선정해 신청자들에게 분양하고자 한다는 내용과 더불어 신청금 전액을 환불하고 2차 시범아파트(난방 등 현대적 시설 완비) 공모 시 신청 우선권을 준다'고 서울시는 밝혔다. 그 외 1차 신청지구에 대해서는 건축물 보강으로 인해 분양 가격이 인상됐으므로 취소하는 경우는 신청금 전액을 환불하기로 결론을 내렸다.[35]

서울특별시가 밝힌 분양가 변경 사유는 모두 6가지다. 하중 계산의 증가에 따른 소요 자재 증대, 파일(pile) 공사 증가, 콘크리트 배합용 자갈 크기 증가, 거푸집 사용 횟수 감축, 완전 택지 조성, 옹벽과 석축 및 배수와 하수 시설의 완비다. 와우아파트 붕괴사고에서 원인으로 지적된 내용들을 보완하겠다는 의지를 보여준 셈이다. 따라서 15평형과 18평형, 21평형을 공급하기로 했던 서부이촌지구의 중산층아파트 분양 가격은 15평형이 59만 2,500원에서 69만 2,115원으로, 18평형인 71만 1천 원에서 83만 538원으로 상승했고, 21평형의 경우는 82만 9,500원에서 96만 8,961원으로 올랐다. 동숭, 마포, 금화, 연희, 서부이촌, 청운 등의 경우도 변경 공고를 내 분양가 인상을 다시 알렸다.

　　　1970년 말을 기준으로 살펴보면 서울 시내의 중산층아파 트는 모두 47개 지구에 달한다.[36] 와우아파트 붕괴사고 이후 시민아 파트 건설은 중단됐다기보다는 양태를 달리하며 변용됐다고 보는 것이 타당하다. 시민아파트라는 이름으로는 더 짓지 않았지만 시민 아파트 건설 과정과 궤적을 같이했던 중산층아파트 건설과 공급은 계속됐고, 여기서 한 걸음 더 나아가 '시범'이라는 이름을 붙인 본격 적인 중산층용 아파트를 서울시는 건설해나갔다. 제1종 공영주택을 공급하던 대한주택공사도 마찬가지여서 1970년 말 현재 서울시를 대상으로 할 때 전체 아파트의 60퍼센트를 서울시가, 나머지 40퍼센 트는 대한주택공사와 민간이 각각 20퍼센트 정도를 나누어 공급했 다. 대한주택공사의 자료에 의하면 시민아파트는 37개 지역에, 중산 층아파트는 12개 지역에 지어졌다.

시책형 아파트, 서울 시민아파트를 향한 위로

1960년대 서울의 주택 부족율은 41.8퍼센트에 달했다. 1967년부터 정부는 제2차 경제개발5개년계획에 따른 정책 과제로 주택 건설계 획을 수립하고 서민주택을 대량 건설하겠다는 목표를 세웠다. 그리 고 같은 해 9월 건설부는 1968년도 주택 건설계획을 발표하고, 공 용주택자금을 이용하여 아파트와 단독주택을 빈민가와 불량주택지구에 건설함으로써 새로운 전환의 기회로 삼고자 했으며, 당시 주택부문에 배정된 예산 10억 원 가운데 8억 원을 서울, 부산, 대구, 인천 등 4개 도시에 배정하여 서민아파트 건설자금으로 활용하도록 하였다. 이렇게 함으로써 공영주택에 대한 정부 지원 비율을 기존의 50퍼센트에서 80퍼센트(정부 40퍼센트, 지자체 40퍼센트)로 끌어올리는 효과를 기대한 것이었다.

　　하지만 서울시는 1967년에 이르러 기존의 정책과 김현옥 시장의 주도 아래 수립되었던 '무허가건물 연차별 정리계획(1965~1970)'이 주거문제에 대한 근본적인 해결책이 될 수 없다고 판단하고 '불량건물 정리계획(1967~1969)'을 새롭게 수립했다. 이 계획의 핵심은 대단위 조성계획에 의한 집단 이주, 현 상태의 불량건물을 지역별 혹은 단독으로 개량, 현 상태의 불량건물을 골조 아파트로 건립하는 것이었다. 이 세 번째 계획이 곧 '공동아파트 건립'이었고, 여기서 바로 '1969년 시민아파트 건립사업'이 비롯되었다. 그러던 차에 1970년 4월 8일 새벽 6시 와우동의 5층짜리 시민아파트 한 동이 무너져 내려 23명이 사망하고 39명이 중경상을 입는 참사가 발생했고, 시민아파트 건설계획은 명목상 중단됐다. 그리고 얼마 지나지 않아 "1948년 정부 수립 이래 최대의 도시빈민 소요"라 불리는 광주대단지 주민소요 사태가 발생한다.

　　'불량건물 정리계획(1967~1969)'에 따른 불량주거지의 일신을 위해 서울시는 시민아파트 건립과 함께 대단위 이주 정착지 조성을 통해 판잣집 거주자들을 집단 이주시키는 계획을 마련했다. 이 과정에서 경기도 광주군 중부면 일대가 이주 정착지 후보로 물망에 올라 검토되었다. "하지만 이때의 대단지 조성사업은 예산 확보도 이루어지지 않은 상태에서 실시되었고, 신속한 토지개발과 매각에만 치중했기 때문에 단지로서의 제대로 된 기능은 처음부터 무시됐다."[37]

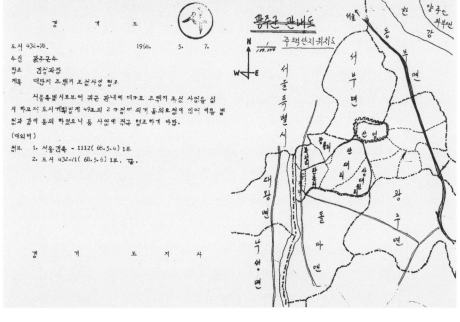

↑↑ 광주 대단지
주민 소요사건 현장(1971.8.10.)
출처: 서울역사아카이브

↑ 경기도지사가 광주시장에게 보낸
대외비 공문과 철거민 이주 정착지 검토 도면(1968.5.7.)
출처: 국가기록원

　　　청계천의 판잣집 주민들을 광주군으로 이주시킨 것은 마치 "쓰레기를 내다버리듯 차에 실어다 황무지에 버린 것"과 같은 형국이었다. 도시의 기반시설이 전혀 없는 남한산성 계곡 아래의 구릉지에 철거민들을 서둘러 보내버린 것이다. 광주 대단지는 문자 그대로 황무지였다. 도로도 없고 배수 시설도 없었다. 빈민들은 천막을 치고 살았는데 더욱 큰 문제는 그들에게 일감이 없다는 것이었다. 빈민들은 '굶주리다 못해 말하기조차 끔찍하게 인육을 먹었다는 소문까지 떠돌 정도'였다. 게다가 땅값은 어느 곳에서건 폭등하고 있었다. 개발 소식이 전해지면서 광주 대단지 황무지에도 투기꾼들이 몰려들어 그곳마저도 땅값이 뛰기 시작했다. 이런 상황에서 서울시가 당초의 약속을 어기고 광주 대단지의 토지 유상 불하 및 가옥 취득세 부과를 발표했다. 주민들이 술렁거리는 건 당연한 일이었다. 내 집 내 땅을 가지려는 희망 하나로 쓰레기처럼 버려진 삶을 간신히 지탱해왔는데 그것마저 연기처럼 사라진다는 건 견디기 어려웠을 터이다. 결국 주민들은 대대적인 저항에 나섰다. 1971년 8월 10일에 일어난 이른바 '광주 단지 폭동사건' 또는 '광주 대단지 주민 소요사태(소요사건)'이다.[38]

　　　결과적으로 본다면 와우동의 시민아파트 붕괴사건과 광주 대단지 주민 소요사태를 겪으면서 소형 서민아파트를 집중적으로 건설, 공급한다는 주거복지 차원의 정책적 의지는 현저하게 약화됐고, 급기야는 영동과 강남 개발 등 많은 재원을 필요로 하는 중산층 주택공급 정책이 득세하면서 중간층을 위한 아파트 대량공급 시기가 시작됐다.[39] 이런 점에서, 크고 작은 여러 문제점이 드러났다 하더라도 원주민 입주 원칙을 가지고 불량주거 개량을 시도했던 서울특별시의 시민아파트 건립계획이 중단된 것에 아쉬움이 남을 수밖에 없다.

↓ 15~40평(30평형은 인접 세대와 터서 사용할 경우 최대 60평)으로 구성된
여의도 시범아파트 항공사진(1973.5.19.)
출처: 국가기록원

↓↓ 잠실 시영아파트 전경(1978)
출처: 대한민국역사박물관

　　시민아파트는 한때 '서민아파트'로도 불렸다. "시민아파트는 7.5~11평의 소규모이고 중소득층아파트는 비교적 큰 규모였으며, 시민아파트는 스스로 주택을 건설할 능력이 없는 시민들에게 저리 융자에 의한 자금 지원뿐만 아니라 구호행정적인 보조가 포함된 저소득층주택이고, 중산층아파트는 경제적으로 주택을 지을 수 있는 능력이 있는 시민들에게 공급하는 저렴한 양질의 주택으로 이에는 보조는 물론 융자 지원도 없었다."[40] 그러나 잘 알려진 것처럼 제2차 경제개발5개년계획을 통해 '주택 건설은 민간 주도형으로 하고 정부는 이를 적극 지원한다'는 정책 목표가 설정되었고, 같은 기간 중에 공공부문 주택 건설계획은 3만 호에 불과하지만 민간부문은 80만 호로 책정되어 있었다는 사실은 와우아파트 붕괴사고가 아니더라도 우리나라 주택이 민간부문에 이미 맡겨진 것과 다름 아니라는 사실을 반증한다.[41] 그렇게 소위 맨션아파트 시대가 열렸다.

주

1 백욱인, 『번안 사회』(휴머니스트, 2018), 220쪽. 인용문 내 인용은 데이비드 하비, 『모더니티의 수도 파리』, 김병화 옮김(생각의 나무, 2005), 166쪽. 2018년 4월 23일부터 6월 30일까지 서울 청계천박물관 기획전시실에서 열린 「천변호텔, 3·1아파트」 전시는 서울의 주요 건설사업 및 사건으로 다음의 것들을 꼽았다. 1967년엔 도로와 교량의 신설 및 호가장, 낙원상가아파트 등 상가아케이드의 건설, 고지대와 변두리의 수도 시설 확충, 무허가 건물 대책과 이주 정착지 제공, 1968년엔 경인고속도로 완공, 15만 톤 증산 등 상수도 시설의 확충, 불량건물 정비사업, 시민아파트 건립계획 발표, 1969년엔 서울시 요소화 계획 발표, 남산1호터널 착공, 한강연안개발계획, 시민아파트 건설, 1970년에는 와우시민아파트 붕괴, 경기도 광주군 대단지 개발계획과 지하철 건설본부 발족이었다.

2 「서울의 모습 바꿀 시민아파트 군(群)＝건설계획과 문제점을 보면」, 『조선일보』, 1969년 4월 22일자.

3 염재선, 「아파트 실태조사 분석: 서울지구를 중심으로」, 『주택』 제26호(1970), 110쪽.

4 당시는 교통 사정이 좋지 않아 도심으로부터의 거리가 아파트 판단 기준에 중요했다. 대한주택공사 아파트와 서울시민아파트는 도심에서 대략 15킬로미터 떨어진 곳에 조성돼, 도심에서 6~8킬로미터 거리에 위치한 상가아파트, 맨션아파트, 공무원아파트, 일반아파트, 시중산층아파트에 비해 거주성이 좋지 않다고 인식되었다. 여기 소개된 '시중산층아파트'란 시민아파트 가운데 최대 면적의 세대당 11평을 초과한 규모의 것을 따로 구분하는 용어로 대체로 12~21평이었다. 여기에 '시범'을 붙인 '시범중산층아파트'는 여의도시범아파트를 기준으로 15~40평에 해당하는 경우를 일컬었다. 1970~1971년 신문 공고를 보면 대개 12평형 이상의 경우를 시범아파트나 (중산층)시범아파트 등으로 불렀음을 알 수 있다. 그러나 중산층아파트나 시범(중산층)아파트를 판단하는 가장 중요한 기준은 신청 대상자였다. 철거민 등이 아니더라도 무주택자인 서울시민이면 신청할 수 있었다. 1970년 말 현재 서울시를 대상으로 할 때 전체 아파트의 60퍼센트를 서울시가, 나머지 40퍼센트는 대한주택공사와 민간이 각각 20퍼센트를 분할, 공급했다. 이때 시민아파트는 37개 지역에, 중산층아파트는 12개 지역에 지어졌다.

5 염재선, 「아파트 실태조사 분석: 서울지구를 중심으로」, 110쪽.

6 서울시는 1970년 들어 시민아파트와 시중산층아파트에 대해 골조공사와 더불어 내장재와 설비 모두 시비로 먼저 부담한다는 방침을 정했다. 내부공사를 개별적으로 하면서 적지 않은 문제점이 생겼다고 판단했기 때문이다. 이에 따라 수도와 전기 공사를 포함해 칸막이와 정화조 등 위생 설비 일체를 서울시가 건축공사와 더불어 마무리하겠다고 발표했다. 개별 공사를 위해 15년 상환 조건으로 가구당 20만 원을 융자해 매달 2천 원씩 내도록 했던 기존 방침을 일부 변경해, 상환기간은 같지만 가구당

35만 원을 융자해 매달 3,500원씩 내도록 했다. 「아파트 내장도 시 부담」, 『매일경제』, 1970년 2월 12일자. 하지만 1970년 4월 와우아파트 붕괴사고 이후에는 주로 중산층아파트만 공급했고, 이마저도 입지 여건이 좋지 않은 곳은 사업 자체를 취소했다. 이 바람에 1970년의 중산층아파트 입주자 모집 공고는 변경을 거듭했다.

7 　「중산층아파트 100채」, 『동아일보』, 1969년 7월 8일자.

8 　중산층아파트의 입주금은 주택 크기에 따라 35만 원, 40만 원, 45만 원이었다.

9 　강준만, 『강남, 낯선 대한민국의 자화상』(인물과사상사, 2006), 39쪽. 그러나 '시민아파트'라는 이름 대신 '시영아파트'라 언급한 경우는 그보다 앞서 1967년 1월 4일자 『경향신문』을 통해 보도됐다. '1967년을 건설을 위한 돌격의 해로 정한 서울시가 긴박한 주택난을 해결하기 위해 예산을 확보해 시영아파트를 건립해 무주택자에게 제공하겠다'는 내용이다.

10 　『매일경제』 1968년 6월 12일자; 손정목, 『한국 도시 60년의 이야기 1』(한울, 2005), 248쪽.

11 　같은 책, 249쪽.

12 　강준만, 『강남, 낯선 대한민국의 자화상』, 39쪽.

13 　이 기간에 서울시와 각 구청 사이에 오고 간 공문 제목의 대부분은 '시민아파트 건립 후보지 신청', '시민아파트 건립 후보지 조사 보고', '대단지 이주계획 자료 통보', '대단지 이주계획 자료 제출', '사업 예정지 조사', '시민아파트 건립지 (변경)승인 요청' 등이었다. 서울시립대학교 주택도시연구실, 「시민아파트 논문 자료」, 미발간 자료집.

14 　정유진, 「그 시절 우리들의 성급함의 징표: 시민아파트 탄생과 뒷이야기」, 『경향신문』, 2006년 4월 14일자, 강준만, 『강남, 낯선 대한민국의 자화상』, 40쪽 재인용. 정유진의 기사는 손정목, 『한국 도시 60년의 이야기 1, 2』에 기대고 있다.

15 　기획조정실, 「대통령각하 지시사항 추진 결과 보고서 〈초도 순시〉」(1969.4.30.).

16 　대통령 지시사항은 단순한 행정조치는 조치 완료 여부로, 수치로 달성 정도를 나타낼 때는 진척도로 성과를 검증했다. 예를 들어, 지시사항 ①은 조치 방법을 크게 셋으로 나누어 ①-1 동 및 구별로 구역책임제를 실시, ①-2 구별로 독찰반(督察班)을 편성, ①-3 무허가 판잣집 적발과 철거로 정리했고 각각의 성과를 측정했다. 그 결과 ①-1과 ①-2는 1969년 4월 30일 현재 100퍼센트 완료했으며, ①-3은 1968년에 미처 철거하지 못한 2,356동 가운데 401동 철거로 진행률 17퍼센트였고, 새로 적발한 3,111동에 대해서는 2,709동을 철거해 진행률 87퍼센트로 기록됐다.

17 　당초 계획은 시민아파트 12동에 540가구가 입주하는 것이었다.

18 　건설부 장관, 「1969년 시민아파트 건립사업 기본계획에 따른 협조 요청」(1969.1.31.). 이 공문에 별첨한 문건이 바로 「1969년 시민아파트 건립사업 기본계획(안)」이다.

19 　1969년 11월 15일 『매일경제』에 의하면 서울 서부이촌동지구 등 9개 지구를 4건으로

나누고 5개 사를 지명해 설계용역 입찰을 진행한 결과, 4개 설계사무소에 낙찰되었다. 각 지구별 설계용역업체와 설계비는 다음과 같다.

- 동숭동 외 2개 지구 중산층시민아파트: 세대(世代)건축연구소(이종근), 설계비 106만 원
- 3·1지구 중산층시민아파트: 정미(精美)건축연구소(신명수), 설계비 79만 원
- 마포 외 2개 지구 중산층아파트: 동인(同人)건축연구소(조행우), 설계비 79만 5천 원
- 서부이촌동 외 1개 지구 중산층아파트: 이해성(李海成)종합건축연구소,
  설계비 79만 5천 원

20   김인숙, 『봉지』(문학사상사, 2006), 167쪽.

21   필자가 확인한 자료의 마지막 항목엔 담당 부서가 적혀 있지 않았다. 업무 내용으로
      보건대 건축과가 맡았을 것으로 추정된다.

22   건설부 장관 지시 공문, 「주택 건설에 관한 대통령 지시사항 실천」(1969.2.14.),
      서울시립대학교 주택도시연구실, 『시민아파트 논문자료』, 미발간 자료집.

23   건설부와 서울시가 상호 협의하면서 시민아파트 건립과 관련해 각 구청 및 관계과의
      협조를 얻은 결과가 1969년 4월 30일 기획조정실에서 작성한 「대통령각하 지시사항
      추진 결과 보고서」의 기초자료가 됐으리라 추측할 수 있다.

24   건설부의 이런 지시 공문은 1967년 이후 대한주택공사가 아파트 건설에만 주력한다는
      방침과 궤를 같이한다.

25   서울특별시, 「시민아파트 건물 시-마크 표시」, 서울특별시 내부 문건(1969.6.9.).

26   1969년 7월 4일 서울시민회관 강당에서 열린 시민아파트 관계관 회의에는 시민아파트
      소재지 관할 행정 담당자인 동장(洞長), 시민아파트 동장(棟長), 시민아파트에 입주한
      모범경찰관인 보안관 등이 참석했다. 이 자리에서 김현옥 서울시장은 8~12가구를
      한 단위로 반(班)을 만들고 동(棟)마다 통(統)을 조직해 매월 반상회를 개최할 것을
      지시했다.

27   서울특별시, 「시민아파트 동장 및 보안관 임무 요령」(1969.4.9.).

28   같은 글.

29   「로뽀·주택」, 『신동아』, 1969년 6월호, 177쪽.

30   물론 그가 완전히 물러난 것은 아니었다. 서울시장직에서 물러난 뒤 얼마 지나지 않은
      1971년 10월 7일 그는 제34대 내무부 장관으로 다시 공직을 맡아 1973년 12월 2일까지
      자리를 지켰으니 유신헌법 정국에 내무 행정을 총괄했던 셈이다. 박정희 대통령의 그에
      대한 신임을 익히 짐작할 수 있다.

31   김종휘, 「이름만 남은 와우산」, 『서울을 품은 사람들 2』(문학의 집, 2006), 173쪽.

32   김규형, 「서울 시민아파트」(서울시립대학교 대학원 석사학위 논문, 2007), 28쪽.

33   다소 과장된 얘기라고는 할 수 있지만 김현옥 서울시장은 도시미화와 관련해 아파트에서

장독대를 없애야 한다고 주장했고, 국립영화제작소에 의뢰해 「식생활 이야기: 장독대 없애기」라는 홍보영화를 만들기도 했다. 와우아파트 붕괴 사고 이후 '장독으로 인한 하중 증대가 아파트 붕괴의 원인' 가운데 하나라는 여론도 등장했다. 그 결과 위생과 미관의 차원에서 논의됐던 장독대가 안전의 문제로까지 비화하기도 했다. 박철수, 『박철수의 거주 박물지』(도서출판 집, 2017), 86~92쪽 참조.

34   예를 들어 옥인동, 필동지구와 3·1지구의 15평형 중산층아파트의 경우라면 입주 신청일(1970년 4월 2일)에 20만 원의 신청금을 내고, 추첨으로 입주자로 선정된 경우는 30일 후인 5월 1일까지 다시 20만 원의 중도금을 납부해야 했으며 1970년 8월 31일까지 잔금 19만 2,500원을 완납해야 했다. 이때 15평형의 주택 가격은 모두 50만 2,500원이며, 정릉, 와우, 한남지구의 18평형은 71만 1천 원, 흑석지구의 21평형은 82만 9,500원이었다. 1970년 4월 1일 변경 공고에서는 신청기간이 1970년 4월 2일 하루로 줄고, 추첨 일시를 4월 4일 오후 2시로 바뀌었다. 「중산층아파트 입주자 공모 공고 변경 공고」, 『경향신문』 1970년 4월 1일자 참조.

35   서울특별시 공고 제103호 「중산층아파트 입주자 공모 변경 공고」, 『경향신문』 1970년 5월 29일자.

36   염재선, 「아파트 실태조사 분석: 서울지구를 중심으로」, 112쪽에서는 총 48개 지구로 조사했는데, 당시 여의도시범아파트는 준공 전이었고, 단위세대의 평형 또한 다른 경우와 견주기 어려울 정도로 대형에 해당해 이를 제외한 수치다.

37   한상진, 「서울 대도시권 신도시개발의 성격」, 『사회와 역사』 제37권(한국사회사학회, 1992), 69쪽.

38   강준만, 『강남, 낯선 대한민국의 자화상』, 45~46쪽.

39   임동근, 『서울에서 유목하기』(문화과학사, 1999), 54~55쪽에는 '아파트 주택과 서민의 어울림이 깨지는 결정적 계기는 와우아파트 붕괴와 광주대단지 주민 소요사건'이라 언급한 뒤 '아파트 주택과 중산 계급의 친근 관계가 이때부터 시작'됐다고 서술하고 있다.

40   대한주택공사, 『대한주택공사 20년사』(1979), 328쪽.

41   제3차 경제개발5개년계획에서도 공공부문과 민간부문의 주택 건설 투자 비율은 여전히 7:3을 유지한다.

9 맨션아파트

알 듯 말 듯 한 외국어가 조합된 이름이 아파트에 붙기 전에도 고급
의 이미지를 부여하는 외국어가 있었다. 아파트에서 시작해 이후 연
립주택이나 다세대·다가구 등 여러 유형의 주택에 붙은 수식어 '맨
션'이 그것이다. 이 단어가 한국에서 유통되기 시작한 1970년, 대한
주택공사 주택연구소 소장 임승업은 맨션의 의미를 나름대로 정리
했다. "원래 맨션(mansion)이란 영어 낱말은 큰 집이나 저택을 말
하며 the mansion-house라고 정관사를 붙여서 런던시장 관저를 가
리키기도 하며, 부의적으로 mansions라고 복수형으로 해서 apart-
ments와 같은 뜻을 갖고 있다. 우리가 흔히 아파트라고 말하고 있는
것도 외래어가 단축 변형된 한국어이지 영어의 apart란 낱말은 있어
도 apartments의 약자로 사용될 수는 없다. '맨션'이란 말도 일반적
으로는 통상명사로 사용되는 일은 적으며 ○○mansions라고 하여
고유명사에 간혹 사용되는데 근래 일본에서 대대적으로 유행되고
있는 것 같다. 말이란 이상한 것으로서 apartments란 말도 원래 영어
이면서도 영국에서는 flats란 말만이 흔히 사용되고 있고 이 말은 미
어(美語)가 되다시피 되어버린 것이다. 우리나라에서는 아파트의 역
사도 짧지만 [맨션이] 실제로 사용되기는 이번이 처음이었는데 다만
아직 미완성이긴 하나 외국인을 상대로 계획된 '남산맨션'이란 것이
있었다."[1]

　　　　　여기서 '남산맨션'은 지금도 여전히 자리를 지키고 있는 소
월로 377(용산구 한남동 726-74, 남산관광도로의 입구이자 한남동

← 서울 소월로 377에 자리하고 있는
남산맨션아파트(2017)
ⓒ정다은

← 1965년 준공한 남산맨션 모습
출처: 김수근문화재단

↑ '남산맨션아파트'(박관도 설계)와
'남산맨션'(김수근 설계)이
모두 등장하는 항공사진(1974)
출처: 서울특별시 항공사진서비스

과 약수동이 갈라지는 곳)의 '남산맨션아파트'를 일컫는 것이다. 서
울 정도 600년을 기념하기 위해 추진한 '남산 제 모습 찾기'의 일환으
로 1994년 11월 20일 차례대로 발파 해체해 철거된 17층과 18층 높
이의 남산외인아파트와는 사뭇 다른 운명이다. 이 아파트는 소위 장
기 체류자를 위한 '레지던스 호텔'로 국내에 6개월 이상 머무는 외국
인을 대상으로 했던 임대아파트인데, 1침실형 20실, 2침실형 45실,
3침실형 70실과 함께 45평짜리 4침실형도 갖춘 곳이었다. 모든 방에
는 빌트인 레인지, 세탁기, 건조기 등이 구비되었고 창호에는 이중창
을 설치해 방음 효과를 높이는 동시에 가구 또한 국내 최고품을 들
였다. 뿐만 아니라 100평에 달하는 수영장과 가구당 1대의 주차장
을 마련했는가 하면 엄청난 비용을 들인 정원과 함께 가정부 80명이
기거하는 기숙사도 마련했다.

　　하지만 그보다 앞서 '맨션'을 붙인 사례가 있다. 해방촌 북
측 관광도로 위 남산의 남사면(南斜面)에 자리했던(정확한 당시 지
번은 서울 용산구 이태원동 258-59이다) 건축가 김수근이 설계한
외인주택 '남산맨션'이다. 1965년에 준공했으므로 1960년대 중반 이
태원과 한남동 일대를 중심으로 외인주택이 한창 조성될 무렵 남산
외국인 주택단지와 더불어 지은 것이다. 이 건물은 남산과의 조화
를 꾀한다는 취지에서 남산관광도로에서 바라볼 때 관찰자가 중압
감을 느끼지 않도록 위로 올라가며 건축물의 각 층을 후퇴시키는 기
법을 사용한 일종의 테라스 주택으로 독특한 외관을 뽐냈다. 모두
16세대가 들어가지만 각 세대는 단층형과 복층형이 섞여 있었으며,
지층에 주차장을 두고 실내공간을 교묘하게 구성함으로써 매우 복
잡한 단면 형식을 취했다.

　　'남산맨션'은 '한강맨션아파트'보다 5년, '남산맨션아파트'보
다는 7년이나 앞서 준공한 것이니 '최초의 맨션아파트'라 한다면 이

를 호명함이 옳겠다. 그럼에도 불구하고 '맨션'이란 용어가 실제로 사용되기는 한강맨션아파트가 처음'이라는 말은 곧 남산맨션이나 남산맨션아파트와 같은 외인주택인 경우는 논외로 하고, 내국인에게 분양할 목적으로 지은 아파트 가운데 '맨션'이란 용어를 붙여 사용한 최초의 사례라는 뜻이다.

한강맨션아파트의
아이러니

한강맨션아파트는 1969년 10월 23일 착공해 1970년 9월 9일 준공했다. 건설에 채 1년도 걸리지 않은 셈이다. 앞서 인용한 임승업 주택연구소장이 쓴 글 「우리나라 최대 최고 시설을 자랑하는 한강맨션아파트 계획의 언저리」가 대한주택공사 기관지 『주택』에 실린 시점은 한강맨션아파트 입주를 코앞에 둔 때였다. 임승업은 앞으로 급격히 늘어날 중산층의 주택수요에 선제적으로 대응하는 것에 의미를 부여하며, 중산층을 위한 아파트를 국가의 재정적 부담 없이 건립할 수 있다면 일석이조의 포석이 될 수 있으리라고 자평했다.

한강맨션아파트는 대한주택공사 제4대 총재였던 장동운²의 역점사업이었다. 5·16 군사정변 직후 육군 중령이라는 현역 군인 신분으로 대한주택공사 초대 총재에 취임했던 장동운은 1963년 육군 준장으로 예편한 뒤 정치활동을 위해 잠시 물러났다가 1968년 6월 제4대 총재로 다시 복귀해 한강맨션아파트 건설을 주도했다. 후일 그는 1953년 미군 공병학교 고등군사반 교육 과정에 있을 때 봤던 잡지의 아파트 관련 기사와 더불어, 1968년 일본에 갔을 때 본 맨션과 하이츠(heights) 주택 분양 광고가 '한강맨션아파트 탄생'의 동기가 됐다고 밝힌 바 있다. 조금 길지만 우리나라 맨션아파트 탄생

472

↑ 1970년 9월 준공한
동부이촌동 한강맨션아파트 전경
출처: 대한주택공사, 『주택 건설』(1976)

← 「신두영 비망록 제1공화국」에 기록한
1960년 제1회 국무회의 대통령 유시 일부
출처: 국가기록원

비화를 에둘러 살핀다는 뜻에서 인용한다.

제4대 총재로 있을 때의 기억으로는 뭐니 뭐니 해도 한강 맨션아파트 건설사업입니다. 내가 1968년에 일본에 가서 호텔에서 신문을 보니까 광고의 거의 8할이 맨션이다, 하이츠다 하는 주택 분양 광고였어요. 그때 일본의 국민소득이 1,500~2,000달러였을 것입니다. 나는 그 광고에 흥미를 가졌고 연구를 했죠. 제4대 총재를 맡고서는 우리나라도 앞으로는 서민아파트만을 지을 것이 아니라 생활수준에 따라 주택을 개발해야 한다고 생각하여 한강맨션아파트를 구상한 것입니다. 그때만 해도 건설회사는 자금 능력도 없었고 주택사업을 하는 회사는 더욱 없었습니다. 주택공사가 할 수밖에 없었어요. 그래서 주공의 설립 목적에는 좀 맞지 않았지만 한강맨션아파트를 추진하였는데 소득층에 맞추어 27, 32, 37, 51, 55평 이렇게 5가지 평형을 건설하기로 하였습니다. 이리하여 700세대를 건설했는데 그 예산 규모가 30억 원이었어요. 당시의 주공으로서는 대단한 사업 물량이었습니다. … 다음은 이것을 선전해야 하는데 방법이 없어서 연구 끝에 모델하우스 32평을 지었습니다. 그리고 신문광고 선전비를 800만 원을 들였으니 결국 한강맨션아파트는 1,000만 원을 가지고 시작한 것입니다. … 분양이 처음에는 잘되지 않았습니다. 그래 야단이 났습니다. 나는 주공 직원들한테 한강맨션에 대한 사업 설명을 하고 이게 안 되면 주공은 감원할 수밖에 없다고 주공의 위기임을 강조했습니다. 그래서 내가 간부들하고 머리를 짜낸 것이 직원들한테 책임분양 권유를 시키는 것입니다. … 한강맨션의 성공을 보고 나서 민간주택업자가 생기게 되고 삼익주택이 한강맨션 옆에 땅을 사서 아파트를 짓기 시작했고 그 다음이 한양, 라이프주택입니다. 오늘날 고층아파트가 서고 주택업자가 많이 나왔는데 그건 전부 한강맨션의 성공이 계기가 된 것입니다. 말하자면 주공이 우리나라 주택개발의 찬스메이커였습니다.[3]

여기서 눈여겨보아야 할 것은 한강맨션아파트가 우리나라에서는 처음으로 모델하우스(견본주택)를 선보였다는 사실이다. 한강 백사장에 지었다고 알려진 견본주택은 지금의 한강쇼핑센터 자리에 들어섰고, 식모방이 딸린 3침실 32평형을 소개하는 것치곤 안내실을 포함해 바닥 면적이 36.047평에 불과한 허름한 모양새였다. 견본주택을 두었다는 사실은 선분양(先分讓) 방식으로 아파트를 판매했음을 뜻한다. 여러 평형 가운데 32평형을 제안함으로써 기존의 대한주택공사 아파트 단위세대 규모를 훨씬 초과하는 중산층 맞춤형 아파트를 공급하려 한 의도를 여실히 드러냈다.

　　대한주택공사가 대한주택영단 시절이던 1960년 1월 5일 새해 첫 국무회의 자리에서 이승만 대통령은 11번째 상정안건인 「아파트 건축」과 관련해 "주택영단이 잘하고 있으나 대형 아파트먼트를 건축하도록 하되 자금을 준비하고, 조성철과 연락하여 추진하야 보도록 하라"고 했다. 이 지시는 4·19 혁명으로 인해 이렇다 할 성과를 내지 못했다. 이와 거의 유사한 내용이 10년가량 지난 뒤 다시 등장한다. 1969년 9월 22일 대통령비서실 추인석(秋仁錫) 보고관이 작성해 대통령에게 보고해 직접 결재를 얻은 '한강 맨션단지 건설사업 계획'에서다. 두 장으로 사업의 핵심사항을 요약한 문건에는 맨션 건립 목적과 위치, 그리고 건설 개요가 적혀 있어 한강맨션아파트의 골자를 알 수 있다.

맨션 건립 목적은 '국민 생활수준의 향상에 따른 현대적인 주택수요에 대처하는 동시에 도시주택의 고층화 정책에 입각해 저소득층에게만 공급한 아파트를 중소득 계층의 중견 시민에게 공급하고, 사치화 경향을 보이는 단독주택 건설 움직임을 현대적 고층 집단주거 형식으로 전환하는 시범을 보임으로써 주거생활의 새로운 풍토 조성에 선도적 역할을 하는 동시에 토지 이용 효율과 도시미화를 도모'하기 위함이었다. 위치는 한강변 공무원아파트 앞으로 결정되었다. 건설 개요의 핵심은 '입주자 선모에 의하여 예매 분양 수입금으로 재원을 조달'한다는 것이었다.[4] 중산층을 위한 중대형 아파트를 집단적으로 공급하되 선분양 방식으로 재원을 충당한다는 이 계획은 이승만 정권의 뜻이 10년 뒤 박정희 정권에 의해 현실로 실천되는 장면이다.

다시 10년 정도가 지난 1979년 여러 신문에서는 과소비와 사치를 지적하는 기사가 줄을 이었다. 특히 '맨션아파트에서의 사치'는 단골 메뉴가 되어 사람들의 입길에 오르내렸다. 34세의 젊은 사업가가 아내와 세 살배기 어린 딸 그리고 가정부와 함께 90평 맨션아파트에 산다고 전하면서 그의 아침 출근 전 풍경을 묘사한 기사가 대표적인 예다.[5] 기사 내용을 사실이라고 한다면 '90평이 넘는 맨션아파트'는 당시 최고 평수를 기록했던 한양주택의 동부이촌동 코스모스맨션아파트(92.94평) 정도를 염두에 둔 것일 수 있겠다. 아파트 내부는 초호화판 가구와 외제 일색의 각종 세간으로 가득하다 했다. 영국과 이탈리아, 스위스를 포함한 유럽, 중동, 미국과 캐나다 등 북미에서 수입했거나 외국여행 중 구입했다는 살림살이들을 나열하는 것도 모자라 미제 치약에 너구리 털로 만든 캐나다산 칫솔에 이르면 과소비와 사치가 아니라고 하기 힘들었다.

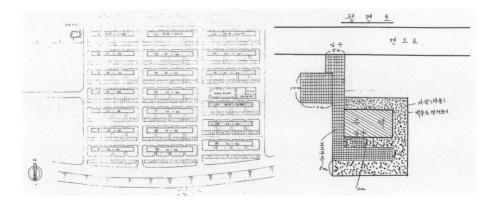

↑↑ 이촌동 한강 백사장에 설치된 견본주택 발코니에
함께 자리한 장동운 총재와 정일권 국무총리
ⓒ장세훈

→ 한강맨션아파트 견본주택 모습
출처: 대한주택공사, 『주택』 제24호(1969)

↑ 한강맨션아파트 견본주택 위치도 및 배치도
출처: 대한주택공사, 「맨션주택 환경정리」, 1969.9.5.

→ 한강맨션 견본주택 평면도
출처: 대한주택공사, 「한강맨션견본주택 평면도」, 1969.7.

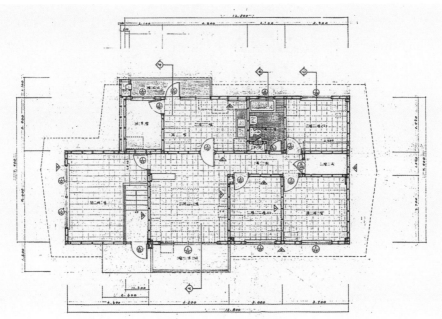

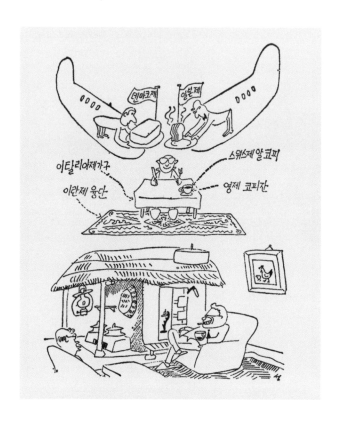

↑ 호화 맨션에서의 사치를 지적한 신문기사 삽화(김성환 화백)
출처: 『동아일보』 1979.2.23.

사치화 경향을 보이는 단독주택에 대응해 주거생활의 새로운 풍토를 조성하려는 목적으로 한강맨션아파트 건설을 추진했는데, 결과는 정반대로 불거져 중대형 아파트의 호화 생활과 과소비가 사회문제로 부각된 것이니 맨션아파트의 아이러니가 아닐 수 없다. 100억 달러 수출을 기록하는 기념우표를 발행하고, 서울 광화문 네거리에 엄청난 크기의 아치형 광고탑을 세운 게 불과 2년 전인 1977년이었다. 외화 절감이 국가 경제정책의 최우선 과제 중 하나였던 1979년 초에 외제로 치장한 집을 비판한 신문기사의 반향은 컸다. 국민동원 국가체제에서 거의 매국노에 견줄 만한 경우여서 비난은 쉽게 정당화되었다. 다른 매체에서도 연일 과소비를 비난하고 나섰다.

높은 경제성장률과 개인 소득 증대에 따라 국가의 재정 부담 없이 건립된 한강맨션아파트는 본격적인 대한민국 중산층 주거 형식이자 전혀 새로운 생활 양식을 잉태했다.

매립지에 세워진
한강맨션아파트 계획의 언저리[6]

한강맨션아파트는 건설부 고시 제1816호(1965.9.13.)에 의해 지정된 '서부 한강 일단의 주택지 경영사업'으로 시작되었다. 택지 조성과 도로 확장 및 신설, 배수공사, 토지의 교환과 합병, 분합 및 지목 변경 등 구획형질의 변경, 기타 공작물 신설과 폐지 및 변경, 한강 하상(河床) 정리 등을 위한 사업이었다. 최초 7만 3천 평을 대상으로 했던 사업이 건설부 공고 제121호(1968.10.15.)에 의해 일부 변경되어 7만 5,363평으로 확대되었다.[7] '서울 도시계획 서부 한강 이촌동 일단의 주택지 경영사업 실시계획'에 따른 것이었다.

↑↑ 한강유역조사단과
수자원공사의 통합식 장면(1968.5.1.)
출처: 국가기록원

↑↑ 김현옥 서울시장과 한강개발 기념비(1968.6.1)
출처: 서울역사박물관

↑ 한강맨션아파트 기공식장에서
사업을 설명하는 장동운 총재(1969.10.23.)
ⓒ장세훈

한강변 이촌동 일대의 매립사업은 1960년대 초반 건설부 산하에 설치된 '한강유역조사단'이 미국의 기술 원조를 받아 추진하면서 윤곽이 잡혔다. 특히 1963~1964년에 걸쳐 서울시 주도로 서빙고 일대의 매립작업이 본격 실시되면서 경춘 철로와 한강 사이에 많은 유휴지가 생겼고, 박정희 대통령이 한강인도교를 건너다가 동부이촌동 일대의 매립지를 보며 "남쪽에서 서울로 들어오는 관문에서 직접 바라다보일 수 있는 곳이니만큼 서울의 얼굴이나 다름없으니 높은 건물을 계획해서 건립하도록 하라"[8]는 지시가 있었다고 전해진다.

당시 총무처는 공무원연금을 재원으로 하는 공무원아파트 건설을 구상 중이었고, 매립지 6만여 평 가운데 일부를 할애해 아파트 건립사업을 하도록 대한주택공사에 요청해 1966년부터 1969년까지 4년 동안 1,338세대 규모의 아파트 35동을 완공했다. 이 과정에서 수자원공사는 기존의 건설부 산하 한강유역조사단과 조직을 합병해 추가 매립사업을 실시했다. 그렇게 생긴 땅 2만 4천 여 평을 대한주택공사가 인수해 중산층아파트단지로 조성한 곳이 바로 한강맨션아파트 단지다.

대한주택공사가 이촌동 매립지를 이용해 중산층용 아파트 건립하기로 한 배경은 크게 2가지로 요약할 수 있다. 하나는 '상가아파트와의 경쟁관계 속에서 주택공사의 살 길을 찾기 위함'이었고, 다른 하나는 '정부정책에 부응하는 공공주택공급기관으로서의 역할을 강화'하기 위함이었다. 노무자주택이나 영세민주택 혹은 서민아파트를 공급한다는 기존 취지에 비춰본다면 자가당착이 아닐 수 없다.[9]

아직 본격적이라 할 수는 없었지만 도시 발전의 방향이 한강 이남으로 바뀌고 있었고 시청 앞까지 자동차로 10분 전후면 오갈 수 있고, 이미 건립된 공무원아파트와 더불어 커뮤니티 스케일의 주거단지를 만들 수 있다고 여겨졌기에 동부이촌동은 최적의 중산층 주택지로 꼽혔다. 또 매립지 동북 방향은 군대가 주둔하거나 공장이 위치해 상대적으로 번잡하지 않았고 남측으로는 한강이 내다보이는 좋은 입지였는데도 불구하고 대지 비용이 저렴했고 대지 매입 비용 확보를 위한 공채 발행에도 특별한 이점이 있었다.

매립지를 확보해 중산층아파트를 건립한다는 원칙은 마련했지만 입주자들이 부담해야 할 금액을 어떻게 안배할 것이냐가 새로운 쟁점으로 부상했다. 이는 곧 어떻게 입주자를 미리 모집하고 분양하느냐의 문제였다. 국가 재정 부담 없이 건립하기 위해서는 선분양의 성패가 무척 중요했다. 이와 맞물려 용적률 결정과 새로운 주거공간을 제시하는 것 또한 과제였다.

쾌적한 환경으로 중산층을 유인하려면 공지(空地)와 건축연면적의 상관관계 지표인 용적률을 낮추어야 했다. 그러나 이럴 경우 입주자들이 부담해야 하는 비용이 높아지는 어려움이 있었다. 기존의 다양한 아파트 건립사업을 참고해 결정한 것이 곧 용적률 100퍼센트의 아파트 단지였다. 즉, 2만 4천 여 평의 대지에 2만 4천 여 평의 건축바닥면적을 공급하면 세대당 25평 내지는 35평으로 700여 세대를 건립할 수 있었다. 최종적으로는 이를 약간 변형해 50평 이상의 세대를 일부 추가하는 것으로 정해졌다. 고층과 저층 건물을 혼합해 단지의 입체감과 공간감을 확보하라는 대통령의 지시는 자금 운용의 한계와 사업기간의 지연을 이유로 계획에 반영되지 않았다. 결국 5층 높이의 단조로운 주거동을 배치하는 것으로 결론이 났다.[10]

한강맨션아파트 단위세대 구상은 향후 5~10년 동안 가파르게 상승할 경제성장률을 감안해 그 좌표가 될 기준주택 평면을 만드는 것을 목표로 삼았다. 비록 기성복이라 할 수 있는 아파트지만 한국적 생활 특성을 감안한 개별 주택으로서의 가능성을 열어두고, 각 세대의 공통점을 모색해 보편성으로 이를 해석해야 한다는 것이었다. 기준으로 삼은 가구당 가구원 수는 당시 평균이 5.2인이라는 사실에 근거해 넉넉히 6인으로 잡았고, 식모를 제외한다면 3침실이면 충분하다고 판단했다.[11]

　　　　이에 따라 대한주택공사 주택연구소는 A형(27평형), B형(32평형), C형(37평형)을 기본으로 삼고, 노선상가 상부에 들어가는 51평형과 55평형은 특별한 유형으로 분류했다.[12] A형은 기본형으로, 침실 3개와 욕실, 식사공간과 주방이 통합된 다이닝 키친 및 창고로 구성되며, B형은 A형의 각 공간이 조금 늘어나고, 여기에 식모방을 추가한 것이다. 37평형인 C형은 주방과 식사공간을 분리하는 한편, '1.5개 욕실'이란 아이디어가 반영될 뻔한 특징이 있다. 욕조가 설치된 욕실은 부부 전용으로 부부침실에 부속시키고, 다른 가족 구성원이나 손님이 사용하는 샤워기와 변기만 있는 변소는 따로 두되 서로 출입할 수 있게 연결하자는 아이디어였는데, 부부 전용 욕실의 프라이버시 문제가 제기돼 결국 폐기되었다.

　　　　이 밖에도 식사공간은 사용법에 따라 다리미질을 하거나 재봉틀을 놓아 사용할 수 있을 정도의 크기로 공간을 배분했고, 더스트 슈트가 독립적으로 설치된 발코니는 장독대로 이용하거나 겨울철 김장고로도 쓸 수 있게 배려했다. 30평형 이상에 마련된 식모방은 발코니와 붙어 있었다. 1960년대 초에 국가나 공공기관이 공급한 단독주택이나 아파트에서와 달리 별도의 일체형 수납공간은 두지 않았다. 개별 장롱을 갖고 있거나 앞으로 갖기를 원하는 경향을 반영한 것이다. 대신 세대마다 별도의 창고공간을 두어 허드레 물건이나 부피가 큰 트렁크 등을 보관할 수 있도록 했다. 51평형과 55평

← 한강맨션아파트단지 전체 항공사진
출처: 대한주택공사,
『대한주택공사 47년사』(2009)

↓ 한강맨션아파트에 적용하기 위해
주택연구소가 제안한 평면
출처: 대한주택공사 주택도시연구원,
『주택도시 R&D 100』(2009)

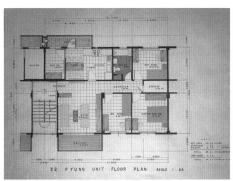

32 PYUNG UNIT FLOOR PLAN SCALE 1:30

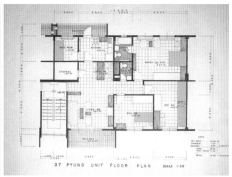

37 PYUNG UNIT FLOOR PLAN SCALE 1:30

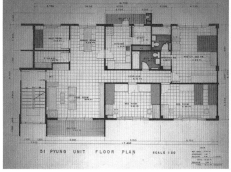

51 PYUNG UNIT FLOOR PLAN SCALE 1:30

27 PYUNG UNIT FLOOR PLAN SCALE 1:30

형에서는 모든 설비를 갖춘 2개의 욕실과 세탁기를 둘 수 있는 부엌을 완전 독립시켰고, 다용도실로 부를 수 있는 별도의 서비스공간을 주방에 접속하도록 계획했다. 또한 37평형 이상에서는 부부침실의 일부를 칸막이로 구획해 필요에 따라 서재로 활용할 수 있도록 했다.

임승업 주택연구소장은 '지역난방' 방식을 강조했다. 당시 지역난방 방식은 남산맨션아파트와 남산외인아파트, 힐탑외인아파트 등에 사용한 것이 고작이었는데 그 경험을 한강맨션아파트에 적용했다. 이는 기존의 단독형 국민주택이나 서민용 아파트 등에서 혁신적 기술로 적용한 세대별 보일러 설치에서 대단한 전환을 추구한 것이지만 사실 기술적인 면에서는 그리 새로운 것은 아니었다. 지역난방은 사실상 경제성 때문에 채택된다.

지역난방을 채택하면 불가피하게 최초 시설 투자비가 늘어나지만, 이는 외국인에 의한 기술용역비와 자재 도입에 부과되는 관세 등에 의한 증가분일 뿐 직접 비용이 늘어나지는 않으며, 오히려 연간 유류비 절약, 관리인 감축 가능, 열관리의 효율성 증대, 나아가 공해 방지 효과 등이 있다고 대한주택공사는 판단했다. 한강맨션아파트에 지역난방이 반영된 이유다.

한강맨션아파트
분양

1969년 9월 6일 '현대생활의 안락한 주거는 한강맨션아파트로!!'라는 광고 문안이 강조된 '한국 최초의 맨션아파트 분양 공고'가 『동아일보』에 게재되었다. 보였다. 이미 조성된 이촌동 공무원아파트와 30미터 폭을 갖는 도로를 경계로 마주한 매립지에 맨션단지가 들어선다는 소식이었다. 대한주택공사가 매립지를 매입한 중요한 배경 가운데 하나인 '시청까지 10분 정도의 거리'는 맨션아파트의 위치도를 통해 다시 한번 강조됐다. 주택연구소가 제안한 것처럼 27평형부터 55평형에 이르는 660세대가 분양 대상이었다. 층별로 차이가 있었지만 평당 12만 3,438원(32평형)에서 12만 6,471원(51평형)으로 분양가가 산정됐고, 평당 분양 가격 평균은 12만 5,284원이었다. 분양 광고가 신문에 게재되기 하루 전인 1969년 9월 5일에는 한강맨션아파트 견본주택 공사가 마무리되어 기본형에 해당하는 32평형의 아파트 내부공간을 둘러볼 수 있었다.[13]

선착순 분양이었기 때문에 견본주택을 둘러본 후 앞으로 지어질 모습을 상상하며 전체 분양 대금의 10퍼센트를 예약금으로 납부해야 했고, 입주자는 준공 예정일인 1970년 7월 1일까지 최초 3개월은 분양가의 10퍼센트씩을, 이후 4개월 단위로 분양가의 20퍼센트와 잔금 50퍼센트를 납부하는 방식으로 분양가를 선납해야 했다. 흥미로운 것은 그동안의 경우와 매우 다르게 '무주택자'로 입주 신청자를 제한하지 않았다는 점이다. 내국인과 외국인을 막론하고 누구든 10퍼센트의 예약금을 부담할 수 있다면 선착순 아파트 분양을 받을 수 있었다.

여기서 주목해야 할 것은 분양 광고에 10가지로 언급된 한강맨션아파트 '단지의 특징'이다. 아니, 그보다 앞서 '일단의 주택지'라 할 수 있는 '단지'를 에둘러 강조한 것만으로도 특별하다. 그 이전의 경우와는 퍽 다르기 때문이다. 앞에서 언급한 입지 선정이며 각종 설비와 장비의 특징을 제외하고 단지의 특징을 다시 몇 가지로 추려볼 수 있는데, 교육 시설과 어린이놀이터, 정원과 주차장 완비, 쇼핑센터 구비, 단지 주위의 울타리 설치와 공유부분에 대한 대한주택공사의 철저한 사후관리 등이 그것이다. 이는 맨션아파트가 유

↑↑ 주택연구소에서 제안한 한강맨션아파트 각 실 용례
출처: 대한주택공사 주택도시연구원, 『주택도시 R&D 100』(2009)

↑ 한국 최초의 맨션아파트 한강맨션아파트 분양 광고
출처: 『동아일보』 1969.9.6.

행하고 보편적 욕망의 대상이 되어가는 과정에서 매우 중요하고도 의미 있는 요소들로서, 소위 '단지화 전략'의 핵심 요소들이었다.

　　게다가 '군사혁명을 생활혁명으로 전환하기 위해 추진했던 마포아파트'의 9평에 비해 6배, 대한주택공사의 통상적인 12~16평 단독주택보다 3배 이상, 제법 넓은 축에 속했다는 공무원아파트의 20평보다 2.5배 이상이나 넓은 55평짜리 아파트까지 공급됐으니 한강맨션아파트 건립은 실로 놀랄 만한 사건이었다. 여기에 덧붙여 광고한 것이 '산뜻한 알루미늄 창 장식'[14]과 '한국 최초의 중앙식 중온수 종합보일러 설치에 따른 온수 상시 공급', 온돌방이 없다는 사실을 애써 강조한 '침대 생활양식' 등이다. 적어도 다른 어느 곳에서도 보거나 경험할 수 없는 새로운 기거 양식을 담고 있었다. 차별화 전략이었다.

　　한강맨션아파트에 쓰인 알루미늄 창틀은 소설가 조해일에게 포착됐다. 그는 1972년에 발표된 소설 「뿔」에서 "알루미늄 빛으로 번쩍거리는 한 떼의 건물군이 시야에 들어찼다. 일고여덟 해 전만 해도 모래먼지와 잡초가 무성하던, 그러나 지금은 기하학과 역학에 힘입은바의 번듯하게 드높여진 한강변 위에 새로이 형성된 또 하나의 도시, 맨션아파트 마을이었다. 균제와 위관(偉觀)을 자랑하는 그 건물들을 사나이는 어쩌면 처음 보는지도 몰랐다"[15]고 서술했다. 소설의 인물 '가순호'가 왕십리에서 흑석동으로 지게꾼을 앞세워 하숙집을 옮기는 도중에 한강대교를 건너며 보았던 한강맨션아파트에 대한 묘사다. 한강맨션아파트가 준공된 1970년에 서울 중심가에 설치되었던 대한주택공사 주택센터 안에서는 미국 알루미늄회사와 기술을 제휴했다고 밝힌 알루미늄 창틀이 전시되어 세간의 눈길을 끌었다. 알루미늄은 당시로선 첨단의 건축자재였다.

　　그러나 대한주택공사의 포부와 달리 최초 분양 신청은 저

← 한강맨션아파트단지의
어린이놀이터(1970)
출처: 국가기록원

← 한강맨션아파트가 중심이던
한강아파트지구 항공사진(1973)
출처: 서울특별시 항공사진서비스

↑ 1970년 대한주택공사
주택센터에 전시했던
레이놀드 기술제휴 알루미늄 섀시
출처: 대한주택공사

조했다. 결국 앞에서 언급했듯이, 직원들을 구조조정으로 몰아세우며 분양 물량을 직급별로 할당하는 등의 갖은 방법을 동원해 분양을 마무리했다.[16] 분양과 관련해 흥미로운 이야기 가운데 하나는 탤런트 강부자가 한강맨션아파트 계약 1호이자 입주자 1호였다는 사실이다. 그녀는 100만 원짜리 한강공무원아파트에 전세로 살다가 한강맨션아파트 27평형을 345만 원에 구입했다면서 '한강맨션아파트는 모래사장에 집을 지어 안전하지 못할 것이라는 소문이 있었지만 모델하우스를 보고 마음에 들어 꼭 구입하겠노라 다짐했는데, 주택공사 직원들이 현장에서 합숙을 하는 모습을 보고 품질도 믿게 됐다'[17]고 과거의 기억을 떠올렸다. 그리고 그의 한강맨션아파트 입주 소식을 듣고 고은아, 문정숙, 패티 김 등 연예계 인사들이 차례로 이사를 왔다고 한다.[18]

　　한강맨션아파트의 분양과 준공을 지켜본 민간주택업자들이 맨션 건설에 뛰어들었다. 삼익주택이 한강맨션 옆에 땅을 사서 아파트를 짓기 시작했고, 연이어 한양, 라이프주택 등이 한강아파트지구 일대에 맨션아파트 건설 붐을 일으켰으니 한강맨션아파트의 성공이 '맨션 산업'[19]의 견인차 역할을 했다는 장동운의 주장이 전혀 틀린 것은 아니다.

　　한강맨션아파트 준공 두 달 전인 1970년 7월 7일에는 1968년 2월 1일 착공한 경부고속도로가 개통했다. 서울의 관문이 이승만 정권 시절의 서울역에서 한강을 가로지르는 한남대교로 전환된 셈이니 박정희의 예견 역시 들어맞았다.[20] 그러니 한강맨션아파트는 강남개발의 신호탄이자 강남 시대의 서막을 알린 도약대였다. "아파트 주택과 중산 계급의 친근 관계는 이때부터 시작되었다"[21]는 임동근의 진단이나 "한국의 아파트단지개발은 압축 성장 과정에서 중간계층의 주거 안정 수요를 안정적으로 수용하는 역할"[22]을 담당

함으로써 '아파트단지개발이라는 수단이 압축적 자본축적체제의 조절 양식 역할을 했다'는 박인석의 견해는 모두 대한주택공사의 한강맨션아파트 건립을 염두에 둔 평가다. 한강맨션아파트는 고급 또는 고급이 되길 희망하는 아파트단지를 둘러싸고 벌어지는 한국사회의 수많은 모순과 갈등의 시발점이다.

'맨션아파트'
비난과 유혹 사이

『경향신문』은 1970년 10월 「서울의 새 풍속도」라는 기사를 통해 당시 한강맨션아파트 51평, 55평은 큰 회사의 사장이, 32평은 회사의 중견급 간부나 탤런트, 문인, 영화배우가, 가장 작은 27평은 신중산층의 신혼부부가 살 수 있었다고 전했다.[23] 32평 아파트 입주자 가운데 특별히 탤런트를 꼽던 까닭은 앞서 소개했던 것처럼 탤런트 강부자, 배우 고은아와 문정숙, 가수 패티 김 등이 한강맨션 입주자였기 때문인 것으로 보인다. 한강맨션의 성공적 분양이 계기가 되어 맨션 산업이 활기를 띠게 됐다고는 하지만, 이는 연평균 10퍼센트를 상회하는 유례없는 압축 성장 과정에서 중산층의 주거환경 욕구를 안정적으로 해소할 뾰족한 대안이 없었기에 가능한 일이었다. 즉, '우연적 연쇄' 혹은 '우연적 필요성'[24]이 작동한 결과로 볼 수도 있을 것이다. 하지만 맨션아파트 탄생은 박정희 정권 이전부터 오래도록 궁리되어온 지극히 정치적인 사건이었다.

앞에서 언급했듯 이승만 정권과 박정희 정권에서 각각 추진된 아파트 건설 방침에는 대형아파트 건설이라는 공통점이 존재하지만, 그보다는 '공공자금에 의한 아파트 건설'과 '국가의 재정 부담 없이 입주금을 선납받아 준공' 사이의 어마어마한 차이에 주목해

↑↑↑ 일본에 본사를 둔 건축자재 회사의
국내 알루미늄 섀시 광고
출처: 『동아일보』 1962.11.1.

↑↑ 경부고속도로 개통
기념 아치(1970.7.7.)
출처: 국가기록원

↑ 삼익주택의 한강아파트지구 일대
맨션아파트 광고
출처: 『동아일보』 1974.10.21.

야 한다. 다시 말해 이승만 정권 시절에는 대한주택영단이 어떻게든 자금을 마련해 아파트를 건설하는 것이 핵심이었다면[25] 박정희 정권에서는 수요자가 미리 지불하는 선납금을 동력으로 대한주택공사가 아파트를 지어 분양했다. 영단이나 공사는 어차피 같은 조직이고 공공주택공급과 비축의 거의 유일한 주체였다는 점을 상기한다면, 주택기금이나 국채 발행을 통해 확보한 공적 자금에 기초하는 '공영주택'과 민간자본 또는 투기자본에 의존하는 '시장주택'을 구분하는 잣대는 바로 절대 권력자가 바뀌면서 갈렸음을 알 수 있다.

　　　여하튼 한강맨션아파트를 기점으로 공공주택으로서의 아파트단지가 시장에서 욕망을 부추기는 대상이자 경쟁적으로 거래되는 상품으로 급격하게 변화했다. 점잖게 표현해 '정부 재정 부담 없이 예매 분양 수입금으로 건설 비용을 충당'하는 방식이지, 이를 달리 풀이하자면 '투기자본에 편승한 정부의 주택공급 선전'과 다르지 않다. 오늘날까지도 부동산 시장에서 볼 수 있는 아파트를 둘러싼 갖은 형태의 이전투구가 바로 박정희 정권의 한강맨션아파트로부터 시작됐다는 말이다. 1970년 6월 23일 박명근 비서관은 중산층 이상이 입주하는 한강맨션아파트를 선납 입주금으로 충당해 건설 및 준공했다고 박정희 대통령에게 보고했다.[26] 주택이 철저한 시장재화로 자리를 잡았음을 공식적으로 선언한 순간이다.

　　　대한주택공사가 스스로 밝힌 한국 최초 맨션아파트단지의 구체적인 특징 9가지는 다음과 같다. ① 시청에서 5킬로미터, 자동차로 10분 거리의 교통, ② 자녀 교육 시설 완비, ③ 한국 최초 중앙공급 보일러 설치, ④ 알루미늄 창틀, ⑤ 어린이놀이터, 정원, 주차장, ⑥ 쇼핑센터, ⑦ 온수 상시 공급, ⑧ 침대 생활 양식, ⑨ 단지 주위 울타리 설치와 경비원 배치다.[27] 이렇게 많은 특징을 한강맨션아파트를 통해 광고했다는 사실은 곧 다른 경우가 그렇지 않았음을 뜻한

496

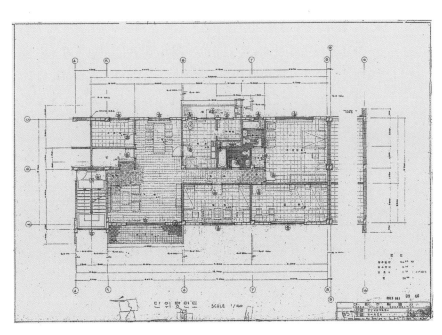

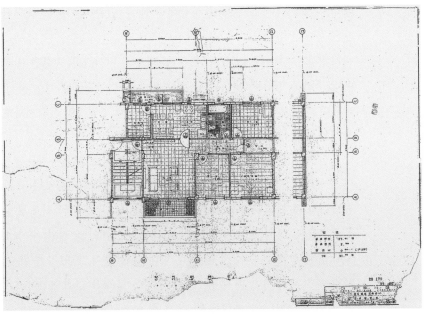

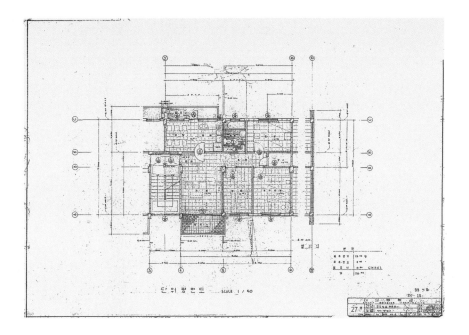

← 한강맨션아파트 55평형 단위평면도
출처: 대한주택공사,
「한강맨션 건축공사」, 1969.9.

↑ 한강맨션아파트 27평형 단위평면도
출처: 대한주택공사,
「한강맨션 건축공사」, 1969.9.

← 한강맨션아파트 32평형 단위평면도
출처: 대한주택공사,
「한강맨션 건축공사」, 1969.9.

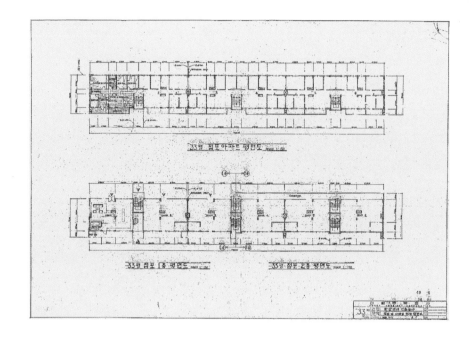

↑ 한강맨션아파트 33평 점포아파트 1, 2층 평면도
출처: 대한주택공사, 「한강맨션 건축공사」, 1970.3.

→ 한강맨션아파트 33평 점포아파트 단위평면도
출처: 대한주택공사, 「한강맨션 건축공사」, 1970.3.

→ 한강맨션아파트 37평형 단위평면도
출처: 대한주택공사, 「한강맨션 건축공사」, 1969.9.

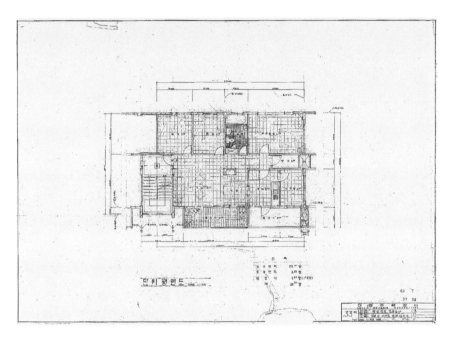

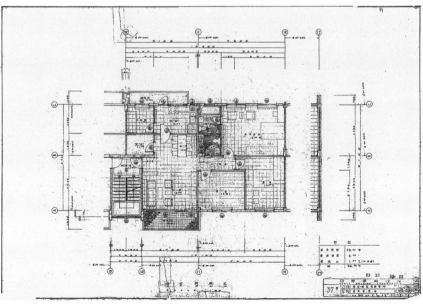

다. 온돌방이 전혀 없는 서양식 침대생활이 보장되었고 당시로서는 매우 드물게 알루미늄 창틀을 설치했다는 등의 홍보 내용은 그 이전과는 전혀 다른 것이었다. 30평형 이상의 아파트에는 주방에 붙은 1.87평 크기의 작은 방을 두고 견본주택에서부터 아예 식모가 사용하는 방으로 못 박아 중산층아파트임을 드러내는 수단으로 삼았다. 한강맨션아파트는 확실히 다른 아파트들과 달랐다.

한강맨션아파트 평면은 여러 면에서 특이했다. 가장 먼저 꼽을 것은 완전 입식을 채택했다는 점이다. 1970년 당시만 하더라도 "계획가들은 서구적인 생활을 위한 주택에는 온돌난방 방식은 부적합하다"[28]고 생각했다. 한강맨션을 통해 면적과 비용의 제약에서 벗어나 나름의 창의력을 발휘할 기회를 얻은 실무자들은 '입주자의 의식을 현대적으로 변화시킬 의도'[29]로 모든 공간을 입식으로 구성했다. 온돌방은 하나도 없었다. 이런 시도는 "젊은 층에게는 받아들여졌으나 전체적으로는 시기상조의 기획이라는 반박을 받았으며 특히 노인층의 반대가 심했다. 노인층은 입식으로 된 변기와 부엌 등에 난감해하며 양변기 위에 올라가서 변을 보는 일"도 있었다고 한다.[30]

평면 구성의 두 번째 특징은 식침분리(食寢分離)다. 이는 생활공간을 부부 중심으로 구성하는 동시에 주간생활과 야간생활을 공간적으로 분리하는 계획으로, 침실 등을 주거공간 한쪽으로 치우치게 배치하는 것으로 실현되었다. 일본 건축계에서 정립한 주거공간 분화의 원리인 식침분리는 침실과 식사실을 분리시키는 것이고, 이는 거실과 침실을 분리하는 공사실분리(共私室分離)로의 진전을 내포한다고 보는 것이 통상적이다.[31] 욕실은 주간이나 야간에 모두 사용할 수 있도록 주간에 주로 사용하는 공간과 야간에 쓰는 공간의 중첩 영역에 두었다.

그러니 '자가용의 시동 소리도 경쾌한 맨션족의 아침'이라거나 '가장 작은 27평짜리는 이제 막 경제적으로 자리 잡기 시작한 층이라지만 대부분은 돈 많은 부모 덕으로 이곳 한강맨션에 신방을 차린 신혼부부 차지인데, 이런 소문이 순식간에 퍼져나갈 정도로 프라이버시가 보호되지 않는 까닭에 은근한 뒷살림을 꾸리려던 몇몇 인사들은 계약만 해놓고 눈치만 살피고 있다'[32] 따위의 부러움인지 비난인지 모를 기사들이 연일 신문에 실렸다. 마치 일제강점기 문화주택이 일본을 통해 번역된 서구 주택으로 조선에 들어와 많은 이에게 욕망과 힐난의 대상이 됐던 상황과 비슷하다.[33] 돈 많은 부모 덕에 입주할 수 있었건 아니건 간에 한강맨션아파트 가운데 가장 작았던 27평에 사는 이들은 또 그들대로 50평형 이상 세대에 거주하는 주민들의 사치와 거드름을 불편해했다. 언론에서는 한강맨션아파트 600가구를 지을 비용이면 서울시가 불량주택 철거민 등을 위해 공급했던 시민아파트 225동을 지을 수 있다거나, 무주택 시민 1만 가구 이상의 보금자리를 만들 수 있다며 대한주택공사와 정부를 크게 비난하기도 했다.

　　　박완서 작가의 소설 「무중」(霧中)의 배경은 최소가 40평인 한강변 맨션아파트인데 18평 아파트가 달랑 한 동 붙어 있는 곳이다. 어느 날 동(棟) 반상회에 참석한 주민들은 쥐약을 일제히 놓아야 한다는 공지사항을 듣고는, 그것은 서민주택에나 해당하는 일이라며 맨션에 쥐가 어디 있으며, 겨울에도 반소매를 입고 살아야 된다거나 맨션에 문패를 다는 일이야말로 하이힐 신고 댕기꼬리 늘인 꼴이라고 지껄이면서 믿기지 않는 표정들이었다고 묘사했다. 당시만 하더라도 '맨션'은 비난의 대상이었지만 소시민들에게는 언제든 발화할 준비가 되어 있는 선망의 대상이자 다가서고 싶은 중산층의 표식이었다. 그리고 이처럼 한강맨션아파트는 중산층의 상징이었으며 상대적으로 단독주택이며 다른 유형의 아파트를 낮춰보는 기제로

작동했다.[34]

맨션아파트는 소위 구별 짓기의 수단이 되었다. 유명 백화점에서는 '맨션 사모님'만을 위한 특별 서비스가 제공되어 영국 등 유럽의 유명 원단을 별도로 가져와 판매하거나 아예 주문을 받아 물건을 공급하는 일도 생겼다. 한편, 맨션족 사이에서는 한강맨션아파트와 바로 옆에 들어선 외국인용 아파트인 한강외인아파트를 비교하면서 어느 곳의 시설이 더 잘 되어 있는지 따지곤 했다.[35]

한강맨션아파트 등장 이후 미시적인 사회 변화가 곳곳에서 감지되었다. 우선, '처복'(妻福)이라는 말이 남자들 사이에서 유행하기 시작했다. 복덕방 대신에 부동산소개소가 출현했는가 하면, 중개인 자리엔 영감 대신 젊고 영리하게 보이는 젊은 신사들이 들어앉았다. 1975년 6월 『주간조선』을 통해 발표한 박완서 단편 「서글픈 순방」에서는 당시 풍경을 이렇게 그렸다. "누구는 아예 아내가 시집올 때 시민아파트를 하나 가지고 와서 그걸 요리조리 잘 요령 있게 굴려 지금은 한강변의 36평짜리 맨션아파트 주인이라든가, 누구는 아내가 계 오야 노릇을 해서 목돈을 만들어 변두리에 사놓은 땅이 껑충 뛰어, 그걸 팔아 싼 땅을 사면 또 껑충 뛰고, 사는 족족 이렇게 뛰기를 몇 차례 되풀이하고 나더니 이젠 으리으리한 양옥집 주인에다가 변두리에 땅도 몇백 평 갖고 있는 알부자라든지, 뭐 이런 얘기를 어디서 잘도 알아들었다."[36] 1975년 무렵으로 추정되는 세상 풍경인데 여기에 맨션아파트가 빠질 리 만무했다.

한강맨션아파트의 위세가 얼마나 등등했는지는 '맨션 회색'이라는 새로운 색상 이름의 유행을 통해서도 쉽게 알 수 있다. 최초의 맨션이 가질 특별함과 중산층아파트로서의 다름을 드러내기 위해 '외벽에 칠할 페인트 색상에 대해 대한주택공사 장동운 총재까지 자문에 나서 10여 개 합판에 여러 색깔을 칠해 학계와 미술계 권위자와 입주 희망자들에게 의견을 물은 끝에 회색으로 결정'되었다. 이후 이 색깔엔 '주공 회색' 혹은 '맨션 회색'이라는 별칭이 붙었다.[37] 한강맨션아파트 외벽 색상에 대한 소문은 꼬리에 꼬리를 물고 퍼져 총무처 등 정부 부처 공무원들이 견학을 오는 등 한동안 유명세를 탔다. 하지만 그로부터 5년쯤 지난 1975년에 이르러 날로 화려해지는 주위의 색깔과 어울리는 않는다는 비판에 직면했고, 대한주택공사가 1978년에 새로운 주택공사 색상 체계를 마련함으로써 회색은 곧장 폐기됐으며,[38] '주공 회색'이니 '맨션 회색'이니 불리는 별칭도 가뭇없이 사라졌다.

위로 겹쳐 64평,
옆으로 늘려 60평

한강맨션아파트의 뒤를 이어 1970년 9월과 1971년에 각각 착공한 여의도시범아파트와 반포주공1단지는 착공 순서대로 1971년 12월과 1972년 12월에 준공했다.[39] 한강맨션아파트단지와 함께 이들 사례는 한강변 매립을 통해 확보된 부지에 대규모 아파트단지를 조성했다는 공통점이 있지만 모두 중산층을 위한 대표적 맨션아파트였다는 점이 더 중요한 사회문화적 의미를 갖는다. 한강을 넘어 강남개발의 본격적 신호탄이었고 지금도 부동산 시장에 큰 영향력을 미치는 이 세 아파트단지는 맨션 산업과 맨션아파트 붐을 선도한 삼각편대쯤으로 일컬어도 무리가 없다.

한강맨션아파트가 아파트의 맨션시대를 견인, 선도했다면, 여의도시범아파트와 반포주공1단지는 맨션 열풍을 더욱 증폭, 확대한 동시에 새로운 형질 변형을 꾀한 경우다. 후자 둘은 '정성 어린 새마을, 격조 높은 아파트'[40]라고 광고하거나 '한강맨션과 유사하나 건물 사이의 간격이 더 넓으며, 단지 내 시설도 많은 개량이 이루어졌음'⁴¹을 내세웠다. 여의도시범아파트의 경우, 15평형, 20평형, 30평형, 40평형의 4가지 단위주택 유형이 만들어졌는데, 이 가운데 30평형은 2세대를 터서 한 가족이 사용할 수 있는 수평 확장형 평면으로 제시되었고, 반포주공1단지 아파트 32평 B형은 위아래 2층을 한 세대가 사용할 수 있도록 수직 확장형(복층) 평면으로 구성되기도 했다.⁴² 따라서 여의도시범아파트의 경우는 최대 60평형, 반포주공1단지의 경우는 64평에 이르는 단위세대가 등장한다. 1973년에 모든 세대가 복층으로 이루어진 '명수대 그린맨션'이 등장했는가 하면 100평에 이르는 민간건설업체의 초대형 아파트를 시장에 등장시킨 촉매 역할을 했던 것이 바로 여의도시범아파트와 반포주공아파트였다.

당시 맨션 산업의 선두주자로 꼽히던 삼익주택으로 대표되는 민간건설업체와 달리 서울특별시와 대한주택공사가 60평형 이상의 중산층아파트 공급 주체로 나섰다는 사실은 매우 볼썽사나운 일이었다. 좀 부끄럽기는 했는지 분양 광고에는 기타 항목에 수평으로 세대를 합해 사용할 수 있다고 아주 조그만 글자로 언급(여의도시범아파트)하거나 아예 그런 사실을 싣지 않기도 했다(반포주공1단지). 앞서 기술한 것처럼 국가 주도의 경제성장을 위한 외화벌이와 근검을 강조하던 사회 분위기와 모순적이라는 것을 모르지 않았던 것으로 보인다.

1971년 4월 작성된 반포아파트 초기 계획안은 중산층에 대한 대한주택공사의 인식을 충실하게 보여준다. 50평형 단위세대의 경우, 전면 4칸 방식으로 평면을 구성했는데 현관 좌우측으로는 식모방과 게스트룸을 두었고, 북측 귀퉁이에 위치한 마스터 베드룸엔 드레스룸을 거쳐 들어가는 부부 전용 욕실이 딸려 있었다. 남측으로는 거실을 중심으로 2개의 입식 침실이 자리하고 각 방에는 수납공간이 주어졌다. 후면 발코니는 작업공간으로 쓸 수 있었고, 전면에 위치한 발코니는 거실 폭만큼의 너비가 주어졌다.

　　　호화 아파트 논란의 주 대상이었던 반포아파트 복층형 단위세대는 현관 우측에 게스트룸을 두고, 2층으로 오르는 계단실 옆으로 출입하는 제법 넓은 식모방, 2칸 이상의 너비를 갖는 거실과 식당, 다용도실을 부속한 주방이 1층에 위치했다.[43] 2층에는 북층 중앙에 어린이 놀이공간이라 할 만한 플레이룸을 두고 침실 4개가 있었다. 침실로만 산정한다면 6침실형 아파트였다. 그러나 이러한 초기 계획안은 여러 차례 설계 변경을 거쳐 최종적으로는 부부침실이 1층으로 옮겨져 마무리됐다. 처음엔 복층형 아파트를 8개 동으로 계획했으나 사회적 비판이 거세 건설부가 사업계획 승인을 반려함으로써 단 2개 동만이 복층형 아파트로 지어졌다.

　　　이들 맨션아파트를 궁리하거나 본격적인 구상을 거쳐 계획에 나설 즈음인 1960년대 말부터 1970년대 초는 건국 이래 최대의 경제성장 시기였고, 누구라도 당장 부자가 될 것처럼 사회 전체가 술렁였다.[44] 맨션아파트는 한편으로는 남의 떡처럼 보였지만, 다른 한편으로는 곧 손에 닿을 것처럼 가까이 있던 재화였고 욕망이었다. 그런 까닭에 한강맨션아파트와 여의도시범아파트, 반포주공아파트 준공 후 '맨션아파트'는 유행을 넘어 누구나 가질 수 있을 것 같은 욕망의 배출구이자 복제 대상이 되었다. 한강맨션아파트 준공 두 달 후에 입주가 시작된 17평형의 서서울 아파트는 '소형맨션아파트'로 불렸고, 역시 한강 매립지역에 지어진 잠실단지의 7.5평형 아파트는 더 넓은 아파트로 옮기기 위한 디딤돌이라는 뜻으로 대한주택공사가 부여했던 '성장형 아파트'라는 명칭 대신 시장에서는 '미니맨션'이라는 별칭으로 불렸다.[45] 정부는 1978년 12월 31일 드디어 대통령

↑↑ 회색으로 칠한 외벽과 사각형 단면의 굴뚝이 세워진 한강맨션아파트단지 전경
출처: 대한주택공사, 『대한주택공사 주택단지총람 1971~1977』(1978)

↑ 여의도시범아파트 항공사진(1973)
출처: 서울역사박물관 디지털아카이브

이 직접 참석한 '수출 100억달러 달성 기념식'을 장충체육관에서 성대하게 거행했다.

강남시대의 서막과
아케이드 등장

한강맨션아파트를 필두로 시장에서 큰 붐을 일으킨 맨션아파트는 서울에서는 강남시대의 서막을 알리는 신호탄이었다. 한강맨션아파트로부터 반포주공아파트에 이르는 맨션아파트가 들어설 당시만 해도 여전히 서울의 중심지는 강북이었다. 맨션아파트 분양 광고에는 아파트가 들어설 곳에서 서울 중심부의 시청까지 얼마나 가까운지를 드러내기 일쑤였고, 남대문이나 중앙청까지의 거리가 늘 강조됐다. 반포주공아파트의 견본주택은 한강맨션아파트가 위치한 동부이촌동의 자투리땅에 지어졌다.[46] 반포주공아파트 견본주택에는 대한주택공사의 주택센터가 부설되어 정부정책의 홍보와 상담, 국내외 우량 자재의 전시, 표준설계도의 제공 등의 업무도 함께 봤으며, 주택센터가 들어선 곳의 좌우측으로 각각 32평과 42평의 견본주택이 있었다.

　　　　한강맨션아파트와 그 뒤를 이은 여의도시범아파트, 반포주공아파트는 모두 한강변 매립지에 세워졌다. 여의도의 경우는 군사용 비행장이었고, 반포의 경우는 본래 사람이 드문드문 살면서 농사를 짓던 곳이었을 뿐만 아니라 상습적인 침수지였던 까닭에 그저 채소를 키우거나 수운을 이용해 장작을 내다 팔던 땅이었을 뿐 정주 조건은 미비했던 곳이다. 주위에 상점이나 학교 등 생활 지원 시설이 아예 없었다고 해도 과언이 아니었다. 이것이 본격적인 '아케이드' 건축이 붐을 이루는 계기가 되어, 강남지역 아파트의 상당수는

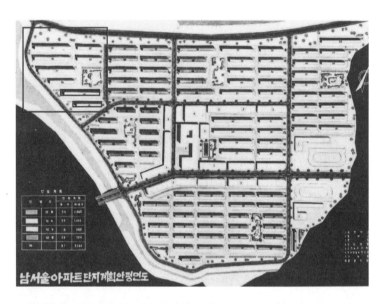

남서울아파트단지계획안평면도

← 남서울아파트 초기 계획안에서 복층으로 구상된
8개 동 위치와 최종적으로 건설된 복층형 2개 동
출처: 대한주택공사, 『주택』 제28호(1971)

↑↑ 여의도시범아파트
입주자 모집 공고
출처: 『매일경제』 1970.8.20.

← 반포본동 주공아파트 전경(1973)
출처: 서울역사박물관 디지털아카이브

↑ 남서울아파트 1차 분양 공고
출처: 『동아일보』 1971.9.10.

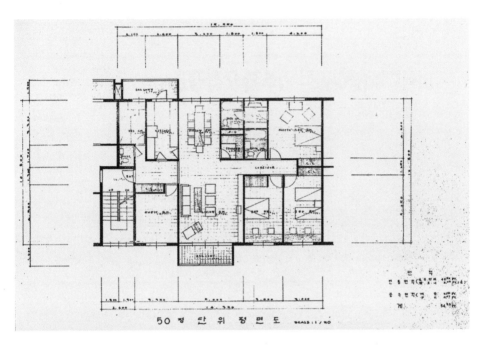

50 평 단위 평면도 SCALE : 1 / 50

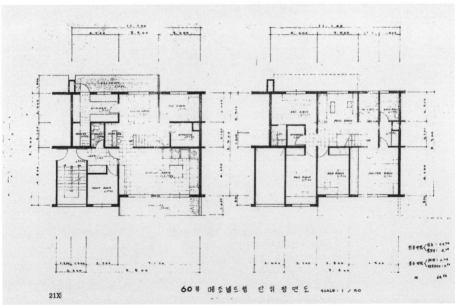

60 평 매조넬드형 단위 평면도 SCALE : 1 / 50

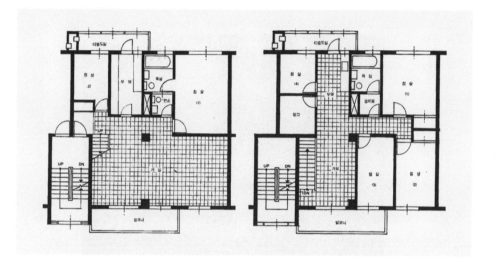

← 반포지구 아파트 초기 평면도 중
50평형 평면도(1971.4.)
출처: 대한주택공사 문서과

← 반포지구 아파트 초기 평면도 중
60평형(메조네트형) 평면도(1971.4.)
출처: 대한주택공사 문서과

↑ 반포주공아파트 복층형 단위세대 평면도
출처: 대한주택공사,
『대한주택공사 주택단지총람 1971~1977』(1978)

↓ 장충체육관에서 열린
'수출 100억달러 달성 기념식'
(1978.12.31.)
출처: 국가기록원

↓↓ 한강맨션아파트와 한강외인아파트,
공무원아파트 등이 들어선 곳에 설치한
반포주공아파트 견본주택(1972.11.)
출처: 국가기록원

노선상가 아파트로 지어졌다.

　　대단위 아파트가 들어서면서 상대적으로 넓은 도로를 가진 단지가 형성되었고, 자연히 슈퍼블록이 형성돼 '아케이드'로 불리는 노선상가가 만들어졌다. 단일동 아파트나 주변의 공공서비스 시설에 기댄 1~2동짜리 아파트가 들어서던 1960년대 아파트와는 달리 주민들에게 필수적인 각종 시설이 거주동과 복합했다. 게다가 여의도시범아파트는 외인아파트 몇몇을 제외한다면 우리나라에서는 처음으로 등장한 12~13층의 고층아파트였다.

　　이와 관련해 1971년 8월 19일 작성된 대한주택공사의 「남서울아파트 분양 촉진 방안」 문건은 반포주공아파트의 상황을 잘 보여준다. 상가와 학교, 기타 공공시설 용지를 포함한 아파트단지에는 중앙에 슈퍼마켓을 두었을 뿐만 아니라 교회와 유치원을 비롯한 초등학교와 중학교를 구비했고, 공원과 어린이놀이터, 수영장까지 갖춘다는 내용이었다. 고급으로 알려진 한강맨션아파트 이상의 시설이 적용되었음을 지적하며 그에 못지 않은 아파트라는 사실을 강조하면서도, 분양 촉진을 위한 견본주택은 한강 이북 한강맨션아파트 입구에 설치했다. 여전히 강북이 중심이었으나 강남으로 맨션아파트가 확장되리라는 것을 예고하는 것이었다. 맨션아파트는 대단위 단지를 여는 시험대이자 도약대였고 규모의 경제를 철저하게 드러내는 표본이었으니, 국가의 주택공급 정책에도 걸맞는 모델이었다.

　　권력의 시선을 확장하는 높이와 풍요의 다른 말인 규모의 확대와 넓이의 확장은 곧 모든 이에게 높고 크고 넓은 것에 대한 욕망을 부추겼고 이를 지지하는 중앙난방과 야외수영장, 엘리베이터와 에스컬레이터 역시 동경과 욕망의 구체적인 대상이 되었다. 30평 이상 아파트에는 식모방을 두는 것은 규범이자 공식이 됐으며 부부

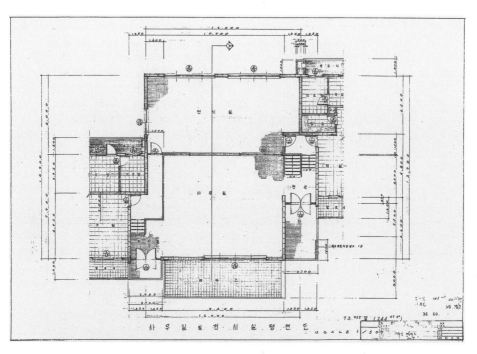

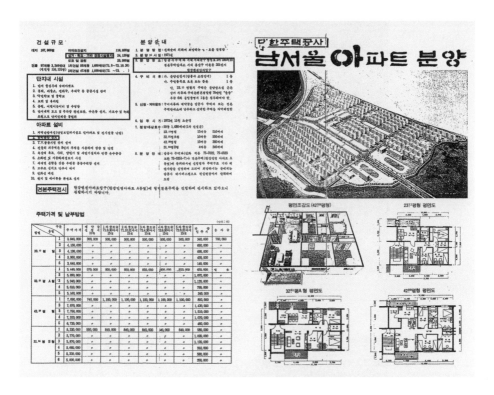

← 대한주택공사 주택센터와 함께 꾸민
동부이촌동의 반포주공아파트 견본주택 평면도
출처: 대한주택공사 문서과

↑ 「남서울아파트 분양 촉진 방안」(1971.8.19.)
출처: 대한주택공사 문서과

← 1999년에 촬영한 반포주공아파트 전경
ⓒ주명덕

↑↑ 반포주공아파트 단지를 Y자형으로 나누는 상가아파트와 상가동 건설 현장
출처: 대한주택공사, 『대한주택공사 47년사』(2000)

↑ 동부이촌동 한강맨션아파트 아케이드(노선상가아파트) 풍경(1973.5.)
출처: 국가기록원

전용 욕실은 필수 조건이었다. 수도꼭지만 틀면 사시사철 더운 물이 쏟아지고 연탄불 갈 일이 전혀 없고, 엘리베이터를 타고 집을 오가고 에스컬레이터를 이용해 오르내리며 아케이드에 진열된 상품을 소비하는 자극의 세계는 차마 거부할 수 없는 것이었으니, 일컬어 꿈의 궁전이었다. 게다가 외인아파트에서만 볼 수 있었던 단지 야외수영장과 고급 스포츠인 테니스를 언제나 즐길 수 있었으므로 더 보탤 것도 없었다.

'맨션!'에서
'대규모 브랜드 아파트단지!'로

1969년 김승옥이 발표한 『야행』 역시 맨션아파트를 배경으로 변질된 욕망을 적나라하게 드러낸 작품이다. 욕심을 채워야만 하는 사회구조 안에서 개인은 욕망의 실천을 마치 시대적 소명처럼 받아들였는데 밤이면 시내의 번잡한 지역을 찾아 술 취한 사내들 사이를 비집고 누군가를 갈구하는 여성 '현주'의 행동이 이를 잘 드러낸다. 일종의 변태와 타락이 몰아치는 시대상을 그대로 보여준다. 이 소설을 원작으로 김수용 감독이 1977년에 개봉한 같은 제목의 영화[47] 속 여주인공 '현주'는 사람들의 눈을 피해 은행에서 함께 근무하는 박 대리와 동거하는데 그 거처가 강남 아파트의 선두격인 반포주공아파트였다. 소설이 발표될 당시에는 아직 지어지지 않았던 반포주공아파트가 영화 제작 시점에서는 남의 눈을 피해 동거하는 젊은이들의 거처로 감독의 눈에 포착됐다는 점은 곧 맨션아파트가 욕망의 구체성을 드러내기에 적당한 공간이라 믿었기 때문일 것이다.

　　문화평론가 정윤수는 아파트 모델하우스를 "비루하고 헛헛한 삶을 일거에 해방시켜줄 것만 같은 욕망! 이 곤고한 한반도의

→ 한국 최초로 에스컬레이터가 설치된
여의도시범아파트 아케이드(1971.10.30.)
출처: 국가기록원

↓ 반포주공아파트 3차 상가 배치도
출처: 대한주택공사,
「반포3차상가 건축공사」, 1974.2.

→ 여의도시범아파트를 설계한
서울합동기술개발공사가 제안한
여의도아파트단지 조감도(1972.7.)
출처: 서울특별시

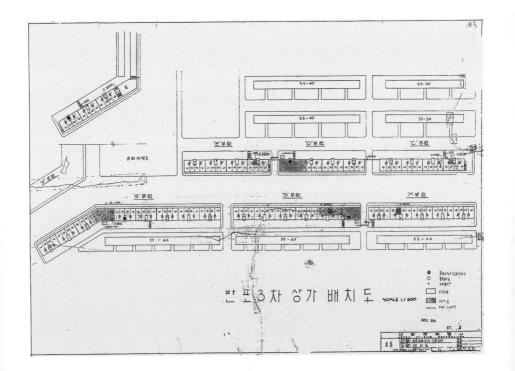

↑↑ 부산뿐만 아니라 서울에도 모델하우스를 두었던
삼익주택의 부산 남천동 맨션타운 분양 광고
출처: 『동아일보』 1976.3.11.

↑ 연립주택이나
다세대주택의 이름으로 쓰인 '맨션'(2019)
ⓒ이상희

↑ 대한주택공사가 공급한
한남맨션(2016)
ⓒ박철수

삶을 지탱케 하는 거의 유일한 목표! 생의 에너지를 온전히 쏟아부어야만 하는 간절한 신기루! 비록 20년 장기 상환의 기나긴 멍에가 될지라도 우선은 그 공간 속으로 자신과 가족의 생애를 밀어 넣어야만 하는 생활의 전체, 곧 아파트라는 이 시대의 화두가 바로 저 가설물의 화려한 외장과 근사한 인테리어에 농축되어 있는"[48] 곳이라고 말했다. 그곳을 매일매일 펼쳐지는 축제의 열성적 관람객으로 참가하게 된 오늘날의 '우리'가 만들어진 과정이 곧 맨션의 역사인 셈이다. 지금은 그 자리를 아파트단지에 물려주었다. 가짜 집에서 진짜 집을 구매하는, 그래서 절대 당연한 것이라 할 수 없지만 누구나 당연한 것으로 이해하는 '우리'는 바로 맨션아파트와 함께 태어났다.

특별한 의미를 더하던 '맨션'은 이제 일반명사가 됐다. 아마도 모든 아파트단지가 맨션급으로 변모해서인지 아니면 과거 맨션아파트가 가졌던 나름의 장점을 통상의 아파트단지가 모두 구비하게 되어서인지는 몰라도 특별하게 맨션아파트라 칭하는 경우는 쉽게 찾아볼 수 없다. 오히려 1980년대 중반 이후에 '맨션'은 아파트 하급 시장에서 거래되는 다세대, 다가구주택이나 소규모 연립주택에 붙어 아파트와 견주어도 뒤질 것이 없다는 정도의 의미가 되었다.

1970년대의 맨션은 그렇게 오늘날의 대단위 아파트단지로 변모했다. 누군가 아파트에 살기를 원해 적당한 곳을 알아보고 있다는 얘기를 들으면 서슴없이 '가급적 대단위 아파트단지 중에서 브랜드 아파트를 고르라'고 덧붙이게 되는 조언은 맨션아파트 학습을 통해 체득한 나름의 철학인 셈이다.

주

1 임승업, 「우리나라 최대 최고 시설을 자랑하는 한강맨션아파트 계획의 언저리」, 『주택』 제25호(1970), 59쪽. 그러나 원래 '맨션'이란 용어는 프랑스어로 대저택을 뜻하며, 일본에서는 1962년 도쿄의 부동산업자가 철근콘크리트 구조의 아파트를 대상으로 처음 이 단어를 사용하면서 일본에서 1960년대 주택 형식의 하나를 이르는 용어가 됐다(小木新造 編, 『江戶東京學事典』[三省堂, 2003], 515쪽).

2 장동운(張東雲)은 대구에서 2군 사령부 직할 공병대대장으로 5·16 군사정변에 참여한 뒤 서울로 올라와 국가재건최고회의의 권고에 따라 대한주택영단(대한주택공사 전신)을 맡았다. 주택영단을 맡고 보니 이 조직으로는 안 되겠다 싶어 '대한주택공사법' 제정을 위해 동분서주해 법령을 제정했고, 대한주택공사 초대 총재에 취임해 마포아파트 건설을 진두지휘했다. 이후 군정을 민정으로 이양하는 문제와 관련해 공화당 창당을 논의하는 과정에 2군을 대표하는 창당 멤버로 참여했으나 육사 동기인 김종필과의 권력 투쟁에서 패배해 정치 일선에서 물러난 뒤 애국선열동상건립위원회 위원장을 맡아 광화문광장의 이순신 동상 건립에 간여했다. 1968년 7월 1일 임기만료된 윤태일 주택공사 총재 후임으로 제4대 대한주택공사 총재로 복귀해 한강맨션아파트 건설을 주도했다. 2005년 한국방송공사(KBS)와 인터뷰한 내용 참조.

3 장동운, 「민간업체를 선도한 한강맨션아파트」, 『대한주택공사 30년사』(1992), 116~117쪽.

4 대통령비서실, 「한강 맨션 단지 건설사업 계획」, 보고번호 제551호(1969.9.22.).

5 「과소비 '79: 사치세태 어디까지 왔나」, 『동아일보』 1979년 2월 23일자.

6 임승업의 「우리나라 최대 최고 시설을 자랑하는 한강맨션아파트 계획의 언저리」에서 제목을 따 왔으며, 이하 내용은 대부분 이 글에 기초해 작성한 것이다.

7 「관보」 제5074호(1968.10.16.).

8 임승업, 「우리나라 최대 최고 시설을 자랑하는 한강맨션아파트 계획의 언저리」, 59쪽. 이 지시와 관련해 우습기까지 한 일화가 전해진다. 대통령의 지엄한 명령인지라 이를 전해 들은 대한주택공사는 고층과 저층 아파트를 섞어 배치하려 했으나 제한된 자금으로 인해 이를 실현하지 못하게 됐다(같은 글, 60쪽). 대신 굴뚝을 서울의 얼굴로 만들자는 의견이 채택됐고, 마침 자동차 배기가스에 의한 오염이 사회문제였던 터라 높은 굴뚝을 설치해 공해를 줄이자는 결정이 내려졌다. 그런데 이번에는 굴뚝의 형상이 또 문제였다. '대한주택공사 설계진은 굴뚝의 단면 형상을 원으로 하면 공장 굴뚝과 같아지지 않을까 염려했다. 게다가 고층 아파트가 불발되었으니 굴뚝을 어떻게든 단지의 상징으로 만들어야 했다. 그래서 결국 사각형으로 결정, 시공케 되었다'는 것이다. 이렇게 만들어진 굴뚝을 멀리서 보니 그 모양이 원형인지 사각형인지 구별되지 않을 것이 우려되었지만 별다른 방법이 없어 그대로 시행했고, 대통령의 지시에 따른 의도와는

달리 대단한 상징물로서의 역할은 미흡했지만 그런대로 이색적이라는 평을 받았다고 자평한 바 있다. 국내에서 거의 유일한 사각형 단면의 굴뚝이 한강맨션아파트단지에 지어진 이유다(대한주택공사, 『대한주택공사 20년사』[1979], 369쪽 참조).

9   임승업은 「우리나라 최대 최고 시설을 자랑하는 한강맨션아파트 계획의 언저리」, 59쪽에서 규모나 설비가 월등한 상가아파트에 입주하려면 막대한 비용이 필요한데도 인기가 대단하다는 점에서 주택공사가 그간 역할을 다하지 못했음을 절감한다면서도, 거리에서의 소음이며 출입 동선의 혼잡, 어두운 복도, 주차와 방화 문제가 있다고 지적했다. 그러면서 한강맨션아파트를 건설함으로써 증가하는 중산층의 주택수요에 선제적으로 대응하고 부동산 투기를 차단하며, 사치스러운 단독주택의 대안을 제시하는 한편 토지 이용 효율화를 꾀할 것이라고 썼다. 그러나 저간의 사정이야 어찌됐든 간에 서민주택공급이라는 대한주택공사의 임무와 역할에서 이탈했음을 겸허히 반성하는 모습을 보여줬어야 한다.

10   이 과정에서 주택연구소 측이 아쉽다고 했던 내용은 공무원아파트와 외인아파트 등 동부이촌동 전체의 아파트단지를 하나의 계획 단위로 간주해 완전한 통합 마스터플랜을 작성한 뒤 개별 사업을 추진해야 했으나 이를 건설부 등 상위 기관에서 수용하지 않았거나 고려 대상으로 삼지 않았다는 것인데, 임승업은 이에 대해 '상부 기관의 작용이 없다'고 언급했다(같은 글, 60쪽).

11   맨션아파트 식모방과 관련해서는 박철수, 『박철수의 거주 박물지』(도서출판 집, 2017), 105~122쪽 참조. 흥미로운 사실은 30평형 이상의 경우는 거의 예외 없이 식모방을 둔 반면 그 미만에서는 식모방을 두지 않았다는 것이다. 한강맨션아파트도 예외가 아니다.

12   당시 대한주택공사 주택연구소는 평수 계산 시 계단실 면적은 포함하고, 발코니 면적은 포함하지 않았다.

13   노선상가와 결합한 점포아파트 분양가도 일반 아파트와 거의 동일하다. 다만, 일반아파트 27평형이 점포아파트에서는 28평형으로 불렸고, 남측에 면해 주방 등이 배치되는 방식을 택했다. 「한강맨션아파트 분양 공고」, 『주택』 제24호(1969).

14   알루미늄 섀시는 1963년부터 동양강철주식회사와 같은 국내 업체에서 생산을 시작했다.

15   조해일, 「뿔」, 『생존의 상처』(문학동네, 2015), 211쪽.

16   장동운, 「민간업체를 선도한 한강맨션아파트」, 116쪽.

17   「위대한 세대의 증언: 주거혁명의 기수 장동운」, 『월간조선』 2006년 7월호. 1969년 9월 6일 공고한 27평형 아파트 분양가 345만 원과 탤런트 강부자의 구입 가격 기억이 정확하게 일치한다.

18   탤런트 강부자의 한강맨션아파트 1호 입주와 관련해 정재은 영화감독은 장동운의 아내 남가숙의 도움이 있지 않았을까 추정해볼 수 있겠다고 말한 바 있다. 강부자는 이화여대 성악과를 나와 당시 예술문화 방면으로 인맥이 두터웠고 배우 김지미와 그 밖의 많은 인사 친분이 있었다고 한다. 정재은 감독의 추정은 이러한 사정에 기반을 둔 것이다.

2019년 3월 4일 필자와의 이메일 교신.

19 『매일경제』 1976년 6월 1일자 기사는 「맨션아파트 열풍의 저류」라는 부제 아래 '불황 속의 이상 붐'으로 '맨션 산업'을 꼽은 뒤 1960년대부터 전문화된 아파트 산업이 붐을 일으켰고, 세운상가 등 상가아파트가 상가맨션으로 불리면서 대기업이 본격적으로 맨션 산업에 진출했다는 소식을 전하고 있다.

20 한남대교는 제3한강교라는 이름으로 1966년 1월 착공해 1969년 12월 25일 준공했다.

21 임동근, 『서울에서 유목하기』(문화과학사, 1999), 54~55쪽.

22 박인석, 『아파트 한국사회: 단지공화국에 갇힌 도시와 일상』(현암사, 2013), 34쪽.

23 「서울 새 풍속도 (4) 맨션족의 생태」, 『경향신문』 1970년 10월 5일자.

24 지주형, 「강남 개발과 강남적 도시성의 형성」, 『한국지역지리학회지』 제22권 제2호(2016), 319쪽에서는 "한국의 군부독재 국가와 강남이라는 독특한 도시성은 필연적으로 서로를 함축하지 않는 반공주의, 권위주의, 발전주의와 같은 인과 기제들이 역사적으로 우연한 결합에 의해 만들어진 것"이라며 밥 제솝(Bob Jessop)이 *State Theory: Putting the Capitalist State in Its Place*(Polity Press, 1990)에서 제시한 '우연적 필연'으로 강남을 설명했는데, 맨션아파트로 그 대상을 좁혀도 유사하다고 할 수 있다.

25 물론 당시 대한주택영단이 달리 자금을 마련할 방도는 없었을 것이 분명하니 대통령의 이러한 지시가 만약 현실화되었다면 선납금을 받아 아파트를 분양하는 소위 선분양 방식은 이승만 정권에 이뤄졌을지도 모를 일이다. 여기서는 글자 그대로 읽어 해석했다.

26 대통령비서실, 「한강 맨션아파트 준공 보고」, 보고번호 제594호(1970.6.23.).

27 대한주택공사, 『대한주택공사 30년사』, 112쪽. 1969년 9월 6일 처음으로 신문에 게재한 분양 광고에서 언급한 '단지의 특징'과 다르지 않으나 '사후 공동부분 관리는 대한주택공사가 담당'한다는 내용만 언급하지 않았다.

28 공동주택연구회, 『한국 공동주택계획의 역사』(세진사, 1999), 354쪽.

29 대한주택공사, 『대한주택공사 30년사』(1992), 369쪽.

30 대한주택공사, 『대한주택공사 20년사』, 369쪽.

31 이런 의미에서 한국의 아파트와 일본의 아파트를 비교할 때 흔히 한국의 경우는 거실과 주방을 분리한 LK평면 방식을 택하였던 것에 반해 일본에서는 DK평면 구성 방식을 택했다고 구분하는 것이다. 즉, 한국의 경우는 아파트가 도입되면서 거실과 주방을 따로 두고 식사공간을 뚜렷하게 구분하지 않았던 것에 비해 일본은 거실을 두는 것보다는 식사공간과 주방을 분리했다.

32 「서울 새 풍속도 (4) 맨션족의 생태」, 『경향신문』, 1970년 10월 5일자.

33 1931년 11월 28일자 『조선일보』 석영 안석주의 만문만화 「1931년이 오면」에는 삽화와

더불어 이런 글이 실렸다. "문화주택은 1930년에 와서 심하였는데 호랑이 담배
먹을 시절에 어찌 하야 재산푼어치나 뭉뚱그린 제 어미 덕에 구미의 대학 방청석 한
귀퉁이에 앉아서 졸다가 온 친구와 일본 긴자에 갔다 온 친구들과 혹은 A, B, C나 겨우
알아볼 정도인 아가씨와 결혼만 하면 문화주택! 문화주택 하고 떠든다. 문화주택은
돈 많이 처들이고 서양 외양간 같이 지어도 이층집이면 좋아하는 축이 있다. 높은
집만 문화주택으로 안다면 높다란 나무 위에 원시주택을 지어놓은 후에 '스위트 홈'을
베푸시고, 새똥을 곱다랗게 쌓는지도 모르지."

34   박완서, 「무중」, 『그의 외롭고 쓸쓸한 밤』(문학동네, 2011), 313쪽. 당시 서울에 소재한
        7개 유형의 아파트(주공, 공무원, 상가, 맨션, 민영, 시민, 시중산층아파트) 실태조사
        결과 맨션아파트와 상가아파트에 상류 계층이 거주했음을 알 수 있다(대한주택공사
        조사연구실, 「아파트 실태조사 분석: 서울지구를 중심으로 (하)」, 『주택』 제27호[1971],
        94~112쪽).

35   「서울 새 풍속도 (153) 외국인재」, 『경향신문』 1971년 5월 10일자.

36   박완서, 「서글픈 순방」, 『부끄러움을 가르칩니다』(문학동네, 2012), 408쪽.

37   대한주택공사, 『대한주택공사 20년사』, 369쪽 내용 요약.

38   같은 곳.

39   여의도시범아파트는 서울합동기술개발공단(SUEDECO)에서 설계했다.
        서울합동기술개발공단은 1971년 영동지구 공무원아파트 설계도 맡았다. 공단
        설립자 홍사천(洪思天)은 정부종합청사 기술고문과 3·1빌딩 건립 고문을 맡은
        바 있다. 1920년생인 그는 일본대학 건축공학과를 졸업했으며, 일제강점기엔
        마쓰타니 시텐(松谷思天)으로 창씨개명한 바 있는데, 이 사실은 국가기록원이 소장한
        조선식산은행 직원대장을 통해 확인할 수 있다. 1961년부터 1969년까지 대한주택공사
        이사를 8년간 맡았고, 대한주택공사 부설 주택문제연구소를 거쳐 1970년 6월에
        서울합동기술개발공단을 설립해 여의도시범아파트를 설계했다. 따라서 흔히 알려진
        것처럼 여의도시범아파트 설계자가 박병주라는 주장은 잘못된 것이다. 이에 대한
        구체적인 내용은 공동주택연구회, 『한국공동주택계획의 역사』, 244~245쪽을 참조.
        　　반포주공아파트단지의 원래 명칭은 남서울아파트단지였다. 당시 서울에서는 반포라
        하면 나루터를 연상하는 정도였고, 분양 광고에 기록한 소재지조차 '서울 영등포구
        반포동 강변5로변'이라고 애매하게 표기되어 있다. 남서울아파트가 반포아파트로
        공식적인 명칭을 변경한 것은 1972년 11월 4일부터다. 여기서는 '남서울아파트' 혹은
        '반포주공아파트'로 필요에 따라 달리 사용했다. 반포주공아파트의 경우는 동별로
        준공(1972.12.31.~1974.12.25.)이 이루어진 까닭에 최종 준공 날짜를 특정하기가
        어렵다. 또한 일부 단지는 AID 차관에 의해 건설되어 이를 '맨션아파트'의 범주에 넣는
        것이 옳은가에 대한 논란이 있을 수 있다. 따라서 이 책에서 일컫는 맨션아파트단지는
        주로 반포주공1단지를 의미한다.

40   「여의도 시범아파트 입주자 모집 공고」, 『매일경제』 1970년 8월 20일자.

41   『동아일보』 1971년 9월 10일자.

42 1971년 8월 10일 대통령비서실을 통해 대통령에게 보고된 「남서울 아파트 단지 건설사업 계획 보고」에는 반포주공아파트에 공급되는 단위세대의 종류가 20평형(실제 건평 22.21평), 30평 A형(32.51평), 30평 B형(31.84평), 40평형(42.39평) 4가지였고, 이 가운데 30평 B형이 2세대가 합쳐 사용할 수 있는 것으로 보고했다. 이것이 소위 위아래 2세대를 합해 사용할 수 있는 64평형 복층형 아파트인데, 이에 해당하는 경우는 모두 8동으로 480세대에 달했다. 그러나 '호화 아파트 논쟁'에 반포주공아파트가 휩싸이면서 최종적으로는 94, 95동만이 복층아파트로 공급됐다. 이와 관련한 여러 논란과 계획의 변화 과정에 대해서는 서울역사박물관, 『반포 본동: 남서울에서 구반포로』, 2018 서울생활문화 조사자료(2019), 94~100쪽 참조.

43 호화 아파트 논란은 남서울아파트 1차 분양 광고(1971.9.10.)가 등장한 뒤 바로 시작됐다. 1971년 9월 18일자 『동아일보』는 '아파트의 고급화 경향은 주택난 해소라는 정책 방향과 크게 동떨어진 것으로 사치 풍조를 조장하는 것'이라 언급한 뒤 그 구체적 사례로 반포주공아파트를 지목했다. 이 기사에서는 당시 주택전문가로 손꼽힌 홍익대학교 박병주 교수의 말을 빌려 '보통주택 가격은 건축비가 정액 소득자의 3년 정도 봉급과 맞먹는 것'이어야 하는데, 당시 월 4~5만 원을 정액 소득자의 평균 수입으로 볼 때 주택 가격이 150~180만 원이어야 함에도 불구하고 남서울아파트의 가장 낮은 23평형 분양가가 1층을 기준으로 할 때 384만 원에 달하므로 보통주택의 범주를 2배 이상 초과한다며 '호화 아파트 논쟁'에 불을 지폈다. 이에 따라 건설부는 1971년 10월 15일 대한주택공사로 공문(건설부 장관, 「사업 승인 요청」, 주택 470-16102, 1971.10.15.)을 보내 복층형 아파트를 단층형으로 설계 변경할 것을 지시하며(내부 계단 제거 및 2, 4, 6층 평면을 1, 3, 5층과 동일하게 할 것), 사업 승인을 반려했다. 이 공문의 내용은 1971년 10월 1일자로 대한주택공사가 건설부에 사업 승인한 요청에 이에 따라 복층형 아파트 단위세대가 단층형으로 변경됐는데, 32C형이 그것이다.

44 1968년부터 맨션아파트가 본격 안착한 1974년까지 우리나라의 연평균 경제성장률은 11.39퍼센트였다. 누구라도 당장 부자가 될 것 같았고, 실제로 많은 사람이 중산층의 범주로 올라섰다. 국가 주도의 경제 성장은 발전국가 모델을 신봉하게 됐고, 제3차 경제개발5개년계획의 마무리 해인 1976년에는 드디어 한강변 일대에는 아파트 이외에는 지을 수 없는 '아파트지구'가 지정되기도 했다.

45 대한주택공사, 『대한주택공사 20년사』, 295쪽.

46 1971년 5월 22일부터 8월 15일까지 운영했던 여의도시범아파트의 경우는 '모델하우스' 대신 '아파트 모델 룸'이란 용어를 썼고 반포주공아파트의 경우는 한강맨션아파트의 견본주택과 동일하게 여전히 '견본주택'이라 불렀다.

47 영화 제작은 1973년에 이루어졌다.

48 정윤수, 『인공낙원』(궁리출판, 2011), 94쪽. 서하진, 「모델하우스」, 『라벤더 향기』(문학동네, 2000), 48~49쪽에는 이런 글이 실려 있다. "그곳은 축제의 날처럼 붐볐다. 성채처럼 화려한 건물 위에 푸르고 붉은 깃발이 휘날리고 있었다. 62평, 55평이라고 적힌 집을 지나 27평 모델하우스에 들어서자 남자 하나가 내게 따라붙으며 말을 걸었다. 사모님, 저쪽 주방으로 가보시죠. 사모님처럼 젊은 분께서 정말 좋아하실

완벽한 시스템키친이거든요. 사모님? 내게는 그런 호칭으로 불린 기억이 없다.
식기세척기와 세탁기가 장착된 환한 부엌을 보면서 나는 들떠 있었다. 흠 잡을 데 없이
꾸며진 세 개의 방. 베란다의 실내정원에는 물을 뿜는 작은 정원조차 있었다. …
내 표정을 읽은 남자가 명함을 건네며 친절하게 말했다. 로열층이 많이 나와 있습니다.
저희 사무실로 가시죠."

10 새마을주택 ·
불란서주택

세 번의 장관, 두 번의 서울특별시 시장을 맡았으며, 다시 두 번째로 맡은 국무총리 재직 기간에는 국회의 노무현 대통령에 대한 탄핵소추안 의결로 헌법에 따라 대통령 권한대행을 역임했던 고건은 회고록을 통해 새마을운동은 그 이전의 여러 운동과 달랐다고 말한 바 있다. "새마을운동은 시작부터 달랐다. 어느 한 사람이 고안한 운동이 아니었다. 그때 이미 경북 청도의 신도리, 영일[현 포항]의 문성동, 전남 담양의 도개마을 등 스스로 잘 가꾸는 마을이 나타나기 시작했다. 농촌 곳곳을 다니던 박 대통령은 이런 변화를 목격했다. 1970년 4월 22일 대통령은 부산에서 열린 한해(旱害) 대책 지방 장관회의에서 이런 변화를 전국에 전파하자며 '새마을 가꾸기 운동'이라고 이름을 붙였다."[1] 이승만 대통령 시절의 재건국민운동과는 달리 아래로부터의 움직임이었고, 현장에서 출발한 운동이었다는 것이다. 이와 다른 시각에서 새마을운동을 바라보는 관점이 존재함은 물론이다. 박정희 평전을 저술한 김삼웅은 "박정희가 처음 제창한 '새마을 가꾸기'란 1930년대 조선총독부의 '아타라시이 무라 쓰쿠리'(新しい村づくり)를 글자 그대로 번역한 것이다. 당시 조선총독 우가키 가즈시게(宇垣一成)의 농촌진흥책은 자립·근검·협동공영·충군애국이었고, 박정희의 새마을운동 지표는 자조·자립·협동·충효애국"[2]이었다며, 청와대가 직접 관장하고 읍면동과 부락까지 수직적으로 조직해 추동한 정부 주도의 운동이라고 일축했다.

　　새마을운동에 대한 평가는 정치적 입장, 직접 경험했는지

↑↑ 천안 시범부락(1961.5.19.)　　↑ 서울 중구청 일대의 봄철 새마을 대청소 모습(1964.3.26.)
출처: 국가기록원　　　　　　　　출처: 서울사진아카이브

의 여부 등에 따라 상당히 어긋난다. 그러나 어느 날 갑자기 시작된 것이 아니라 이전부터 있던 움직임을 박정희 정권에서 포섭해 정권 차원에서 전개해나간 것은 분명하다. 일제시대에 관료의 길을 걷기 시작해 최규하 대통령 아래에서 국무총리를 지낸 신현확의 증언에 따르면, 농업 진흥 방안은 "4·19 직전인 1960년 4월 15일 국무회의에서 채택되었다. … 당시 이미 훗날의 새마을운동처럼 해마다 시범 부락 백여 개를 선정하여 부락민의 자조·자립 정신을 촉구하고, 각 부락의 산업·도로·위생·문화 시설을 개량 및 확충하는 농촌개발사업이 진행되고 있었다. 각 마을마다 지역사회개발 지도원이 배치되었고 수원에 그들을 양성하는 특별교육기관이 만들어졌다. 그 기관의 총책임자가 나중에 허정 과도정부에서 보건사회부 차관을 지낸 김학묵 씨"였다.[3] 1970년 이전부터 농촌 진흥 및 개발 사업이 활발했고 새마을운동의 토대가 이미 마련됐다는 것이다. 실제로 농어촌개발공사가 창립(1967.12.1.)하고, 농업기계화 8개년계획(1969.2.22.)과 「농어촌근대화촉진법」(1969.11.1.)이 정립된 후 새마을운동이 본격화했다.[4]

　　간단히 정리하자면, 전국 범위로 확대된 새마을운동은 생활 혁신과 환경 개선 및 소득 증대를 통한 농촌 근대화를 목표로 정부가 직접 관장하고 주도한 사업이다. '정부 주도'라 함은, 효율 극대화를 위한 조직적 지도가 이루어지고, 전통적 질서가 유지되던 공간 환경을 단기간에 지역적 차이가 밋밋한 미학과 기준에 따라 표준적으로 재편했음을 뜻한다. 새마을운동은 농촌을 구래의 여러 관습을 고식적이고 봉건적인 생활양식이 남아 있는 곳으로 폄훼하고 이를 대체하는 생활 양식을 추구하도록 유도함으로써 농촌의 주거환경과 일상, 여론의 프레임을 매우 짧은 기간에 바꾸어냈다.

　　초기엔 농어촌에서만 실시됐던 새마을운동이 1972년부

↑↑ 경북 청도군 방음동 새마을을 시찰하는
박정희 대통령(1972.3.24.)
출처: 국가기록원

↑ 1972년 6월 25일 창간한 잡지
『새마을』에 실린 박정희 대통령의 휘호와 어록
출처: 대한공론사, 『새마을』창간호(1972)

↑ 새마을운동 홍보를 위해 대통령이 하사했다는
새마을운동 지원 차량(1973)
출처: 국가기록원

터는 도시에서도 전개됐다.[5] 이름 붙이길 '도시 새마을운동'이었다. "[1973년이 되며] 4년째를 맞은 새마을운동의 열기는 대단했다. 학교 새마을운동, 직장 새마을운동 … 모든 정책에 '새마을'이란 수식어가 붙었다. 매달 열리는 새마을 국무회의에서 나는 지난 한 달 동안의 새마을 사업 성과와 문제점, 각 부처의 필요 지원 사항, 다음 달의 추진 방향을 슬라이드로 제안하고 설명했다."[6] 이렇게 위로부터 강제된 국민동원과 일종의 강제에 대한 시민들의 불만과 거부의 움직임 또한 나타났다.

　　소설가 이청준은 이 시절을 다음과 같이 묘사했다. "'동네가 너도나도 집들을 고쳐 짓느라 밤잠들을 안 자고 저 야단들이구나.' 농어촌 지붕개량사업이라는 것이었다. 통일벼가 보급된 후로는 집집마다 그 초가지붕 개초(蓋草, 이엉으로 지붕을 임)가 어렵게 되었댔다. 초봄부터 시작된 지붕개량사업은 그래저래 제격이랬다. 지붕을 개량하면 정부 보조금 오만 원을 얻는다는 것이었다. 모심기가 시작되기 전 봄철 한때하고 모심기가 끝난 초여름께부터 지금까지 마을 집들 거의가 일을 끝냈댔다. … '이장이 쫓아와 뜸을 들이고, 면에서 나와서 으름장을 놓고 가고 … 그런 일이 한두 번 뿐이었으면야. … 나중엔 숫제 자기들 쪽에서 사정조로 나오더라.' … '그 친구들 아마 이 동네를 백 퍼센트 지붕 개량으로 모범마을을 만들고 싶어 그랬던 모양이구만요.'"[7]

　　'10월 유신, 100억 불 수출, 1,000불 소득'을 내걸고 '한국적 민주주의, 우리 땅에 뿌리박자'와 '지지하자 10월 유신, 참여하자 국민투표'가 새겨진 광고탑을 좌우에 내건 이동 영화 연예인 순회공연단이 전국을 돌며 유신헌법 찬성을 독려한 1972년,[8] 도시 새마을운동이 시작되었다. 유신헌법 공포 후 새마을운동은 본격적인 정치 구호로 활용됐다. 1974년 12월에 쓰인 '새마을운동은 유신 이념의

536

실천 도장'이라는 대통령 휘호가 각종 새마을 홍보 문건이나 기록물
화보에 등장했고, 1977년에는 새마을운동과 자연보호가 등식화됐
다. 1978년에 공장으로 새마을운동이 확장되었고, 같은 해에는 '건
전생활 캠페인'으로 모습을 바꿔가며 일상에 스며들었다.

바로 이 시기에 농촌주택 개량사업이 일정한 성과를 거두
며 '새마을주택'이라는 새로운 주거 유형이 등장해 호응을 얻었다.
그 무렵 도시에서는 '불란서 주택'[9]이 대중의 인기를 끌고 있었다. 농
촌을 대상으로 하는 새마을주택과 도시지역의 불란서주택은 상보
적 관계를 갖는 주택 유형이었다.

임창복에 따르면 "1972년까지만 해도 서울지방 주택의
90퍼센트 이상이 재래식 난방을 이용했다. 그러던 것이 1973년에
60퍼센트 수준까지 보일러 난방으로 바뀌었고, 1977년부터는 90퍼
센트 이상이 보일러 난방으로 전환되었다".[10] 바로 이 전환기에 불란
서주택이 등장했다는 사실과 농촌에서 새마을운동의 일환으로 새
마을주택의 표준설계가 활발하게 보급되기 시작하던 시기가 일치
한다는 점은 많은 함의를 갖는다. 1970년 한강맨션아파트 준공 이
후 대도시에서는 중산층을 위한 맨션 붐이 일었고, 서울의 경우에
는 아파트가 강남 일대를 중심으로 대량공급을 시작했지만 당시 아
파트가 전체 주택에서 차지하는 비율은 도시지역에서도 2.25퍼센트
(전국의 경우에는 0.77퍼센트)에 불과했다. 1974년 아파트 건설 호
수는 전체 주택의 12.3퍼센트에 그쳤고 단독주택이 81.3퍼센트를
차지했다.[11] 모두가 아파트를 바라기 전, 도시와 농촌에서 한국인들
이 가장 원했던 대표적 주택 유형은 불란서주택과 새마을주택이라
할 수 있다.

예를 들어 1977년 농촌주택 개량사업 시범부락으로 선정
된 경기도 기흥군 한일마을 풍경은 1976년 들어 도시지역에서 열광

적 인기를 누리기 시작한 불란서주택과 매우 닮았다. 국립영화제작소가 1978년에 새마을운동 홍보영상으로 제작한 「농촌주택」[12]은 이 부락을 소개하고 있는데, 1978년부터 새마을운동이 2단계로 접어들며 '농촌에서도 정부로부터 융자를 받아 문화주택을 완성'할 수 있다는 사실을 영상 첫머리에 담고 있으며, 정부의 융자로 18평 규모의 농촌주택을 신축하는 데 자기 돈은 80만 원만 있으면 충분히 지을 수 있다고 소개했다. 농촌의 새마을주택과 도회지의 불란서주택이 일란성 쌍둥이가 된 계기다.

새마을운동과
농촌주택 표준설계

새마을주택은 크게 보아 2가지 단계 혹은 유형으로 만들어졌다. 하나는 주요 간선도로변을 따라 근대적이지 않다고 위정자가 판단한 재래 주택들을 철거하는 것이었다. 철거민들은 인근 지역으로 집단 이주해야 했다. 철거가 야기한 일상의 뿌리 뽑힘은 아랑곳하지 않는 단순하다 못해 무식한 이식이 이루어졌다. "2킬로미터 이내에 불량 독립주택이 10동 이상 있을 때에는 새로운 마을을 조성하고, 대상 주택이 10동 미만일 때에는 현재 살고 있는 곳에서 가장 가까운 마을에 이주시킨다"[13]는 것이 내무부 기준이었다. 즉, 정부가 정한 기준에 미달하는 농촌주택이 10채 이상이면 이들을 한곳에 모아 새로운 마을을 만들고, 서너 채에 불과한 경우라면 주변의 기존 마을로 강제 편입시킨다는 것이었다. 이렇게 새롭게 조성된 부락을 일컬어 '새마을단지'라고 불렀다. 서울을 비롯한 대도시의 '아파트단지'와 쌍둥이 꼴이다. 이렇게 새마을단지를 조성한 다음, 새로운 농촌주택을 건립했다.

↓ 1972년 이동 영화 연예인 순회공연
출처: 국가기록원

↓↓ 강남개발의 교두보인 한남대교 남단 대지에 신축 중인 불란서주택(1975.8.)
출처: 서울성장50년 영상자료

한국 주택사를 추적한 임창복은 "이때 세대별 택지는 50~
120평 규모였으며 가급적 정방형으로 조성되었다. 초기에 표준설계
도는 15평 내외가 많이 선택되었는데 설계와 시공 단계에서 주민의
의사를 반영하고, 지역의 경제성을 고려해서 자재를 선택하여 시공
하도록 권장했다"[14]고 설명한다. 반면, 새마을운동을 연구해온 김영
미는 "새마을운동이 농촌 근대화운동을 넘어선 박정희 정부의 종합
적 지배전략이라고 했을 때 운동의 수행 주체인 농민들은 자율적 존
재가 아니라 동원된 주체들이며 새마을운동의 작동 원리에서 강제
성이 기본적인 동력"[15]이었다고 주장했다. 새마을운동에 대한 평가
와 해석의 스펙트럼이 매우 넓은 것이 사실이며, 새마을단지 조성 역
시 자발과 동원의 논란 한복판에 자리한다.

1973년 1월 29일 열린 비상 국무회의는 대한주택공사의
자본금을 100억 원에서 200억 원으로 상향 조정하고, 1962년 7월
1일 대한주택공사의 설립 이후 이사장을 총재로 호칭하던 관례를
바꿔 사장으로 부르도록 하는 안건을 의결했다. 대한주택공사의 조
직도 일부 개편하는 동시에 1973년 정책 과제를 새롭게 설정했는데,
여기서 주목할 내용은 '표준주택'(標準住宅)이다.

대한주택공사가 설정한 1973년의 정책 목표는 원가절감
과 건설용지 확보였다. 원가절감은 주택 및 자재의 표준화로 달성하
고자 했는데, 원가절감으로 주택 가격의 저렴화를 도모하는 것이었
고, 주택의 종형별(種型別) 설계의 표준화와 이를 지지하기 위한 주
택 건설자재의 생산 계열화와 표준화"가 강조되었다.[16] 쉽게 말해,
다양한 주택 유형에 따라 규모별로 표준을 정하고, 주택공사가 직접
지급하는 자재도 표준화하고 계열화함으로써 주택 가격을 낮춰 공
급하겠다는 논리였다. 이는 공공주택공급기관으로서 처음으로 주
택 유형별 표준설계를 언급한 것으로서 후일 우리나라 아파트 대부

↑↑ 1970년대 초 새마을단지로 조성된   ↑ 14평형 46동과 16평형 20동으로 구성된
경기도 화성시 장안면 신생부락 항공사진   경남 울주군 삼남면 상천리 새마을단지(1972)
출처: 카카오 맵   출처: 국가기록원

분의 평면이 규모별로 유사하거나 동일한 결과를 빚는 원인으로서 주목할 만한 내용이다.

　　표준주택이 국무회의에서 언급된 이유는 1972년부터 시작된 제3차 경제개발5개년계획의 실천이 다급했기 때문이다. 1972년을 기준으로 할 때 공식적인 주택부족률은 21.8퍼센트에 달했고, 도시의 경우는 훨씬 심각했다. 이에 따라 정부는 ①도시 주변에 주택단지를 조성하여 값싼 대지를 공급하며, ②토지의 이용도를 높이기 위하여 경제성 있는 표준 아파트 건설을 촉진하며, ③농어촌에서는 새마을운동으로 가옥을 개량하며, ④건설자재의 규격화와 설계의 표준화를 기하고, ⑤건설비의 절감, 공기의 단축 등으로 주택의 양산체제를 이룩하며, ⑥저소득층을 위한 국민주택 건설을 촉진한다[17]는 등 의욕적인 계획을 발표했다. 이와 함께 정부는 주택난의 완화를 위해 경제개발5개년계획과 연동되는 별도의 주택건설10개년계획(1972~1981)을 마련하기도 했다. 새마을운동과 대한주택공사의 주택 개량 과제가 직접 관계 맺는 계기였다.

　　대한주택공사를 중심으로 진행된 '표준설계 연구와 표준설계도의 작성·보급은 농촌형 주택과 도시형 주택의 표준설계도로 나누어지는데 시기적으로 농촌형 주택은 새마을운동이 본격 실시된 1971~1978년에 추진된 반면 도시형 주택은 1980년대 이후에 본격 추진'되었다.[18] 1971년부터 시작된 농촌주택의 표준화는 충청북도 청원군 옥산면 신평부락을 대상으로 시범사업을 실시하며 첫 발을 뗐다. 당시 검토된 표준주택은 6~20평 규모로 입주자의 여건에 따라 선택하도록 했으며, 가급적 도시화된 기능이 적용된 평면으로 구상되었다. 도시지역 주택을 농촌주택의 참조 사례로 삼은 것이다. 농촌 사람들에게 도시의 주택은 응축된 욕망의 대상이었다.

　　이 사업의 경험과 결과를 바탕으로 정부는 1972년에는 경기도 고양군 원당면 농협대학 구내에 시범 농촌주택을 건립했다. 새 마을지도자들이 견학하는 장소를 조성하는 것이 목적이었다. 이를 바탕으로 1972년 3월 27일부터 5월 30일까지 65일간에 걸쳐 건설부 주관 하에 10평, 12평, 15평, 18평, 20평형을 각각 3가지씩 총 15종, 그리고 이에 따른 기초틀 도면, 천장틀 도면, 바닥틀 도면, 주단면도, 입면도, 창호도, 각종 부분 상세도와 형별 공사비 일람표를 작성 배 부하였다.[19] 이러한 노력과 시도가 모여 표준형 농촌주택 기틀이 마 련되었다.

　　　1978년에는 건설부와 내무부의 주도로 표준형 농촌주택 설계도가 책정되었다. 이는 정부 차원의 농촌주택 개량사업이 활기 를 띠면서 효율적 기술지원을 대한주택공사가 맡아야 한다는 취지 에서 비롯된 것이다. 이에 따라 대한주택공사 주택연구소는 '우리 농 촌에 다양하게 적용될 수 있는 문화적이고 경제적인 표준형 농촌주 택에 관하여 연구했고 대한건축학회에 해당 연구 용역을 발주했으 며, 그 성과를 바탕으로 12~15평의 표준형 농촌주택 10여 종을 도 출했다. 최종적으로는 내무부 지방국 새마을지도과에서 이를 채택' 함으로써 소위 새마을주택의 범용평면이 완성되었다.[20]

　　　농촌마을은 새마을운동을 거치면서 눈부시게 달라졌다. 시꺼먼 초가지붕은 사라졌고 그 자리에 직선의 산뜻한 슬레이트 지 붕이 얹혔다.[21] 이 슬레이트는 새마을운동 때 볏짚 대신 등장한 근 대적 지붕 소재였으며, 바뀐 지붕은 새마을의 상징물이었다. 푸른색 과 붉은색의 지붕은 마을 풍경을 바꾸는 데 결정적 역할을 했다. 슬 레이트 지붕 속에 섞여 있는 초가지붕은 조국 근대화의 걸림돌이자 낙후된 전근대를 상징했다. 반면 슬레이트 지붕 일색인 마을은 곧 근대화가 달성된 새마을이었다.[22] 새마을운동이 한창이던 "1975년 에는 전국의 거의 모든 농가들의 지붕은 기와나 슬레이트로 바꿔지게 되었으며, 이 지붕 개량으로 농촌의 모습이 극적으로 달라졌다. 초가집이 사라지고 기와집으로 바뀌자 오랜 역사를 살아오는 동안 '우리도 한번 기와집에서 살아봤으면…' 하던 농민들의 소원이 이루어졌던 것이다."[23] 단순한 지붕개량사업은 근대화를 상징하고 전근대를 극복하는 동시에 근대적인 개발의 가시성을 드높이는 계기이기도 했다.

1972년부터 1978년까지 지붕 개량사업을 통해 261만 8천 동의 농촌주택이 지붕을 교체했는데 이는 당초 목표치의 107퍼센트에 해당한다.[24] 그러나 주택 자체를 지지하는 구조의 성능이 열악한 상태에서 지붕 재료만 교체하는 바람에 안전성에 많은 문제가 생겼고, 본체와 지붕이 어울리지 않는다는 지적이 나오면서 자연스럽게 농촌주택을 신축 또는 개축하는 주택 개량사업으로 나아간다. 이러한 움직임 역시 대통령의 지시로 진행되었다.[25] 이에 따라 정부는 본격적인 농촌주택 개량사업에 나섰고, '표준설계도를 중심으로 한 규격화·표준화 방안에 대한 연구와 표준설계도의 본격적 보급을 통해 1972년부터 1984년까지 총 123종을 제작'했다.[26]

이 과정에서 만들어진 새마을주택, 즉 농촌형 표준주택의 '외벽은 6인치 블록 쌓기와 모르타르 미장으로 마감하고, 규격 목재를 사용한 간이 트러스 방식의 지붕틀, 슬레이트 기와를 사용한 박공지붕을 채용했다. 대지는 100평을 기준으로 하고, 당시 농촌의 표준적 가구 구성원 6인을 기준으로 방 3개에 마루와 부엌으로 구성하는 것이 일반적이었다. 마루와 방과 부엌을 최단 거리로 연결하도록 구성하고, 가사노동력 절감을 위해 입식 부엌을 원칙으로 했다. 또 마루에 문을 설치해 마루공간을 내부화하고, 연료를 연탄으로 바꾸며 난방과 취사를 분리해 부엌이 내부공간에 자리하게 했다.'[27] 그 뒤를 이어 1978년에는 다시 농촌 주거 형태를 다양하게 개발한

544

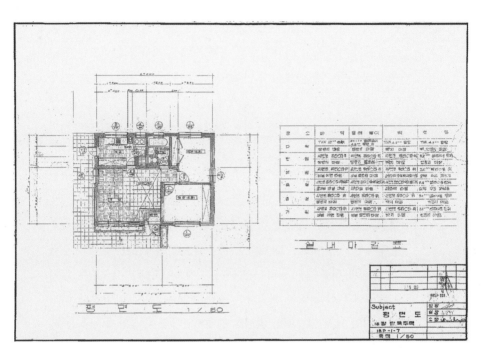

실 내 마 감 표

평 면 도 1/50

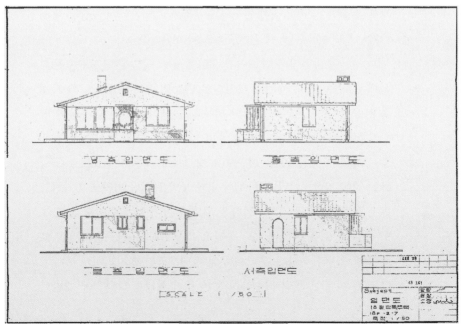

SCALE 1/50

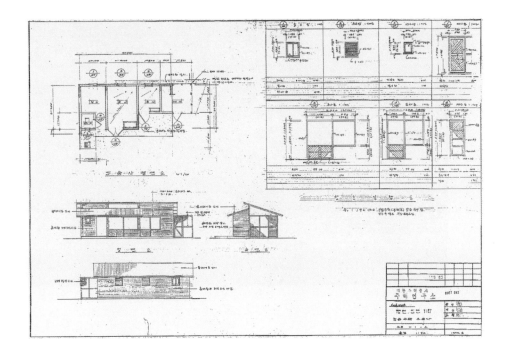

← 대한주택공사 18평형 농촌 시범주택
평면도 및 실내마감표(1974.6.)
출처: 대한주택공사 주택연구소

↑ 대한주택공사 농촌 시범주택 부속사
평면도 및 입면도(1974.6.)
출처: 대한주택공사 주택연구소

← 대한주택공사 18평형
농촌 시범주택 입면도(1974.6.)
출처: 대한주택공사 주택연구소

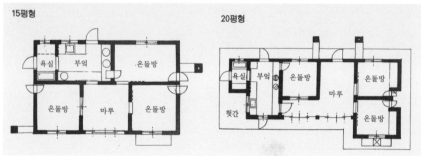

↑↑ 현상모집 농촌주택 20평형 입선작(1977.5.)
출처: 국가기록원

↑ 1978년 내무부가 채택한 표준형 농촌주택 설계도(일부)
출처: 대한주택공사, 『대한주택공사 30년사』(1992)

다는 취지에서 2층형 농촌주택의 설계에 관한 연구를 착수했다.[28] 그런데 외부와의 연결이 중요한 농촌주거의 특성상 온전한 2층은 아니었다. 방과 거실 등은 모두 1층에 있었고, 2층은 보조하는 수준이었다. "이를 미니 2층이라고도 불렀는데, 이런 형식은 1970년대 도시지역에서 나타나기 시작한 '불란서주택'과 형태적으로 아주 유사하다."[29]

　　새마을운동에서 출발한 농촌주택 개량사업과 표준형 농촌주택의 참조 선례는 같은 시기 도시지역에서 크게 유행한 불란서주택[30]이었다. 농촌주택을 '문화적이고 기능적이고 현대적이며 근대화된 기거 방식의 형상'으로 변화시킬 요소를 불란서주택이 충분히 갖추고 있었기 때문이다. 불란서주택은 서로 다른 물매를 가진 전면 박공지붕 형식으로, 겉보기에는 2층이지만 지붕 하부공간은 용도가 거의 없었다. 1970년대 대도시에서 소규모 건설업체가 주문을 받아 지은 주택의 전형 가운데 하나로, 도농이 경제적 격차가 심화되며 도시가 상대적 우월성을 획득하면서 불란서주택도 덩달아 지배적인 주택 유형으로서 권위를 부여받게 되었다.

　　농촌주택 표준설계도는 지금도 사용되고 있다. 매번 기존의 것을 일부 폐지하거나 보완하는 동시에 새로운 유형을 개발하여 보급하는데, 전용면적 85제곱미터 이하 규모를 '적정주택'[31]으로 상정하여 보급형과 고급형으로 나누어 제시되는 것이 통례다. 보급형은 경제성 확보와 공사비 절감에 주목하고, 고급형은 사용자의 다양한 요구에 대응할 수 있도록 공간 구성과 재료, 외부공간 등에 대한 선택지가 보급형에 비해 폭넓다는 특징이 있다.[32]

↑↑ 경기도 기흥군 농촌주택 개량사업 시범마을
시멘트 기와에 사용된 삼화페인트
출처: 국립영화제작소, 「농촌주택」(1978)

↑ 농촌주택 표준설계에 따라 지어진
수원 농촌주택(1978.4.)
출처: 국가기록원

↑ 농촌주택 개량사업 현장을 시찰하는 박정희 대통령.
농촌주택의 실내를 엿볼 수 있다(1978.5.)
출처: 국가기록원

불란서주택으로 불렸던
도시 양옥

1978년『뿌리 깊은 나무』9월호에는 프랑스문학자 김현의 흥미로운 글이 실렸다. 「알고 보니 아파트는 살 데가 아니더라」는 제목의 글이다.

> 내가 맨 처음 문패를 단 집을 가졌던 것은 연희동이다. …
> 마흔 평 남짓한 조그마한 땅을 사서 스무 평짜리 집을 짓고서 나는 평생 처음으로 거기에 내 문패를 붙였다. 길이 포장이 안 되어서 장마철에는 장화를 신어야 할 지경이었는데도, 앞뒤로 눈에 거슬리는 것이 없어서 꽤 편안하게 1년을 지낸 셈인데, 1년이 지나자마자 내 집 주위에 이른바 '미니 2층'이라 불리는 양옥집들이 들어서기 시작했고, 마지막으로 내 집 창 옆의 공지에 새집이 들어서자, 내 집은 앞집, 뒷집, 옆집 사이에 파묻혀 가련한 난쟁이 집이 되어버렸다. 작고 낮은 집에 사는 것만으로도 기분이 언짢은데, 이제는 햇볕이 거의 들지 않아서 집 안이 늘 눅눅했다. 다른 경제적인 이유도 있었지만 그 눅눅함을 벗어나려고 나와 아내는 복덕방에 그 집을 내놓은 지 반년 만에야 겨우 그것을 팔고, 스물두 평짜리 여의도 아파트에 전세를 들었다.[33]

'미니 2층에서 여의도아파트'로 거처를 옮겼다는 대목에서 '미니 2층'은 '본격적인 2층 주택은 아니었다'[34]던 새마을주택과 어딘가 닮아 보이고, '여의도아파트'는 중산층아파트의 대표 사례 가운데 하나였던 '여의도시범아파트'를 자연스럽게 연상시킨다. 모두 1970년대의

↑↑ 전남 장성군 대조마을   ↑ 미니 2층집의 전형을 보여주는
새마을주택(1979.5.)   tvN 드라마 「응답하라 1988」 세트
출처: 국가기록원   출처: tvN

주거문화와 직접 연관된 주택 유형이다. 이들 유형은 이렇게 여러 층 위에서 맞닿아 있었다.

　　1978년에 발표한 글이니 아마도 '미니2층 양옥'은 그 전부터 제법 유행했던 모양이다. 그 유행이 얼마나 심했는지는 글이 발표된 같은 해에 프랑스 대사관까지 나서서 '아파트보다는 단독주택을 짓는' '계획성 있는 프랑스의 주택 건설'이라는 글을 신문을 낼 정도였다.[35] 김현이 점잖게 표현한 '미니 2층이라 불리는 양옥'은 부동산 시장에서 '불란서주택'이라 불렸다.

　　'불란서'란 말이 반드시 단독주택이나 2층 양옥에만 붙여진 것은 아니었다. 아파트도 예외는 아니어서 '경동(京東) 미주아파트'는 '불란서식 최고급 아파트'라는 광고 문구를 달고 나와서는 마치 기존의 것들과는 다른 무엇이라는 뉘앙스를 풍겼다. 서울의 경우라면 아직 청담동이며 삼성동 등과 같은 강남 일대는 개발에 대한 기대와 소식만 요란할 뿐 본격적인 주택이 들어서지 않았던 때였고, 서울 영동지역의 신사동 근처 일부와 공항동 등 외곽지역에 띄엄띄엄 들어선 단독주택들이 서울의 경계를 암시하던 때였으니 '시내 중심가에 처음 시도되는 불란서식 최고급 아파트!!'를 표방한 '경동 미주아파트'는 형용모순이었다. '시내 중심가'라는 광고 문안과 달리 아파트단지 명칭에는 서울의 동쪽이라는 의미의 '경동'이 붙었으니 말이다.

　　서울 청량리 경동시장 인근에 지어진 미주아파트는 당시 맨션 산업을 견인한 업체 가운데 하나인 라이프주택이 한강과 필동, 여의도에 이어 신축한 아파트였다. 미주아파트에서 자못 흥미로운 점은 대도시의 불란서주택과 농촌지역의 새마을주택에 공통적으로 적용된 아치 모양의 형상을 외관에 사용했다는 사실이다. 주한 프랑스대사관이 나선 것은 바로 이런 일이 빈번할 때였다. '불란서주택'이

→ 경동 미주아파트 분양 광고
출처: 『동아일보』 1976.10.18.

↓ 한남동 불란서주택(2018)
ⓒMarc Brossa

→ 경동 미주아파트 전경(2016)
ⓒ최봉준

나 '불란서풍'의 인기는 무척 뜨거웠다.[36]

프랑스대사관이 제공한 기사에 따르면, 1960년대 이후 프랑스를 비롯한 유럽 대부분의 국가는 아파트보다는 단독주택을 주로 공급했다. 도심 인구의 분산을 위해 주로 외곽 신규 개발지역을 대상으로 충분한 공공시설을 갖춘 평온한 분위기의 나지막한 주택지를 조성했다고 한다. 이런 기사를 낸 그들의 속내는 아마도 열풍적으로 번지는 우리나라의 '불란서주택'이 실제 프랑스에 근거를 둔 것이 아님을 밝히고, 부동산 시장에서 '프랑스라는 허명'을 내건 주택을 상품으로 거래하는 것이 마뜩잖음을 에둘러 밝힌 것일 수 있다.

이런 상황을 언론매체를 통해 조곤조곤 설명한 이가 있었으니, 바로 도시학자 강병기다. 그는 1975년 11월 21일자 『동아일보』 「생활수상」에서 "15, 16평짜리 아파트에도 이름만은 대저택을 연상하는 '맨션'"이라 이름 붙이고, "처음에는 뾰족지붕에 다락방 양식이던 것이 … 요즘은 소위 '불란서식' 고급주택의 전형"이 되었다고 쓰면서, 이른바 프랑스식 주택이란 "실체와는 먼 유혹의 형용사"에 불과하다고 타일렀다. 왜 불란서란 이름이 붙었는지는 아무도 모른다는 것이다. "아마 이것이 가장 고급이고 우아하게 느껴지는 형용사였다는 데 문제가 있다. 이것은 곧 외제라면 사족을 못 쓰는 우리의 소비행위에 깊이 뿌리를 박고 있는 것"이라고 비판했다.[37]

그런데 신문기사에 함께 소개된 주택 사진이 흥미롭다. 팔(八)자형이나 입(入)자형의 경사지붕에 현관 입구는 동그란 아치형이고, 2층 발코니 부분은 틀로 찍어낸 것이 분명한 콘크리트 난간으로 치장돼 있었다. 물론 경사지붕의 주위에는 투박한 콘크리트 흉장(胸墙)을 둘렀다. 여기에 이르면 문득 2가지가 떠오른다. 하나는 방영 당시 높은 시청률을 기록하며 시청자들로 하여금 잊고 있던 오래전 기억을 환기했던 텔레비전 드라마 「응답하라 1988」의 시작 화면이고, 다른 하나는 건축가 윤승중의 글 「한국 주택 건축의 실상: 1970년대 주택건축 양식」이다. 이 글은 엘리트 건축가의 눈에 비친 불란서주택의 면면이 고스란히 드러난다.

요즘 서울이나 대도시 주변에 새로 개발되는 주택가를 눈여겨보면 소시민들이 선호하는 주택의 스타일이 하나의 양식처럼 정형화해가는 풍경을 볼 수 있다. 70년대식 양식이라고나 할지 세계 어느 나라와도 구별되는 특유의 풍경인 건 분명하지만, 솔직히 말해서 건축을 전공하는 사람의 입장에서 볼 때에 썩 아름답고, 조화되고, 그래서 살고 싶은 도시마을의 풍경이라고 말할 수는 없겠다. 소시민에 의해서 거의 무의식적으로 선호되는 몇 가지 두드러진 경향 가운데서 바람직하지 않은 요소들이 있는데 어떻게 그렇게 되어가는지 나로서는 늘 기이하게 생각되어진다.

주택들의 집합으로서 마을 풍경을 만들어갈 때 지붕이 퍽 중요한 조형 요소가 되는데 지붕의 용마루를 남쪽 정면에 직각되게, 즉 동서 긴 방향으로 경사를 지우는 것이 거의 양식처럼 되어가고 있다. 지붕 속에 생기는 큰 공간은 2층 내부 스페이스의 분위기를 위해서도 또는 지붕 속 방으로도 적극적으로 활용되는 것 같지 않다. 언제부터인가 들 입(入)자 모양의 지붕이 유행하게 되었는데, 년 전에 건축위원회에서 용마루를 지붕 중심에 단정하게 두어야 한다는 지도 방침을 정해서 이를 규제해보려 시도한 적도 있었다.

대부분의 소시민의 주택들은 붉은 벽돌을 의장재로 즐겨 쓰는데, 남쪽 정면만은 한결같이 화강석 돌 붙임을 하는 것이 거의 신앙처럼 되어 있는 것, 집 주변에 콘크리트 난간을 장식처럼 붙이는 것, 기와 주변을 투박한 콘크리트 파라펫[패러핏]으로 둘러싸는 것들도 이해하기 어려운 점이며, 도시 마을의 풍경을 해치는 요소들이라고 말할 수 있다. 또한 멋없이 크기만 한 알루미늄 창들, 알루미늄 도어들, 어설픈 아취[아치] 오픈, 쓸모가 분명치 않은 베란다들이 공통적으로 갖고 있는 디자인 모티브들이다. 그로테스크한 지붕을 가진 하나같이 크고 높은 대문은 골목 분위기를 한껏 망치고 있으며, 마을의 이웃을 거부하고 있다.[38]

불란서주택의 형태와 재료, 나아가 주변 경관 및 환경과의 관계 등에 대해 의구심을 표한 윤승중은 불란서주택이 전국으로 퍼져나가는 것을 우려했다. "수년 전부터 이런 도시마을의 풍경이 농촌마을로 이식되어가고 있는 중이다. 새마을운동의 일환으로 농촌주택 개량사업으로 지어지는 농촌주택들도 거의 어김없이 70년대식 양식이 채용된다. 생활 패턴, 난방 방식, 가족 구성들이 다른 채로 거의 관습적으로 선택되어지는 것 같다. 시골의 가족들도 도시의 불란서풍(?)의 지붕을 가진 주택을 갖는 것이 하나의 꿈이었을까?"[39] 김수근과 함께 세운상가를 설계했으며 당대 최고 건축가 중 한 명이었던 윤승중에게 자본과 유행이 빚어낸 불란서주택은 거의 모든 면에서 비판의 대상이었다. 도시의 풍경이 농촌으로 이식되던 시점은 새마을운동이 지붕 개량사업에서 탈피해 소위 '문화식 주택 신축사업'으로 본격 전환했던 시기, 새마을운동이 2단계로 접어들었다고 정부에서 한껏 목소리를 높였던 1978년 전후다. 농촌에서도 정부로부터 융자를 받아 서울로 대표되는 도시형 문화주택을 지을 수 있다고 농촌을 부추겼다. 정도의 차이만 있을 뿐 도시와 농촌의 단독주택은 유사한 맥락에 있었고, 불란서를 원했다.

왜 불란서식이며, 미니 2층인가?

프랑스에도 없다는 '불란서식'이라는 형용어가 집 앞에 붙은 까닭은 세련미와 더불어 이국적이고 고급스러운 그 무엇을 지시하기 위함이 었을 게다. 더군다나 해외여행이 자유롭지 않았던 시절에 프랑스는 그림 같은 집이 있는 곳으로 상상되었을 뿐이니 '불란서식 미니 2층' 하면 욕망의 모든 것을 드러낼 수 있었을 터이다. 그런 집을 지으려면 상대적으로 많은 재물이 있어야 했으므로 '부잣집'을 표상하는 것 또한 당연했다. 그러니 누가 더 많은 재물을 가졌는가와 누구의 취향이 훨씬 더 고급스러운가를 나타내기 위한 구별 짓기 경쟁이 지붕의 꼴이며 창문의 형상으로 과장되며 1970년대를 풍미했다.

　　　베트남전쟁이 한창이던 1966년 4월 28일 『경향신문』에는 기술자로 베트남에 파견되었다가 안타깝게 목숨을 잃은 기술자 박영재 씨가 아내에게 보낸 편지가 실렸다. 전쟁터에서 어렵사리 번 돈 가운데 매달 생활비와 잡비를 쓰고 나머지 350달러는 한국은행 홍콩지점으로 보냈다. 곧 한국으로 송금이 될 것이니 도장을 들고 가 찾으라는 부탁과 함께 밥은 주로 계란, 닭고기, 돼지고기에 바나나 등을 먹는데, 여유가 있으면 고춧가루를 보내달라고 부탁했다. 반세기가 훨씬 지난 일이지만 안타까운 마음은 결코 반감되지 않는 한국 현대사의 한 단면이다. 그런데 이 사연에서 건축학자의 눈을 사로잡는 대목은 따로 있다. 베트남에서 "일류 호텔" 생활을 하고 있다고 전하며 "잠자리는 침대에 목욕탕, 불란서식 주택"이라고 언급한 점

↑↑「이른바 프랑스식 주택이란」
기사 배경 사진
출처:『동아일보』1975.11.21.

↑ 서울 서초구 방배동의　　　　↑ 서울 반포동 일대의
불란서식 2층 양옥(2017)　　　　불란서식 2층 양옥 군집과 아파트(1981.2.)
ⓒ정다은　　　　　　　　　　　출처: 서울성장50년 영상자료

이다.

　　베트남은 오랜 기간 프랑스의 식민 지배를 받았으니, 베트남에서 최고 사양의 주택이 프랑스풍이었을 수 있다. 하지만 이 편지가 소개된 5년 정도 뒤에 등장한 광고는 어떻게 설명할 수 있을까. '이것이 바로 프랑스의 멋입니다!'라는 광고 문구를 내세운 태평특수섬유주식회사의 캉캉스타킹 광고다. 한정 수량을 백화점이나 지정 양품점에서만 구입할 수 있었던 '캉캉 팬티스타킹'은 스타킹의 원료와 기술제휴의 근거지가 프랑스라는 이유로 '프랑스의 멋' 그 자체로 둔갑했다.

　　다시 5년 앞으로 거슬러 올라가보자. 1960년 10월 15일 『동아일보』 특파원이 쓴 「구라파 순례」 가운데 '브뤼셀' 소개 기사다. 브뤼셀은 상부도시와 하부도시로 구분되어 있는데 주로 라틴 계열이 많이 거주하는 상부도시에는 넓은 도로와 왕궁, 관청, 일류호텔과 함께 '불란서식 주택'이 늘어서 있다고 특파원은 소개했다. 그 구체적 내용이 무엇인가는 언급하지 않으면서 그저 불란서식 주택이 늘어서 있다고 쓴 것을 보면 적어도 한국인들 사이에 '불란서식 주택'의 이미지와 그것을 향한 선망이 공유되어 있었음을 어렵지 않게 짐작할 수 있다. 그것들이 설령 서로 다른 모습이었을지라도 말이다. '불란서식 주택'은 그 정확한 기원도 알려지지 않은 채 한국인의 일상에 스며들었다.

　　그렇다면 왜 1970년대 부동산 매물 정보 등에는 '온전한 2층' 대신 '미니 2층'이 많이 등장했을까. 당시의 주택 수급 사정과 가정경제 형편 때문이다. 1970년대 경제성장률은 연평균 7.2~14.8퍼센트를 기록했고, 1975년 서울의 주택보급률은 56.3퍼센트였지만 1980년에 오히려 56.1퍼센트로 낮아졌다. 「주택 건설촉진법」이나 아파트지구와 같은 특단의 대책을 마련해도 늘어나는 인구를 감당할

↑↑ 프랑스의 멋을 문구로 삼은 팬티스타킹 신문 광고
출처: 『경향신문』 1972.3.

↑ 영동의 노른자위 반포동에 '불란서식 양옥과 대지'를
한꺼번에 구입하라는 신문 광고
출처: 『동아일보』 1974.11.28.

↑↑ 고급 숙녀복의 광고 배경이 된 한강맨션아파트(1973)
출처: 프로파간다 편집부, 『70년대 잡지광고』(2013)

수 없었다. 도회로 몰려든 사람들은 어떻게든 몸을 의탁할 거처가 필요했고 부동산 가격은 천정부지로 뛰어올랐으니, 부동산 소유자들에게 바닥면적을 이용한 임대수익은 중요한 재산 축적 수단이 됐다. 결국 지하와 지상에 절반씩 걸친 반지하층을 만들어 셋집을 들이고, 주인집은 마당으로부터 반층 오른 곳에서 온전한 한 층을 점유하는 식의 주택이 늘어났다. 어려운 형편에서 거처를 구해야 하는 무주택 서민과 주택부족 현상, 별다른 노력 없이 지대를 통해 이익을 취하려는 부동산 소유자들의 입장이 제대로 들어맞은 것이다.

그 모양이 온전한 2층이라 할 수 없고 달리 부를 방도가 마땅치 않아 생겨난 말이 '미니 2층'이다. 마치 맨션아파트가 대유행이던 같은 시기에 잠실 대단위 아파트단지에 지어진 7.5평짜리 아파트를 '미니 맨션'이라 불렀던 것과 마찬가지로 '온전한 것이라 부르기에는 민망한 무엇'을 '미니'로 칭했던 것이다.

불란서주택의 열풍이 잠잠해지는가 싶더니 이번에는 느닷없이 '화란식 뾰족지붕집'이 등장했다. '화란'(和蘭)은 네덜란드의 음역어이다. '화란식 뾰족지붕'은 용마루를 향하는 지붕의 기울기가 더욱 급했다. 불란서주택과는 다른 것을 내다 팔아야겠다고 마음먹은 민간건설업체의 또 다른 상술이었다. 대한주택공사 건축부장 겸 기술이사를 지낸 엄덕문과 같은 일부 유명 건축가가 이 흐름을 이끌기도 했다. 1964년 9월 대한주택공사가 국민주택 보급 과정에서 대지를 분양받은 사람들의 의견을 받아들여 수요자 대응형으로 설계한 수유리 국민주택에도 이 형태가 적용되었다. 광풍과도 같았던 1970년대의 대도시 지역 단독주택 신축 과정에서 벌어진 과시적 소비 풍조를 비판한 신문기사[40]에서는 '프랑스식 2층집'과 더불어 '화란식 뾰족지붕'이니 하는 주택들을 뭉뚱그려 국적 불명의 저택이라 칭하며, 외양간에 있었던 여물통과 부서진 수레바퀴까지 응접실에

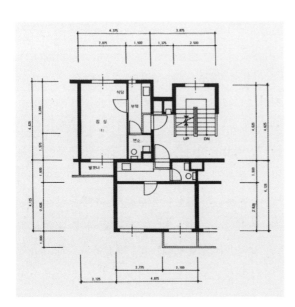

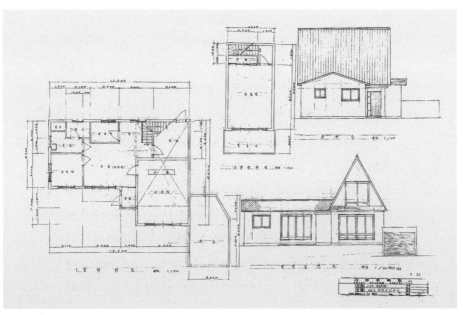

← 미니 맨션이라 불린
잠실주공1단지 차관분양아파트
7.5평 단위세대 평면도
출처: 대한주택공사,
『대한주택공사 주택단지총람
1971~1977』(1978)

← 수유동 국민주택 664호
뾰족지붕집 평면 및 입면도
출처: 대한주택공사,
「수유동 국민주택」, 1964.9.

↓ 1976년에 준공한
전라남도 보성군 벌교의
뾰족지붕 건축물
ⓒ권이철

↓ 1978년 1월 9일
「자주문화의 재정립」
시리즈 기사에 등장한
불란서 뾰족집 삽화
출처: 『경향신문』 1978.1.9.

들여놓는 천박한 골동 취미와 다를 바 없다고 힐난했다.

그러나 이런 '1970년대 양식'은 어느 날 갑자기 생겨난 것이 아니다. 인류 역사를 통해 그 모양이며 내용이 가장 변하지 않은 것이 주택이다. 그런 까닭에 집의 공간 구성과 외양은 그 이전의 것으로부터 유전적 형질을 계승하는 과정에서 이질적 요소와 갈등하거나 이를 변용, 수용하면서 아주 조금씩, 그것도 매우 느리게 형식과 내용이 바뀐다. 불란서주택 역시 양옥과의 관련성 속에서 등장했다.

건축역사학자 전봉희는 '한옥과 양옥은 개항과 함께 서구의 건축이 전래된 이후 재래의 건축과 외래의 건축을 구분하기 위하여 새롭게 만들어진 용어'라 설명하면서 양옥이 본격적인 모습을 갖춰 등장한 시기를 '1960년대 이후'로 잡고 있다.⁴¹ 이후 "주택 시장은 한동안 '양옥'이 주도권을 공고히 했으며, 1970년대에 아파트 건설이 활발해지면서 단독주택과 집합주택의 경쟁 구도가 만들어진다. 1970년대 이후 한국의 주택 건설은 '양옥'과 '아파트'로 크게 나뉘면서"⁴² '한옥'은 재래의 고유한 것으로 자리매김하는 대신 '양옥'이 보편적인 단독주택 양식으로 굳어졌다는 것이다. 따라서 보편적 주택 양식으로서의 '양옥'에 소규모 건설업체가 만들어낸 '허명의 상품명인 불란서나 화란이 보태진 뒤', '붉은 벽돌 2층 양옥'은 온전한 불란서주택이, 그렇지 못한 경우에는 '미니 불란서식 주택'이거나 '불란서식 미니 2층'이라는 상품이 생겨났다.

그리고 이는 자연스럽게 1980년대로 이어진다. '1980년대 초반에는 주택 작품들에 스페인 기와와 벽돌담을 사용하여 소재로부터 자연미를 추구했고, 오지기와 지붕도 한동안 유행했다. 후반부터는 좀 더 과감하게 지붕창, 전면 박공지붕, 망사르 지붕(mansard roof) 등으로 지붕을 과도하게 디자인하는 경향도 보였다. 문과 창을 장식적으로 처리하고, 입면에 다양한 패턴을 적용하거나 다양한 형태의 천창을 도입함으로써 한편으로는 통속적인 취향으로 흐르기도 했지만, 대중들에게는 부러운 '부자들의 집'의 전형적 모습[43]으로 굳어져갔다. 아파트가 일반화되는 과정에서 단독주택은 어떤 허명을 붙이더라도 보편적인 주거 유형으로 자리 잡기는 이미 불가능해졌다. 하지만 이에 아랑곳하지 않는 부류들에게 과잉 디자인한 단독주택은 스스로를 과시하는 기표가 되었다.

마음속에
그린 집

드라마로도 제작되어 많은 사람들에게 헐벗고 굶주렸던 시절을 다시 회상하게 했던 소설가 김원일의 장편소설 『마당 깊은 집』은 이렇게 끝맺는다. "학교와 대구일보사로 맥 빠진 채 나다니던 4월 하순 어느 날, 나는 마당 깊은 집의 그 깊은 안마당을 화물 트럭에 싣고 온 새 흙으로 채우는 공사 현장을 목격했다. 내 대구 생활의 첫 일 년이 저렇게 묻히고 마는구나 하고 나는 슬픔 가득 찬 마음으로 그 광경을 지켜보았다. 굶주림과 설움이 그렇게 묻혀 내 눈에 자취를 남기지 않게 된 게 달가웠으나, 곧 이층 양옥집이 초라한 내 생활의 발자취를 딛듯 그 땅에 우뚝 서게 될 것이다."[44] 6·25 전쟁 직후인 1953~1954년경의 풍경으로 일제강점기의 문화주택이 유엔한국재건단(UNKRA) 등에 의해 갑작스럽게 다른 풍경으로 모습을 바꾸게 되는 장면이다. 소설에 등장하는 '2층 양옥'이란 아마도 전쟁 피해 복구와 구호를 위해 정부와 공공기관이 적극 공급한 2층짜리 '재건주택'이거나 이승만 대통령이 자주 현장을 시찰한 바 있는 '연립형 2층 부흥주택'이었을 가능성이 적지 않다. 당시 지어진 구호용 주

↑ 서울 지하철 2호선 낙성대역 인근의
불란서식 2층 주택군(1978.4.)
출처: 서울역사박물관 서울역사아카이브

→ 서울 평창동 구릉지의 고급 단독주택들
출처: 안창모·박철수『SEOUL 주거변화 100년』(2009)

→ 1971년 준공한 서울 강북구 수유동 뾰족지붕집(2019)
ⓒ최호진

택의 많은 경우가 집 안에 화장실을 갖춘 2층으로 지어졌고, 서양식의 트러스 구조를 채용하여 기와를 얹는 경우가 대부분이었기 때문이다. 당시 상황을 좀 더 구체적으로 복원한다는 차원에서 1970년대의 조사 기록을 살펴보자.

대한주택공사가 1971년 4월 한 달 동안 주택센터를 방문한 무주택자 100명을 대상으로 주택 취향을 조사했는데, 그 내용이 제법 흥미롭다. 응답자 100명 가운데 91퍼센트가 양옥의 다른 이름이라 할 수 있는 '문화식 주택'을 원했고, 지붕 재료로는 구운 기와, 시멘트 기와, 석면 슬레이트 등을 원한다는 응답자가 86퍼센트에 달했다. 이는 곧 당시 응답자 대부분이 기와나 슬레이트를 얹은 경사지붕을 가진 집을 '문화식 주택'으로 불렀고, 이를 누구나 쉽게 이해했다는 뜻이다. 결국 1970년대에 이르기까지 '문화주택'이 매우 널리 사용되었다는 말이니, 거칠게 설명하자면 일제강점기에 조선에 소개되었던 소위 '문화주택'이 1950~60년대를 거치며 '문화식 주택'으로, 다시 1970년대에 '양옥'으로 변모한 것이다. 그리고 주택이 완전한 시장주택으로 전환하는 과정에서 부동산 시장은 이를 잘게 나눠 '불란서주택', '화란식 뾰족지붕'이란 말로 포장한 것이다. 이는 다시 1978년 제2단계 새마을운동 추진 과정에서 표준주택으로 모습을 바꿔 농촌에까지 자리 잡게 된다.

'불란서주택'으로 일컫던 온전한 '붉은 벽돌 2층 양옥'은 지금도 여전한 모습으로 도시 곳곳에 숨어 있어 유심히 살핀다면 어디서라도 쉽게 찾아낼 수 있다. 그렇다면 상대적으로 그 모습을 찾기 어려운 '불란서식 미니 2층'은 어떻게 변했을까. 당연하게도 그곳은 차츰 다세대·다가구주택으로 몸집을 불려 더 많은 세입자를 수용하는 고밀주택으로 변모했거나 재개발사업지구로 지정돼 정비사업을 기다리는 남루한 풍경이 됐다. 1980년대 중반 이후 대량 주택공

급정책에 발맞춰 바닥면적을 늘리고 층을 높인 다세대주택이나 다
가구주택엔 원래의 단독주택 집주인이 맨 위층을 차지하고 사는 경
우도 적지 않았지만 일부는 세입자들만 북적대는 고밀도 임대주택
으로 남겨졌다. 원래의 집주인은 마음속에 그린 또 다른 집을 찾아
거처를 바꿨다.

　　　많은 이가 마음속 깊이 품었던 온전한 집으로서의 '붉은
벽돌 2층 양옥'은 1980년대 중반 이후 등장한 저밀도의 고급 연립주
택인 소위 '빌라'로 먼저 모습을 바꾸었고, 아파트에서 편리함과 쾌
적함을 누렸던 다른 부류는 한때 크게 유행했던 전원주택을 대신한
'타운하우스 붐'에 힘입어 아파트의 권태를 보상받는 동시에 단독주
택의 거주성을 확보하는 방법을 택해 교외주택지로 이주했다. 민간
건설업체들의 발 빠른 주택상품 전략이 이들을 빨아들인 것이다. 마
치 1970년대를 풍미했던 '불란서주택'이나 '프랑스식 아파트'처럼 말
이다. 최근엔 대도시 주변지역에 터를 잡아 마당을 가진 단독주택을
짓는 경우도 종종 발견할 수 있다. 흔히 하나의 필지에 동등한 조건
을 갖는 두 집을 붙여 세우고 마당을 나눠 사용하는 '땅콩주택' 역시
유형학적으로 분류하자면 '불란서식 미니 2층'의 수직적 공간 분할
형식임 셈이다.

　　　1970년대 단독주택의 다른 이름인 '불란서주택'이나 우리
가 요즘에도 흔히 사용하는 '빌라'며 '타운하우스'는 '단독주택'이나
'다세대주택' 등과 달리 어떠한 법적, 제도적 구분과도 무관한 호칭이
자 용어다. 부동산 시장이 만들어낸 기형적 용어일 뿐이다. '빌라는
고급 연립주택'을, '타운하우스는 고급 연립주택이거나 고급 다세대
주택'이긴 하지만 대도시 외곽의 교외지역에 위치하고 있음을 의미
한다. 다만, 이들을 연립주택이나 다세대주택으로 부르지 않는 것은
주택 시장에서 철저하게 서열화된 기존의 연립주택이나 다세대주택

← 인천 계양구의
연립주택 다세대주택 밀집지역(2019)
ⓒ박철수

← 용인 동백지구
SK아펠바움 타운하우스 전경
ⓒ가와건축

↑↑ 과천 신도시 주공아파트 6단지 배후
단독주택용지를 가득 채운
불란서주택 혹은 불란서식 미니 2층(1983)
출처: 국가기록원

↑ 『새마을운동 관련 사진집』에 실린
경남 창원군 내서면 새마을 개량주택(1978.3.)
출처: 국가기록원

과는 다른 '기획상품'이라는 점을 드러내기 위해서다. 다세대·다가 구주택에 '가든'이나 '맨션'을 붙이는 것도 같은 셈법이다.

시장은 교묘하고도 치밀하다. 문학평론가 김현이 '아파트는 하나의 거주공간이 아니라 사고 양식'이라 간파했던 것처럼 시장의 속내와 셈법은 은밀하지만 강력하다. 그리고 결핍과 한풀이가 필요한 이들의 욕망을 끊임없이 자극한다. "스물두 평에 처음 발을 디딜 때는 그렇게 적어 보이지 않던 공간이 서른두 평에 다녀온 뒤로는 그렇게 비좁을 수가 없었다. 그래서 스물두 평에 사는 사람은 서른두 평으로, 서른두 평에 사는 사람은 마흔두 평으로 옮겨 가려고 애를 쓰"도록 꼬드기고 자극한다.[45] 아파트에 살지만 이곳이 삶의 정착지가 아닐 것이라고 믿는 사람들에게 마당이 딸린 너른 단독주택을 가질 수 있다고 속삭이는 것도 시장이고, 더 나은 곳이 수두룩한데 왜 여기에 머물고 있냐고 꾸지람하듯 욕망을 자극하는 것도 시장이다. '미니 2층이라 불리는 양옥집'이나 '불란서식 2층 양옥'도 그런 속삭임이 만들어낸 지나간 시대의 지배적 풍경이자 욕망 발화의 결과물이다.

"1960년대 말까지 서울의 무주택자를 대상으로 한 조사를 보면 아파트 입주 희망자는 1.7퍼센트에 불과했고, 82.7퍼센트가 단독주택을 희망했다"[46]는 사실에서 우리는 '불란서식 주택' 등장의 이면과, 새마을운동에서 파생된 새마을주택과의 접점을 확인할 수도 있다. 서울을 비롯한 대도시에서 경제성장률에 취해 불란서주택과 화란식 뾰족지붕집을 지을 때, 농촌에서는 주택을 문화식으로 개량했고 표준설계를 채택해 도시형 주택을 신축했다. 동시대에 벌어진 일이고, 유전자 검사를 할 수 있다면 아마도 같은 부모를 가진 2촌 사이쯤 될 것이다.

주

1   고건, 『고건 회고록: 공인의 길』(나남, 2017), 207~208쪽. 즉석연설로 알려진 당시
박정희의 언급은 "우리 스스로가 우리 마을은 우리 손으로 가꾸어나간다는 자조·자립
정신을 불러일으켜 땀 흘려 일한다면 모든 마을이 머지않아 잘살고 아담한 마을로
그 모습이 바꾸어지리라 확신한다. … 이 운동을 새마을 가꾸기 운동이라 해도
좋을 것이다"이다. 내무부 지방국 새마을지도과 편찬, 『영광의 발자취: 새마을 단위
새마을운동 추진사 제1편』(1978), 임창복, 『한국의 주택, 그 유형과 변천사』(돌베개,
2011), 414쪽 재인용.

2   김삼웅, 『박정희 평전』(앤길, 2017), 412~414쪽. 이와 관련해 한석정은 5·16 군사정변
후 군정이 취한 중농 제일주의와 함께 펼친 농촌근대화사업이 새마을운동과 연결된다는
견해를 밝히며, 당시 모범부락 육성사업이 1970년대 새마을사업의 원형(기술개발에서
농로, 교량 건설, 행정력의 침투)을 망라했다고 언급했다(『만주 모던』(문학과지성사,
2016), 260~265쪽).

3   신철식, 『신현확의 증언』(메디치, 2017), 48~49쪽.

4   김영미, 『그들의 새마을운동』(푸른역사, 2011), 192쪽. 새마을운동의 도화선이 됐던
농촌마을에 대한 시멘트 보급을 건설 경기의 하락과 수출 경기 부진으로 소화되지
못한 시멘트를 농촌 근대화사업에 투입한 기막힌 발상이라는 견해도 있다. 다양한 관련
자료가 이를 증명한다. 일례로 "때마침 그해 여름 쌍용양회가 시멘트 생산 과잉으로
재고 처리에 어려움을 겪자 박 대통령은 정부가 구입해 전국 3만 5천 개 부락에
335부대씩 무료로 지급하게 했다. 그 결과 1만 6천여 개 마을이 빨래터를 고치고
다리를 놓는 등 기대 이상의 성과를 올렸다. 이듬해 이들 마을에 대해서만 시멘트
500부대와 철근 1톤씩이 추가로 지원됐다"는 기록이 있다(중앙일보 특별취재팀, 『실록
박정희』(중앙 M&B, 1998), 171쪽).

5   김삼웅, 『박정희 평전』, 412~414쪽. 1975년에는 각 시도에 도시새마을운동
지침서가 배포됐고, 도시새마을 유공자 표창이 수여됐다. 1976년부터는 서울을
필두로 도시새마을 걷기대회가 열려 각종 피켓을 들고 어깨띠를 두른 군중이
남산관광도로를 따라 걸으며 휴지 줍기 등의 행사를 실시했다. 1972년에는 잡지
『새마을』이 창간됐고 도시지역의 분야별 전문가들이 결성한 '새마을기술봉사단'이
출범했다. 새마을기술봉사단은 한국과학기술단체총연합회가 10월 유신 선포 후
즉각 지지 선언을 한 뒤 「과학 유신의 방향」이라는 문건을 통해 유신헌법 정신 구현과
과학기술인에게 부과된 사명의 중대함을 통감한다고 언급하며 '과학기술 총동원
태세'와 '새마을기술봉사단'의 추진을 강조한 후 설립되었다. 특히, KIST 초대 소장과
2대 과학기술처 장관을 맡게 된 최형섭은 새마을운동에 과학기술계가 적극 동참할
것을 강력하게 주문한 바 있다. 이와 관련해 「과학 유신의 방안」, 『과학과 기술』
제6권 제1호(한국과학기술단체총연합회, 1973), 7~8쪽; 김근배, 「박정희 정부 시기
과학기술을 어떻게 볼 것인가」, 『'과학대통령 박정희' 신화를 넘어』(역사비평사, 2018)

등 참조.

6 고건, 『고건 회고록: 공인의 길』, 221쪽.

7 이청준, 「눈길」, 『폭력의 근대화』(문학동네, 2015), 214~215쪽.

8 유신헌법은 1972년 11월 21일 국민투표 결과 투표율 91.9퍼센트에 찬성 91.5퍼센트로
확정되어 12월 27일 공포됐다. 이동 영화 연예인 순회공연단은 전국 278개소를 찾아
1972년 11월 1일부터 11월 14일까지 순회공연을 가졌다. 유신헌법 찬성을 고무하기
위해 문화공보부가 주관한 정치동원 행사였다. 모두 4개 반이 있었으며, 여기에
참가한 연예인은 당시 만담가로 유명한 장소팔과 대금연주자인 이은관 등 8명이었다.
『경향신문』 1972년 9월 27일자; 『동아일보』 1972년 11월 4일자 등 참조.

9 윤승중, 「한국 주택 건축의 실상: 1970년대 주택 건축 양식」, 『건축사』 1981년 9월호,
38쪽에는 불란서주택을 꼼꼼하게 관찰한 내용이 담겨 있다.

10 임창복, 『한국의 주택, 그 유형과 변천사』(돌베개, 2011), 428쪽.

11 강인호·강부성·박광재·박인석·박철수·이규인, 「우리나라 주거 형식으로서 아파트의
일반화 요인 분석」, 『대한건축학회논문집』 제107호(대한건축학회, 1997), 101쪽. 아주
단순하게 생각해서 평당 입주 금액만 보더라도 1978년을 기점으로 단독주택이 아파트를
상회하기 시작했고, 평당 입주 금액 조사를 시작한 1982년 이후 주택 가격은 아파트에
비해 단독주택이 높게 형성된 뒤 점점 그 격차가 커지고 있다는 점에서 아파트가
우리나라의 주거 형식으로 보편화된 시기는 1970년대 후반으로 판단할 수 있다(같은 글,
110쪽).

12 국가기록원 소장 자료.

13 내부무 지방국 새마을지도과, 『새마을운동 길잡이』(내무부, 1975), 917쪽.

14 임창복, 『한국의 주택, 그 유형과 변천사』, 417쪽.

15 김영미, 『그들의 새마을운동』, 336~337쪽 일부 요약.

16 대한주택공사, 『대한주택공사 20년사』(1979), 271쪽.

17 같은 책, 329쪽.

18 대한주택공사, 『대한주택공사 30년사』(1992), 567쪽.

19 같은 책, 568쪽.

20 대한주택공사, 『대한주택공사 20년사』, 454쪽 요약 재정리.

21 강인호에 따르면 "실제로 1975년에 지붕을 바꾼 주택 중 79퍼센트가
슬레이트를 새 지붕 재료로 썼고. 기와나 함석을 쓴 경우는 각각 18퍼센트와
3퍼센트였다"(「새마을주택」, 『한국건축개념사전』[동녘, 2013], 545쪽).

22 김영미, 『그들의 새마을운동』, 341~342쪽.

23   김정렴, 『한국 경제정책 40년사: 김정렴 회고록』(중앙일보사, 1995), 188~189쪽.

24   강인호, 「새마을주택」, 545쪽. 2013년 9월부터 환경부, 농림수산식품부, 해양수산부 등
      정부 부처는 합동으로 노후 슬레이트 철거작업에 나섰다. 1970년대에 새마을운동으로
      대량 보급되었던 석면 슬레이트의 노후화와 함께 농어촌 주민들이 1군 발암물질인
      석면에 노출되어 있었기 때문이다. 조사결과, 전국에 산재한 슬레이트 지붕 주택이
      123만 동(전국 건축물의 28.9퍼센트) 가운데 농어촌의 경우가 34만 동으로 약
      60퍼센트를 차지했다. 환경부·농림축산식품부·해양수산부, 「환경복지 확충 및 삶의 질
      향상을 위한 농어촌환경 개선 대책」(2013) 참조.

25   1975년 11월 4일 박정희 대통령은 '앞으로는 지붕 개량보다 주택 개량에 역점을
      두어야 한다. 1976년도를 농촌주택 보급의 시험기간으로 보고 1977년부터 대대적으로
      추진하라'는 지시를 내렸다.

26   강인호, 「새마을주택」, 545쪽.

27   같은 곳.

28   대한주택공사, 『대한주택공사 30년사』(1992), 568~569쪽.

29   강인호, 「새마을주택」, 545~546쪽.

30   '불란서주택'은 때론 '불란서식 2층 양옥' 혹은 '불란서식 주택'으로 불리기도 한다.
      불란서주택은 당시 서구의 이미지를 대표하는 국가로 프랑스를 상징한 주택업자들의
      판매 전략으로 만들어졌다. 그 근원을 찾는다면 일제강점기로 올라간다. 일제강점기에
      일본에서는 아메리카식 주택이니 방갈로주택, 도이치주택 같은 명칭이 자주 쓰였다.
      서구의 문화와 기거 양식을 차용한 주택이 대거 등장한 이 시기에 불란서식도 소개됐다.

31   '적정주택'이라 함은 농촌지역의 변화와 현실을 반영하고 농촌거주자의 생활방식을
      감안한 주택을 의미한다. 농어민과 도시인 모두에게 활용 가능한 범용적 주택으로서
      농촌지역의 가구 구성, 실별 면적 기준 등에 대한 기초조사와 연구를 바탕으로
      40제곱미터, 55제곱미터, 65제곱미터, 85제곱미터의 주택 면적을 기준으로 여기에
      농촌 생활 방식을 결합한 것이다.

32   농림축산식품부·한국농어촌공사, 『농촌주택 표준설계도 이용안내서』(2014) 참조.

33   김현, 「알고 보니 아파트는 살 데가 아니더라」, 『뿌리 깊은 나무』(1978), 54쪽.

34   강인호, 「새마을주택」, 545~546쪽.

35   주한 프랑스대사관 측이 1978년 2월 20일자 『매일경제』를 통해 밝힌 내용은
      1960년대 이후 프랑스를 위시해 미국, 영국, 오스트리아 등에서 공통적으로
      나타난 현상은 단독주택을 선호하는 경향인데, 이는 저돌적인 아파트에 대한 반발
      징후로서 수직도시에서 벗어나 평온한 교외지역에 거처를 마련하고자 하는 시민들의
      욕구가 반영된 것이라는 설명이다. 당시 큰 유행을 불러일으킨 '불란서주택'에 대해
      대사관에서는 적절한 해명이 필요해 글을 싣게 됐다고 할 수 있다.

36 당시 신문에 실린 부동산 매물정보에는 거의 매일 '불란서식 양옥'이나 '미니 불란서식 2층 주택', '미니 2층 불란서주택' 등의 용어가 등장했다.

37 이러한 입장은 일제강점기에 조선에서 유행한 문화주택에 대해 건축가 박길룡이 매우 비판적인 입장에서 '조선의 아름다움은 도무지 찾을 수 없다거나 서양풍에 대한 맹종으로 개선이나 개량이 아닌 개악으로서 조리 없는 불유쾌를 느끼게 하는 것으로 이들 주택을 지은 자들의 책임감 없는 무신경한 태도'를 지적한 것과 유사하다. 이경아, 『경성의 주택지』(도서출판 집, 2019), 84~85쪽 참조.

38 윤승중, 「한국 주택 건축의 실상: 1970년대 주택 건축 양식」, 『건축사』, 38쪽. 윤승중의 글에서 언급된 '서울시 건축위원회의 지도 방침을 통한 규제 시도'란 불란서주택이 한창 기승을 부리던 1976년 3월 22일 서울시가 새롭게 전한 「서울시 건축위원회 심의기준」을 말한다. 서울의 미관지구에 들어서는 주택이 박공지붕을 채택할 경우 용마루는 중앙에 단정하게 하도록 규정해 흔히 불란서식주택이라고 하는 비스듬한 뾰족지붕을 규제 대상으로 삼았다. 「새 도시계획의 심의기준」, 『동아일보』 1976년 3월 23일자 참조.

39 같은 글, 38~39쪽.

40 이 기사는 1985년 7월부터 밍크코트 수입이 허용되고 1986년부터는 외제 화장품이 전면 수입된다는 소식을 전하면서 1970년대의 과소비 풍조가 이들 수입품을 중심으로 다시 일어나는 얼치기 부자들의 한풀이식 과시를 우려했다. 「밍크코트와 가난의 한풀이」, 『경향신문』 1985년 6월 4일자.

41 "양옥이 전면에 등장한 시기는 1960년대 이후다. 목재의 공급이 부족해지고 목조건축이 대량생산체제에 적응하지 못하며 새로운 건축법 체제에 적응하지 못하는 등 여러 가지 제약으로 한옥이 사실상 주택 시장에서 물러난다. 그리고 그 자리를 벽돌이나 시멘트블록으로 벽체를 올리고 트러스로 지붕틀을 짜고 그 위에 시멘트 기와를 올린 '양옥'이 빠르게 대체해나갔다." 전봉희·권영찬, 『한옥과 한국 주택의 역사』(동녘, 2012), 22쪽.

42 같은 곳.

43 전남일, 『집: 집의 공간과 풍경은 어떻게 달라져 왔을까』(돌베개, 2015), 173~175쪽.

44 김원일, 『마당 깊은 집』(문학과지성사, 1998), 260쪽.

45 김현, 「알고 보니 아파트는 살 데가 아니더라」, 56쪽.

46 『동아일보』, 1969년 6월 4일자.

11 잠실주공아파트단지

1975~1978

일제강점기의 아파트에서부터 마포아파트와 1975년대 중반의 서민 아파트, 맨션아파트에 이르기까지 여러 차례 아파트를 다루어온 이 책에서 잠실주공아파트단지(이하 잠실주공)를 다시 별도로 다루는 것은 이 아파트단지가 이전과는 다른 여러 특징을 지니기 때문이다. 대한주택공사 스스로 "우리나라 주택 건설사에 길이 남을 금자탑"이자 "주택 건설의 새로운 장을 이룩한 대역사"[1]라 평가한 잠실주공은 한국 주거사 가운데 '공동주택계획 이론 탐색과 실천에 관한 여러 쟁점을 제기하는 문제적 사례'이다.

　　우선 압도적으로 컸다. 잠실주공은 당시까지 대한주택공사가 시행한 아파트 건설사업 가운데 가장 대규모였던 반포주공아파트에 비해 무려 5배나 컸다.[2] 유례 없는 대규모 사업을 맡아야 했던 대한주택공사로서는 서울시의 동부지역 부도심계획에 부합하는 새로운 개념을 설정해야 했고, 이는 '도시다움의 추구'로 나타났다.[3] 이에 따라 석촌호수를 중심으로 하는 중심상업업무지구를 중심으로 주거지를 방사형으로 두르되 "그 형태는 일반적인 도시형태론에 따라 선형(扇形)으로 배치"했다.[4] 그러나 결과적으로는 "15개의 주구(住區)는 각각 독립적이고 병렬적인 생활권으로 설정되었고, 중심지 역시 주거지와 독립적으로 그 자체로서 존립하는 방식으로 구성"[5]되었다. 결과적으로는 도시 공공공간과 단지공간을 분리시키는 결과를 낳았지만, 아무 기반시설도 없고 기존 도시와 연계도 부족했던 개발 당시로서는 대안이 많지 않았다.

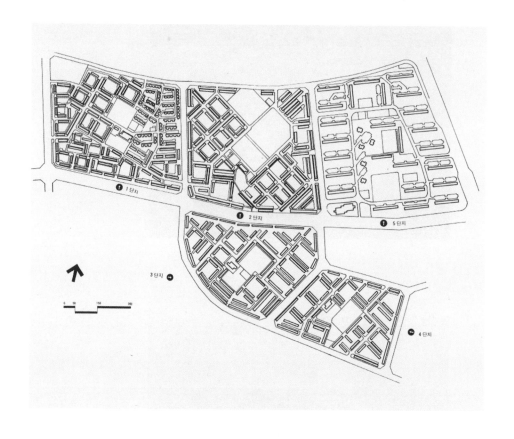

← 주공 잠실 대단지아파트 전경(1977)   ↑ 잠실주공아파트단지 각 블록 배치도
출처: 대한주택공사,   출처: 대한주택공사,
『주택공사 47년의 발자취』 vol.2 화보편(2009)   『대한주택공사 주택단지총람 1971~1977』(1978)

↓ 잠실주공아파트5단지(고밀도단지) 준공 직후 모습
출처: 대한주택공사,
『대한주택공사 주택단지총람 1971~1977』(1978)

↓↓ 정비사업으로 고층 타워형 밀집지로 바뀐
잠실주공아파트1~4단지와
본래의 모습을 유지하고 있는 5단지(2019)
ⓒ김시덕

도시 스케일과
근린주구

잠실주공은 '근린주구론'을 교과서적으로 적용한 사례로 손꼽힌다. 간단히 말하면 잠실주공은 복수의 가구(街區, 블록)가 하나의 커다란 주거지를 형성한다. 동시에 가구 단위는 개별적이고 독립적이며 완결성을 지향하는 '폐쇄형 단지'이고, 이것들이 병렬 집합해 거대한 단지를 형성한다. 화곡지구-한강아파트지구-반포주공아파트를 거치며 강화된 병렬형 주구 집합의 정점인 셈이다.

근린주구론(近隣住區論, Neighborhood Unit Theory)은 미국의 도시계획가 페리(C. A. Perry)가 1920년대 말에 주창한 도시계획 방법론이다. 근린주구론은 규모(sizes), 경계(boundaries), 오픈스페이스(open spaces), 부대시설 설치(institution sites), 상가(local shops), 내부가로망(internal street system)의 6가지 항목으로 요약할 수 있다.[6] 잠실주공을 통해 이러한 원리가 '단지 만들기 전략'의 구체적 수법이자 철저한 규범적 도구로 한국에서 자리를 잡았다. 이로 인해 오늘날에도 전가의 보도처럼 강력한 영향력을 행사하는 '가구 단위 계획 원리'가 정착하게 된다.[7]

페리의 근린주구 개념을 좀 더 구체적인 수치로 알아보자. 근린주구의 기본 규모는 1,000~1,200명의 학생이 재학하는 초등학교 1개를 운영할 수 있어야 하며, 따라서 적정 거주 인구는 5천~6천 명이다. 초등학교는 거주 구역 반경 800미터 안에 위치할 것을 상정하므로 주구 전체 면적은 160에이커, 즉 64만 75제곱미터이다. 4천 제곱미터당 10가구가 들어가는 낮은 밀도인 것이다. 휴식공간은 전체 주구의 약 10퍼센트를 차지하며, 간선도로는 모두 외곽에 배치되고 주구 내부의 길은 단위 내 주민들에게 서비스를 제공하는 수단이 될 뿐이다. 또한 근린주구 단위 안에는 상점, 교회, 도서관과 주민

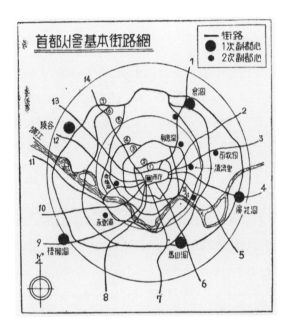

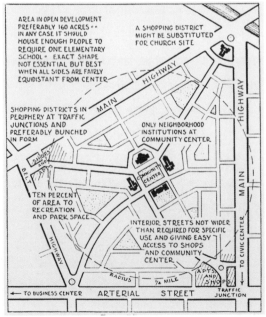

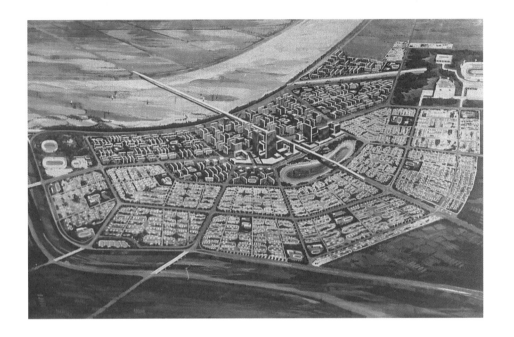

← 수도 서울 기본 가로망
출처: 『동아일보』 1965.7.13.

↑ 잠실지구 종합계획도(1975.2.)
출처: 서울성장50년 영상자료

← 페리의 근린주구론 개념도
출처: Harold MacLean Lewis,
Planning the Modern City Vol.2(1957)

↓ 잠실주공아파트1단지 배치도
출처: 대한주택공사, 『대한주택공사 주택단지총람 1971~1977』(1978)

↓↓ 잠실주공아파트4단지 배치도
출처: 대한주택공사, 『대한주택공사 주택단지총람 1971~1977』(1978)

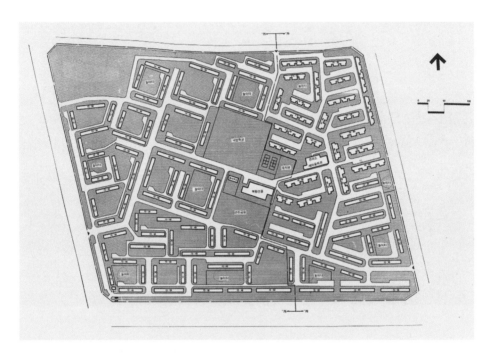

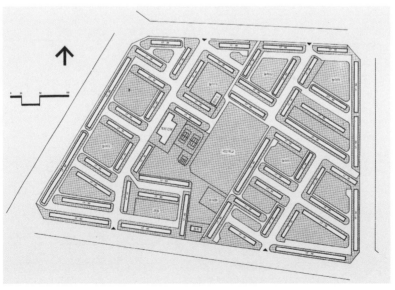

공동센터(community center)가 위치하는데, 주민공동센터는 학교
와 연계되어야 한다는 것이 기본 아이디어다.

　　　15층의 고층아파트 주거동으로 이루어진 잠실주공아파트
5단지를 제외한 1~4단지의 배치도를 살펴보면 페리의 근린주구론
을 충실하게 따르고 있다. 초등학교와 중학교 혹은 고등학교, 관리
소, 새마을회관이나 복합건물 등을 각 블록의 중앙에 배치함으로써
주민들에게 균등한 서비스를 제공한다는 원칙을 따랐다. 차이가 있
다면 페리의 근린주구 개념도에서는 소매점으로 구성되는 상가를
블록의 모서리 부분에 둔 것과 달리 상점을 포함한 다양한 기능을
복합한 복합건물로 봐 이 역시 블록의 중앙부에 위치시킨 것이다. 따
라서 블록의 외연부 공공공간과 최소한의 접점을 의도한 페리의 근
린주구 개념도보다 훨씬 폐쇄 정도가 심한 주거 블록을 의도한 것이
라 할 수 있다. 이는 저층 주거동으로 이뤄진 잠실주공아파트1~4단
지의 준공 직후 항공사진을 통해 쉽게 확인된다.

　　　1978년 11월 완공한 잠실주공아파트5단지의 공간 조직은
1975~1976년에 먼저 준공한 1~4단지와 크게 다르지 않다. 15층의
一자 판상형 아파트를 남향으로 배치한 뒤 내부도로 서측에 5동의
탑상형 아파트를 배열한 점은 1~4단지의 중정형 주거동 배치와 다
르지만, 초등학교는 물론이고 병원이며 유치원, 종교 부지, 야외수영
장을 공원과 함께 모두 블록 내부 중앙에 배치했다는 점은 같았다.
다만, 복합건물을 간선도로변에 둔 점은 차별점이라 할 수 있다.

　　　이러한 단지계획 수법은 우리나라의 아파트단지 구성의
전범이라 할 수 있다. 신규 택지개발지구 가운데 중규모 이상의 공
동주택단지라면 그 내부에 초등학교가 하나씩 배치되고, 근거리 학
교 배정 원칙에 따라 아이들은 대개 같은 단지 혹은 이웃 단지에 배
치된 초등학교를 걸어 다니기 마련이다. 단지 내부거나 단지 외곽의

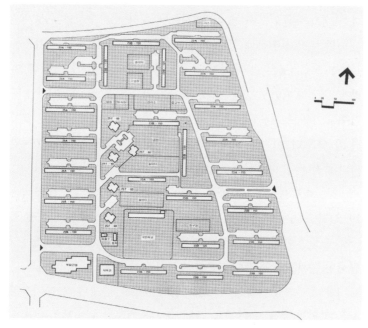

↑↑ 잠실주공아파트1~4단지 항공사진(1976)
출처: 국가기록원

↑ 잠실주공아파트5단지 배치도
출처: 대한주택공사, 『대한주택공사 주택단지총람 1971~1977』(1978)

가로변에는 예외 없이 중앙상가나 노선상가가 만들어지고, 주말 쇼핑을 제외하고는 대부분의 일상 용품은 단지 내에서 구매하는 소비활동의 습속을 낳았다. 단지 외부는 차량이 질주하는 도로로 둘러싸이고 단지를 관통해 다른 곳으로 오가는 차량들은 차단기에 의해 철저하게 통제하기 때문에 외부인이라면 단지에 들어올 시도조차 하지 않는다. 아파트단지를 벗어나지 않고도 이렇다 할 불편 없이 단지 내에서 일상을 유지할 수 있는 것을 '편리'로 규정하고, 울타리나 방음벽 등으로 주위 공공공간과 철저하게 격리해 획득한 단지 내부의 정온함을 '쾌적'으로 등식화한다.

　　소위 '단지 만들기 전략'의 기획 의도와 정확하게 일치하는 결과다. 이는 곧 1920~30년대에 미국의 중산층을 위한 교외주택지 모델이 1950년대 후반에 우리나라에 소개된 뒤 반세기가 훌쩍 지났음에도 공간작법의 규율로 작동하고 있다는 사실을 의미한다.[8] '생활권계획'이라 명명된[9] 이 원리는 '주변 환경과 철저하게 단절된다는 우려와 비판에도 불구하고 견고한 아파트단지 만들기의 계획 원리로 구조화되어' 오늘에 이르고 있다.[10]

　　이런 결과는 잠실주공의 단지계획을 주도했던 여홍구의 초기 생각과는 다른 것이었다. 그에 따르면, 단지를 서로 연결하고 도로변에 상가를 배치하는 것이 초기 계획이었으나 서울시의 반대에 부딪혔다. 서울시가 슈퍼블록이 하나의 중심을 갖는 '원 센터'(one center) 방식으로 계획되어야 하며, 단지 중앙에 모든 시설이 집중 배치하는 것을 사업 승인 조건으로 삼았기 때문에 이를 수용할 수밖에 없었다는 것이다.[11]

　　한편 한국전쟁 직후 함흥의 도시 재건에 참여한 신동삼은 『함흥시와 흥남시의 도시계획』에서 1955년 DAG(Deutsche Arbeit Gruppe Hamhung, 과거 동독의 함흥시재건단)의 함흥시 도시계

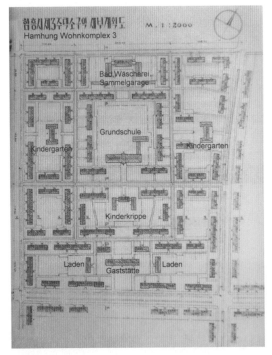

↑↑ 잠실주공아파트2블록 초기 배치도
출처: 대한주택공사 홍보실

↑ 함흥 제3근린주거지역 상세도면
출처: 신동삼, 『함흥시와 흥남시의 도시계획』(2019)

획 구상에 페리의 근린주거지역론이 활용되었다고 말한다. 그는 1945년 이후 동구권 국가들에서 볼 수 있던 기법이었고 한국에서는 미국에 유학한 도시건축가들이 이 기법을 활용하여 많은 신도시를 설계하고 건설했다고 적고 있다.[12] 잠실주공1단지는 "자본주의적 근린주구론에 기초한 최초의 도시계획"으로, 블록의 면적과 주민 공동 시설의 종류와 위치, 진입로 등의 계획 요소 등에서 동독 전문가로 구성된 함흥시재건단의 단지계획과 상당히 흡사하다는 평가다.[13] 동독에서 북한에 파견한 전문가들이 근린주구이론을 함흥과 흥남 재건에 동원한 시기와 미국에서 유학한 윤정섭 교수가 대한건축학회 잡지인 『건축』을 통해 근린주구론을 남한에 전파한 시기가 대체적으로 일치한다는 점에서 함흥소구역 배치와 잠실주공1단지의 공간 구성 원리와 단지 배치 기법이 동일한 이론과 원리에 의한 것인지는 더 살펴보아야 할 필요가 있다.

블록별 주거동
배치 방식

대한주택공사는 잠실주공아파트단지 개발사업 이전에 이미 23개의 주거동 모두를 남향으로 배치한 한강맨션아파트를 준공했고, 그 뒤를 이은 반포주공아파트1단지에서는 주거동 106개 전체를 남향 평행 배치했음에도 불구하고 잠실주공아파트 저층 주거단지에서는 예외 없이 一자형 주거동을 격자로 배치했다. 4개의 짧은 주거동을 ㅁ자 모양이 되도록 배치함으로써 그로 인해 생겨나는 중정을 놀이터나 정온한 휴게공간으로 사용하도록 의도한 것이다. 이러한 태도는 연속되는 ㅁ자 주거동이 도로경계선을 건축지정선으로 삼아 외부에서는 전혀 짐작할 수 없는 폐쇄적인 중정을 만드는 유럽의 중정

592

↑↑ 잠실주공아파트1~4단지 조경계획 투시도　　↑ 화곡구릉지 저층 아파트 및 연립주택
출처: 대한주택공사 홍보실　　　　　　　　　　출처: 대한주택공사 홍보실

형 주택과도 다른 것이다.

　　또한 이는 1960년대 이후 서구의 근대주의 건축에 대한 비판과 그 맥락을 같이한다. 고층 주거단지의 반(反)도시성에 대한 반성과 장소성 부재에 대한 비판 등이 고조되며 고층 주택이 중층이거나 저층으로 전환된 서구의 '저층 고밀 개발' 움직임을 참조한 것이다. 따라서 커뮤니티 증진과 일상 생활공간의 풍요 추구, 복고적 형태주의, 기존의 도시 맥락을 참조하는 문맥주의, 휴먼 스케일과 옥외공간의 중요성 재인식 등의 다양한 가치를 잠실주공아파트단지 구상에 적극 채용했다. 잠실 저층 주거단지 외부공간 계획 과정에서 '커뮤니티 증진'[14]을 내걸고 생산한 다양한 이미지 스케치는 이를 분명하게 보여준다.[15] 잠실주공아파트1~4단지에 이어 대한주택공사가 1977~1978년에 걸쳐 조성한 서울 화곡구릉지 주택지의 경우는 이같은 변화를 적극 반영한 후속 사례다.

　　잠실주공아파트1~4단지는 저층 아파트 주거동을 이용해 ㅁ자 모양의 외부공간을 갖도록 의도한 거의 유일무이한 대단지에 해당한다. 후일 은평뉴타운에서 이와 유사한 시도를 했지만 저층 ㅡ자형 주거동을 활용한 경우가 아니어서 이를 동일선상에서 언급할 수는 없다. 유일무이한 사례라고 말한 것은, 1977년 4월 서울시가 12층으로 제한했던 규제를 철폐하면서 아파트 건축은 15층 이상의 고층으로 급격히 전환되었고, 이에 따라 더 이상 저층의 ㅡ자형 주거동을 격자 배치하고 ㅁ자 모양의 외부공간을 구성하는 방식을 사용할 기회가 사라졌기 때문이다. 이런 측면에서 잠실주공아파트5단지는 12층 제한을 받았던 여의도시범아파트의 뒤를 이어 오직 내국인 주거용으로만 지어진 최초의 15층 아파트로서 당시 고층 주거동의 배치 방식을 보여주는 매우 중요한 사례이다.[16]

　　한국종합기술개발공사에서 설계한 잠실주공5단지는 판

↑ 잠실주공아파트단지 종합배치도
출처: 대한주택공사,
『대단위 단지 개발사례연구 자료집』(1987)

→ 잠실주공아파트5단지 준공 직후 모습
출처: 대한주택공사 홍보실

→ 1976년에 준공한
여의도 삼부아파트의 배치도
출처: 세진기획, 『아파트백과: 상권』(1996)

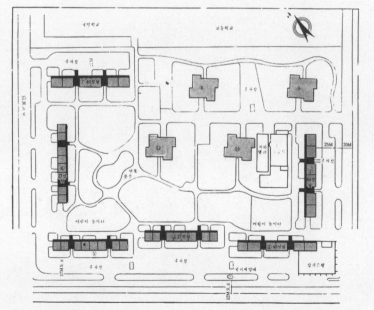

↓ 서울 강서구 둔촌주공아파트 전경
출처: 대한주택공사 홍보실

福祉社會의 建設

建設部

상형과 탑상형의 복합 배치를 보여준다. 1~4단지가 '판상형 저층 일자동 남향 배치가 주종을 이루던 시기에 그것의 획일성과 무미건조함에 대한 대안이자 단지 내 커뮤니티 공간의 확보를 위한 시도'였다면,[17] 2개 유형의 고층 주거동을 섞어서 배치한 5단지 역시 판상형의 단조로움에 대한 대응이었다.[18] 이러한 방식은 1970년대 중반의 단지형 고층 아파트 배치 방식의 한 유형이었다. 한편, 탑상형 주거동은 '고층 아파트를 이용한 상징적이고 독점적인 풍경의 구성'이라는 건축가의 의지가 구현된 것으로, 아파트가 아직 시장주택으로서 상품성이 대단하지 않았음을 반증하는 것이기도 하다. 그리고 이는 정림건축이 설계한 둔촌주공아파트에서도 똑같이 반복된다.[19]

　　　잠실주공아파트5단지에서 처음 적용된 15층 주거동 중심의 단지계획 방식은 1975년 이후 택지 구입 비용이 상승하자 주택건설업체가 사업 성과를 높이기 위해 강구한 고밀도 개발의 결정체였다.[20] 1980년 이후 전두환 정권의 '주택 500만 호 건설계획'과 맞물리면서 설계 기간 및 비용 경감을 앞세운 '표준 설계' 채택이 본격화되며 표준화된 판상형 아파트의 일률적인 남향 배치 관행은 더 고착되었다. 이런 맥락에서 잠실주공아파트5단지는 탑상형이 몇 동 더해지기는 했으나 획일적인 단지계획 관행을 견인한 좋은 본보기다.[21]

상가복합형 주거동과
저층형 주거동 단위세대

대한주택공사는 잠실주공아파트단지 개발이 창립 이래 최대 규모의 사업이었다고 밝히고, 7.5평부터 25평에 이르는 다양한 규모의 단위세대를 혼합했다는 점과 함께 주민들이 단지 안에서 편리하게 생활할 수 있도록 다양한 시설을 구비함은 물론 세대별 평면 역시 입

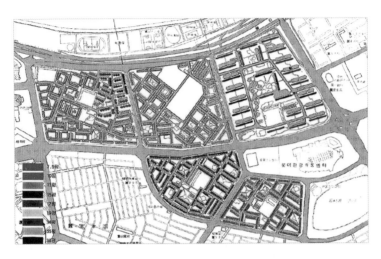

↑↑ 잠실주공아파트단지
블록별 단위세대 평형 분포도
출처: 대한주택공사,
『대단위 단지개발 사례연구 자료집』(1987)

↑ 잠실주공아파트5단지 내부
도로 모서리 병원 용지의 각종 의원
출처: 대한주택공사 홍보실

주자들의 취향과 기호에 맞춰 구성했다고 자평한 바 있다.[22] 특히, 상점, 병원, 약국 등을 거론하면서 '모든 사회 기반 시설을 완비'했음을 힘주어 언급했다.

　　잠실주공아파트단지 종합배치도에서 빨간색으로 표기된 상가는 단지별 배치도에서는 '복합건물'로 명명된 것으로 한강맨션아파트단지에서와 마찬가지로 상가복합아파트였다. 1~4단지엔 지상 점포와 더불어 곳곳에 지하점포를 배치했는데, 이는 이미 마포아파트단지에서 시행한 바 있는 것으로서 미곡상과 연탄공급소가 입점했다. 저층 아파트단지의 대부분에 연탄난방 방식을 적용했기 때문이다.[23] 5단지도 크게 다르지 않아서 단지 내부의 도로변 모서리에 마련된 병원 용지에는 오직 아파트단지 입주자들만을 위한 각종 병원이 들어섰다. 얼핏 한강맨션아파트와 반포주공아파트의 노선상가아파트와 유사하게 보일 수 있겠지만, 잠실에서는 상가복합주거동이나 상업용지는 단지 내 도로만 면했기에 가로 활성화와는 아무런 상관이 없었다. 근린주구론의 철저한 적용이 빚은 결과인데, 잠실지구에서 추구하겠다고 선언한 도시다움이라는 명제와는 크게 어긋난다.

　　잠실주공아파트단지에 적용된 단위세대 규모는 7.5평형에서 36평형에 이르기까지 9가지인데, 동일 평형을 다시 A형이나 B형 등으로 구분한 경우가 여럿 있어 단위세대 평면은 모두 16종에 이른다. 다양한 규모의 단위세대를 혼합했다는 대한주택공사의 자평과 일치하지만, 자세히 들여다보면 다르게 해석할 여지도 많다. 1단지의 7.5평형과 10평형을 제외한다면 1~4단지는 대개 13평형에서 19평형대가 고루 분포한 반면, 5단지의 경우는 15층의 고층 주거동 단지로서 당시 인기몰이를 했던 맨션아파트 범주에 포함되는 30평형대로만 전체를 구성했다.[24] 여러 다양한 평형으로 계층을 혼합했다는 평

↓ 잠실주공아파트1~4단지에서
복합건물로 명명한 상가복합아파트 준공 직후 모습
출처: 대한주택공사 홍보실

↓↓ 연탄공급소와
미곡상이 주거동 지하에 입점한 4단지 모습
출처: 대한주택공사 홍보실

가는 다소 과장된 수사였다.

잠실주공아파트단지에서 가장 작은 1단지의 7.5평형 아파트는 더 넓은 아파트로 옮기기 위한 디딤돌이라는 의미에서 대한주택공사는 '성장형 아파트'[25] 라는 점잖은 명칭을 부여했지만 시장에서는 맨션을 향한 욕망의 디딤돌로 해석해 '미니맨션'[26]이라 불렀다. 7.5평 평면은 대략 10년 전쯤에 대한주택공사가 공급한 소위 '소형 아파트'나 '영세민 아파트'에 해당하는 돈암동아파트, 홍제동아파트, 도화동아파트의 평면과 유사하다. 단위세대의 전면 폭 전체를 부엌과 변소로 사용하고, 그 다음 켜 전체를 침실로 사용하는 유형이다. 돈암이나 홍제, 도화 아파트와 달리 폭 전체 하나를 침실로 사용한 경우만 다른데 이는 변소가 실내로 들어왔기 때문이다.

잠실주공이 서민주택의 표준이 된 것은 1970년대 중반이다. 대한주택공사의 '기술과 공신력'을 바탕으로 서울 잠실을 비롯해 부산, 인천, 대구, 대전, 울산, 수원, 청주, 춘천, 성남, 포항, 마산, 전주를 비롯해 제주에 이르기까지 전국 14개 지역에 1만 8천 가구를 공급하면서부터 대한주택공사는 13평형 아파트를 서민주택의 표준으로 삼았다.[27] 이를 통해 대한주택공사는 대한민국 주택의 표준을 만들어 전국적으로 유포하는 주도적 역할을 맡게 되었다.

전국적으로 공통 적용한 13평형 단위세대만 하더라도 대한주택공사가 개발해 1975~1976년에 활용한 평면이 모두 7종에 달한다. 잠실주공엔 4가지 유형의 13평형 단위세대를 채택했는데 13N형과 13S형이 대표적이다.[28] 같은 면적이지만 진입 방식이나 단위세대 공간 구성 방식이 제법 달라, 당시 건축가를 포함한 전문가들의 아파트 단위세대 구성의 고민을 엿볼 수 있는 중요한 사례다. 따로 거실을 두고 방의 규모를 줄일 것인가 아니면 필수불가결한 동선만 확보하고 안방을 좀 더 크게 만들 것인가하는 문제였다.

← 저층 단지와 고층 아파트가 대비되는 잠실주공아파트
출처: 대한주택공사,
『대한주택공사 주택단지총람 1971~1977』(1978)

↑ 17평형 아파트로 구성됐지만
'소형 맨션아파트'로 불렸던 서서울아파트 전경
출처: 대한주택공사 홍보실

두 경우 모두 연탄난방이지만 계단실을 통해 단위세대로 진입한 뒤 부엌과 분리된 반듯한 구획공간으로서의 거실을 중심으로 침실 2개와 부엌, 변소와 발코니로 동선을 배분하는 방식이 13N형의 특징이라면, 13S형은 현관을 거쳐 옹색한 복도에 진입하면 2곳의 온돌방 가운데 1곳이나 부엌 혹은 변소로 이동하지 않으면 안 되는 구성으로, 소위 가족 단란공간으로서의 거실을 두지 않는 방식이다. 이렇게 서로 다른 공간 구성의 특성을 보여주려는 듯, 잠실주공아파트단지가 완전 준공한 뒤인 1978년 12월에 정리한 이들 아파트 단위세대의 평면에서, 별도로 구획된 거실을 둔 N형의 경우는 각 방을 '침실'로 표기한 반면, 거실이 따로 없는 S형의 경우는 '온돌방'이라 표기했다. N형은 침대를 두는 서구적 기거 방식을 전제하고, S형은 아직 그런 생활방식에 낯선 사람들을 대상으로 한 것임이 틀림없다.

이 밖에도 N형에서는 부엌 보조공간이자 거실에서 외기에 접할 수 있는 유일한 부분인 발코니 공간을 '발코니'로 언급한 반면 S형에서는 오로지 부엌에 딸린 보조공간이란 뜻에서 동일한 곳을 '다용도실'로 표기했다는 사실도 눈에 띈다. 또한 S형의 경우엔 별다른 도리 없이 가장 넓은 온돌방에서 식사를 할 수밖에 없었을 것으로 보이지만 N형의 경우는 거실을 식사공간의 일부로 사용할 수 있었을 것으로 보인다. 따라서 13N형은 입식을, 13S형은 좌식을 전제했다고 볼 수 있다. 그런데 좌식을 전제한 13S형의 변소에는 입식을 가정한 13N형과 달리 세면대가 추가되어 있다. 이와 함께 남향 발코니가 13N형에서는 상대적으로 작은 방에 붙은 반면에 13S형은 안방으로 부를 만한 가장 넓은 온돌방의 폭 전체에 달렸다는 점도 N형과 S형을 입식과 좌식으로 명쾌하게 구분하기 어렵게 하는 요소다.

중앙난방 방식을 택한 잠실주공아파트2단지의 19평N형 고압시멘트벽돌조 아파트의 단위세대 평면은 다른 차원에서 당시 대한주택공사 실무자들의 고민을 읽어낼 수 있는 사례다. 남측에 자리한 거실과 북측의 부엌이 아무런 구획 없이 공간적으로 연계되어 있는데, 부엌의 보조공간으로서 다용도실이 그 성격을 명확하게 함으로써 소위 '리빙키친'(living-kitchen) 형식의 구성을 보이지만 식사공간에 대한 배려는 모호하다. 실시설계도를 살펴보면 요즘의 아파트와 같은 방식으로 현관에서 서로 마주 보는 온돌방으로 이어지는 축을 경계로 부엌공간에 4인용 식탁을 그려두었다. 그러나 모든 입주 가구가 이를 따르기는 힘들었을 것이다. 개별적으로 설치하는 냉장고와 식탁의 끝부분이 충분한 이격 거리를 유지할 수 없었기 때문이다.

잠실주공아파트2단지의 19N형 단위세대 평면도에서 읽어낼 중요한 다른 내용은 또 있다. 하나는 라디에이터 난방 방식(방열기를 곳곳에 세워 실내공기를 데우는 방식)과 바닥난방 방식이 복합적으로 쓰였다는 것이고, 다른 하나는 안방의 지위가 약화되는 징후를 드러냈다는 점이다. 또 서구식 단위세대 구성 방식인 침실 집중형을 택했다는 점도 주목해야 한다.[29] 물론 잠실주공에서 침실 집중형과 거실 중심형은 혼재했다.[30]

거실과 부엌 및 식사공간에는 모두 바닥을 데우지 않고 필요한 곳에 방열기를 설치했고 작은방은 평면도에 '마루방'으로 적어 온돌방이 아님을 강조했다. 그때만 해도 아파트는 서구적 주거 양식이라고 생각하는 설계자들이 많았고, 서구식 생활과 바닥을 데우는 온돌 난방은 상충하는 것으로 여겼다.[31] 그러나 건축가들의 생각과는 달리 입주 후 6개월 정도가 지나면 입주자들 거의 전부가 라디에이터를 바닥 난방으로 교체하는 경우가 빈번했다.

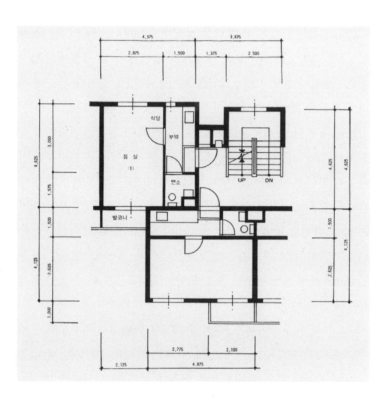

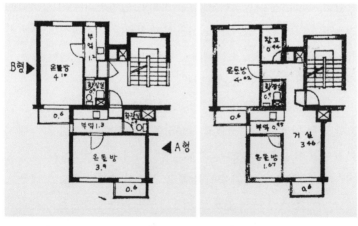

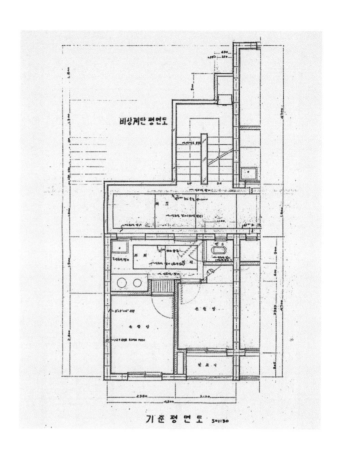

← 잠실주공아파트1단지 7.5평 단위세대 평면도
출처: 대한주택공사,
『대한주택공사 주택단지총람 1971~1977』(1978)

↑ 돈암동 소형 아파트 기준층 평면도
출처: 대한주택공사,
「돈암동 소형 아파트 신축공사」, 1965.6.

← 7.5평 단위세대의 15평형으로의 확장 예시
출처: 대한주택공사, 『주택』 제35호(1977)

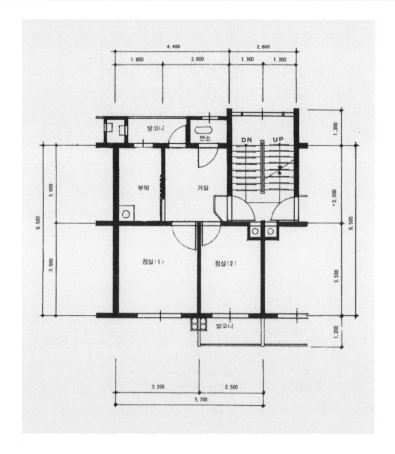

← 전국 14개 지역에 1만 8천 세대를 대상으로 한
대한주택공사 아파트 분양(임대) 공고
출처: 『동아일보』 1975.7.29.

← 잠실주공아파트1~2단지에 적용된 13N형 평면도   ↓ 잠실주공아파트2단지에 적용된 13S형 평면도
출처: 대한주택공사,   출처: 대한주택공사,
『대한주택공사 주택단지총람 1971~1977』(1978)   『대한주택공사 주택단지총람 1971~1977』(1978)

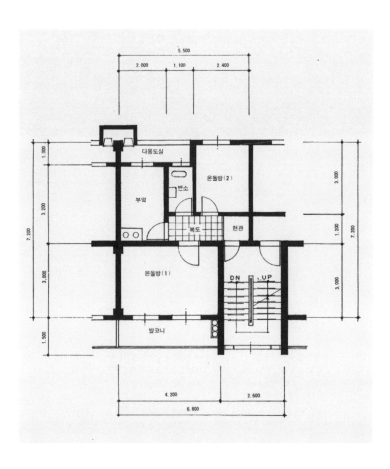

↑ 부산 사직동에 건설 중인 13평형
주택공사 분양 및 임대 아파트 현장(1976)
출처: 대한주택공사, 『주택』 제35호(1977)

→ 잠실주공아파트2단지
19평형 조적조 단위세대 평면도(설계변경, 1976.4.)
출처: 대한주택공사 문서과

→ 잠실주공아파트2단지
19평형 730세대 분양 공고
출처: 『동아일보』 1976.8.28.

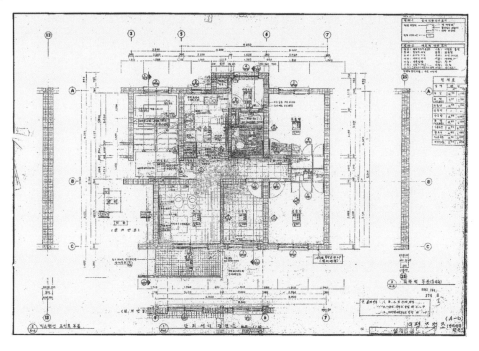

1976년 4월에 작성된 잠실주공아파트2단지 19N형 실시 설계도를 살펴보면 남향의 온돌방과 북측에 자리잡은 온돌방의 크기가 정확하게 일치함을 알 수 있는데, 이를 비약적으로 해석하자면 안방의 지위 상실 징후쯤으로 판단할 수 있다. 물론 안방에 대한 논란은 지금도 여전하지만 당시만 하더라도 2개가 주어지는 온돌방의 크기를 동일하게 했다는 것은 과감한 경우라 평가할 수 있다. 한편 마루방은 당시 가구당 가구원 수로 본다면 자녀방으로 쓰였을 가능성이 크고, 침실로 활용됐을 것이므로 침실 3개가 모두 한곳에 집중하고 있다는 점에서 19N형은 침실 집중형 공간 구성의 전형으로 파악할 수 있다.[32] 재미 삼아 추론해보자면, 자녀에게 마루방을 내어준 데에는 현대적이고 서구적인 라디에이터 난방 방식을 경험해봤으면 하는 부모의 배려가 작용했는지도 모를 일이다.

선도형 시범아파트, 잠실주공아파트5단지

1976년 10월 21일 "선도형 시범아파트, 가장 실용적인 아파트, 불편 없는 생활 여건 완비"를 내건 잠실 고층 아파트 분양이 시작됐다. 주상복합이나 외국인용 아파트, 상가아파트가 아닌 무주택 일반시민을 대상으로 공급한 최초의 15층 아파트인 잠실주공아파트5단지는 1976년 10월 26일부터 견본주택을 통해 입주 신청을 받기 시작했고, 한국과학기술연구소에서 컴퓨터로 입주 신청자와 동호수를 선정했다.[33] 가장 작은 7.5평부터 넓어 봐야 19평에 불과했던 1~4단지와 달리 34~36평형에 달하는 고층 아파트로 구성된 5단지에 대해 언론에서는 특별히 '잠실중산(中産)아파트'라거나[34] '고밀도지구', '고밀도 아파트'라는 별칭을 붙이기도 했다.[35] 1~4단지와 달리 15층짜리 一자형 주거동 25개 3,630세대와 탑상형 주거동 5개 300세대로 구성된 5단지는 3,930세대의 대단위 아파트단지로서 주변 풍경을 바꿔놓았다. 이러한 구성은 대단위 아파트단지의 일정한 관행이 되어 둔촌주공아파트며 고덕주공아파트 등에 고스란히 다시 쓰였다.

1~4단지가 중밀도지구라면 5단지는 고밀도지구(800명/헥타르)였다. 삼전동 일대를 중심으로 하는 잠실지구 중앙부에 자리한 저층지구와 잠실주공아파트1~4단지의 중층 풍경을 압도하며 경관 구성에 입체감을 주는 고층 아파트로 구성한다는 것이 대한주택공사와 서울시의 기본 취지였다.[36] 특히 고층 아파트 공급을 통해 건폐율을 낮추고 용적률을 높임으로써 도로와 공원녹지 비율을 높이는 단지를 구성하는 것을 이상적인 주택지의 표본으로 간주한 대한주택공사는 잠실주공아파트5단지를 일컬어 '세계 어느 뉴타운 못지않은 이상적 단지'라고 추켜세웠다.[37]

대한주택공사는 여러 층위에서 표본이 될 잠실주공아파트5단지에 상당한 공을 들였다. 반포주공아파트 공급 과정에서 거센 사회적 비판의 대상이 된 바 있는 호화 아파트 논란을 극복해야 했고, 제4차 경제개발5개년계획 주택부문의 목표 물량도 달성해야 했다. 게다가 아파트의 일반화 과정을 통해 학습한 주택수요자의 요구에도 응해야 했다. 이런 점에서 평면 개발은 대단히 중요한 과제였고, 대한주택공사는 여러 차례 숙고와 심의, 토론을 거쳐 새로운 평면을 만들게 된다. 중밀도에 대응하는 소형 아파트의 경우 전시와 토론 등을 위한 발표용 평면의 유무를 확인할 수 없지만, 고밀도 단지인 고층 아파트 평면은 여러 차례 수정을 거쳐 최종적으로 실시설계에 바탕이 될 컬러로 만들어진 평면도가 남아 전해진다. 30평형 이상에는 마치 규범처럼 주어졌던 식모방에 이렇다 할 표기를 하지 않았던 것 역시 당시 대한주택공사의 고민을 여지없이 드러낸다.

↑ 잠실주공아파트5단지
34~36평형 3,930세대 분양 공고
출처: 『경향신문』 1976.10.21.

→ 잠실주공아파트5단지 탑상형 아파트
출처: 대한주택공사 홍보실

→ 고덕주공아파트단지 입주 초기 모습
출처: 대한주택공사 홍보실

이 가운데 최종적으로 실현하지 못한 경우가 하나 있는데, 23-S로 불리는 상가복합형 단위세대 평면이 그것이다. 추정하건대 이는 한강맨션아파트의 노선상가처럼 1층 혹은 1~2층은 아케이드 상가로 구성하고, 그 상부 전체를 주거공간으로 채우는 계획이었으나, 잠실주공아파트5단지가 본격 조성되기 시작할 즈음에 발표된 서울시의 건축심의기준으로 인해 불발된 것으로 보인다.[38] 잠실5단지가 1~4단지와 달리 주거동 어느 곳에도 주거 이외의 다른 기능이 들어가지 못하고, 5단지의 남서쪽 귀퉁이에 복합상가가 들어선 이유가 여기 있다고 추정할 수 있다.

나머지 평면 구상은 대부분 거의 그대로 실시설계로 이어졌다. 우선 1~4단지에서는 볼 수 없었던 탑상형 주거동은 모두 35평형(전용면적 25평형으로 25-T로 분류)으로 엘리베이터 홀을 중심으로 4개의 동일한 단위세대가 서로 직각을 이루며 마치 바람개비처럼 배치되었다. 컬러로 작성된 단위세대 평면도와 이에 대한 실시설계도의 차이는 아주 경미하다. 거실의 폭만큼 주어졌던 발코니가 거실과 수평으로 인접한 침실 부분까지 확장됐다는 것과 부부침실과 발코니를 갖지 않는 침실 모두의 창턱에 화분 등을 내놓을 수 있는 60센티미터 깊이의 선반이 추가됐다는 정도다. 현관에 들어서며 우측에 위치한 작은방을 실시설계도면에서는 정확하게 가정부방으로 명명했는데, 기능 면에서는 침실이므로 전체 단위세대의 공간 구성은 침실집중형 방식이다.

이와 달리 一자형 주거동에 들어간 34평형(전용면적 23평-A형) 단위세대는 거실중심형을 택하고 있는데, 부엌만을 분리한 뒤 거실과 식사공간을 통합한 LD·K 방식을 제안한 연구진의 초기 제안이 거의 그대로 실현됐다. 이 평면에서 가정부방은 부엌으로 구획한 공간 안에 다시 칸막이벽을 두어 구분함으로써 가정부와 가

족의 생활공간을 철저하게 분리했다. 한편 탑상형 주거동의 경우와
달리 一자형 아파트라는 점에서 발코니는 복도 반대 방향의 전면 폭
을 전부 할애했다.[39]
　　　잠실주공아파트단지 전체에서 가장 넓은 규모인 5단지의
36평형 단위세대는 미서기문을 통해 주방을 독립된 공간으로 만든
뒤 거실과 식사공간을 통합한 LD·K 방식에 침실집중형을 채택했
다. 가장 넓은 면적을 차지하는 거실과 주방 등 서비스공간 반대쪽
에 침실 3개와 욕실이 집중돼 있어 자연히 각 실을 연결하는 속복도
가 있었다. 이때 주방 안에 따로 둔 가정부방을 포함한 주방과 거실
을 모두 가구원의 침실과 분리했다. 잠실주공아파트5단지 중산층
용 아파트 단위세대는 거실중심형과 침실집중형의 갈등을 보여주는
동시에 발코니 면적이 본격적으로 넓어진 사례로서 중요한 의미를
지닌다.

옥외수영장과 총안,
그리고 곤돌라

1976년 10월의 분양 공고를 통해 '(옥외)수영장'을 예로 들며 '불편
없는 생활 여건을 완비한 고층 아파트'로 홍보했듯 잠실5단지는 옥
외수영장을 갖춘 맨션아파트로 각광받았다. 한강외인아파트에서 처
음 등장한 옥외수영장은 이후 반포주공아파트에서 시도됐으나 실현
되지 않았고, 삼익주택 등 일부 민간주택 건설업체에서 과감히 도입
한 사례가 간혹 있었다. 대한주택공사의 대단위 아파트단지에서 구
현된 것은 잠실주공아파트5단지가 처음이다. 509동의 동측 36평형
一자형 아파트 주거동 3개로 둘러싸인 외부공간에 마련된 표주박 모
양의 옥외수영장은 어린이용으로 기획한 것인데, 실제 쓰임새보다

↑ 23S형(상가복합형, 34평형) 단위세대 평면도
출처: 대한주택공사 홍보실

→ 잠실주공아파트5단지 탑상형 35평형 단위세대
출처: 대한주택공사 홍보실

→ 잠실주공아파트5단지 탑상형
35평형(전용면적 25평) 1층 평면도
출처: 대한주택공사,
「잠실고1단지아파트 건축공사」, 1976.8.

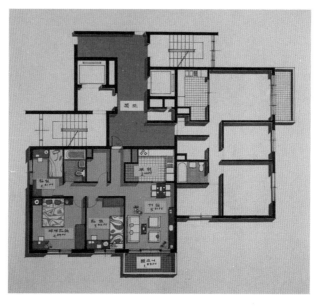

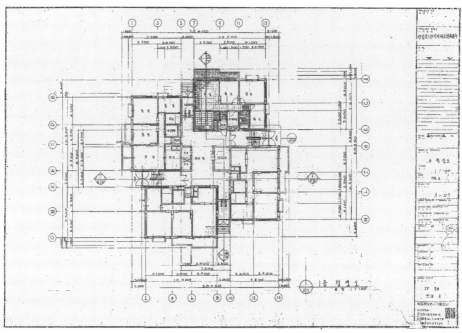

↓ 잠실주공아파트5단지
—자형 주거동 34평형 단위세대 평면도
출처: 대한주택공사 홍보실

↓↓ 잠실주공아파트 34-A형 단위세대 평면도
출처: 대한주택공사,
『대한주택공사 주택단지총람 1971~1977』(1978)

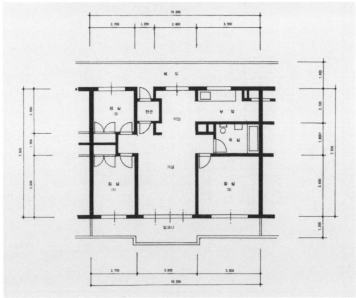

↓ 잠실주공아파트5단지
—자형 주거동 36평형 단위세대 평면도
출처: 대한주택공사 홍보실

↓↓ 잠실주공아파트 36-B형 단위세대 평면도
출처: 대한주택공사,
『대한주택공사 주택단지총람 1971~1977』(1978)

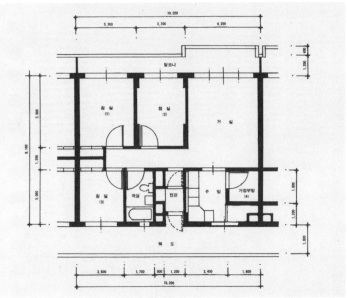

→ 잠실 고층아파트단지
비상계단 총안구 상세도 설계변경도
출처: 대한주택공사,
「잠실고1단지아파트 건축공사」, 1977.3.

↓ 잠실주공아파트5단지
옥외수영장(어린이 풀장)
출처: 대한주택공사 홍보실

→ 1981년 4월 준공한 압구정동 현대8차아파트
한강변 주거동의 저층부 총안(2017)
ⓒ이인규

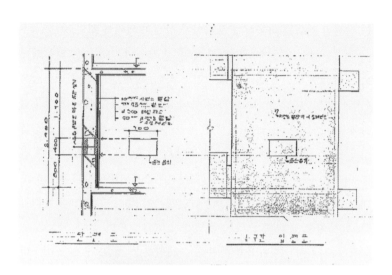

는 맨션의 지위를 획득하는 도구이자 상징의 의미가 컸다.

　　잠실주공아파트5단지 분양 공고가 난 1976년은 판문점에서 도끼만행 사건이 벌어진 해이기도 하다. 1977년 박정희 대통령은 신년사에서 "대남 무력적화의 망상에 사로잡혀 있는 북한 공산주의자들은 극악무도한 살인 만행을 저질러 일촉즉발의 긴장을 조성하기도 했습니다. … 새해에는 … 전후방을 막론하고 범국민적 총력 안보 태세를 더욱 굳게 다져야 하겠습니다"라고 했다. 이에 화답하듯 대한주택공사의 기관지 『주택』에는 여백이 생기는 곳마다 '총력안보, 경제성장, 총화추구'라는 글귀를 실었다. '내 마을 내 직장은 내 힘으로 지키자', '새마을운동은 정신개혁운동' 등의 구호가 현수막으로 만들어져 거리 곳곳에 내걸리던 때였다. 1968년 1월 21일 북한 게릴라 31명이 청와대 습격을 감행한 이후 계속된 '서울 요새화'의 또 다른 모습이었다. 이후 북한의 도발이 빈번해지면서 1972년 3월에는 육군 수뇌부 장성회의를 통해 서울 요새화가 전국 주요지역 요새화로 확대됐고, 특히 아파트지구 지정과 관련해 한강변 고층아파트에는 일종의 군사 시설이라 할 수 있는 '총안'(銃眼)이 설치되었다.[40]

　　잠실주공5단지 역시 총안 설치의 대상이었다. 이 사실은 도면을 통해 확인할 수 있다. 총안은 한강을 내려다볼 수 있는 판상형 아파트의 비상계단 구조벽체 일부에 구멍을 낸 것인데, 설치 위치가 결정되면 바닥으로부터 80센티미터 높이에 가로세로 각각 70, 40센티미터의 구멍을 낸 뒤 안쪽 벽면에는 2.5센티미터 두께의 용접 철판을 부착해 완성했다. 잠실아파트5단지 이후 한강변에 건립된 대부분의 고층 아파트에서는 지금도 총안을 쉬이 발견할 수 있다.

　　총안만큼 신기한 구조물이 또 있었다. 잠실주공아파트5단지 준공 후 얼마 지나지 않은 1979년 11월 6일 상공부는 기계공업진흥회를 경유해 신청한 국산 1호기 지정 요청 품목 가운데 20개를 선

정, 발표했다.[41] 국산화율 60퍼센트 이상이 되는 기계류가 대상이었
는데, 국산 1호기로 지정되면 공공부문에서 수의계약 구매를 할 뿐
만 아니라 정책자금 배정의 우선 대상이 되는 까닭에 업체의 관심
을 받았다. 최종 선정된 국산 1호기 가운데 하나가 바로 신성공업사
가 신청한 비상승강장치, 일명 곤돌라였다. 고층 아파트가 보편화되
자 정부는 비상승강장치에 주목했다. 이후 아파트 관리실에서 곤돌
라 사용료를 별도로 받을 수 있도록 하는 등 아파트의 고층화와 관
련해 여러 가지 제도가 새롭게 만들어졌다.[42] 실제로 잠실주공5단지
의 고층 아파트 옥상마다 거대한 곤돌라가 설치됐고, 옥상 평면도에
는 반드시 곤돌라 운행구간을 지정해 기계장비를 움직이는 데 장애
가 되는 옥상구조물을 설치할 수 없도록 했다. 이제는 모든 곤돌라
가 유물이자 도시화석으로 남았지만 한때는 고층아파트임을 증명
하는 장치 가운데 하나였다.

잠실주공아파트단지
재론

1978년 11월 완전 준공한 잠실주공아파트단지는 마포아파트에서 비
롯된 단지형 아파트가 한강맨션아파트와 여의도시범아파트 그리고
반포주공아파트를 거치는 과정에서 중산층아파트라는 의미의 맨션
아파트와 결합한 뒤 대단위 아파트단지로서 자리매김한 최초의 사례
이자 전범이다. 또 1980년대 이후에는 아파트 일반화 과정에 결정적
역할을 했다. 여기에 상가주택과 상가아파트를 거치며 상업지역을 대
상으로 공급한 주상복합아파트의 초고층화와 수도권 5개 신도시 건
설 과정에서 만들어진 브랜드 주택이라는 시장 속성이 더해진 것이
오늘날 대한민국의 아파트다. 이러한 현상을 자극하고 독려한 대표적

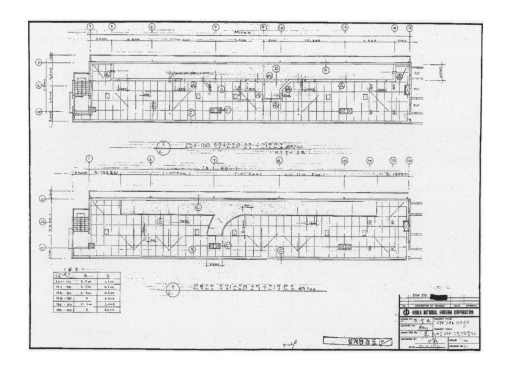

↑ 잠실주공아파트5단지
편복도형 옥상(곤돌라 운행구간) 평면 설계변경도
출처: 대한주택공사, 「고밀도아파트 건축공사」, 1977.7.

→ 잠실주공아파트5단지 ─자형 주거동과
탑상형 주거동 옥상에 설치된 곤돌라
출처: 대한주택공사 홍보실

→ 상계 신시가지에
대한주택공사가 건립한 초고층 아파트
출처: 대한주택공사 홍보실

사례로 잠실아파트단지가 꼽히는 것은 당연하다 할 수 있다.

대단위 블록으로 짜인 잠실주공아파트단지는 신규 택지 개발이나 도시계획 및 정비사업 등에 동원할 수 있는 유일한 2차원적 공간작법인 근린주구론의 교과서적 적용을 통해 한국의 일상적 공간 환경을 직조하는 실천적이고도 이념적인 도구를 제공했다. 이는 역으로 가로의 황폐화를 초래한 절대적 원인으로 지목되기도 한다. 잠실주공을 계기로 주택부족이라는 사회적 과제를 단순히 고층화로 해결하려는 시도에 불이 붙었고, 주택이 상품으로 완전히 변신했다. 다른 한편으로는 건축가가 직접 아파트 설계에 개입한 거의 마지막 사례에 해당한다.

주거동 배치와 주거동 내 단위세대 계획에 있어서도 잠실주공아파트단지는 한 시대를 마감하고 새로운 장을 열었다. 거실중심형과 침실집중형을 모두 선택했고, 구색 맞추기일지언정 7.5평의 영세민아파트와 36평형에 이르는 중산층아파트를 동시에 한곳에 조성하기도 했다. 또 고층주거동의 발코니 면적 확대를 도모함으로써 오늘날 발코니 구조 변경 합법화의 원인을 제공했다. 13평형 서민 아파트 표준설계를 전국적으로 확산함으로써 어느 곳이건 아파트란 서로 다를 것이 없다는 인식을 강고하게 한 사례란 점도 틀림이 없다. 오늘날 한국의 아파트단지를 언급할라치면 의제가 무엇이건 간에 잠실주공아파트단지가 반드시 거론되는 이유다. 5단지를 제외하고 모두 재개발되어 예전 모습은 상상도 할 수 없지만 잠실주공아파트단지는 여전히 현재형이다.

주

1 「주택 건설의 새로운 장을 이룩한 주공 잠실 대단지 종합준공」, 『경향신문』 1978년 11월 29일자.

2 이런 이유로 대한주택공사에서는 1975년 5월에 잠실건설본부를 특별기구로 설치했다.

3 서울특별시는 「잠실지구 종합개발 기본계획」(1974)에서 "인간은 자기 이외의 존재인 타자, 사건, 사물 등과 만남으로써 경험을 넓히고, 사고 능력을 배양하며, 생활에 있어서 행동의 폭과 깊이를 더할 수 있는 것이다. 도시는 이러한 만남의 다양성과 포괄성을 인간에게 제공하여 주는 수단으로써 생활에 있어 선택에 대해 재량의 한계를 넓혀주고 생활에 재화를 생산하고 소비할 수 있는 기틀을 마련하여 준다. 말하자면 도시는 이러한 기틀의 물리적 형상으로 이해할 수 있다. … 이와 같은 개념의 줄거리를 찾아 잠실지구개발계획의 전체적인 방향은 '도시다움'(urbanity)의 추구라는 명제를 구현하려는 생각의 표현이라 할 것이다"(31쪽)라고 언급함으로써 잠실지구의 기본 이념을 '도시성 추구'로 삼은 바 있다.

4 같은 책, 61쪽. 주거지개발 과정에서 '도시성'의 논제를 전면에 부각한 것은 잠실지구가 최초다.

5 공동주택연구회, 『한국 공동주택계획의 역사』(세진사, 1999), 128쪽.

6 페리의 근린주구이론을 정리하면 다음과 같다. ① 규모: 사람들이 어울려 살 수 있는 주거지의 개발 규모와 단위는 초등학교 1개가 들어갈 수 있을 정도의 규모가 되어야 하며, 그 면적은 원칙적으로 인구 밀도와의 관계 속에서 고려한다. ② 경계: 근린주구의 외곽은 모두 자동차 통행이 자유로운 간선도로(幹線道路)와 면해야 하며, 다른 지역과 자동차를 통해 쉽게 연결될 수 있는 너비여야 한다. ③ 오픈 스페이스: 근린주구에 거주하는 사람들이 자유롭게 이웃과 친분을 나눌 수 있도록 오픈 스페이스와 휴게공간을 가진다. ④ 부대시설 설치: 초등학교와 그 밖의 다른 주민 공동 시설들은 가급적 한곳에 집중되어야 하며, 주민들의 이용에 불편이 없도록 도보 거리에 위치해야 한다. ⑤ 상가: 하나 또는 그 이상의 상업용지가 만들어져야 하는데, 근린주구에 거주하는 사람들이 불편하지 않도록 충분한 규모로, 근린주구의 외부에 위치하되 교차로나 주변 근린주구와 이어지는 곳에 조성한다. ⑥ 내부가로망: 근린주구는 아주 특별한 가로체계를 가져야 하는데 외곽을 지나는 자동차 전용도로와 연결되어야 하지만 근린주구 내부의 도로는 직선으로 가로지르는 통과 교통은 허락하지 않는다. C. A. Perry, "The Neighborhood Unit", *Regional Survey of New York and Its Environs* vol. Ⅷ(1929), pp. 34~35, Harold MacLean Lewis, *Planning the Modern City*, Vol. 2(John Wiley & Sons, 1957), p. 4.

7 가구 단위 생활권 계획원리의 고착 과정과 비판적 시선에 대해서는 공동주택연구회, 『한국 공동주택계획의 역사』, 120~124쪽 참조.

8 현재 기록상으로 남아 있는 근린주구론에 대한 최초의 논의는 서울대학교 윤정섭
   교수가 소개한 것인데, 그는 1956년 4월 대한건축학회지인『건축』제2호에「근린주거
   계획 구성의 개요」를 게재하면서 "백만 호의 주택을 아무 할당 배치계획도 없이
   무질서하게 아무 곳에나 건축할 수 없음은 누구나 긍정치 않을 수 없을 것이고, 어떤
   기준이나 기본정책이 있어야 될 것을 느낄 것이다"라고 주장하면서 근린주구 단위의
   계획방법론을 그 대안으로 제시한 바 있다.

9 사실 우리나라에서 흔히 사용하는 생활권계획이라는 말과 그것이 포함하는 일단의
   개념은 일본 도쿄의 도시계획학과 실무자인 이시카와 히데아키(石川榮耀)의 구상으로
   알려져 있다. 石川榮耀,『皇國都市の建設』(常磐書房, 1944), 253~254쪽 참조.

10 공동주택연구회,『한국 공동주택계획의 역사』, 124쪽.

11 1998년 9월 21일 공동주택연구회 회원들과의 면담. 이에 대해서는 공동주택연구회,
    『한국 공동주택계획의 역사』, 168~169쪽 참조.

12 신동삼,『함흥시와 흥남시의 도시계획』(논형, 2019), 27쪽.

13 같은 책, 223~224쪽. 여기서는 책 내용을 그대로 옮기지 않고 글의 내용이나 의미를
    유지하는 범위 안에서 축약, 재정리했다.

14 공동주택연구회,『한국 공동주택계획의 역사』, 260쪽.

15 이러한 서구의 움직임과 주거단지에 대한 태도의 변화를 상징적으로 표출한 사례는
    1972년 세인트루이스의 프루이트 아이고(Pruitt-Igoe) 주거단지 발파 해체사건이라고
    할 수 있다.

16 우리나라에서 본격적인 고층주거 형식은 1960년대 후반에 나타나기 시작했는데
    1967년에 13층의 현대세운상가아파트와 1968년에 지어진 15층의 낙원상가아파트가
    주상복합인 상가아파트로 지어졌고, 주거 전용으로는 1968년 11층의 힐탑외인아파트,
    1970년에 피어선아파트와 성아아파트가 11층으로, 정우아파트가 12층으로 지어졌다.
    1971년에는 10층 높이의 리버뷰아파트와 14층의 순복음아파트가 각각 용산과 여의도에
    들어섰다. 이어 1971년 10월에는 서울 여의도시범아파트가 12~13층으로 지어져 단지형
    고층아파트의 효시가 됐고, 대한주택공사의 15층 잠실주공아파트5단지로 이어진다.
    이에 대해서는 공동주택연구회,『한국 공동주택계획의 역사』, 243~256쪽;「아파트,
    어떻게 변하고 있나 (3)」,『매일경제』1979년 10월 6일자 기사 참조.

17 공동주택연구회,『한국 공동주택계획의 역사』, 264쪽.

18 서울시 건축심의기준이 12층에서 15층으로 완화된 것은 당시「건축법」에서
    비상대피공간 확보를 위해 규정했던 '지하층 설치기준'이 지상 연면적의 12분의 1
    확보에서 15층인 경우는 15분의 1로 완화되었기 때문이다. 이로 인해 주택공급업체와
    실수요자 모두 12층보다 15층으로 아파트를 짓는 것이 유리하다는 판단을 하게
    됐다. 같은 전용면적을 갖는 경우에 공용면적에 산입되는 지하층 면적이 줄어들게
    됨으로써 분양 가격이 낮아지는 효과가 발생했기 때문이다. 대한주택공사,「주택공사비
    분석자료」(1993), 8~9쪽에 따르면, 12층과 15층의 아파트 건설 과정에서 15층인 경우가

12층에 비해 약 6.3퍼센트 정도의 공용면적이 줄어드는 것으로 나타났다.

19　　정림건축에서 설계한 둔촌지구 고층 아파트 설계도면은 고덕지구 고층 아파트에도
동일하게 사용됐는데 이는 1960년대 마포아파트 이후 이미 만들어진 설계도를 지역의
특성이나 편차를 무시한 채 여러 곳에 반복적으로 사용하는, 소위 '동일 주거동 반복
배치'가 1970년대 들어 광범위한 관행이 되었음을 의미한다.

20　　공동주택연구회, 『한국 공동주택계획의 역사』, 239쪽.

21　　이 과정에서 민간설계시장의 확대가 병행됐고 대한주택공사에 소속했던 설계전문가의
민간설계시장으로의 이탈이 점증했는가 하면 1986년부터는 서울도시개발공사(SH)를
위시한 지방공사가 연이어 설립되면서 아파트단지개발의 대한주택공사 주도력이 상당
부분 약화됐다.

22　　대한주택공사 주택도시연구원, 『주택도시 R&D』 연혁편(2009), 84쪽에 언급된
내용이나, 이는 잘못된 서술이다. 실제로 잠실주공아파트1단지는 7.5평, 10평,
13평, 15평형 단위세대가 들어갔으며, 2단지에는 13평, 15평, 19평형을, 3단지에는
15평과 17평형을 공급했다. 4단지에는 17평형만 들어섰고 고층 주거동으로 구성한
5단지는 34평, 35평, 36평형을 공급했다. 대한주택공사, 『대단위 단지개발 사례연구
자료집』(1987), 27쪽; 대한주택공사, 『대한주택공사 주택단지총람 1971~1977』(1978),
36~46쪽 참조.

23　　잠실주공아파트1, 2단지 일부와 고층으로 구성된 5단지는 대개가 1976년 이후
건설분으로 중앙난방 방식을 채용한 반면, 1975년 사업으로 진행된 3단지와 4단지
전체와 1, 2단지의 나머지 대부분은 연탄난방 방식을 적용했기 때문에 1~4단지의
지하점포에는 연탄공급소가 필수적이었다.

24　　잠실주공아파트5단지는 34평형 2종, 35평형(탑상형), 36평형 2종 등 3가지 규모 5종의
단위세대로 구성됐다.

25　　잠실주공아파트1단지에 채택한 7.5평의 단위세대(A형)는 인접한 동일한 규모의 B형
단위세대와 병합해 15평형 단위세대로 확장할 수 있도록 설계 단계부터 배려했기
때문에 '성장형 아파트'란 이름이 붙었다는 해석도 있다.

26　　대한주택공사, 『대한주택공사 20년사』(1979), 295쪽.

27　　마산 2곳에 15평형을 공급한 것을 제외하면 15평형과 17평형은 오로지 잠실에서만
임대됐다. 나머지는 모두 13평형을 공급했다. 당시 14개 지역 서민아파트에 공급된
13평형은 당연히 표준평면이었다. 대한주택공사의 표준설계는 이처럼 대량공급을 위한
수단이었다. 그 결과 전국에 표준적 생활공간이 생산되었고, 대한주택공사가 공급한
아파트와 단지는 한반도 전체의 표준이 되었다.

28　　흔히 단위세대 평면을 부를 때 N형이라 함은 북측에서 주거동이나 단위세대에
진입하는 방식을 말한다. S형은 이와 달리 남측에서 진입하는 것을 의미한다. 이
앞에 붙은 숫자는 평형을 뜻하며 시대에 따라 그 경우가 달라 잠실주공아파트단지의
경우는 전용면적+공용면적+발코니면적을 모두 포함한 숫자였다. 따라서 13N형이란

전용면적+공용면적+발코니면적을 모두 더한 바닥면적인 13평이고, 북측 계단을 통해 각 세대로 진입하는 평면이라는 뜻이다.

29 아파트의 단위세대 공간 구성 방식에서 크게 거실영역과 침실영역을 구분하는 것이 서구식이라면, 우리나라의 경우는 거실과 식사공간, 주방을 공간적으로 연계한 뒤 단위세대의 중앙에 두고 침실을 좌우측에 두는 방식이 일반적인 관행으로 굳어졌다. 이러한 논의와 역사적 전개 과정에 대해서는 공동주택연구회, 『한국 공동 주택계획의 역사』, 338~346쪽 참조.

30 1998년 9월 21일 공동주택연구회 회원들과의 인터뷰에서 잠실주공아파트단지 계획을 주관했던 여홍구는 "단위평면 계획 시 나는 거실과 침실이 분리된 방식을 주장했는데 주공 기술진이 거실을 중심으로 침실을 배치하는 방식을 주장해 결국 이 두 가지를 섞어서 설계했다. 그런데 거실을 중심으로 침실이 배치된 평면이 분양 후 매매가가 훨씬 높아졌으며, 실제 생활하는 데에도 더 적합한 것으로 보인다"고 언급한 바 있다.

31 공동주택연구회, 『한국 공동주택계획의 역사』, 341쪽.

32 당시만 하더라도 식모방을 두는 것은 맨션아파트라면 당연하게 여겨지던 때였다. 따라서 잠실주공아파트2단지 19N형 아파트의 마루방을 식모방으로 생각할 수도 있겠지만, 30평형 이상의 경우에서만 식모방이 따로 주어졌다는 사실로 미루어 여기는 이에 해당하지 않는다고 하겠다. 한국 주거사에서 식모방에 대한 구체적인 논의는 박철수, 『박철수의 거주 박물지』(도서출판 집, 2017), 105~122쪽 참조.

33 잠실주공아파트단지는 신청자가 주택공급 호수를 초과할 경우에는 모두 한국과학기술연구소에서 컴퓨터로 입주와 동호수를 선정했다.

34 잠실주공아파트5단지 분양 공고를 하루 앞둔 1976년 10월 20일 『매일경제』는 「잠실중산아파트 분양」을 제법 크게 다뤘는데, 양택식 시장은 이 기사를 통해 중산층아파트를 잠실에 건립하게 된 배경으로 '소득계층 사이의 균형을 도모'하고, '격조 높은 주거환경을 조성'해 '재래식 아파트에 비해 선도적인 국민주택을 제시'하기 위한 것이라 설명한 바 있다.

35 김진구, 「잠실단지의 주택계획」, 『주택』 제35호(1977), 142~144쪽에 따르면, 잠실주공아파트단지는 1975년 말을 기준으로 한 서울지역 노동 가구에 대한 소득계층별 분석에서 중위(中位)를 기준으로 할 때 그 아래에 속하는 D-5~D-1 중 D-3와 D-4에 해당하는 가구를 대상으로 삼았다. 그리고 여기에 속하는 가구의 월 평균 수입 4만 4천 원~7만 3천 원의 중간치인 5만 8천 원을 기준으로 여러 변수를 고려해 7.5평, 10평, 13평이라는 적정 규모를 산정했다. 잠실주공아파트단지의 소형 분양 및 임대 아파트 규모 설정에 대한 이유는 이처럼 분명히 밝히고 있는 반면 고층 아파트의 경우는 아무런 언급을 하지 않았다.

36 대한주택공사, 『주택 건설』(1976), 11쪽. 대한주택공사가 컬러 화보집 형식으로 이 책을 발간한 것은 1977년부터 시작되는 제4차 경제개발5개년계획에 포함된 127만 호 주택공급 목표 가운데 50만 호를 대한주택공사가 공급할 예정이어서 향후 대한주택공사의 주택 건설 및 공급의 길잡이로 삼기 위함이었다.

37　　박인석은『아파트 한국사회』(현암사, 2013)에서 국가와 공공의 아파트 정책과 공간 만들기 태도를 '단지화 전략'이라 부르며, 그에 인해 대한민국의 아파트는 대부분 담장이나 방음벽으로 둘러싸인 '단지'로 만들어져 '사설 오아시스'로 변모했다고 주장한다.

38　　서울시는 1976년 3월 22일 도시계획심의기준과 건축심의기준을 강화하면서 아파트지구인 경우는 건폐율을 20퍼센트로 규제하던 것을 12층 이상의 모든 아파트단지도 30퍼센트 이내로 하도록 하고, 이를 통해 확보한 외부공간을 녹지대와 공원, 어린이놀이터 등으로 확보한다는 취지에서 심의 시 별도의 조경계획서를 반드시 첨부하도록 했다. 이와 함께 단지형 아파트를 만들기 위한 조치 가운데 하나로 10층 이상의 아파트를 건립할 경우는 대지면적을 1천 평 이상 확보하도록 했으며, 아파트 주거동 내에 음식점, 호텔, 여인숙, 극장, 영화관, 관람장, 유기장, 백화점, 주유소, 공장, 차고와 임대사무실 등을 둘 수 없도록 했는데, 이는 이미 규제하던 것이었지만 다시 한번 강력하게 규제한다는 의미였다. 「새 도시계획의 심의기준」,『동아일보』1976년 3월 23일자 참조.

39　　이와 관련해 대한주택공사, 『대한주택공사 20년사』, 381쪽에는 '고층 건물에서 오는 불안감을 줄이기 위해 전 동에 걸쳐 발코니를 전면으로 내었으며, 위험 방지와 미관을 위해 화분대도 설치했다'고 탑상형에 대해 언급하고, '발코니를 비상시에 피난 통로로 쓰이도록 각 세대 사이에 설치한 칸막이를 슬레이트로 하여 언제든지 그것을 제거하여 대피할 수 있도록 했다'고 설명하고 있다.

40　　서울 요새화와 관련해서는 박철수, 『박철수의 거주 박물지』, 205~214쪽 참조.

41　　『매일경제』1979년 8월 7일자 참조.

42　　고층아파트에서의 곤돌라 사용 금지는 1992년 7월 16일 국무회의를 통해 「주택 건설기준 등에 관한 규정」이 개정되며 16층 이상의 아파트에서는 곤돌라 사용이 금지되는 대신 화물용 승강기를 설치하도록 규정이 바뀌면서 더 이상 곤돌라를 이용해 이사하는 모습은 찾아볼 수 없다.

12 다세대주택과
   다가구주택
   그리고 빌라와 맨션

1985 - 1990

그가 사는 곳은 다세대주택과 빌라들이 다닥다닥 붙은 서울 변두리의 전형적인 골목이었다. 그의 빌라 주차장은 이미 만원이었다. 두 겹으로 세워진 자동차들 사이에는 세발자전거를 끼워 넣을 틈조차 없었다. 골목 어귀의 거주자 우선주차 구역도 빽빽했다. 동네를 세 바퀴 뱅글뱅글 돌아도 빈 공간을 찾지 못했다. 네 바퀴째 뺑뺑이를 도는 H의 등짝은 식은땀으로 축축이 젖어들었다. 양쪽에 주차한 차들을 피해 아슬아슬한 골목을 간신히 빠져나와 보니 맞은편엔 헤드라이트도 끄지 않은 자동차가 버티고 서 있었다. 그는 질끈 눈을 감았다. 이것이 택시라면 조용히 내려버리면 될 일이었다. 그러나 이것은 택시가 아니었다. 그가 책임져야 할 그의 마이카였다. 소유격의 어마어마한 의미가 그의 어깨를 짓눌렀다. … H는 이를 악물고 결심했다. 내일 저녁에는 반드시 일찍 귀가하리라. 누구보다도 빨리, 가장 좋은 명당자리를 확보하리라. 그렇지 못하면 차라리 이사를 가버리리라. 지하주차장이 널찍한 아파트에 어떻게든 입주하리라. 당장 은행에다 전세 대출을 알아보리라. 전쟁은 이미 시작되었고 그렇다면 승자 아니면 패자가 남을 뿐이었다. 여기 발을 들인 이상 지지 않으리라. 결단코 그러리라.[1]

작가 정이현의 소설에 묘사된 특별하달 것이 없는 동네 풍경엔 다세대주택, 빌라, 아파트가 모두 등장한다. 다세대주택과 빌라를 어떻게 구분할 것인가에 대해서는 여전히 애매모호하지만 이는 잠시 접어두자. 여기서는 이들 주택이 다닥다닥 붙어 있는 전형적인 골목에서 느낀 낭패감을 지하주차장이 널찍한 아파트를 통해 보상받겠다는 결심 아닌 결심에서 드러난 주택 유형의 서열화를 새삼 확인하는 것으로 충분하다.[2] 서울 변두리의 골목길은 왜 이런 전형을 만들었을까. 아무래도 그 원인은 '다'자 돌림주택인 다세대, 다가구, 다중주택[3]에 돌릴 수밖에 없다. 여러 가구가 하나의 건축물에 기거하고 있음에도 불구하고 마치 한 가구가 사는 단독주택인 양 가장하고 있기 때문이다. 단독주택이 아닌데도 단독주택인 것으로 보고, 주차장을 비롯해 여러 부대시설을 갖추지 않고도 집을 지을 수 있도록 관련 법률과 제도가 허용했기 때문이다. 최소한의 조건을 명시한 법을 따르면, 법이 기대했던 것과는 사뭇 다른 결과가 나타난다. 건설부가 1989년 12월 27일 공고한 「다세대주택 표준설계도서 인정 공고」[4]의 근거가 된 『다세대주택 표준설계도 작성 연구』[5]에서 예시한 고즈넉한 이미지와 현실의 격차는 대단히 크다. 대체 어떤 상황에서 다세대주택 표준설계가 만들어졌고, 서울을 포함한 전국의 전형적인 골목길 풍경이 이 지경이 되었을까.

　　　　1988년 3월 정부는 1992년까지 주택 200만 호를 건설하기로 한다. 그 일환으로 도시영세민, 공단 및 광산 노동자 등 무주택 서민을 위해 임대주택 50만 호를 건설할 것이며, 시중 임대료의 70퍼센트 수준에 해당하는 임대료로 주거 부담을 경감하겠다는 내용을 대통령 보고를 통해 확정했다. 이에 따라 건설업체들은 200만 호 건설촉진대회를 개최하는가 하면 주택금융제도를 개선할 것을 요구하는 등의 활동에 나섰다. 대한주택공사와 한국토지공사, 서울도시개발공사 등의 공기업과 현대건설을 위시한 대규모 민간건설업체들은 각오를 다지는 토론회를 열고 '200만 호 주택 건설에 앞장선다'는 광고 문구를 분양 홍보나 기업 광고에 적극 활용했다. 영구임대주택과 장기임대주택, 근로복지주택, 사원임대주택 등이 분양주택이나 분양아파트보다 앞자리를 차지하며 신문의 광고면을 도배하다시피 했다. 분당, 일산, 산본, 평촌, 중동 등 소위 수도권 5개 신도시가 바로 이런 상황에서 만들어졌는데, 이 와중에 아파트에 비해 크게 주목받진 않았지만 서민주택의 한 유형이자 동네 골목길의 전형을 만든 '다'자 돌림주택이 비집고 들어섰다.

노태우 정권의
주택 200만 호 건설계획

가공무역형 경제구조를 가진 한국 등 아시아 신흥공업국들은 '저달러, 저금리, 저유가'라는 이른바 '3저 현상'을 발판 삼아 1980년대 후반 비약적인 고도성장을 기록했다. 1986년 성장세를 회복한 한국 경제는 올림픽이 개최된 1988년 말에 절정에 달했고, 무역 수지 역시 대규모 흑자를 기록했다.[6] 경제 호전과 무역 수지 흑자로 인한 통화 팽창은 결국 부동산 붐을 야기하면서 땅값과 주택 가격 급등을 불러왔다.

특히 1980년대 전반의 불경기로 인한 주택부문의 공급 물량 부족 현상이 투기 수요와 맞물리면서 유례를 찾아보기 힘든 가격 폭등으로 이어졌다. 여기에 민간합동개발 방식으로 진행된 불량주택지역의 재개발 과정에서 불거진 이해집단의 심각한 갈등과 노동 쟁의 등은 정권에 큰 부담이 되었다. 제6공화국으로 출범한 노태우 정부는 건설부 장관이 1988년 업무보고에서 밝힌 '주택 200만 호 건설계획'을 임기 마지막 해인 1992년을 목표 달성 연도로 삼아 적극 추진해 주택 가격을 안정화한다는 대책을 1988년 4월 발표했다.

1989년 4월 27일 분당과 일산 신도시개발계획 발표로 시작된 수도권 신도시개발사업에 의해 성남 분당(9만 7,334호), 고양 일산(6만 9천 호), 부천 중동(4만 2,500호), 안양 평촌(4만 2,164호), 군포 산본(4만 2,039호) 등 5개 신도시에 총 30만 호 규모의 주거단지가 개발됐고, 정책 목표 달성을 위한 정부의 택지공급 확대에 힘입어 연간 주택공급량도 1987년의 24만 4,301호에서 1990년에는 75만 378호로 급증했다. 결국 주택 건설 물량 급증에 따른 주택시장의 규모 확대는 결국 공공부문 중심의 주택공급 시스템이 민간부문 위주로 전환하는 계기가 된다. 1985년까지 줄곧 주택공급 물량 전체의 30퍼센트 정도를 유지하던 대한주택공사의 비중도 1989년 이후에는 15퍼센트 정도로 낮아진다. 1995년에 이르면 연간 7만 호 정도였던 대한주택공사 공급 물량의 3배에 달하는 약 21만 4천 호를 민간부문이 감당하게 된다. 1989년 12월 27일 건설부가 제158호로 발령한 '다세대주택 표준설계도서 인정 공고'는 노태우 정권의 주택 200만 호 건설계획[7]과 떼어놓고 생각할 수 없다.

다세대주택의 탄생과 다가구주택의 등장

1981년 2월 한국과학기술원은 매우 흥미로운 연구보고서를 제출한다. 『다세대 거주 단독주택의 활용 방안에 관한 연구』[8]가 그것이다. 단독주택이 한 가구만 거주하는 주거 유형이 아니라 임대계약을 통해 서민들의 주택을 공급하는 다세대 거주 유형이라 언급하고, 이를 한 가구만 거주하도록 규제하는 것은 오히려 서민들의 주거환경을 악화시킨다는 것이 연구보고서의 골자다. 이 보고서를 발표한 시점이 1981년 2월이라는 사실은 전두환 정권의 주택 500만 호 건설 계획과 관련이 있음을 알게 하는 대목이다. 제도 밖에서 발전되어 온 다가구 동거 형태의 주택을 새로운 주거 유형으로 정립할 필요가 있다는 이 같은 주장은 정부와 민간 모두의 비상한 관심을 받았다.[9] 정부 입장에서 본다면 버겁게 생각하고 있던 500만 호 주택 건설을 재정적 노력 없이 용이하게 달성할 수 있는 방안이었다. 게다가 고용 지표 향상과 지역경제 활성화를 도모할 수 있었으니 마다할 이유가 없었다. 민간부문에서는 침체한 부동산 경기를 띄울 수 있는 전환점이 될 수도 있었다. 그렇게 다세대·다가구주택이라는 새로운 주거 유형이 도입되었다.[10]

　　방침이 서자 정부의 조치는 거침없었다. 1984년 12월 31일 「건축법」 개정을 통해 '연면적 330제곱미터 이하로서 2세대 이상이 거주할 수 있는 주택'으로 다세대주택을 규정했고,[11] 1985년 8월 16일 「건축법 시행령」 개정을 통해 다세대주택 건축기준을 정했다.[12] 개정 내용의 핵심은 다세대주택은 공동주택이긴 하지만, 아파트와 연립주택과 같은 통상의 공동주택 건축기준에서 정한 대지 내 통로 폭, 일조권 확보를 위한 건축물의 높이 제한, 인동거리, 건축면적의 산정 등의 규제를 대폭 완화하는 것이었다.

　　예를 들어 지하층 규정이 완화되었다. 지하층은 바닥으로부터 지표면까지의 높이가 해당 층의 바닥으로부터 천장까지 높이의 3분의 2 이상인 경우였지만 이를 2분의 1 이상인 경우로 완화되었다. 이로써 소위 '반지하층'이 등장했고, 여기에 사람이 살 수 있도록 했다. 지하층 층고의 절반 이하만 지하로 내려가면 분양이나 임대가 가능했다. 그동안 거주하기에 적합하지 않다고 여겨온 지하층에 대한 법적 기준이 누그러진 것이다. 마치 1970년대 중반 불란서주택 미니 2층 양식에서 반 층 정도 올라간 주인집의 아래를 반지하층이

← 인천 계양구 계산동의
다세대주택 밀집지역 저녁 풍경
ⓒ박철수

↑↑ 다세대주택 89-11-가형(11평형 6세대, 3층) 투시도
출처: 대한주택공사, 『다세대주택 표준설계도 작성 연구』(1989)

↑ 이름에 맨션 또는 빌라를 붙인
다세대주택 밀집지역의 전형적 모습
출처: 서울시립대학교 주택도시연구실

라 부르며 전세나 임대로 쓰도록 했던 경우와 유사하다. 하지만 불란서주택은 미니 2층일지라도 통계상 여전히 한 채의 주택이었지만 다세대주택의 경우는 2채로 산정했다.[13]

　　뿐만 아니다. 공동주택의 경우는 많은 세대가 거주하기 때문에 건축물을 이루는 주요 구조부가 모두 내화구조여야 하지만 다세대주택은 이를 따르지 않아도 되었다. 이 밖에도 대지 안의 피난 및 소화에 필요한 통로 규정,[14] 반드시 확보해야 하는 공지 규정도 대폭 완화했다. 다세대주택뿐만 아니라 소규모 단독주택에서도 옥외계단을 건축면적 산정에서 제외했고, 주거전용지역에서 허가하지 않았던 공동주택 신축 불가 방침을 풀어 다세대주택은 건축 가능하도록 했다.[15] 당연히 주차장 설치기준도 완화했기 때문에 앞에서 인용한 소설 구절처럼 다세대주택과 빌라들이 다닥다닥 붙은 골목에 거주자 우선주차 구역까지 더해져 빽빽한 풍경이 완성되었다. 사실상 공동주택이지만 관련 법령과 기준은 단독주택에 준하는 것이었다. 결국 용적률만 높인 셈이어서 골목길은 답답하고 쾌적하지 못한 상태가 되었다.[16] 지하층이나 2층 이상의 세대로 직접 출입이 가능하도록 만든 옥외계단이 면적 산정에서 제외된 탓에 옥외계단을 갖춘 다세대주택이 본격 등장했다. 여기에 지하층 규정 완화로 인한 반지하 주택 등장으로 건축물의 높이가 증가했고, 옥외계단이 늘면서 실제 건축면적과 용적률뿐만 아니라 건폐율까지 높아지는 결과를 가져왔다.

　　주택 200만 호 건설이 한창이던 1990년 4월 건설부에서는 「다가구주택의 건축 기준」을 시행했다.[17] 지침으로 마련된 이 기준을 통해 다가구주택은 단독주택으로 분양이 불가능한 임대주택으로 규정하고, 노후 단독주택을 다가구주택으로 수선하거나 공동주택에 속하는 다세대주택으로 용도 변경이 가능하도록 했다. 지나친 고밀도를 염려한 정부는 주거전용지역에서는 3가구 이하로 건축 하도록 유도했다. 연면적 200평(660제곱미터) 이하의 주택에서 3가 구로 나눠 임대로 사용한다는 것은 가구당 70평이 넘는 임대주택이 되어야 한다는 말이었으므로, 이 행정권고는 시장을 통제하지 못했 다. 층수는 3층 이하여야 하나, 지상 1층을 주차장으로 사용하는 경 우에는 이를 층수 산정에서 제외하게 되므로 사실상 4층을 허용하 는 것이었다. 정부의 이런 방침과 수도권 신도시로 대표되는 아파트 단지의 대량 공급으로 노태우 정부의 주택 200만 호 건설계획은 조 기에 목표를 달성했다. 그야말로 생활환경이 악화될 것을 알고도 물 량공세를 펼친 결과였고, 그 부담은 고스란히 다음 정부와 정권으 로 떠넘겨졌다.

　　　　1999년에는 「건축법 시행령」이 다시 개정되었다.[18] 그동안 지침이나 기준으로만 운영되던 다가구주택은 단독주택 유형 가운 데 하나로 공식 분류되었고, 주택으로 쓰이는 층수가 3개 층 이하이 고 바닥면적의 합계가 660제곱미터 이하이며 19세대 이하가 거주할 수 있는 주택으로서 공동주택에 해당하지 아니하는 것이라는 법률 적 지위를 얻게 되었다. 최대 19세대가 하나의 건축물 안에서 생활 하는 주택임에도 불구하고 공동주택에 해당하지 않는다는 이상한 규정이었다. 빚어질 결과는 뻔했다. 기존의 다세대주택이나 다가구 주택에 비해서도 더욱 빽빽한 주택 유형이 제도의 기반 위에 새롭게 등장한 것이다.

표준형 다세대주택 인정과
그 변화

주택 200만 호 건설계획의 조기 목표 달성을 위해[19] 1989년 12월

↑ '200만 호 주택 건설에 앞장서는 대한주택공사'
문구를 삽입한 입주자 선정 공고
출처: 『매일경제』 1990.6.28.

← 한국중소주택사업자협회 중앙회
200만 호 주택 건설 촉진대회 공고
출처: 『매일경제』 1988.11.9.

↓ '경기 산본 200만 호 아파트 전경'이라는 제목의 사진
출처: 국가기록원

← 발코니 구조변경
합법화 조치 이후 지어진
다세대주택(인천 계양)
ⓒ박철수

↓ 1980년대에 지어진
다세대주택의 전형적인 모습
ⓒ박철수

27일 건설부가 인정한 「다세대주택 표준설계도서」는 다세대주택 등장 이후 상황에 대한 정부의 인식을 짐작하게 한다. 표준설계도서 채택의 논리적 근거가 된 보고서 「다세대주택 표준설계도 작성 연구」(1989)는 1985년 다세대주택 등장 이후 그 자체가 가지는 '법률적·제도적 문제와 건축계획적인 문제'[20]에도 불구하고 새로운 주택 유형으로 정착하고 있으므로 단독주택의 장점과 연립주택의 장점을 두루 갖췄다고 판단했다. 정부의 이런 인식을 토대로 1989년 5월 실태조사[21]를 거쳐 표준설계가 작성됐다. 정부가 정한 표준설계는 일종의 참조 자료 정도로만 활용되기도 하지만, 때로는 지역의 기준이 되거나 표준 그대로 적용된다는 점에서 의미가 크다.

분양면적이 14평을 넘으면 중산층용 주택이라고 보았기 때문에, 다세대주택 표준설계는 7평에서 13평 사이의 10종으로 이루어졌다.[22] 가구수에 따라 3세대형, 6세대형, 9세대형으로 구분했다. 각 층에 2세대씩 3층 6세대로 구성한 7평형의 경우는 필요에 따라 침실 하나를 거실로 전용할 수 있도록 하고, 후면 발코니에 세탁기와 보일러를 설치함으로써 다용도실로 사용할 것을 권고했다. 입면도를 통해 확인할 수 있듯 표준설계는 소위 '반지하층'을 전제했으며, 따라서 온전한 3층이 아니었다. 이는 높이제한 규정을 감안한 것이다. 8평형 6세대로 구성되는 '89-8-가형' 표준평면은 7평형과 거의 비슷하고 부엌공간이 약간 더 여유로운 정도의 차이가 있다.

한 층에 9평형 3세대가 들어가는 '89-9-가형'은 우선 중앙에 정방형에 가까운 세대가 있고, 좌우로 폭이 좁고 깊은 장방형 평면을 가진 세대 2개가 배치되었다. 거실보다는 침실 확보에 주력했으며, 다른 평형과 마찬가지로 별도의 식사공간은 마련되지 않았다. 이 역시 반지하층을 전제했으며, 외부계단과 박공형 지붕으로 경관의 변화를 꾀하라는 권고도 담겼다.

11평형(89-9+11-가형)에 이르면 처음으로 3침실형이 등장한다. 전반적인 단위세대 평면의 변화 없이 오직 침실 하나만 더 늘어난 형식이다. 따라서 9평형과 11평형이 한 층을 이룰 경우 하나는 2침실형이고 다른 하나는 3침실형으로 구성됐다. 이는 11평형으로만 한 층에 2세대가 들어가는 '89-11-가형' 다세대주택 표준설계도를 통해서도 확인할 수 있으며, '89-11-나형'에는 처음으로 별도 구획된 거실이 등장하는데 다른 11평형과 마찬가지로 침실 하나를 없애고 거실을 확보한 사례다. 따라서 11평형에 이르면 2침실+거실형과 3침실형을 선택할 수 있었다. 12평형의 경우도 거실 추가형과 침실 추가형을 선택할 수 있도록 했다. 각 층에 1세대만 거주할 수 있도록 한 12평형도 있는데, 이는 면적이 작은 대지를 위한 것으로 보인다.

다세대주택 표준설계 가운데 가장 넓은 13평형은 12평형과 한 층에 복합 구성된다. 반지하층 세대와 1~2층 세대의 진입 위치를 분리함으로써 지하층 세대의 전용공간이 1평 남짓 줄어 12평형이 되기 때문이다. 경사지에 위치하는 좁은 대지가 이 표준형을 이용하기에 적합하다고 언급한 점으로 미뤄볼 때, 평지에 이를 택할 경우 반지하층 세대의 거주성이 나빠진다는 사실을 염두에 두었음을 알 수 있다. '89-(12+13)-가형' 표준설계 역시 침실 하나를 거실로 변경할 수 있도록 했다는 점은 당시 다세대주택에서의 애로사항 가운데 가장 커다란 점이 침실 부족이었음을 여실히 드러내며, nLDK 방식으로 굳어진 전형적인 아파트 평면을 지향하는 방향으로 다세대주택 표준설계가 작성됐음을 알 수 있다.

정리하면 부엌이나 식사공간, 욕실 등 대부분의 각 실이 제 기능을 수행하기에 충분하지 않은 상황에서 우선 순위를 침실 개수 확보에 두고, 가족구성원 수에 따라 침실 하나를 거실로 사용할 수 있도록 한 것이 바로 다세대주택 표준설계다. 그러므로 다세대

650

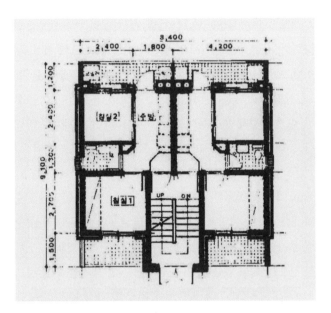

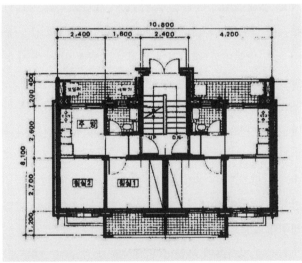

↑↑ 다세대주택 표준설계 '89-7-가' 평면도
출처: 대한주택공사 주택연구소,
　　『다세대주택 표준설계도 작성 연구』(1989)

↑ 다세대주택 표준설계 '89-9-가' 평면도
출처: 대한주택공사 주택연구소,
　　『다세대주택 표준설계도 작성 연구』(1989)

주택이 규모의 확대를 도모한다면 부족하거나 충실하지 않았던 부분을 확장하는 방안이 채택될 수밖에 없었다. 이는 2005년의 발코니 구조변경 합법화 조치 이후 그대로 드러난다.[23] 결국 발코니 법령 개정 이후 다세대주택과 다가구주택의 평면은 우선 침실 수를 늘리고 난 뒤 다른 공간의 기능을 강화하는 방향으로 변화했다. 이는 곧 '아파트 평면 형식으로의 수렴'이라 요약할 수 있다.[24] 아파트가 한국 사회에서 가지는 절대적 영향력과 부동산 시장에서의 지배력이 다세대주택이며 다가구주택 모두를 포섭한 것이다. 이런 과정 끝에 어쩌면 당연하게도 다세대주택과 다가구주택은 부동산 시장에서 아파트와 연립주택 하위에 자리하게 된다.

따라서 1990년대 서울 주거지역의 대표적 변화는 단독주택의 감소와 다가구주택 및 공동주택의 증가로 요약할 수 있다.[25] 아파트 일변도의 재건축사업과 더불어 개별 주택 소유자가 기존의 단독주택을 다세대주택이나 다가구주택으로 재축하는 것이 변화의 큰 흐름이었다. 규제 완화라는 이름으로 기반 시설이 부족한 단독주택 밀집지역에 대해 별도의 조치 없이 밀도만 높이는 정책이 계속됐다. 다세대·다가구주택이 전국적으로 확산되면서, 마치 서민주택의 표준으로 굳어진 느낌 또한 지울 수 없게 됐다.

다세대주택 및 다가구주택과의 차별화
빌라와 맨션

그렇다면 이 장을 시작하면서 인용한 소설에 등장하는 서울 변두리의 전형적인 골목을 빽빽하게 채운 다세대주택과 빌라에서 '빌라'란 과연 무엇인가. 법제처가 운영하는 '찾기 쉬운 생활법령정보'에서 '아파트 개념 및 종류' 항목에 빌라가 아주 간단히 언급된다. '공동주택

652

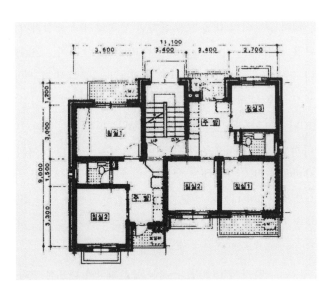

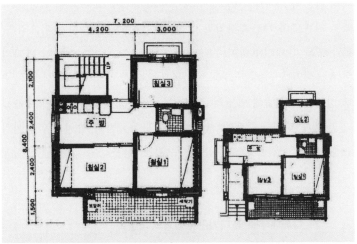

↑↑ 다세대주택 표준설계 「89-(9+11)-가」 평면도
출처: 대한주택공사 주택연구소,
『다세대주택 표준설계도 작성 연구』(1989)

↑ 다세대주택 표준설계 「89-(12+13)-가」 평면도
출처: 대한주택공사 주택연구소,
『다세대주택 표준설계도 작성 연구』(1989)

인 연립주택 가운데 2~4층의 빌라와 맨션 등 포함'이라고 짧게 기술된 이 문장이 아마도 국가기관이 언급한 빌라와 맨션에 대한 거의 유일한 해설이자 정의라 하겠다. 그렇다면 2층에서 4층에 해당하는 연립주택은 빌라 혹은 맨션이라는 명칭을 모두 붙일 수 있는가. 이들 용어의 탄생은 우리나라 부동산 시장에서 벌어진 '저층 공동주택의 양분화 현상' 속에서 파악해야 한다. 실마리는 '찾기 쉬운 생활법령'에서 이미 언급한 공동주택 가운데 하나의 유형인 연립주택에 있다.

'빌라'라는 호칭을 가진 주택이 시장에 등장한 시점은 1980년대 초반이다. 아직 다세대주택이나 다가구주택이 세상에 나오지 않았을 때였고, 서울을 중심으로 본다면 청담동 효성빌라(1982)에서 삼성동 현대빌라(1995)에 이르는 과정에서 봇물 터지듯 등장했는데, 그와 형상이나 분위기가 유사한 것들은 이전에도 있었다. 대한주택공사가 1977~1978년에 화곡구릉지 주택단지에서 시도한 것으로, "획일적인 5층 아파트가 주동을 이루는 상황으로부터 벗어나보려는 계획자들의 노력이 상당한 역할을 한" 결과물이었다.[26] 당시 화곡구릉지 주택지는 용적률이 40퍼센트에 불과하고, 가구당 4인을 기준으로 했기 때문에 외국의 신도시와 유사하다는 이유에서 로하우스(row house) 형태의 주택을 기획했고, 특별하다는 의미에서 '화곡구릉지 시범사업'이라는 이름이 붙었다. 이 사업은 대한주택공사 내에서는 다시 한남동 외인주택단지(1979~1982년)로 이어졌고, 과천 신도시의 3층 연립주택단지로 계속됐다. 그러나 시범사업 혹은 특수사업의 관점에서 진행된 이들 주택 건설사업은 이후 대단위 택지개발에 의한 대량 주택공급기를 맞아 자연스럽게 자취를 감추었는데 민간부문에서 고급 연립주택으로 다시 등장했다.

654

구분	개정 전	개정 후
전용면적 30m²		
전용면적 40m²		
전용면적 60m²		

← 2005년 12월의
발코니 구조변경 합법화 조치 이후
다세대주택의 규모별 평면 변화
ⓒ남유희

↑ 1972년 1월에 촬영한
서울 광진구 화양동
단독주택 밀집지역 항공사진
출처: 서울특별시 항공사진서비스

↑ 2007년 11월에 촬영한
서울 광진구 화양동
단독주택 밀집지역 항공사진
출처: 서울특별시 항공사진서비스

↓ 화곡동 연립주택 단지 배치도
출처: 대한주택공사, 「화곡동 아파트 및 25평형 연립주택 준공신고서 제출」, 1977.9.

↓↓ 화곡구릉지 연립주택 입주 직후 모습
출처: 대한주택공사 홍보실

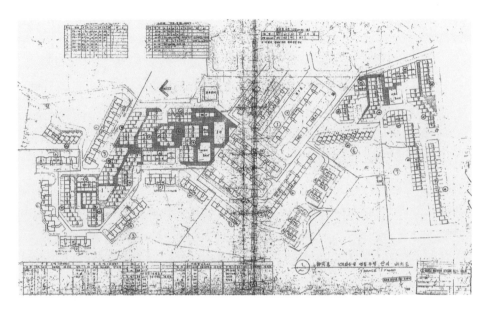

↓ 화곡구릉지 복층N형 연립주택 1, 2층 평면도(1976.11.)
출처: 대한주택공사

↓↓ 화곡구릉지 복층S형 연립주택 1, 2층 평면도(1976.11.)
출처: 대한주택공사

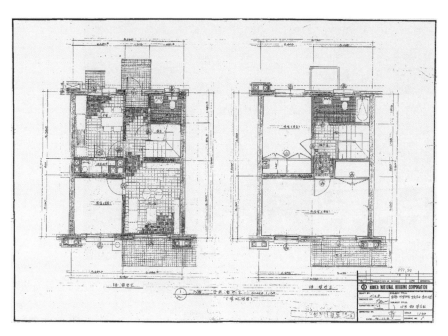

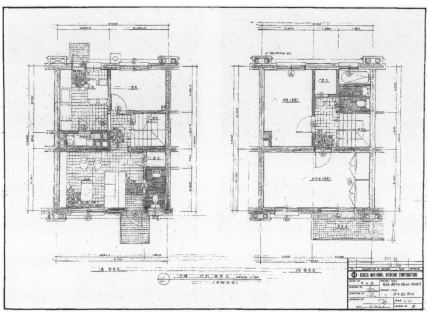

↑↑ 서울 온수동 온수마을 연립주택(1977.6.)
출처: 서울성장50년 영상자료

↑ 분당 동서프라임빌(1999) 외부공간과 주택 모습
출처: 공동주택연구회, 『한국공동주택 16제』(2000)

↑ 과천(1980~1984) 연립주택단지 전경
출처: 대한주택공사 홍보실

소필지의
새로운 가능성

저층 주택으로 달성할 수 있는 용적률은 늘 한계가 있기 마련이다. 다세대주택이나 다가구주택처럼 과밀개발이 아니라면 주택의 저층 추구는 곧 분양 가격의 상승으로 이어진다. "대규모 주거지에서 기피되었던 저층 주택은 소규모 주거지에서 고급 주택으로 건설하든가 아니면 단독주택 필지에 다세대주택이나 다가구주택을 건설하는 양상"으로 전개될 수밖에 없는 것이다.[27] 앞에서 살핀 다세대주택이나 다가구주택의 보편화 현상이 후자라면 전자에 해당하는 경우가 '빌라'로 명명되면서 부동산 시장에 고급 주택으로 나타났다. 때론 분당에 공급한 동서프라임빌과 같이 '○○빌'이거나 부산의 해운대 빌리지처럼 '□□빌리지'와 같이 조금 변주된 이름으로 등장하기도 했다.

　　　　민간 건설 시장에 등장한 저층-저밀도 공동주택은 넓은 전용면적을 가지는 한 층 모두를 한 세대가 통으로 사용하거나 아니면 복층형으로 구성한 단위주택을 한 가구가 사용하도록 차별화한 까닭에 주택의 법적인 유형 분류상 대부분 연립주택이었다. 때로 다세대주택인 경우도 있었지만 대지 규모가 작고, 차별화를 의도한다는 배경에서 그저 연립주택이거나 다세대주택이라 부를 수 없었을 것은 자명하다.[28] 따라서 민간건설업체에서는 당시 20세대 이상의 주택을 개발할 경우 주택공급과 관련해 일반 공모를 해야 하고 분양가 규제를 받는 등의 제약이 따른다는 점에서 고급 주택 전략으로 19세대 이하, 대형 평형의 저밀도 공동주택공급을 주력 사업으로 삼았고,[29] 여기에 1970년대 고급 아파트에 붙였던 '맨션'을 붙이거나 '빌라' 혹은 '빌', '타운' 등을 보태며 저층 공동주택 시장을 키워나갔다.

↓ 용인 다세대주택 밀집지역 모습(2016)　　↓↓ 시흥 은계지구 다가구주택(2019)
ⓒ박철수　　　　　　　　　　　　　　　ⓒ이한울

부동산 시장에서 하위에 머물게 된 다세대주택과 다가구주택 역시 상위 고급 주택 시장을 독점한 저층-저밀도 고급 주택에 붙여진 '빌라'와 '맨션'을 차용했고, 여기에 '가든'이라는 근거 없는 용어를 동원하기도 했다. 따라서 한때 매우 제한적인 고급 주택을 지칭하던 '빌라'와 '맨션'은 연립이나 다세대, 다가구를 가리지 않고, 대도시와 중소도시를 불문하고 어느 곳에서나 일종의 판매 전략으로, 또는 분양을 위한 광고성 어휘로 사용되었다. 마치 1970년대 불란서주택 현상이 재현된 듯하다.

다가구주택을 제외하더라도 다세대주택은 전국 재고주택의 12퍼센트 내외를 기록하는 주도적 주택 유형 가운데 하나다. 전체 주택 유형 가운데 22퍼센트를 차지했던 단독주택이 각종 정비사업과 개발사업을 통해 아파트 또는 다세대·다가구주택으로 바뀌면 다세대주택은 우리나라 주류 주택형으로 자리 잡을 것이다. 그러나 아파트단지처럼 대규모가 아니라 필지별로 산발적인 개발이 이루어져 주택정책의 주된 과녁이 되지는 못했다. 정부는 다세대주택에 부동산 가격의 앙등이나 주택공급 부족이라는 일시적 현상에 대한 대응책 역할을 맡기고는 꾸준한 관심을 두지 않았다.

하지만 양적으로도 상당한 비중을 차지하고 실제로 많은 서민이 선택하는 주택 유형이라는 점에서 한시라도 빠른 정책적 자각이 요구된다. 다세대주택은 공공임대주택과 더불어 세심하게 살펴야 할 주거복지 국가의 최전선임이 분명하다. 특히 아파트 중심의 주택공급 현상 속에서 새로운 주택 형식의 모색 가능성을 충분히 가지고 있는 것으로 판단되고, 이미 여러 층위에서 소필지 보존에 대한 사회적 여론 또한 성숙했다는 점에서 세심하게 다루고 가꿔야 할 귀중한 자산이다.

"야트막한 언덕빼기 좁은 골목골목마다 숨이 막히도록 들어선 다세대주택들. 한때 집장사들이 줄줄이 지어놓은 날림 단독주택들은 어느새 모두 세를 많이 받아낼 수 있는 다세대주택으로 개축되었다. 집 하나에 출구가 두세 개씩 되고 많으면 아홉 세대까지 한집에 살았다. … 그러나 재개발조합에서 곧 철거를 시작할 것이 거의 확실했고, 그렇게 되면 윤석네도 어차피 이사를 나가야 했다. 받아낼 수 있는 보상금으로 이제 이 지역에서 갈 만한 곳이 거의 없었다. 서울에서 밀려나와 여기까지 왔는데 이제는 더 멀리 나가야 할 것 같았다."[30] 이런 일이 더 이상 벌어지지 않았으면 싶다.

하위 주택 시장은 필요하고 적정 물량이 비축되어 있어야 함은 마땅하다. 그러나 다세대·다가구주택 등의 확대는 임시방편으로 유지했어야 할 단기적 대안이어야 했고, 정책적으로 공공임대주택을 우선 공급했어야 했다. 다세대·다가구주택의 물량 늘리기가 정상인 양 인식하는 것은 바람직하지 않다. 서민주택공급은 부동산 시장의 자율로 성취되는 것이 아니라 국가의 주거복지정책으로만 가능하다는 점에서 공공임대주택의 혁신적 공급 확대가 유일한 대안이다.

주

1   정이현, 「모두 다 집이 있다」, 『말하자면 좋은 사람』(마음산책, 2014), 134~138쪽.

2   간략하게 살피자면 '다세대주택'이란 '공동주택으로서 주택으로 사용하는 1개 동의
     바닥면적 합계가 660제곱미터 이하이고, 층수가 4개 층 이하인 주택'(2개 이상의 동을
     지하주차장으로 연결하는 경우에는 각각의 동으로 판단)을 말하지만 '빌라'에 대한
     법률적 정의는 없다고 하는 편이 옳다. 법제처 홈페이지-국가법령정보센터-찾기 쉬운
     생활법령정보에서 예시한 '아파트 개념 및 종류' 항목에는 공동주택으로 분류하는
     연립주택에 '2~4층의 빌라와 맨션 등 포함'이라고 설명하고 있을 뿐이다.

3   다중주택(多重住宅)은 흔히 전봇대와 광고판에 '잠만 주무실 분' 전단지로 대표되는
     주택 유형으로, 법률적으로는 다음 요건을 갖춘 주택을 의미한다. '학생 또는 직장인 등
     여러 사람이 장기간 거주할 수 있는 구조로 되어 있는 것, 독립된 주거의 형태를 갖추지
     아니한 것(각 실별로 욕실은 설치할 수 있으나, 취사 시설은 설치하지 아니한 것을
     말한다), 1개 동의 주택으로 쓰이는 바닥면적의 합계가 330제곱미터 이하이고 주택으로
     쓰는 층수(지하층은 제외한다)가 3개 층 이하일 것' 등이다. 법률적 주택 분류에 따르면
     다중주택은 단독주택에 속하므로, 여기서는 '공동주택인 다세대주택'과 '단독주택에
     해당하는 다가구주택'만 다룬다.

4   건설부 장관이 「건축사법」 제4조 및 동법 시행령 제3조의 규정에 따라 대한주택공사
     사장이 작성한 표준설계도서를 인정해 건설부 공고 제158호로 대한민국정부 「관보」
     제11413호에 1989년 12월 27일 공고했다. 여기서 언급한 「건축사법」 규정이란
     하위법률안 「표준설계의 운용에 관한 규칙」으로 주택, 축사, 학교 등과 같이 20동
     이상을 건축하는 경우에 시공의 표준화와 자재의 규격화를 유도할 수 있는 경우
     표준설계도서로 인정할 수 있다는 것이며, 표준설계도서로 건축허가를 받고자 하는
     경우에는 해당 도서를 실비로 판매하도록 한 규정이다.

5   대한주택공사 주택연구소, 『다세대주택 표준설계도 작성 연구』(1989). 이와 관련해
     흥미로운 점은 대한주택공사의 연구보고서가 발행된 시점이 1989년 12월인데 같은
     달인 12월 27일에 건설부 장관이 보고서에 담긴 내용 그대로 다세대주택 표준설계도서
     인정 공고를 냈다는 사실이다. 특히 같은 연구보고서의 7쪽에 표기한 표준설계도서
     인정 공고 과정에 따라 모든 행정 절차가 물 흐르듯 진행됐다는 사실로 미루어
     다세대주택공급이라는 사안이 정책적으로 매우 다급했음을 알 수 있다.

6   공동주택연구회, 『한국 공동주택계획의 역사』(세진사, 1999), 65쪽. 이 시기를 거치며
     전체 경제 규모에서 건설업의 비중이 줄어든 동시에 건설업 내부에서의 건축 비중이
     훨씬 커지는 '이중적 구조 변동'이 야기되며 건설의 시대에서 건축의 시대로 전환했음을
     언급했듯이 한국사회는 바야흐로 소비 신장의 다원화와 개성화 단계에 진입했다.
     박인석, 『건축이 바꾼다』(도서출판 마티, 2017) 참조.

7   대량으로 주택을 공급하고자 했던 주택 건설계획은 역대 정권에서 흔히 수립, 추진했던

것으로 박정희 정부의 주택 250만 호 건설계획(1972~1981), 전두환 정부의 주택 500만 호 건설계획(1981~1995), 노태우 정부의 주택 200만 호 건설계획(1988~1992), 김영삼 정부의 주택 300만 호 건설계획(1993~1997), 김대중 정부의 주택 250만 호 건설계획(1998~2002) 등이 있다. 국토교통부 주택도시국 주택정책과, 『주택백서』(2002) 참조.

8 한국과학기술원 부설 지역개발연구소, 『다세대 거주 단독주택의 활용 방안에 관한 연구』(한국과학기술원, 1981).

9 대한주택공사 주택연구소, 『다세대주택 표준설계도 작성 연구』, 9쪽.

10 김광중 외, 『일반주거지역 정비모델 개발』(시정개발연구원, 1994), 12쪽.

11 법률 제3766호(1984.12.31. 개정) 「건축법」 제2조(용어의 정의) 제5호.

12 대통령령 제11740호(1985.8.16. 개정) 「건축법 시행령」.

13 물론 이러한 기준은 1990년 7월 26일자로 개정된 「건축법 시행령」과 「주택 건설촉진법 시행령」 개정에 따라 덩치가 작은 다세대주택(연면적 330제곱미터 이하)은 '바닥으로부터 지표면까지의 높이가 해당 층의 층고의 2분의 1 이상이면 지하층으로 본다'고 했지만 그보다 규모가 큰 다세대주택(연면적 330제곱미터 초과)은 '3분의 2 이상이면 지하층으로 본다'는 것으로 바뀌었다. 다시 말해 지하층 바닥으로부터 천장까지 높이가 240센티미터라면 규모가 작은 다세대주택은 지하층 바닥으로부터 지표면까지의 높이가 120센티미터에 이르지 않으면 사람이 들어가 살 수 있고, 규모가 큰 다세대주택이라면 160센티미터에 이르지 않으면 방으로 써도 괜찮다는 말이다. 역시 노태우 정부의 주택 200만 호 건설계획 목표 달성과 깊은 관련이 있다. 건설부 장관이 대한건축가협회에 보낸 공문, 건설부 장관, 「다세대주택의 지하층 설치기준 통보」 건축 30420-19006, 1990.7.25., 국가기록원 소장 자료.

14 1988년 2월 24일부터 시행된 조치로 2층 이하거나 3세대 이하인 다세대주택의 경우는 대지경계선과 건축물 외벽과의 거리 및 처마선의 거리를 1미터에서 0.5미터로 완화했다.

15 다세대주택의 법령의 완화에 대한 자세한 내용은 남유희, 「발코니 구조변경 합법화에 따른 다세대·다가구주택의 평면변화 분석」(서울시립대학교 도시과학대학원 석사학위논문, 2015), 14~17쪽 참조.

16 통상 공동주택이라 함은 건축물의 벽, 복도, 계단이나 그 밖의 설비 등의 전부 혹은 일부를 공동으로 사용하는 각 세대가 하나의 건축물 안에서 각각 독립된 주거생활을 할 수 있는 구조로 된 주택을 말하며, 그 종류는 일반적으로 아파트(5층 이상), 연립주택(바닥연면적이 660제곱미터를 초과하는 4층 이하), 다세대주택(바닥연면적이 660제곱미터를 초과하는 4층 이하)으로 나뉜다. 따라서 연립주택과 다세대주택은 보기에 따라 정확하게 구별할 수 없고, 빌라와 맨션에 대해서는 법률적 정의조차 없기 때문에 그저 눈으로 보아 이들을 구별한다는 것은 사실상 불가능하다.

17 건설부, 「다가구주택의 건축 기준」, 건설부 지침, 건축 30420-9321호(1990.4.21.)

18   1999년 4월 30일 대통령령 제16234호를 통해 「건축법 시행령」 개정, 별표 1을 통해 '용도별 건축물의 종류' 제1호 '다'목에 다가구주택을 명시했다.

19   건설부 장관이 인정, 공고한 다세대주택 표준설계 마련의 토대가 됐던 대한주택공사 주택연구소, 『다세대주택 표준설계도 작성 연구』, 8쪽에는 이와 달리 설명하고 있다. 즉, 일제강점기부터 계속된 핵가족화와 도시화가 원인이 되어 대도시의 단독주택에는 통상 2~3세대는 물론 심지어 10가구 이상이 거주하는 경우가 있어 한 세대만 거주할 수 있는 단독주택으로 허가를 받아 공사 도중에 허가 내용과 달리 집주인들이 화장실이나 부엌 등을 추가하는 무단 변경과 준공 후 증축 등을 일삼아 그런 곳에 거주하는 사람들이 각종 시설이 제대로 갖춰지지 않은 곳에서 생활하는 불편을 겪고 있다는 점을 전제한 뒤 '인구 밀도가 높은 우리나라의 현실에서 토지 이용률을 높이고, 제한된 택지를 효율적으로 사용'하겠다는 것이 취지임을 밝히고 있다.

20   보고서에서 밝힌 법적·제도적 문제점은 '동당 거주 인원의 증가로 인한 주차 소요 증가', '정북 방향에 대한 높이 제한으로 빚어지는 고밀화와 지하층 주거공간 확대에 따른 거주성 저하와 배수 처리 및 사생활 보호의 어려움', '영세업체에 의한 주택공급이 빚는 내구성 저하와 질적 수준 저하' 등을 꼽고 있으며, 설계계획상의 문제로는 '내부공간의 극대화 추구에 따른 외부공간의 부족', '다세대주택 단위면적이 주로 14평 정도에 이른다는 점에서 영세민보다 중산층을 수용하는 문제', '주차량 증가로 인한 도로공간 무단 점유', '계단 폭과 현관 등 출입공간의 과소화로 인한 이사 곤란', '가스보일러의 경우 배기가스가 실내로 들어올 가능성' 등을 꼽았다. 대한주택공사 주택연구소, 『다세대주택 표준설계도 작성 연구』, 11~12쪽.

21   다세대주택 표준설계도서 마련을 위한 실태조사는 서울 서초구 방배동, 송파구 방이동, 성남시 단대동, 안양시 석수동 등을 대상으로 다세대주택 거주자를 대상으로 했으며, 서울 송파구 마천동, 관악구 봉천동, 서대문구 홍제동의 불량주택 거주자를 포함해 177건이었다.

22   1989년 5월 실태조사 결과 다세대주택과 불량주택의 92퍼센트 정도가 7~13평 정도라는 사실에 기초하고 있다.

23   발코니 구조변경 합법화 조치란 2005년 12월 2일 「건축법 시행령」 일부 개정을 통해 '주택에 설치된 발코니는 건설교통부 장관이 정하는 기준에 적합할 경우에는 필요에 따라 거실, 침실, 창고 등 다양한 용도로 사용할 수 있도록 한 것'으로 건설교통부 장관이 정하는 기준은 2005년 12월 8일 건설교통부 2005-400호에 따른 '대피공간의 구조'와 '발코니 창호 및 난간 등의 구조'를 주요 내용으로 고시했다. 쉽게 말해 2005년 12월 이후부터는 주택의 발코니를 확장해 쓸 수 있도록 했다는 것인데, 정부가 이런 조치를 취한 이유는 모두 4가지였다. ① 불법적인 거실 확장에 대한 단속이 현실적으로 어렵고, 준공 이후 세대별로 이뤄지는 발코니 확장의 구조 안전성을 담보할 수 없어 건설 단계부터 안전성을 높이는 것이 대안이라는 점, ② 실수요자의 추가적인 지출 없이 주거 수준을 향상시킬 수 있다는 점, ③ 아파트의 경우, 신축 단계부터 안전한 창호를 설치하도록 강제할 수 있다는 점, ④ 현실과 동떨어진 정책을 시행함으로써 국민의 비난을 받으면 안 된다는 점 등이었다. 이와 관련한 다양한 층위에서의 문제점과

핵심적 논의 주제에 대해서는 박철수, 『아파트: 공적 냉소와 사적 정열이 지배하는 사회』(도서출판 마티, 2013), 193~218쪽 참조.

24 발코니 구조변경 합법화 조치 이후 전용면적 30제곱미터 규모의 다세대주택은 전용면적의 40퍼센트 정도에 이르는 발코니를 두어 이를 확장면적으로 포함한 뒤 2LDK로 만들었으며, 40제곱미터에서는 침실과 주방 등을 넓히면서 2LDK였던 평면이 3LDK로 바뀌었다. 60제곱미터에서는 이미 침실 3개를 갖추었기 때문에 현관 확장을 통한 수납장 확보, 욕실 확대 등 각 실의 면적을 늘리는 기능 충실화에 집중했다. 남유희, 『발코니 구조변경 합법화에 따른 다세대·다가구주택의 평면변화 분석』, 85~89쪽.

25 이에 관한 내용은 양재호, 「소형주택 계획사례를 통해 본 소필지 밀집지역의 주택 건축 활성화 방안」(서울시립대학교 도시과학대학원 석사학위논문, 2016), 20쪽 참조.

26 공동주택연구회, 『한국 공동주택계획의 역사』, 283~284쪽. 1998년 9월 12일 공동주택연구회 회원들과 화곡구릉지 주택단지 조성 당시 단지계획계장이었던 양재현과의 면담에서, 양재현은 화곡구릉지 주택단지 조성 과정에서 당시 보편적이던 5층 규모의 판상형 아파트로 단지가 개발되는 상황에 대해 실무 전문가들의 반발이 있었고, 이를 타개하기 위해 저층 연립주택을 계획했다고 밝힌 바 있다. 이후 유사한 시도가 과천, 구미, 신갈 등으로 이어졌고, 급기야는 민간시장에도 그 영향력이 전파되어 1982년에 효성빌라로 명맥이 이어진 것이라 해석했다.

27 같은 책, 287쪽.

28 단순하게 화곡구릉지 시범사업지구의 용적률이 40퍼센트인 반면 1985년 이후 공식 등장한 다세대주택의 용적률은 220퍼센트 내외를 보이고 있으므로 둘 사이의 밀도 차가 클 뿐만 아니라 한 세대가 점유하는 전용면적의 경우도 화곡동의 25평과 통상적 표준형 다세대주택의 최대 평형인 13평을 비교하면 거주성의 차이도 쉽게 짐작할 수 있다.

29 2019년 8월 30일 현재 전국의 다세대주택 가운데 비교적 중대형에 속한다고 할 수 있는 연면적 130제곱미터 이상의 경우는 4,305호로 전체 다세대주택 213만 9,885호의 0.2퍼센트에 불과하다. 반면 아파트는 전국 재고주택의 61.4퍼센트를 점유해 가장 점유비가 높은 주택 유형으로 굳어졌다. 국가통계포털.

30 김영하, 「아이를 찾습니다」, 『오직 두 사람』(문학동네, 2017), 70쪽.

참고문헌

단행본

강인호, 「새마을주택」, 『한국건축개념사전』(동녘, 2013).

강준만, 『강남, 낯선 대한민국의 자화상』(인물과사상사, 2006).

_____, 『한국현대사산책 1970년대 1권』(인물과사상사, 2002).

건설부, 『주택실태 조사보고서』(1967).

경제기획원 조사통계국, 『한국통계연감 1963』(경제기획원 조사통계국, 1963).

고건, 『고건 회고록: 공인의 길』(나남, 2017).

공동주택연구회, 『한국 공동주택계획의 역사』(세진사, 1999).

_____, 『한국공동주택 16제』(토문, 2000).

권영덕, 『1960년대 서울시 확장기 도시계획』(서울연구원, 2013).

김광중 외, 『일반주거지역 정비모델 개발』(시정개발연구원, 1994).

김근배, 「박정희 정부 시기 과학기술을 어떻게 볼 것인가」, 『'과학대통령 박정희' 신화를 넘어』(역사비평사, 2018).

김시덕, 『갈등도시』(열린책들, 2019).

김영미, 『그들의 새마을운동』(푸른역사, 2011).

김영하, 「아이를 찾습니다」, 『오직 두 사람』(문학동네, 2017).

김원일, 『마당 깊은 집』(문학과지성사, 1998).

김인숙, 『봉지』(문학사상사, 2006).

김정렴, 『한국 경제 정책 40년사: 김정렴 회고록』(중앙일보사, 1995).

김종휘, 「이름만 남은 와우산」, 『서울을 품은 사람들 2』(문학의 집, 2006).

김현, 「알고 보니 아파트는 살 데가 아니더라」, 『뿌리 깊은 나무』(1978).

대한공론사, 『새마을』 창간호(1972).

대한국토·도시계획학회 편저, 『이야기로 듣는 국토·도시계획 반백년』(보성각, 2009).

대한주택공사, 『다세대주택 표준설계도 작성 연구』(1989).

_____, 『대단위단지개발 사례연구 자료집』(1987).

_____, 『대한주택공사 주택단지총람 1971~1977』(1978).

_____, 『주택 건설』(대한주택공사, 1976).

_____, 『주택공사 47년의 발자취』 vol.2 화보편(2009).

대한주택공사 주택도시연구원, 『주택도시 R&D 100』(대한주택공사
　　　　주택도시연구원, 2009).

대한주택영단, 『주택』 창간호(1959).

_____, 『주택』 제7호(1961).

_____, 『주택』 제22호(1968).

류동민, 『서울은 어떻게 작동하는가』(코난북스, 2014).

박기석, 「자금난 주택난이었으나 우수한 인재들이 참여」, 『대한주택공사
　　　　30년사』(1992).

박완서, 「무중」, 『그의 외롭고 쓸쓸한 밤』(문학동네, 2011),

_____, 「부끄러움을 가르칩니다」, 『부끄러움을 가르칩니다』(문학동네, 2012),

_____, 「서글픈 순방」, 『부끄러움을 가르칩니다』(문학동네, 2012).

_____, 「어느 이야기꾼의 수렁」, 『그 가을의 사흘 동안』(나남출판, 1975).

박인석, 『건축이 바꾼다』(도서출판 마티, 2017).

_____, 『아파트 한국사회: 단지공화국에 갇힌 도시와 일상』(현암사, 2013).

박천규 외, 『2011 경제발전 경험 모듈화사업: 한국형 서민주택 건설 추진 방안』
　　　　(국토연구원, 2012).

발레리 줄레조, 『아파트 공화국』, 길혜연 옮김(후마니타스, 2007).

서울역사박물관, 『반포 본동: 남서울에서 구반포로』, 2018 서울생활문화
　　　　조사자료(2019).

서울역사박물관 유물관리과 편, 『돌격 건설: 김현옥 시장의 서울 I 1966~1967』
　　　　(서울역사박물관, 2013).

서울특별시사편찬위원회, 『서울육백년사』 제6권(서울특별시, 1996).

서울특별시 치수과·서울시정개편연구원, 『서울시 복개하천 복원 타당성
　　　　조사연구』(서울특별시 치수과, 2005).

서하진, 「모델하우스」, 『라벤더 향기』(문학동네, 2000).

세진기획, 『아파트백과: 상권』(1996).

손세관, 『집의 시대: 시대를 빛낸 집합주택』(도서출판 집, 2019).

손정목, 『서울 도시계획 이야기 1』(한울, 2003).

_____, 『한국 도시 60년의 이야기 1』(한울, 2005).

송은영, 『서울 탄생기: 1960~1970년대 문학으로 본 현대도시 서울의

사회사』(푸른역사, 2018).

신동삼,『함흥시와 흥남시의 도시계획』(논형, 2019).

안영배·김선균,『새로운 주택』(보진재, 1965).

안창모·박철수,『SEOUL 주거변화 100년』(그뤼바우, 2009).

엔이이디건축사사무소,『소필지 주거지 기록지』(이로이로커뮤니케이션, 2019).

이경아,『경성의 주택지』(도서출판 집, 2019).

이규희,「우이동 골짜기」,『서울을 품은 사람들 2』(문학의 집, 2006).

이승호,『옛날 신문을 읽었다 1950~2002』(다우출판사, 2003).

이청준,「눈길」,『폭력의 근대화』(문학동네, 2015).

임동근,『서울에서 유목하기』(문화과학사, 1999).

임창복,『한국의 주택, 그 유형과 변천사』(돌베개, 2011).

장덕진 외,『압축성장의 고고학』(2015).

장동운,「민간업체를 선도한 한강맨션아파트」, 대한주택공사,『대한주택공사
　　　　30년사』(1992).

장림종·박진희,『대한민국 아파트 발굴사』(2009).

전남일,『집: 집의 공간과 풍경은 어떻게 달라져 왔을까』(돌베개, 2015).

전봉희·권영찬,『한옥과 한국 주택의 역사』(동녘, 2012).

정윤수,『인공낙원』(궁리출판, 2011).

정이현,「모두 다 집이 있다」,『말하자면 좋은 사람』(마음산책, 2014).

조해일,「뿔」,『생존의 상처』(문학동네, 2015).

중앙건설 사사편찬팀,『중앙가족 60년사: 도전과 응전의 60년
　　　　1946~2006』(중앙산업, 2006).

중앙일보 특별취재팀,『실록 박정희』(중앙 M&B, 1998).

지순·원정수,『집: 한국주택의 어제와 오늘』(주식회사 간삼건축, 2014).

최원준·배형민 채록연구,『원정수 지순 구술집』(도서출판 마티, 2015).

프로파간다 편집부,『70년대 잡지광고』(프로파간다, 2013).

한국과학기술원 부설 지역개발연구소,『다세대 거주 단독주택의 활용방안에
　　　　관한 연구』(한국과학기술원, 1981).

황두진,『가장 도시적인 삶』(반비, 2017).

황석영,『개밥바라기별』(문학동네, 2008).

황정은,「웃는 남자」,『제11회 김유정문학상 수상 작품집』(은행나무, 2017).

Jessop, Bob, *State Theory: Putting the Capitalist State in Its Place*(Polity Press,
　　　　1990).

Lewis, Harold MacLean, *Planning the Modern City* Vol.2(John Wiley & Sons, 1957).

小木新造 編,『江戸東京學事典』(三省堂, 2003).

石川榮耀,『皇國都市の建設』(常磐書房, 1944).

논문 및 기사

강승현,「1960~1970년대 서울 상가아파트에 관한 연구」(서울대학교 건축학과 석사학위논문, 2010).

강인호·강부성·박광재·박인석·박철수·이규인,「우리나라 주거형식으로서 아파트의 일반화 요인 분석」,『대한건축학회논문집』 제107호(대한건축학회, 1997).

공제욱,「1950년대 자본축적과 국가」,『국사관논총』 제58집(1994).

「과학 유신의 방안」,『과학과 기술』 제6권 제1호(한국과학기술단체총연합회, 1973).

곽동수,「66년도 공영주택에 대한 여론의 향방」,『주택』 제19호(1967).

국가건축정책위원회,「주택공급제도 선진화 방안 연구」(2011).

「기자가 직접 둘러보고 확인한 3인의 살림살이·영부인으로서의 자질」, 『여성동아』 2002년 11월호(통권 제467호).

김규형,「서울 시민아파트」(서울시립대학교 대학원 석사학위논문, 2007).

김선웅,「서울시 행정구역의 변천과 도시공간구조의 발전」(2016.10.30.), 서울정책아카이브 seoulsolution.kr.

김중업,「66년도 공영주택사업에 대한 나의 견해」,『주택』 제19호(1967).

김진구,「잠실단지의 주택계획」,『주택』 제35호(1977).

남유희,「발코니 구조변경 합법화에 따른 다세대·다가구주택의 평면변화 분석」 (서울시립대학교 도시과학대학원 석사학위논문, 2015).

대한주택공사,『주택』 제11호(1964).

_____,『주택』 제12호(1964).

_____,『주택』 제13호(1964).

_____,『주택』 제14호(1965).

_____,『주택』 제16호(1966).

_____,『주택』 제19호(1967).

_____, 『주택』 제 20·21호 합본호(1967)

_____, 『주택』 제22호(1968).

_____, 『주택』 제24호(1969).

_____, 『주택』 제26호(1970).

_____, 『주택』 제28호(1971).

_____, 『주택』 제35호(1977).

「로뽀·주택」, 『신동아』, 1969년 6월호.

목구회, 「원로건축가 초청 좌담회」, 『건축과 환경』 1991년 9월호.

민현석, 「세운상가 조성계획: 세운상가 건립과 재생」(2016.10.8.),
　　　서울정책아카이브 seoulsolution.kr.

박병주, 「단지화된 주택사업에 우선토록: 융자 앞선 엄격한 기술검토 필요」,
　　　『주택』 제20·21호(1967).

_____, 「아파트 건설과 주택사업: 주택공사가 아파트건설 일변도로 전환한 데
　　　대하여」, 『주택』 제19호(1967).

박인석·박노학·천현숙, 「전용면적 산정 기준 변화와 발코니 용도 변환 허용이
　　　아파트 단위주거 평면설계에 미친 영향」, 『한국주거학회논문집』
　　　제25권 제2호(한국주거학회, 2014).

송종석, 「소규모 아파트의 생활공간 활용을 위한 새 시도」, 대한주택공사, 『주택』
　　　제22호(1968).

심의혁, 「제1차 경제개발5개년계획에 있어서의 주택사업」, 『주택』 제9호(1962).

아성산업, 「국산 건설자재 생산 공장 순방」, 『주택』 제10호(1963).

양재호, 「소형주택 계획사례를 통해 본 소필지 밀집지역의 주택건축 활성화
　　　방안」(서울시립대학교 도시과학대학원 석사학위논문, 2016).

염재선, 「아파트 실태조사 분석: 서울지구를 중심으로」, 『주택』 제26호(1970).

_____, 「아파트 실태조사 분석: 서울지구를 중심으로 (하)」, 『주택』
　　　제27호(1971).

「위대한 세대의 증언: 주거혁명의 기수 장동운」, 『월간조선 뉴스룸』 2006년
　　　7월호.

유돈우(한국주택금고 기획실장), 「주택금고를 이용하려면」, 『주택』
　　　제20·21호(1967).

윤승중, 「한국 주택 건축의 실상: 1970년대 주택건축양식」, 『건축사』 1981년
　　　9월호.

윤정섭, 「근린주거 계획 구성의 개요」, 『건축』 제2호(대한건축학회, 1956).

윤태일, 「한국 주택문제의 특성」, 『주택』 제12호(1964).

이건영, 「국민주택 건설에 대하여: 불광동지구 건설을 중심으로」, 『주택』 창간호
(1959).

이문보, 「주택건축 잡감(IV)」, 『주택』 제12호(1964).

주종원, 「커뮤니티계획에 있어서 아파트와 단독주택」, 『주택』 제16호(1966).

주택문제연구소 건축연구실, 「프리회브 주택에 대하여」, 『주택』 제11호(1964).

주택문제연구소 단지연구실, 「위성도시에 대하여」, 『주택』 제11호(1964).

「주택좌담회 기록」, 『주택』 제2호(1959).

한상진, 「서울 대도시권 신도시개발의 성격」, 『사회와 역사』
제37권(한국사회사학회, 1992).

홍사천, 「주택문제 잡감(雜感)」, 『건축』 제8권 제1호(대한건축학회, 1964).

환경부·농림축산식품부·해양수산부, 「환경복지 확충 및 삶의 질 향상을 위한
농어촌환경 개선 대책」(2013), 대한민국 정책브리핑 korea.kr.

五島寧, 「京城の街路建設に関する歷史的研究」, 日本土木學會, 『土木史研究』
第13號(1993).

공문서 및 기록

건설부 장관, 「다세대주택의 지하층 설치기준 통보」 건축 30420-
19006(1990.7.25.), 국가기록원 소장 자료 BA0583063.

_____, 「서울 시민아파트 건립계획에 따른 협조 요청」(1961.1.31.).

_____, 「주택 건설에 관한 대통령 지시사항 실천」(1969.2.14.), 서울시립대학교
주택도시연구실, 『시민아파트 논문자료』, 미발간 자료집.

건설부, 「시범주택사업계획 수립 추진」, 건국주 111.23-1829(72-9814)
(1963.2.23.).

「관보」 제5074호(1968.10.16.).

국무총리 비서실, 「주택행정에 대한 여론」(1964.10.29.).

기획조정실, 「대통령각하 지시사항 추진 결과 보고서 <초도순시>」(1969.4.30.).

내무부, 「고층 아파트 건설에 따른 지방세 감면 조치」(1965.9.15.), 국가기록원
소장 자료 BA0085447.

_____, 「고층 아파트 건설에 따른 지방세 감면 조치」(1965.9.15.).

내부무 지방국 새마을지도과, 『새마을운동 길잡이』(내무부, 1975).

대통령비서실,「한강 맨션 단지 건설사업 계획」, 보고번호 제551호(1969.9.22.).

_____,「한강 맨션아파트 준공 보고」, 보고번호 제594호(1970.6.23.).

대한주택공사,「고밀도아파트 건축공사」(1977.7.).

_____,「공사 준공 검사보고서」(1964.6.10.).

_____,「공사 준공 검사보고서」(1965.5.15.).

_____,「공사 준공 조사보고서」(1963.12.19.).

_____,「대구민영주택 및 시범주택 인수인계서」(1971.12.).

_____,「(도화동 소형 아파트) 인계인수서」(1963.12.).

_____,「돈암동 소형 A아파트 신축공사」(1965.7.).

_____,「돈암동 소형 아파트 신축공사」(1965.6.).

_____,「돈암동 소형 아파트 신축공사」(1965.6.).

_____,「동대문아파트 신축공사」(1965.3.).

_____,「마포 아파-트 신축공사」(1962.11.).

_____,「마포지구아파트 신축공사 설계변경도」.

_____,「맨션주택 환경정리」(1969.9.5.).

_____,「반포3차상가 건축공사」(1974.2.).

_____,「삼안식주택 참고자료」.

_____,「삼송리 국민주택 신축공사」(1972.9.).

_____,「성수동 국민주택 인계인수서」(1963.1.).

_____,「수유동 국민주택」(1964.9.).

_____,「시험주택 건설계획」.

_____,「시험주택 위원장 위촉」, 대한주택공사 내부 문건(1964.2.10.).

_____,「아파트 실태조사(서울지구)」, 대한주택공사 내부 문건(1971).

_____,「연희동아파트 건축공사」(1966.10.).

_____,「이화동아파트 신축공사」(1964.5.).

_____,「이화동아파트 인계인수서」(1964.12.22.).

_____,「인왕아파트 건축공사」(1968.4.).

_____,「잠실고1단지아파트 건축공사」(1976.8.).

_____,「잠실고1단지아파트 건축공사」(1977.3.).

_____,「정동아파트 신축공사」(1964.3.).

_____,「정릉아파트 건축공사」(1967.6.).

_____,「제11차 이사회 회의록」(1964.3.).

_____,「제36차 이사회 의결문」(1970.7.24.).

_____, 「제63차 이사회 회의록」(1967.11.18.).

_____, 「제6차 이사회 회의록」(1962.9.21.).

_____, 「주택공사비 분석자료」(1993).

_____, 「토지(충정로지구 불용-잔지) 매각 입찰공고」(1962.10.13.).

_____, 「한강맨션 건축공사」(1969.9.).

_____, 「한강맨션 건축공사」(1970.3.).

_____, 「한강맨션견본주택 평면도」(1969.7.).

_____, 「홍제동 소형 아파트 신축공사」(1965.6.).

_____, 「홍제동아파트 건축공사」(1968.6.).

_____, 「화곡동 아파트 및 25평형 연립주택 준공신고서 제출」(1977.9.).

_____, 「1966년도 아파트 표준설계 개요」, 대한주택공사 제8차 이사회 안건
        (1966.2.2.).

_____, 「63 국민주택 신축공사」(1963.2.20.).

_____, 「63년도 수유리지구 시험주택 앨범」(1964.6.).

_____, 「63년도 시험주택 중간보고서」(1964.6.10.).

_____, 「64 국민주택 신축공사」(1964.3.).

_____, 「64년도 국민주택 신축공사」(1964.3.).

_____, 「65년도 국민주택 신축공사」(1965.2.).

_____, 「66 공무원아파트 설계도」(1966.6.).

_____, 「66년도 소형 아파트 건축공사」(1966.6.).

_____, 「67년도 아파트 건축공사」(1967.10.).

_____, 「69년도 개봉동 민영주택 건축공사」(1969.2.).

_____, 「69년도 개봉동 민영주택 건축공사」(1969.2).

_____, 「71년도 각 지구 민영주택 설계도」(1971.4.).

_____ 건설사업부, 「다세대주택 시범건설 검토」(1988.12.).

대한주택영단, 「개명아파트 입주자 실태조사 보고 및 권리매매행위 단속에
        관한 건」(1961.8.22.).

_____, 「공사 준공 조사보고서: 마포지구아파트 신축 제1-2차 공사」(1962.11.).

_____, 「공사 준공 조사보고서」(1962.12.).

_____, 「공영아파트 신축공사(A형)」(1960.11.).

_____, 「공원지구 위치변경 신청에 관한 건」(1960.2.24.).

_____, 「대한주택영단 국민주택 끝매기표·구조표·비품수량표」(1960.2.).

_____, 「마포아파트 A-1」.

_____, 「마포아파트 B」.

_____, 「마포지구아파트(A-2) 신축공사」.

_____ ·중앙건설주식회사, 「본동지구 국민주택 인계인수서」(1961.1.30.).

_____, 「시범주택 신축공사에 관한 건」(1957.5.14.).

_____, 「충정아파트 건축허가에 대한 각서 제출에 관한 건」(1960.4.8.).

_____, 「충정아파트 신축공사」(1960.1.).

_____, 「한남동 시험주택 건축허가 신청서」(1961.12.29.).

_____, 「1959년도 제18기 결산서」(1959.12.31.).

_____, 「60년 조선주택영단 사무인계인수서철」(1960).

_____, 「62 국민주택 신축공사」(1962.3.).

마포아파트 관리사무소, 「마포아파트 관리소 인수인계 결과 보고」(1965.11.10.).

마포아파트 분양대책투쟁위원회 위원장, 「진정서」(1967.10.7.)

보건사회부, 「개명아파트 설계변경 및 추가공사 승인신청에 관한 건」 보원(保援)
　　　　제4283호(1959.11.11.).

_____, 「공영주택 건설 요강 제정의 건」(1960.11.).

_____, 「시범주택 Demonstration House」(1957.12.).

보건사회부 장관, 「공영주택 건설 요강 제정의 건」(1960.11.9.), 제57회 국무회의
　　　　상정 안건, 국가기록원 소장 자료 BA0085198.

서울특별시, 「상가아파트 건립계획 변경」, 서울특별시 내부 문건(1968.2.15.).

_____, 「상가아파트 건립 기본설계 결정」, 서울특별시 내부 문건(1966.10.6.).

_____, 「상가아파트 건설회사 선정」, 서울특별시 내부 문건(1966.10.12.).

_____, 「상가아파트 건립회사 선정」, 서울특별시 내부 문건(1966.11.15.).

_____, 「시민아파트 건물 시-마크 표시」, 서울특별시 내부 문건(1969.6.9.).

_____, 「시민아파트 동장 및 보안관 임무요령」(1969.4.9.).

_____, 「잠실지구 종합개발 기본계획」(1974).

서울특별시 치수과, 「하천 복개구조물상 상가아파트 정비 검토」(2002.3.).

조선주택영단·중앙산업주식회사, 「개명아파트 인계인수조서」(1959).

조성철, 「충정아파-트 건설에 관한 건」(1959.7.29.).

주택문제연구소, 「시험주택 입주자 선정안」, 대한주택공사 내부 문건
　　　　(1963.12.4.).

_____, 「시험주택 조사결과 보고」(1964.10.7.).

_____, 「시험주택 조사보고」(1964.8.31.).

_____, 「63년도 시험주택 연혁」(1964.1.10.).

주택문제연구소 자재연구실,「실험주택 건설 개요」.

「충정아파-트 건설에 관한 사업계획 승인 및 소요자금 추천 의뢰의 건」
　　　　보원 제656호(1960.2.15.).

USOM, "Pilot Housing Demonstration Projects: 1963 Housing Program"
　　　　(1963.1.30.).

찾아보기

박철수

서울시립대학교 건축학부에서 학생들과 더불어 '주거론'과 '주거문화사'를
중심으로 공부하고 있다.

『한국 공동주택계획의 역사』(공저, 세진사, 1999), 『아파트의
문화사』(살림, 2006), 『아파트와 바꾼 집』(공저, 동녘, 2011), 『아파트:
공적 냉소와 사적 정열이 지배하는 사회』(마티, 2013), 『건축가가 지은 집
108』(공동기획, 도서출판 집, 2014), 『근현대 서울의 집』(서울책방, 2017),
『박철수의 거주 박물지』(도서출판 집, 2017), 『한국 의식주 생활 사전: 주생활 ①,
②』(공저, 국립민속박물관, 2020), 『경성의 아빠트』(공저, 도서출판 집, 2021)
등의 책을 펴냈다.

한국주택 유전자 2

아파트는 어떻게 절대 우세종이 되었을까?

박철수 지음

초판 1쇄 발행 2021년 6월 15일
초판 2쇄 발행 2022년 2월 10일

ISBN 979-11-90853-14-9 (94540)
      979-11-90853-12-5 (set)

발행처	도서출판 마티
출판등록	2005년 4월 13일
등록번호	제2005-22호
발행인	정희경
편집	박정현, 서성진, 전은재
디자인	조정은
주소	서울시 마포구 잔다리로 127-1, 레이즈빌딩 8층 (03997)
전화	02.333.3110
팩스	02.333.3169
이메일	matibook@naver.com
홈페이지	matibooks.com
인스타그램	matibooks
트위터	twitter.com/matibook
페이스북	facebook.com/matibooks

이 저서는 2019년도 서울시립대학교 교내학술연구비에 의해 지원되었음.